中国的茶不分品类，以香为根本。

湖 岸
Hu'an publications®

懂茶的开始

茶有真香

王恺

——

著

中信出版集团|北京

图书在版编目（CIP）数据

茶有真香：懂茶的开始 / 王恺著. -- 北京：中信
出版社, 2023.1
ISBN 978-7-5217-4876-5

Ⅰ.①茶… Ⅱ.①王… Ⅲ.①茶文化—中国 Ⅳ.
①TS971.21

中国版本图书馆CIP数据核字(2022)第210282号

茶有真香：懂茶的开始

著　者：王恺
出版发行：中信出版集团股份有限公司
　　　　（北京市朝阳区惠新东街甲4号富盛大厦2座　邮编　100029）
承 印 者：北京华联印刷有限公司

开　本：787mm×1092mm　1/16　　印　张：27.5　　字　数：410千字
版　次：2023年1月第1版　　　　　印　次：2023年6月第4次印刷
书　号：ISBN 978-7-5217-4876-5　　定　价：138.00元

目录

序 | 茶路上的陌生人 i

第一章 | 茶史

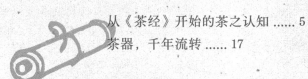

从《茶经》开始的茶之认知 5

茶器，千年流转 17

第二章 | 茶之味

茶香何来 35

源头活水 43

寻访六堡茶：黑茶之雅香 57

黄山访太平猴魁：兰香不绝如缕 69

寻找祁门香：传说中的国礼茶尚存否 83

二访武夷岩茶：一个时代有一个时代的名丛 103

岩茶何以复杂：山场、做工、品饮 127

初探云南茶山：古树普洱的丰厚滋味 139

再探云南茶山：山头茶的正确打开方式 147

普洱熟茶：等待被开发的价值 161

第三章 | 人与茶

叶荣枝：寻找茶之真味 177

何作如：老方法做老茶 187

何健：文人的追求 195

李曙韵：茶与器之延伸 203

第四章 | 茶器

中国宫廷紫砂：工艺之美 223

日本古茶具：博物馆里的茶道轨迹 233

日本茶器的流变：无尽禅意 245

韩国茶器：隐居者的世界 267

第五章 | 茶室与茶会

清香斋和二号院：山水意境 285

紫藤庐：无何有之乡 303

食养山房：静之徐清 315

台北茶室巡游：多元意趣 327

和敬清寂的京都茶室 345

第六章 | 茶道之旅

京都抹茶道：探询千家流派 359

京都煎茶道：中日循环往复的交流 371

在韩国，古朴茶道亲历记 387

中国台湾茶道：文化与美学 401

跋 | 一个人的茶之道 413

序

茶路上的陌生人

在杂志工作期间，我开始做与茶有关的报道，一晃已经是十多年前的事情了，真正的启蒙，诞生在自己单独负责《茶之道》专刊。还记得那是 2010 年，我所工作过的杂志也算得上当年的"顶流"，直接派我去日本寻访茶道。我还记得在京都的寒冷空气里走进古老的表千家茶庭的感觉，一瞬间被美击溃，穿着木屐在湿滑的苔藓上行走，除了战战兢兢，更多的是感触，我们走过的地面，沉浸在时间之河里。

青苔所代表的，不仅是景观，更是时间，时间里不变的茶意成就了这个几百年几乎凝固的茶空间。茶，绝非仅仅是饮品，更凝聚了精神。物质层面的茶并不是一切。

这是一种古老的东方审美，严格地说，是古代东亚诸国，中国、朝韩以及日本文化之间生生不息、流转腾挪的审美流动。就像柳宗悦所说，中国是坐享大陆的泱泱大国，江河浩荡，重岩叠嶂，原野无际，这里地老石坚，祁寒酷暑。正是在这样一个大陆上，诞生了古老的茶树，衍生出制茶、喝茶、品茶之法则，又东移到日本、朝鲜，被当地文化所吸取、改造，创造出一个更多彩、更丰富的茶的世界。这里面，既包含了茶道审美之同与不同，又包含了风土种植、茶叶制作、茶具深耕、茶汤冲泡的各个细致入微的世界，一旦进入这个世界，想轻易脱身而出，是道难题。

十多年一晃而过，出于偶然或者必然，我一直在茶的这个世界里打转。见闻、寻访、探究之外，自己已经有了一定的对茶世界的鉴赏能力，正好这也是中国茶复兴的十年。也有人说，这是继宋代、明代之后，中国茶的第三次复兴。我们不用一上来就给自己戴上这种高帽，说自己亲历了茶业复兴之路，但确实，这十年，是中国茶在各个领域深耕的年份，无论是种植方法的改良，还是茶具制作的精细，乃至茶事审美的革新，都有着过去一百年所未见的新气象，这是我个人的幸运；能浸淫其中，将自己所见所闻所品记录下来，则是我的责任。

因为接触的世界相对开阔，所以我对茶的认知一直是开放的，并不局限于一隅，也并不特别执着于审查"国别"，记得刚开始写茶文章的时候，就有人不断质疑我，例如只有日本才说茶道，我们中国人就是喝茶；只有台湾才做茶会，大陆习惯在菜市场喝茶；精细的喝茶是做作，大碗喝茶才是正道。

这些质疑，开始会对我形成影响，但逐渐在我心里丧失了挑战性，中日韩朝的茶系统循环往复，彼此影响，本来没有必要一定要分出彼此、高下，几者相互刺激，形成了今日中国茶的局面。举个例子，前几年的日本茶道具出口中国，推动了中国茶具的精细化发展，一部分"作者陶瓷"在中国成长起来，丰富了当下的中国茶具世界，并且我们的陶艺家的展览开始东渡日本，让他们欣赏其中连绵不断的古典之美。

把我自己的习茶之路回望一遍，也能更好地把这本书的结构说明白，这大概就是这篇文章的意义。

给自己扫盲

还比较茶盲的时候，我也是用耳朵去喝茶，而不是用身体去喝茶，只以为龙井就是茶叶中的绝品。去西湖附近的龙井村采访，得了两盒三等的散茶，如获至宝，带回家给父亲泡着喝，结果喝起来远不如村里喝的滋味，现在也没想明白，是水的缘故，还是茶叶被调了包。

那时候有位在中茶公司工作的朋友总是告诉我，绿茶最高贵，什么普洱茶、黑茶，都是很低廉的茶叶，属于粗茶，出口边疆的，不过他并没有科学的标准。没多久，他又告诉我，六堡茶还不错，属于黑茶中的精品。过阵子又说，大红袍也不错，不比绿茶差，尤其是他们公司的出品。这时候我才发现：他的标准全是他们公司市场推广的结果，公司流行卖什么茶，他就告诉我什么茶好。也不知道是真不明白，还是诚心想把我变成中茶公司的忠实拥护者。事实上，我和他的接触，正代表着一般茶客和茶商的接触过程——市场推销什么茶，大家就跟着买什么茶。

各个城市兴起的茶城成了知识的核心地带，茶商成了权威喝茶人。

十一二年前，不仅仅我是茶盲，多数人都是。铁观音今年炒到多少钱一斤，普洱涨价了，安化黑茶升值了，岩茶炒到天价了……接触一个喝茶的人，听到的往往不是茶的知识，而是各种茶的花头、茶的价格，喝茶倒成了次要的事情。也就是这种情况下，我们刊物做了第一期茶叶的选题，同事去了普洱产地，写了茶叶飞涨的秘密，我留在北京做补充采访，找了个茶客，让他谈谈对各种茶的印象，我现在还记得他的茶室轩敞，一进门的地方放着一套日本武士服。

主人兴致高，手舞足蹈地谈着他的茶和他华丽的收藏，那时候的爱茶者大率类此，都是玩家。他玩得尤其深入，自己去武夷山做茶。那是我第一次听说爱茶者应该自己深入茶山，尽管他坦承自己做得不好，火候掌握有误。从福建来茶室帮工的小妹揭发他，说他做茶，把整个空间弄得烟熏火燎，茶还没做好。但是这种玩得身体力行的精神，后来还是被我偷学到了，自己后来走茶山，只要是做茶季，都是恨不能亲自上阵，一定要摸摸机器才甘心。

那篇文章应该是在完全不懂茶的状态下的胡言乱语。接下来几年，我曾经供职的刊物都有关于茶的封面专题，我们开始有机会走进茶山，这才是理解茶的开始。不再像以往那样，仅仅在北京听人吹牛，在空洞的想象中进入茶的世界。记得第一次是做"绿茶之道"，我去的是安徽黄山，寻访太平猴魁和黄山毛峰的原产地，只有去到那些偏远得难以到达的原产地，才知道在京城里的那些道听途说多么虚妄，多么没有根据。

还记得在北京听茶客吹牛，说太平猴魁之所以香甜，是因为茶田在高山上，都是猴子才能到达的地方。更有离奇说法，说猴魁与鸦片有关，茶田杂种鸦片，所以香甜，这种道听途说的流言，在喝茶者之中有大的市场，大家都用耳朵喝茶，当然是越传奇越好。

太平镇就在黄山脚下，猴魁产地确实难去，需要先坐汽车，再改乘船，上岸后还需要乘坐拖拉机走狭窄山路，最后还需要徒步——但并非不可抵达，也并没有那么多的猴子采茶的神怪，就是高山云雾地的好茶而已。茶树品种特殊，制作工艺精当，加上当地风土的特殊性，诞生了回甘颇好的绿茶。回甘这项，是坐在车里拿保温杯喝泡了一两个小时的猴魁所感受到的，如此粗糙的泡法，还能有喉头清凉的感觉——这是几天调查下来的结果。

其实这就是去产地的好处，能够和茶农面对面，抛弃浮在表面的传说，也能亲身感受某种茶的魅力，这靠翻书也难以达到。

再说武夷山的大红袍，也是传说者众，仅是茶的来历就难以辨清，有僧侣进贡说，有猿猴采摘说，也有状元报恩说，直到我在武夷山见到与大红袍渊源颇深的陈德华老先生，和他详细聊天，才知道六棵古树，哪几棵是原本就有，哪几棵是后来补栽。第一次聊天之后，我写了武夷岩茶印象，结果多年后二次去武夷山，又见了一批高手，把自己的岩茶知识又颠覆了，知道了纯种大红袍的来龙去脉，也知道了拼配大红袍中也不乏妙品。原来去茶产区还不够，还要不断去，反复去，才能跟上真实世界的节奏，不存在一蹴而就的茶学知识——包括我自己算走茶山得多的，都觉得需要反复链接，才能得到真知。

许多包含在中国传统文化里的微妙之物，包括茶、酒、香、花，外加古琴，近年附庸者众，所以鱼龙混杂，而这些本来是值得探索清楚的事物，往往被人附加了"不可说"的玄机。但是本身的追求却并非如此，必须可说，还要说得动听，说得在理。在很大程度上，调查是祛魅的过程，哪怕是在茶学这个并不算开阔的领域，如果我局限在茶城里游走，或者混迹于茶圈，想来会整天陷落于各种茶局云山雾罩的谈天游戏中。

也许我们怎么也弄不明白"茶是怎么回事、茶应向何处去"这些基本问题，而成为一堆口水——尽管我现在也不太清楚，可是至少有了思考的维度。

去祁门看红茶也对我大有助益。茶叶市场一直有个迹象，资金流入什么领域，各地的茶叶市场和各路茶人就开始猛赞什么茶。比如若干年前福建的"政和工夫""坦洋工夫"流行就是如此，之后的正山小种大行其道，加上金骏眉骤得大名，所有的关于红茶的注意力都集中在福建了，按照一位在茶圈有知名度的人物的说法，祁红没有"话语权"了。

但是因为我早先看过相关专著，知道安徽祁红历史悠久，有独特的祁门香，所以还是避开了热闹的福建，去了比较冷门的祁门。那是一段漫长的搜索过程，一直在找关于祁红与别的红茶的不同，土地与气候的变幻莫测会给茶树本身带来什么影响？机器和手工的不同做法，又会给茶叶带来什么样的变化？最后乃至祁门一地，为什么有的区块茶叶甚好，有的不行？都需要认真分析辨别。

对于茶盲，这些都是难缠的话题，远不如县城里面的朴实餐馆的鸡汤和农家自己制作的豆腐乳吸引人，可是，再难缠也得缠下去。

我记得和我的同事李鸿谷同行，我一直叫他"李大人"，我们一边寻找各家饭馆的豆腐乳，一边听他的教训：放下，放下，放下那些干扰你的幻想，不要用约定俗成的观念影响你。就拿机器和手工的不同的观念来说，我们在乡下参观的那些所谓的机器加工，哪里有大工业的影子？不过是手工的升级而已。他这么一说，我顿时想起那些简单的木制机器，才恍然自己也是被各种传统观念所囿，必须破局才能形成自己的看法。

中国人对于茶，追求的太多，远不是产量、标准、价格这些因素，谈起来更多的，是滋味、口感和香气，这是某种程度的"以茶为本"。所以，经历了这次祁门红茶的探询，我基本上能分开茶产业和茶文化的议题，那种"为什么中国茶比不上立顿红茶"之类似是而非的问题，是不会去询问的了。也因为去了祁门寻找到了传统的祁门工夫的味道，知道了所谓"祁门香"的感觉，也能反观以正山小种为代表的红茶的香味体系，祁红的兰花香因此颇为独到。这大概算是采访茶时的堂而皇之的味觉的享受，也因此，我开始了自己的耐心品茶道路。

茶道的启蒙读物

跑了若干茶山后，我开始寻找更开阔地对茶的探询方式。2013年，我们刊物决定做"茶道"，我还记得在主编朱伟的办公室里，和他讨论如何确定主题的问题。我一直疑惑"茶道"这个词的精确定义，原因是开始接触茶的时候，很受国家博物馆孙机先生几篇文章的影响，形成了自己对茶道的看法，就是中国无茶道，中国仅仅将茶日用化、去仪式化和世俗化，而日本是将茶高度仪式化，并且进入了"道"的系统，他的文章还讲道，日本人会在茶室门口设立一个低矮的小洞，专供人爬人，以示众生平等。

我当时就形成了这样的观点，什么道不道的，喝茶就是喝茶，弄那些玄的干吗？包括此前采访过一些茶人，有人对我说，不同的人，泡茶会不相同。有人对我说，不同的杯子，喝到的水味也不同，我总是理直气壮地反击：你拿科学数据证明给我看！

主编还是想让我做茶道，他觉得，一个人，如果一生中的大部分光阴都给了茶，一直在研究茶、钻研茶，怎么不能叫"茶道"呢？而且我们专题名可叫"茶之道"，努力去观察茶在当下世界的表现，他这么一说，我才转变了观念，为什么不出去看看呢？哪怕中国大陆样本少，我们至少可以观察外部世界的茶与事茶人。于是定下来，去看看日本和中国台湾地区的茶世界，过去只听到人们谈论，但多数也是二手乃至多手传闻，很少有直接新鲜的——这和走茶山的道理一样，只有自己看到、分析和吸取，才能形成自己的观点。

现在我都很感谢我们刊物的一贯传统：凡是重要选题，一向是不惜成本，也会尽量给作者多一些时间。这次也是如此，我们此次采访的成本很高，但是主编一句话都没说，在他看来，这是天经地义的事情。

也算运气好，我们聘请的日本翻译美帆小姐是位非常负责的人，她帮助我们联系采访，不久就被我贪得无厌的采访胃口吓住了：你确定你还需要采访这位吗？你确定你还要再找几位吗？过去她合作的多是时尚类杂志，很少有我们这种媒体，后来我们熟悉了，她才告诉我，当时很烦躁，觉得我多事而要求烦琐。其实我也紧张，对日本茶道一知半解，只看过几本中国人写的日本茶道印象记，还包括孙机先生的文章，实在是害怕自己交不了差。更重要的是，害怕自己弄不明白。

日本茶道的各个流派，许多地方不对外开放，也就是我脸皮厚而坚持不懈，终于争取到参观一些隐蔽的茶空间。在表千家的不审庵的时候，穿着夹脚拖鞋，走在散漫开来的青苔地上，时刻担心滑倒，周围的绿意真浓，简直可以把人淹没，这里是千利休的后代所建立的流派之一的家庭茶室，使用了上百年后，里面的一草一竹、一挂轴一茶仓，都显得厚重起来。

当我站在石头上，战战兢兢往茶室里爬的时候，突然对日本茶道有了不同于国内泛泛而谈的了解，这个资源并不丰厚的国家，慢慢建立起了自己"惜物"的生存哲学，以往在中国未必受重视的竹篓成了花器，并不齐整的粗陶成了珍贵茶碗，他们的茶学从中国漂洋过海而来，经历了自己的哲学和世界观的洗礼，形成了独特的日本体系，也就是在这种朴素的审美之上，诞生了以茶来对抗权倾朝野的丰臣秀吉的千利休，他茶室的这个低矮的门框，既有众生平等之意，也有进入其中，侘寂的世界开始的含义。

这种知识，在书本上读，总觉得隔了一层，进入其中，则瞬间就能体会到。阴暗茶室里的斑斓光影、破败竹器，以及脚下咔咔作响的榻榻米，都在提醒我，日本茶道就是一个发源于中国，但是又与中国迥异的茶的世界，并非我们在国内常常谈到的，中国的唐、宋在日本，日本茶道就是中国茶道的保留。

后来看日本电影《寻找千利休》，开头的镜头就是丰臣秀吉爬过矮门，我不由笑了，这个夸张的镜头充分说出了日本茶道给一般人的观感——复杂，忸怩，难以理解，但是如果仅仅停留在这一层面的理解上，这样的文章就很容易变成猎奇。我一直在追问，在翻资料，以及用自己的肉身体会，真正有所感受，是几年后在大德寺黄梅院，见到千利休着力设计的大庭院以及茶室。当年他喝茶时，会依据风景的不同，把各个隔扇打开，让风景进入茶室。

只有在这里，才能领会到千利休关于茶与生活的丰富的审美系统。其实就拿日本茶来说，不仅是枯寂的，也有生命的起伏在里面，这个庭院比起现在流传的千家流派的一些茶室庭院丰富了许多，那些"露地"没有花朵，只能见到各种深浅不同的绿色植物的组合，以松树为主，显示的是生命的清寂。

其实这和过去走茶山的经历相仿：读过，最好还能见过，在现场，对事物的感受和领悟肯定好于遥远的想象。另外，去到日本后，再回头反观一些关于日本茶道的书籍和文章，一些以往没能领悟的地方，会顿时心领神会，这种学习的乐趣，大概真是应了古人所说的"读万卷书，行万里路"。

之后是去台湾采访。在过去大陆茶圈的描绘中，台湾被描摹成一个虚言所在，茶道种种皆是从日本学习而来，所以此行心中也忐忑，担心去采访并无充实的内容。好在我并不失望，记得是在解致璋老师的茶学课堂"清香斋"里，解先生自己泡台湾高山铁观音给我喝，那是我迄今不能忘记的喝茶享受，每一泡的变化，那些不同的滋味、香气和杯底的余韵都深刻地印下来，就像脑子里有个刻录机一样。

我开始明白，为什么不同人泡茶会有不同的味道，并不玄妙，很多可以得到合理的解释：用什么水、用什么杯子、用什么壶煮水，包括周围用什么植物搭配会影响心境和房间的空气，会造成茶空间的情境的不同——这是一种不同于日本茶道的源流于中国传统茶道，在台湾生长起来的茶文化。

台湾的事茶者给我留下非常好的印象，他们身上有一种自己也浑然不觉的君子风。印象最深刻的是，无论是拜访还是离开，比我年纪大很多的解致璋老师很早就到门口等待，然后会把我送到很远，大家致意，彼此珍重。那时候，真感觉自己回到了某种特定的时空里，不再是个骚扰别人的访客，很像一位去问礼的学生——也许有人觉得这是民国遗风，我更多感觉，还是这些读书明礼的老先生身上自然出来的东西。

其实对于他们，我完全是陌生人。在第一次接触后，他们才觉得，我是个很好的访问者，我们和他们的交往，来自我们所做的《茶之道》刊物出版后。这期刊物出来后，成为我们杂志销量较好的一期，一方面是碰上了国人的新阶层对自己国家的传统文化有了了解的需求，另一方面，也因为我们这期的实地考察和深度报道满足了大部分人的求知欲。一直到现在，还经常能碰到读者很高兴地告诉我，我们这本刊物是他们的茶界启蒙读物，也是他们放在书桌旁的必需读物——这种真心的赞美，听起来总是让人愉快。

茶路上的陌生人

就像武夷山的两次探访一样，事实上，去到一地可能仅仅是开始，而不是结束。2019 年，在我第二次去武夷山之后，我发现武夷山的茶世界刚刚在我面前打开帷幕，我明白了这十年名丛何以退位，肉桂和水仙何以走上前台；明白了天价茶是怎么回事，当天时地利人和诸般条件越来越难以兼具的时候，好茶自然稀缺；还明白了一个时代有一个时代的口味要求，这个要求，又如何能回来影响到茶山上的制作工艺及流程。

万物更迭之中，我们只能选取我们时代河流之中的浪花，采集下来。但也好，因为如果这十年的中国茶事更迭没有我的寻访和记录，有可能会沉没于时间的巨浪之中。

日本我也去了多次，看古老的抹茶，也看流行的煎茶，第一次去日本，是去看日本的抹茶道几大流派，也就是千利休以来的日本的抹茶生活，但是，还有大量煎茶道的流派没有观摩到，这种源头在中国明代文人茶的饮用方式，是今天日本最普遍民众所采用的品饮方式。那么它和中国源头的关系如何？和今天台湾茶的饮用方式有何不同？这些都是最近几年看茶书、接触茶人所感知的新问题，很让我着迷。

去日本先看小川流。在京都郊区一幢古老而精致的三层楼房中，看到茶空间后面的庭院，瞬间感动。那是一座并不同于抹茶道充满古老禅意的庭院，略带中国园林趣味，上下有曲折的石梯，点缀着假山和大树茶花的小园子，又加上了朝鲜的石盒，颇有明人趣味。果然，在和小川流的负责人小川可乐聊天的时候，他就告诉我，他们追求的就是中国明代文人的闲散趣味，如何享受一杯茶被放到了最重要的位置。他们使用的紫砂壶、茶杯，包括一些小器物都来自中国——一下子新问题就被提出来了，所谓日本茶道重仪式的说法，在这里似乎不能得到证明，因为要喝那杯精彩的茶，要谈论茶的滋味，还要谈谈今天的点心，乃至户外的风景、客人们身上的衣物，包括城里的八卦——这哪里还是中国人想象里的和敬清寂的日本茶道？分明就是一场舒适和优雅的茶聚。

这次采访教给我，不能固守某些意见，哪怕是权威的意见也要分析。回到孙机老师的文章，他强调日本茶道的高度仪式化，仅指抹茶道中的千家流派，并不能代表日本茶道的全貌，关于日本茶道在近代以来的变化，必须要去日本实地考察后再得出结论。这大概是此次采访的最大收获——回过头再看中国茶道，在香港城市大学与中国历代茶书的汇校者郑培凯先生聊天，他提到的陆羽，完全是一个我从前不了解的陆羽——一个在寺庙里长大的孤儿，按照自己的学习和信仰体系，逐渐走入士大夫阶层，改变了他们的喝茶方式，建立了关于饮茶道具、环境、用水和茶产地的整个体系，确定了清饮品茗的地位，一直影响到中国今天的茶世界，这不是茶道又是什么？

这番谈话，最大的收获不在文章里，而在自己心里。关于茶的概念、观点和看法，都在我心里不断建立和解构，说实在的，很过瘾。

另一享受是在眼里。茶之一物，不仅局限于品和饮，与茶有关的事物的观看，是一个更阔大、更有趣的世界。许多观看，是让眼睛吃冰激凌。比如我们在日本竭尽全力去几个博物馆看那只藏在深库中的曜变天目碗——日本的几只藏品，有的属私人收藏，有的属不对外开放的博物馆，最后仅仅在大阪看到一只，隔着玻璃，看那只碗的宝光，恍惚是蓝色星空中闪烁着星云，真是灿烂。

还有一次印象深刻的，台北故宫博物院的研究员廖宝秀老师是我数次的采访对象，对我帮助很大。廖老师爱茶，热爱寻访大陆与茶相关的遗迹，所以，我们的交往由采访进而扩展到一起去寻找大陆曾经的茶踪。有一次她带我去寻找乾隆皇帝喝茶的"试泉悦性山房",就在北京香山一游人稀少处。走进去的瞬间,就被那种美丽所击中——高高的山石上,试探着长出来数十棵弯曲的白皮松,那些树不同的姿态和气度,都是只有在古画里才能见到的。这种场景,用眼睛吃冰激凌来形容,简直太轻浮了。

十年一觉茶之梦

有时候觉得自己运气好,遍走名山,遍访高人,短时期积累了大量的知识,也培养了自己的茶学系统,就像武侠小说里博采众家之长的年轻后生,但有时候也觉得,这个运气加到自己身上,也是一种使命,要把这些资料整理成书,要给当下的茶世界留下一点什么。

说起来容易,临到才觉得难,过去的文章质量参差不齐,不好的可以删掉不要,但是有些文章,属于可以裁剪改造的,哪些去掉,哪些保留?新增加的部分怎么融合?最典型的是岩茶和普洱茶两大类型的文章。岩茶和普洱茶属于近些年茶中热点,按照当年的文章,只是初步涉及,如果不大动干戈,实在说不过去,但如果大动干戈,要从哪个角度入手?这一拖延,又是两三年时间,好在这期间没有白等,去了武夷山,去了云南茶山,新知识新场面扑面而来,关键是还认识了不少新人,如武夷山的刘国英,他所创的"空谷幽兰"将岩茶的可能性大大延展,和他详细聊过之后,明白了岩茶的山场、做工之间的复杂关系;云南的王迎新本来是朋友,和她多次喝茶之后,对普洱茶的认知迅速加深,不仅仅进一步探索山头茶,也开始明白熟茶之好,包括对普洱茶的认知,除了传统的空间维度,例如山场,还多了一个时间的维度,如何存茶,也变得越来越值得探讨。越深入,越觉得很多新问题必须要解答。

这本书不能是茶城里的口水话,而是一本正经的研究和叙述。

这些内容被我增补在本书之中,关于茶山,关于制茶工艺,乃至冲泡之法,都增加了大量内容,近十万字的新增文章让自己心里有了底,拿给茶路上的新人看,可以做入门之路径,作为一本茶学的书籍,可以做时代之见证。

本书分为六大部分,涉及的方面非常之广阔,第一部分为中国茶史,按照我的调查方法,分别从茶书、茶具来探究茶史,并非搜集资料之作,而是言谈有物，有专业人士作为佐证。

第二部分为"茶之味"，都是提纲挈领的关于茶的大问题之解读，第一篇文章讨论了中国人喝茶之本，是热爱茶之香气，无论是满足口腔、鼻腔还是心灵，这是有历史渊源的。从陆羽开始定下的"茶性俭"，其实一直影响着中国人的味觉体系，而中国的制茶工艺，一直是将茶香完全调动出来的过程，这也是我近些年的关于茶的写作方向——不仅仅涉及茶文化，也尽力去研究制茶之法，只有如此，才能让文章立体可观。

后面的文章，全部关于"茶味"，有山泉水与茶之碰撞，更多的还是各地茶山的寻访的经历，具象的茶之味道。我一直是带着问题走茶山，一方面是增加了自己的负担，但另一方面，一旦有所得，感觉收获极大。这些文章涉及广泛，除了白茶，几大茶类均有详细的调查性报道，尤其是热门的岩茶和普洱，把近年大家关心的也是我自己关心的问题全部列了出来，如普洱山头茶是怎么回事，熟茶与生茶的本质区别，岩茶何以价格高昂，山场是不是岩茶质量的唯一保证，这些都尽力给出了力所能及的答案。

尽管我自己喜欢文学，近年也一直在文学领域努力，但这些文章却没有轻飘飘地用游戏文章解决真实问题。

之所以没写白茶，并非因为我不喜欢白茶。白茶的原产地福鼎、政和也都去过，主要还是因为白茶制作工艺在六大茶类中相对简单，冲泡要求也简单，写来写去也就是寥寥几笔，最后还是割爱了。关于老白茶，也是近年显学，但根据我在原产地的寻访，2008 年之前的老白茶很少，几乎不能作为商品而存在，所以也并不迷恋这块。

其实老茶我也涉猎很多，有一年专门去台湾寻访老茶，还曾经有醉茶的经历，一天喝了七款浓酽的老茶，但是这一块，在本书中也未曾多着笔墨，主要还是老茶市场目前良莠不齐，众多骗局……等日后老茶江湖风清月白，再动笔不迟。

这部分比较少涉及具体的科学知识，例如茶叶种植，内含物质等等，但比较多的诉诸感官和味觉，包括大量的冲泡实践。中国茶书一直存在的两大类别，一种注重描写栽培、种植技术，另一种重视品饮方式和饮茶心得，我的偏向后者，主要我不是专业科技工作者，但喝茶、品茶讲透彻，也是一门新学科。

第三部分"人与茶"，写了海峡两岸的茶人，很多人是我的朋友，也都在茶界耕耘多年，但这部分并非一般意义上的人物印象记，而是借人写茶，借茶写茶之广度，比如大陆名家何作如，通过写他，把号字级别的普洱茶略加描写；香港名家叶荣枝，写他的寻茶之路，实际探讨了黄茶的没落，普洱熟茶的变迁；写李曙韵，实际写近年中国茶器物的审美变迁。

第四部分"茶器"，涉及博物馆的茶器物，如故宫的宫廷紫砂，以及对当下中国茶器审美形成影响的日本和韩国的茶器物。当代景德镇的茶器制造已经成为主旋律，但这本书没有涉及，可能以后会有专门的小书进行研究。

第五部分"茶室与茶会"，这部分属于审美体系。事实上，明人的茶室风尚就为独到一景，本章专门描写了日本与中国的茶室之美、之构建，以及茶主人的风范。这几年来，茶室设计在大陆已蔚然成风，通过这些具体的案例，展现茶室与主人的关系，也是展现如何"有文化地饮茶"。

第六部分，是我个人喜欢的部分，专门的茶之旅行。因为曾在日本、韩国多次探访，所以对当地的茶道文化深有体会，这部分，就是记录这些真实可感的旅行，既有今日这些国家的茶事表象，又能在这些表象中窥得中国对这些国家的茶文化之影响。在日常茶事之中，我们看到了文化的血脉流淌，看到了文化的传承与发扬，看到了超越了国别的文化的生命。

回到文章开头所说，很多人总是想强辩彼此之间茶文化的不同，这并不奇怪，毕竟不同地域山川、思想体系，赋予茶文化不同之风貌，但是我恰恰看出了不同之间的"和"，之间的轮回，就像我在日本陶艺家安藤雅信的暗室里听他的一句话而茅塞顿开。他说过去中国茶道影响了日本，现在日本的一些茶器物被中国人重新喜爱，这不是最美妙的轮回？大家互相在对方的肩头上看到更远处，才是茶之正道。

六大部分，在某种程度上，是和伟大的陆羽的著作《茶经》做呼应，涉及到茶之风土，茶之制作，茶之器物，茶之冲泡，茶之礼仪，为当下十年来中国茶做了一个时代记录，近乎一本当代的《茶经》寻访记录，一个学徒从不懂到相对专业的记录。

我很喜欢这些记录，不仅仅是成一书本，得益也是身体的。因为研究和写作，我从一个不辨茶之好坏的生手，变成了茶汤略一沾唇，就能判断出茶地风貌和制茶工艺优缺点的所谓老茶客，能通过调整器物和水温，让茶汤更完美的新茶人，这都是身体的收获——直接影响到心灵。

不过还是知道分寸的，如果茶事也属于修行，我还是刚进入大门的陌生人，刚刚推开茶之门，见到了满目琳琅，没有见到路之崎岖、艰苦和险峻，相比起那些耕耘了一辈子的老茶人来说，我永远过于年轻和大胆。

王恺

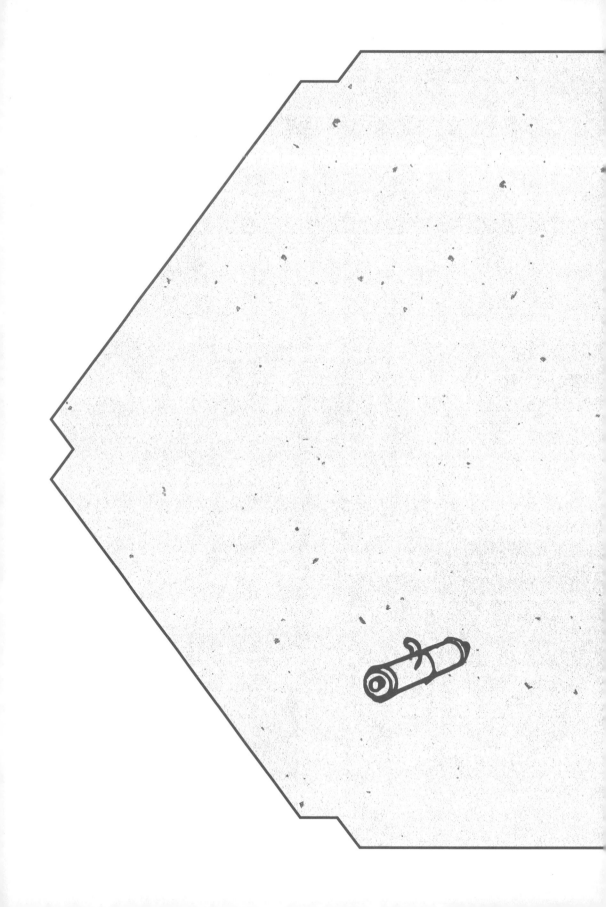

第一章

茶史

从《茶经》开始的茶之认知

　　说到茶之典籍，大众经常提起的，就是唐宋茶书的几本名著，陆羽所著的《茶经》、宋徽宗的《大观茶论》，外加明代初年朱元璋之子朱权所编撰的《茶谱》，事实上，中国古代典籍中与茶有关的书籍并不算少，这几本只是名重一时。

　　唐之前，关于茶之专著并不多，唐代陆羽的《茶经》一出，是茶叶相关著述中的大事，它肯定了茶饮生活的知识性地位，不仅包括了大量的茶事经验，还奠定了茶道规矩。之后，无论宋、明，还是清，与茶相关的著作虽不至于浩如烟海，但还是车载斗量。

　　这些典籍本来散布于四处，但后来被有心人集中编选出来。几年前，我在南京见到当时已经八十多岁的朱自振老先生，才知道20世纪30年代，金陵大学的万国鼎先生开始搜集中国农业史材料，其中包含大量的茶学典籍；20世纪50年代，金陵大学农学院并入南京农学院，成立了中国农业遗产研究室，万国鼎先生为主任，朱自振毕业被分配到此地，他在万先生指导下，开始对中国各地的茶叶史材料感兴趣。当时分配工作，万先生派遣他和他的同事们去全国各地，搜集上千种古书及方志中的农业资料，这项工作一直持续到了"文革"。现在南京农大的图书馆资料库里还有他们当时认真抄来的各地资料，以至于"文革"后很多地方方志已毁，寻找资料还需重回此地。

　　21世纪初，这些资料由朱自振先生和郑培凯主编为《中国历代茶书汇编（校注本）》，此书是现存茶书总汇中收录最丰富的，各个茶书的版本都经过了校勘，各大图书馆所收集的善本都予以了寻访，是目前关于中国历史上茶叶种植、采造、储存和饮用等茶事最详尽、最权威的汇编本。正是在这些方志和搜集回来的各图书馆所存的茶书的基础上，这本茶书汇编出版了。相比起以往的汇编，这次的编撰一是搜集更加广博，二是利用了大量现代学术观点。

后来和朱先生一起汇校此书的香港城市大学郑培凯教授总结过，以往中国古代士大夫对茶书的态度很轻视，比如《四库全书总目》中，子部的谱录中的另册才搜集茶书，而且很多书只存目不收录，还是因为古人认为茶是小道。但是他们觉得，在物质文明发展史上，陆羽的《茶经》也是一件大事。

之后的饮茶脉络，基本上没有脱离陆羽的法门，走向了精致品茗的道路，从茶书的整理中特别能看出这点。与两位研究者闲聊，我们要讨论的是唐为何成为分水岭，唐以前的茶世界以及唐以后的饮茶风尚的变化，到了元明清大量资料出现，可以由此细观中国人的饮茶习俗。

♫ 唐是中国茶世界的分水岭

上古时代，茶在中国的植物图谱中已出现，但是最早茶属于药品，或者属于菜蔬，一直到唐代，随着茶叶的广泛种植和行销到游牧民族地区，茶才正式成为中国人的日常饮用之物。这时候，陆羽创立了完整的茶叶科学体系，规范了饮用方法，提出了"茶性俭"的核心观念，后这一观念直陈为"茶有真香"。

饮茶在中国起源甚早，但究竟有没有准确的记载，以及非常明晰的诞生时间和地点？很遗憾，这个信息迄今还没被准确地挖掘，因此也没有详细的论断。

郑培凯先生说，根据今天的研究，我们没有办法确定饮茶起源于何时何地，陆羽说起源于神农，其实这不能确定历史时期；前段时期有河姆渡文化考古说发现了茶树的图画，也非常不准确；还有人说云南的古猿有原始茶饮，更是不负责任。在开始茶饮之前，有可能出现过将茶做药或者把茶叶人汤羹的做法，但是和真正的饮茶都相去甚远。

根据一些古籍记载，战国时候四川一带已经有饮用茶的习惯，秦灭蜀后将之带出来，这里也是古茶树的发源地之一，符合"南方有嘉木"的说法。西汉马王堆的挖掘中，发现的竹木简中都有茶的别名出现，《汉书·地理志》中记载的"茶陵"，现在叫茶陵，也表明了茶树在汉代的时候已经在长江中下游地带种植了。不过汉代时四川还是茶的主产区，当时的饮用方式还不够清晰，应该是原始的煮汤饮用，也有加盐和姜同煮的，基本上还属于药用，茶在漫长岁月里，一直属于药食同源的产物。

到了三国魏晋时代，浙江等江南地区普遍种茶，饮茶人群也扩大了，茶不再属于贵族专利，扩展到士大夫阶层用以待客。当时也做成茶饼，粗枝大叶不能黏合的就用米汤去黏合，喝的时候先研磨，然后用沸水冲泡，还没有形成唐时那种复杂精美的饮用法。现在的古装影视剧里，尤其是以"三国"时代为背景的，特别喜欢加上饮茶的场面，当时是不是已经形成了标准？之后的魏晋喝茶方式是什么样子呢？

按照茶书的记载，研究者们分析，很多人提及魏晋饮茶，是因为文人的诗赋中经常提到茶，但是当时饮茶的资料其实很少，我们只是知道，当时的茶不仅用来待客，还用来祭祀。北方游牧民族不喝茶，他们会觉得茶是南方人的饮料，《茶经》里面就记载了"茗为酪奴"的故事，北人对南人的饮用茶多加讽刺。他们占领了大部分地区后，南北交融，饮用习惯才慢慢传开。不过当时长江流域尤其是中下游，饮用茶已经很普及了，对器物和水都有讲究。但是饮用方式还比较古朴，茶处理如同蔬菜，放在水里煮了喝，加各种香料与佐料，基本上就像蔬菜汤，属于实用阶段。唐之后，茶饮普遍化不说，还成为精致的饮品，不再是实用主义，而是上升到了精神领域，这就成就了"饮茶之道"。

确实很多人说唐是中国饮茶的分水岭，之前是草味羹饮时期，之后是精致时期，这个和唐是统一性国家有关系吗？还是令人好奇。

郑培凯的观点是，其实这个和历史积累有关系，也和当时的交通发展有关系。按照严耕望的研究，当时内陆交通已经可以把茶运输到塞外、到吐蕃，这些区域都养成了饮用茶的习惯。唐代政府开始建立茶政，也开始征收茶税，茶贸易成为唐时经济贸易的重要环节。

茶之流行，肯定不是单一原因，除了交通和社会原因，也包括禅教大兴。在参禅过程中，为了提神不寐，也为了打坐，很多寺庙推广喝茶。当时禅宗影响很大，又影响到了民间，渗透特别广泛。资料里面有反映，北方泰山寺庙里的僧侣参禅"务于不寐"，可以喝茶。与此同时，陆羽提倡的茶道方式和创新的饮用规矩一时风行，他后来也成为茶神，人们买来巩县窑的小瓷像，往上面浇茶水，有点浴佛的意思。

也有学者据此说，中国人对陆羽丝毫不尊敬，举例也是将茶水往瓷像上浇灌，说等于惩罚，这种说法和"浴佛"说法一样，都缺乏详细的解释系统，因为需要更多的民间仪轨之类的资料来作为佐证。但毫无疑问，陆羽是茶领域的权威，当茶仪式化、尊贵化，他的地位也随之提升，当困难时代，大家讲究不了茶的复杂度，陆羽也随之消隐。

唐时的名茶有巴蜀的"蒙顶茶"，还有江南的"顾渚紫笋"，名称不少，但是很少有流传至今的，是不是工艺失传的缘故？现在这些地区还在产茶，但这些茶和唐代的茶应该关系不大。

研究者说，唐时的茶叶生产已经精益求精，有的地区强调精致，有的地区强调产量。比如我们知道的浮梁的茶叶，就是大宗贸易，主要靠产量取胜，每年茶税惊人；蒙顶、顾渚都是精品产区，蒙顶茶分若干种，石花、小方、散芽，是天下第一等，但是蜀道难，上贡不方便，所以江南的产区就也成为贡茶区域。除了蒙顶，湖州的顾渚紫笋、寿州的霍山黄芽、蕲州的团黄，都是名茶；《唐国史补》中还提到，当时的吐蕃也受中土影响，唐使节去了那里，赞普会拿各种名茶展示。这也可以为"茶道大行"的说法做一补充。

⅋ 陆羽其人及其影响

陆羽生逢其时，冠在他名下的著作有几本，有的显然不真实，比如关于陆羽评水的著作，就应该是后人伪托。但是他的自述，关于他的弃婴的身世以及后来被庙里的僧侣收养的经历，包括他对易经、佛典和儒家典籍的熟悉，都应该是真实的。而且他和当时的名流如颜真卿、皎然等人互相唱和的诗歌也都有记录。

当时科举制度初兴，一些身份低微的人有了晋升之道，士人的地位有所上升，陆羽结交的很多人属于这一系统，他自己也属于把民间文化融入上流社会的人物。陆羽的《茶经》并不仅是总结当时的喝茶方式，而且制定了一些新的他觉得重要的准则，提出了自己清晰的品饮之道，包括整个学科的科学体系也初步建立了。这个准则，事实上一直影响到后世，别看唐茶的喝法与现在差别很大，但国人饮茶的内在精神路径完全是他那时候就定下的。

比如《茶经》里有茶器一卷，表面是列举烹茶器物，实际上是根据他自己的原则确立饮茶的规矩。他的茶道仪式在当时的上层社会也非常流行，通过这种规矩的确立他构建了饮茶的氛围，提供了心灵超升的领域。可以说，后世所有的茶的规矩，无论是中国、日本还是韩国，都从他这里面来，他是这个学科的开创者。所以，这个世纪回看《茶经》，会觉得特别有意思。

他的规范很全面，其中个体的审美起了很大作用。比如说到碗，他喜欢越州青瓷，然后是鼎州、婺州、岳州等；他不赞成邢州和越州并列第一的观点，觉得越州瓷像玉、像冰，尤其是青瓷适合与茶合配，可以衬托茶的颜色。邢州白瓷将茶衬托得过于红，寿州黄瓷把茶衬托得过于紫，都不太适合茶。他是以自己对瓷色的观察和瓷碗质地的研究来决定的，让饮茶者体会到美感。这里面就开始建立了整体的心灵感受，有了茶道整体的艺术感标准。法门寺地宫出土的那套茶具，说明了陆羽的规范影响深远，不仅于民间，宫室也遵守他定的规则，器具完备讲究，进而奢侈，也说明当时饮茶的礼仪极其重要，甚至有繁文缛节的倾向。

《茶经》里面还提到了择水的重要性、火候的重要性，包括俭素之美，尤其重要是表达出了"茶有真香"的观念，不赞成以往流行过的添加各种姜、盐、枣、橘皮、薄荷等物质，觉得那等于"沟渠弃水"。

郑培凯在编选历代茶书的过程中，发现"茶有真香"的准则制定基本也是从陆羽开始的，他喜欢"茶性俭"，这个影响特别大，之后历代茶事都奉行了这一原则，尤其是中国，如果是混合香料做成的茶，大家就会觉得劣质。陆羽的观念影响到了后世，包括蔡襄、宋徽宗等饮茶大家都提出茶有真香，不应该添加龙脑香等物。但是，值得注意的是，民间还是有添加各种果实花朵的习惯，造成了加香系统的绵延不绝，北方的花茶事实上也算得上源远流长了。添加有添加的道理：北方的水土问题造成了北方普遍水质硬，掩盖茶的真香。外加古时候交通不便利，新鲜的茶运到北方可能已经没有了香味，所以靠别的香味提神。包括自唐以来，北方受游牧民族影响深，一直有往茶里加奶的习惯，这些都是影响深远的理由，也造成北地现在的民间百姓喜饮花茶的习惯。但是士大夫阶层还是奉行茶有真香的道理，基本不添加任何物质。

陆羽对水的品鉴相对简单，但也是开创性的，提出了相应的标准，就是

"山水上，江水中，井水下"，还对山水做了分析，要捡取"乳泉，石池漫流者上"，不要涌流的瀑布的水，也不要山谷里浸满不泻的水，江水则取离人远者，井水则是选择人们汲取多的，其实都强调的是"活水"概念。

传说陆羽撰有《水品》一书，但是我们翻检阅读发现已经散失了，现在翻刻的很多是张又新的《煎茶水记》中记载陆羽的品题，不足为依据。关于他品尝水传说的神乎其技，比如一桶水能分别出来哪个是江中间打的，哪个是岸边打来的，这是违反物理常识的。后来这故事又附会到了苏东坡身上，其实这都是人们在想象空间里的创造，也说明国人在品茶艺术方面的追求。

⚗ 宋人的茶世界

宋代茶书和茶人的世界，首先在宫廷，从蔡襄到宋徽宗，已经到了登峰造极的地步，细腻讲究也无可比拟。也许就因为此，走向了盛极而衰的道路，但是从这些茶书中，我们可以看到宋人创造了一个复杂瑰丽的茶世界。

宋代最著名的茶书，我们普遍知道的有宋徽宗的《大观茶论》、蔡襄的《茶录》，整个宫廷品茗已经成为风尚，这两本书记载非常清晰。当时宫廷的饮茶习惯非常普遍，制作茶的技术比之唐代还要复杂。先是龙凤团，后来发展到石乳、白乳，再后来又有小龙团，以及各种密云龙、瑞云祥龙，越来越精细，层出不穷。当时的点茶手法在蔡襄的书籍里记载得很清楚，是水和茶要用得恰当，比例均匀，否则表面的沫饽就不匀。还有斗茶法，没有水痕的最佳，可以清楚地比较好坏。点茶法已经与唐大不相同，延续的是使用末茶，要使末茶产生大量的泡沫。这可能和道教的思想有关，认为这些沫是精华，也和唐代胡人喜欢喝奶的习惯有关。

因为有了新的名茶标准，为了达到茶汤的最佳表现效果，建立了一套新的系统，包括茶叶制作、茶叶击拂、茶叶品饮、器物优劣，都形成了仪式和系统。有仪式才有审美，所以现在有人说日本茶道重仪式，中国不看重，并非如此简单。

瓷器发展也被茶所影响，早期使用的瓷器和宋末年推崇的瓷器完全不同，唐朝的秘色瓷，其实也是和茶色配合的，茶色丹，用秘色的碧来衬托。北宋时候，使用了大量的青白瓷，那时候还不像后来那么推崇建盏。

当时的击拂动作书籍中也有很多记载，那些动作以及使用的器物，现在的日本抹茶道中保留了部分，但是又不太一样。宋人早期的宫廷中使用的是黄金和白银制作的击拂工具，蔡襄称之为"茶匙"，他觉得金和银的最好，竹子的太轻，所以不好，因为需要有力量地击拂才能形成表面的沫饽，像乳花一样。比蔡襄早半个世纪的宋初的《荈茗录》里面写道，有的人运用茶盏能够做出各种图画，也包括"茶百戏"，可见这个茶匙运用的复杂程度。

茶筅是后来发明的，也就和现在日本存留的很像了，有点类似西洋打蛋器，但是细密，和现在日本的轻巧器物不一样的地方在于：当时是用竹根制作，器物重，器端有力，整体粗壮，因为这样才好掌握，操作起来也便利，工欲善其事，必先利其器，这样才能出一碗美好的茶汤。宋徽宗写了很多不正确的击拂方法，然后写了详细的击拂法，如何才能击拂出"乳雾汹涌"的好茶，因为茶色贵白，建安的黑盏也就开始变得贵重起来，又厚又保温，保温是因为击拂时间需要很长。过去被视为上品的青白瓷在徽宗那里就没有那么重要了，所以茶的饮用方式还改变了瓷器的系统标准。比如宋流行的天目碗，到了明代就基本不见了，全部都出口日本了，因为我们的饮用规则改变了。

宋徽宗在茶学上有很多专业性的追求和结论，不过他这种走极端的品饮方式在当时并不普遍。当时他已经有点走火入魔了，为了生产出最好的团茶，有几万人上山采茶，穷奢极欲。但是了解这样的生活方式，重审当年中国人的审美需求，也是件美好的事情，可以看出中国人对茶曾经痴迷到何种程度。

宋人写福建一带贡茶的书籍特别多，是因为上行下效。贡茶地点由江浙搬到了福建，这里成为新的最好的茶叶基地。因为天气变化，北宋期间的天气开始变寒冷，本来放在太湖地区的贡茶园不能在清明前广泛发芽，没有那么多贡品了，于是搬家到了福建建安，保证清明前有大量的贡茶，欧阳修等人都描绘过，当时有20多本书详细描绘福建贡茶园的情况，非常详尽。

上层社会的饮茶方式如此繁杂，但是很难影响到民间。宋徽宗的讲究基本已经无可比拟了，当时他的茶叶极品也不可能那么普及，包括他那套复杂的饮用体系也难以推广，所以民间很难达到宫廷的饮用方式，而是沿着自己的下里巴人的道路发展：一是在茶中加各种料，二是宋时候，散茶实际上已经开始饮用。虽然记录不多，但是各地草茶，就是散茶存在的证明。

加各种料的饮茶行为自古是习俗，陆羽很不喜欢，他觉得这就像是沟渠间的废水一样，蔡襄文章也提出，有人喜欢在团饼中添加龙脑香，夹杂珍果香草，都不对，但是当时民间还是添加着喝。梅尧臣批评北方人喝茶"只解白土和脂麻"，说明当时北方用白色土碗往里面添加芝麻；当时北方还有添加姜、盐、牛奶的，还是受到游牧民族的习惯影响。不过，这种习惯不局限于北方，南方也有很多加料茶。南宋临安的茶馆有多种花果茶，还有"七宝擂茶"，就是各种盐、花椒、酥油饼混合的茶汤，其实里面的茶只是有一点茶意而已，现在湖南等地区的擂茶习惯还顽固存留着，其实也是古风。北方喝茉莉花茶的风尚，其实也是渊源有自。其中比较脱俗的是莲花茶，就是在夜晚半绽放的莲花的花心放茶，然后扎紧花瓣，次晨取出茶叶，之后焙干使用，染上了花香也很清美。

　　宋到元的阶段，散茶的饮用渐渐推广，当时王祯的《农书》就说，南方已经普遍饮用散装芽茶，不一定碾成末再饮用。也是因为团茶的制作过于烦琐，南宋后的散茶就大规模出现了，晒青、炒青都有出现。所以，并不是像传统说法，到了明太祖时候突然废团改散，以江南为代表的民间早就饮用散茶了，并非突然性的改革。

⚘ 明朝的茶道复兴

　　明代算是中国茶道复兴的时期。从茶书上看，整个明清茶书有上百种，占到茶书总量的 72%，但是很多抄自唐宋，有些疏忽错漏，以往学者并不重视。但是，明清茶书有以往唐宋不具备的地方，关于茶树种植管理、茶叶制作技术、饮茶的文人趣味，有颇多新见。晚清茶书更是开近代科学茶学科的先河。

　　唐宋的繁杂到明清的简单，是一个越来越简单化、日常化的过程，复兴体现的方面也更不一样了。宋到元之后，蒸青炒青所制作的散茶已经逐步在民间流行，到了明初，明太祖废饼茶改散茶，一是觉得团饼奢侈浪费，二是因势利导。这时候，不仅是饮茶方式变革了，关键是茶叶的制作技术也变化了，这对于中国茶的发展至关重要。尤其是在炒青的制作和烘焙方面，制茶者开始依照茶叶的特征掌握炒青的火候，研制出了各种有特色的名茶。我们现在所喝的不少名茶都是明代出现的，比如龙井。

　　万历年间有罗廪所著的《茶解》，里面提到唐宋贡茶的制作方式奢侈，已经丧失了茶的本真，不如明代炒青制茶，可以保证茶叶的本来香味，书里还记载了详尽的采茶制茶法，现代通用的观念当时都已经出现了，比如不采雨胚，那样的茶不香；晴天的茶胚，必须当时采当时炒制，这样才可以保证色、香、味的系统平衡。茶叶制作环节的炒青工艺在书籍中描述得相当精准，还解释了茶炒熟后必须揉捻的原因，因为要让茶中的脂膏方便溶解，冲泡时就可以散发出来香气和内含物质。书里甚至对各种炒制工具都有规定，比如炒茶用的铁锅要用熟铁，不要用生铁。

因为不同经济业态发展的缘故，新的名茶体系在经济发达的地区首先诞生了。唐宋时代奉行的是设监制作的贡茶体系，最优质的茶根本不会流入民间。但是明代中叶后，江南经济快速发展，使得整个长江中下游区域以及沿大运河一带都发展起来了，普通人的生活也讲究精致和享受，尤其是士大夫阶层，他们追求的生活方式在当时有很大影响，品茗就是其中一项。在他们的推动下，新的名茶体系诞生了。当时的士大夫阶层讲究品茶，与品茗环境和制茶都有很大联系，构成了一种发达的品茗体系，所以明朝成为中国茶的复兴时代。

先说品茶的情趣方面，一是恢复了唐宋赏茗器的乐趣，对茶饮的程序和器物的雅洁再三致意，不因为明代有使用紫砂壶为主的相对简单的品茗体系，就不欣赏器物、不对茶器物有所追求。另一方面，着重性灵世界，追求品茶所带来的心灵修养的提升，期待有和谐之境界。当时有本相当重要的茶书——许次纾所著的《茶疏》，说到了茶具的陈设摆放以及品茗过程，考虑的不仅是仪式，还是味觉和嗅觉的综合享受，以及五官的舒适，对人格清高有所培养和提升，着眼于人间修养。他还罗列了许多适合喝茶的时间、场合、器物，充满了明代的文人意趣，比如夜深共语、鼓琴看书之时，茂林修竹、名泉怪石之地等等，还写了他认为不宜喝茶的场合：大雨雪、长宴大席、人事忙迫、观剧等等，包括不宜用的恶器、敝器、铜匙、铜銚、各种果实香药等。

当时有很多文人会详尽描写喝茶场合和禁忌，比如冯可宾的《岕茶笺》里也提到了宜茶场合，另外一些比较著名的文人书籍，如《遵生八笺》《陶庵梦忆》《长物志》中都有类似的描绘。明人追求茶饮的器物和环境，主要是要求有明朗的感觉，周围的环境以清静澄澈为主，但不是日本式的追求宗教的清寂。

为什么追求这种品饮情趣？是因为当时文人的口味也变化了，强调茶叶的真香，都是以轻扬芬芳空灵为主，不再像以往宋代福建的贡茶那样浓郁厚重。所以新的名茶体系也诞生了。比如《遵生八笺》里提到，苏州的虎丘茶和天池茶，都是不可多得的妙品，杭州的龙井超越了天池，因为炒法更精妙。从南京礼部尚书位置上退下来的冯梦祯对当时著名的天池、虎丘、龙井、罗岕茶也多有品评，结论是虎丘最好。不过有意思的是，因为贡茶体系已经与宋不一样了，茶叶精品并不一定送入皇宫，而是待价而沽，所以出现了真假难辨的情形，当时的龙井茶已经有大量假茶，就是茶叶名家也不一定能轻易区分。

袁宏道的评价和冯梦祯相似，他也觉得这几种茶很好，不过他觉得现在已经不在的罗岕茶为天下第一，有金石气，非龙井的草气、天池的豆气和虎丘的花香气可比。各种名茶的提出有个人口味的主观成分，不过文人欣赏趣味基本还是一致的。他们追求茶的芳香，但是也要求不能光有芳香，还需要深味，而且芳香也是清雅型，以兰花香为主。

崇尚清香的同时，混合茶不再那么流行，只是大众选择未必和文人们相同。明代的文人普遍反对在茶里添加果实花朵或者香草，追求茶的清饮，这也是陆羽追求的茶道"茶有真香"的体现。但是大众选择未必与名士相同。高阳描绘清代生活的小说里，名妓也拿各种花熏过的茶待客。尤其是江南以外的地区，承载了过去加料果实的习惯，还有添加各种佐料的，所以各地都留存有加料茶的记载。包括很多强调茶有真香的茶书有时也妥协，比如明初朱权的《茶谱》，反对茶夹杂诸香，但与此同时也写了茶叶的熏香法，甚至可以用各种花香渗透其中，所谓"百花熏香"，也不反对加龙脑香。可能是朱权那时候饼茶的风气还在，对添加香料的习惯还比较接受。

不过，后期的部分文人也没有完全放弃这一习惯。就拿倪云林来说，他发明了"清泉白石茶"，往茶叶里面添加核桃松子肉，还为有高士不解他的茶而大发雷霆。民间的各种果子茶则更多，往里面添加各种吃食，这些行为都被罗廪《茶解》视为"茶厄"，也说明民间与雅士提倡的风尚还是有距离的。

这时候，福建的贡茶开始走向另外一套完全不同的体系。因为宋元的贡茶体系废除，福建的一些茶开始转型，本来是皇家包办，现在要考虑商品市场的销售，而且传统的福建茶偏浓厚、偏甘醇、偏浓郁，必须要发展出一条不同于江南轻灵的新道路，这也是后来发展出乌龙茶和红茶的历史背景。包括轻灵的白茶，都和江南的绿茶不尽相同。

其实绿茶体系也是缤纷多彩的，如果任其发展，也会多样化。明末的士大夫普遍提到了罗岕茶为茶中精品，这也算是当时的流行口味，晚明的茶书中，关于此茶的论著就有好几本。比如熊名遇的《罗岕茶记》、周高起的《洞山岕茶系》、冒襄的《岕茶汇抄》。根据这些书籍，我们可以看到这种茶属于蒸青，而明朝大量的茶都已经属于炒青了。这种茶叶大梗多，外形不好看，也有很多不熟悉它的人闹笑话，把别人送的精致的大叶茶当次品赏给下人喝了，因为当时芽茶的风尚已经很流行了，所以人们会觉得大叶茶粗。

许次纾所著的《茶疏》写道，岕茶不能早采，基本要立夏后再采，否则会伤害到树本，韵味清远，滋味甘香，是仙品。根据这些描绘，我觉得岕茶可能和今天的太平猴魁有点相似，叶大，味道醇清俱备。但是明末的风尚并未流传到清，因为战乱，江南士大夫阶层的品鉴系统标准整体崩溃，所以这种茶没有流传下来，否则，说不定明朝的茶风还会变化，不再奉行单一推崇芽茶的系统也有可能。

清代基本上延续了明朝的饮茶方式，有两件事情值得一提。一是茶碗越来越少，到了最后就基本使用青花杯或者白瓷杯，紫砂壶成了最主要的泡茶工具；二是福建工夫茶的出现导致了小紫砂壶的流行，这都是明清的茶事重点。但是随着清中期后民生的凋敝，整个的品茗雅趣开始走向没落。尤其是1890年之后，基本上没有人有心思提及品茗雅事了。再之后，战乱频繁，革命事起，品茗之趣长期无人提及，结果现在很多中国人觉得茶道是日本的国粹，与中国文化无关，这也是历史失落太久的缘故。大多数中国百姓用大杯冲泡茶，倒是也符合质朴之道。

清代所出现的新茶书，基本是关于茶树种植和茶叶制作的，还有大量关于茶叶销售的地方志记载，不过朱、郑两位觉得那是茶叶经济史或者说农业史的范畴，所以在历代茶书汇编里没有多提及。清代最有价值的茶书肯定是关于科技的，比如《红茶制法说略》《印锡种茶制茶考察报告》《种茶良法》等，也有很多关于紫砂的书籍问世了，比如《阳羡名陶录》《阳羡名陶录摘抄》《阳羡名陶续录》等。还有《龙井访茶记》，与今天的茶叶产地的情况对照观看，可以得到许多有趣新鲜的结论。■

茶器，千年流转

中国的饮茶文化，大致而言是随着茶制（茶的形态）的演进而改变。按照现在学术界的研究成果，茶制的演变一般可以分为两个阶段：唐宋的片茶（固形茶）、团茶和饼茶，明代以后以散茶（叶茶）为主。茶制不同导致饮茶、吃茶方式的极大变化，明代文人研究宋茶饮茶制度的时候，对"茶筅"等物的用法，已经令其百思不得其解。

唐宋的饮茶方式相似，是将固形茶碾成碎末，然后将之投于釜煮饮（唐），或将之放于碗中，然后注汤点饮（宋）。到了明朝，基本上是直接将茶叶放在壶中、杯中泡饮。茶器开始兴盛于唐，中唐以后陆羽撰写《茶经》，制定了烹煮末茶的一套茶具的规制方式，茶器的历史地位被奠定。茶器的沿革中，可以看出中国饮茶历史的流变。

廖宝秀研究员是台北故宫博物院的瓷器专家，因为那里的瓷器和书画中有大量的和饮茶相关的内容，所以开始研究中国饮茶文化的沿革。研究中国茶的品饮方式，除了诗文，还需要大量的实物佐证：以茶器为主，包括传世文物、出土文物、和茶有关的书画等。她正有此便利条件，其所著的《茶韵茗事：故宫茶话》，是中国茶文化领域的权威著作。

她的居所就在台北故宫博物院背后的山上，门前一树梅花，室内布置极其清雅。除了研究茶，她自己也喜欢喝茶，家中点缀着各类茶具，不过因为身份特殊，她完全不收藏任何古董，笑着说"避嫌"，所用的器具全部是今人作品。台北故宫博物院前院长秦孝仪所题赠的书画，早期的晓芳窑花器、茶器，外加几把简约的紫砂壶，就构成了她自己的简洁完美的茶道小世界。

∿ 唐宋茶道的相同与不同

中国饮茶历史悠久，相传从神农氏开始，但是当时只做药饮，正式在文献中出现，是西汉宣帝时期四川王褒所作的《僮约》中的记载。据考证，四川也是中国最早培植饮用茶的地区。但是单看那些只言片语，无法推测当时人的饮茶方式。直到唐以前，饮茶风尚还基本流行在江南、四川、湖北、湖南等地。唐之后才普及全国。到开元时期，饮茶已经成为日常生活的一部分，而陆羽《茶经》的问世，实际上是把吃茶饮茶推到了艺术层面。

对廖宝秀而言，流传下来的历史文物很多就是进入饮茶模式研究的工具。我们众所周知的法门寺地宫出土的若干金银器物，她非常熟悉，台北的博物馆系统所藏的很多茶具，她也很熟悉。

台北所藏的唐代茶具，有一套当地自然博物馆收藏的花岗岩石头茶具一组12件，非常完整，包括风炉、茶瓶、单柄壶、茶碗、茶托等造型，很多形制可以在瓷器里找到对应。廖宝秀老师给我看图册，比如长沙窑的一把美丽的绿釉柄壶，和这里面的单柄壶很像；而茶碗则和邢窑里的一个白釉璧形足茶碗很像；说明这是唐代的茶具的一个缩影。因为比一般的实用器物缩小，所以更多可能是陪葬所用，并不是实用器，尤其是碾茶所用的碾子看着像玩具，但就整套完整性所言，非常可贵，可以看到唐人是怎么喝茶的。

唐代的饮茶方式已经很清楚了，虽然《茶经》中记载的唐代的粗茶、饼茶、散茶、末茶等有机物已经都看不到了，但是已经发现的大量文物可以推测出当时茶的品饮方式。粗茶和散茶在唐虽然开始饮用，但在主流人群也就是士大夫和文人中似乎不流行，诗文中看不到任何记载。

煮茶是最主要的品饮方式，风行于文人和僧道。在诗文中常称之为煎茶。《茶经》中有一章专门论述煎煮方式，一般是以饼茶研碾成末然后为之。饼茶的制法后面再说，先说碾茶。碾茶是个费劲的活，非常有意思。法门寺出土的由唐懿宗和唐僖宗供奉的那套茶器，其实不太完整，且目前有几件器物的使用方式存疑，但是茶碾特别说明问题。唐代饼茶有方形和圆形，晚唐诗人李群玉写过一首诗，说到碾茶："珪璧相压叠，积芳莫能加。碾成黄金粉，轻嫩如松花。"在法门寺地宫文物没出土前，出土过西明寺的石茶碾，但是它没有碾轮；长沙窑、耀州窑也出土过擂钵茶碾，都不够完整。1983 年河北晋县唐墓山上汉白玉石碾子，让人恍然大悟，原来"珪璧相压叠"说的是这个样子。1987 年法门寺出土的带铭刻的茶碾让人进一步明白，碾槽和碾轮所组成的茶碾就像是圭璧形制，和《茶经》里记载的臼形还不太一样。

法门寺出土的大量关于茶的文物有助于我们研究唐时的饮茶方式，但是现在法门寺表演的唐时茶道有很多错误，比如把烧香的琥珀香器当成了茶炉煮水，不相干的东西当成了茶末盒，这不是很严谨，反倒是刚才那套自然博物馆的石茶具比较清晰，这套茶具是从日本回收的。

茶在碾碎之前还有几个步骤：饼茶先是要"备茶"，以竹夹夹茶饼放在火上烘烤，要放在纸囊里让香气不外泄，等晾凉后碾成茶末，经过箩的筛选，更细的放在盒中。然后煮水，以釜盛水，放在风炉上煮开，投茶，这一过程中确实会加盐，也有加别的香料的。第一道水开，根据水的多少，加适量的盐；第二道水开，舀出一勺沸水放在一边，用竹夹在锅中央搅拌，并且将装在茶则里的茶末对准中间放下；等茶汤沸腾时，也就是第三沸了，这时候将刚才取出的二道沸水倒入，止沸，以培育汤花；汤花根据薄厚和细轻，分别称为"沫""饽"和"花"；最后是分茶，分到各个碗中，沫、饽要平均和严谨。在煮的过程中，如果有茶渣之类，要用茶器清理，所以有涤方和渣方等物，饮茶具放在具列上，茶事完毕也要清洗归类。

竹器在流传的文物中很少看到，但是瓷器常见。文物系统里常见唐宋年间的白瓷茶瓶，敞口、长颈、斜肩、纽形把手，常见于北方的白釉窑系统，很多不能明确说是唐还是宋的器物，但是用途可以猜出来，是装沸水用于点茶的茶瓶。

现在湖南地区，还有一些山区喝擂茶，将芝麻、黄豆加上茶叶和盐，放在擂钵中研碎，然后加以冲饮，里面隐约有古时饮茶的习俗。唐时就有散茶，不过喝法不确定，因为下层社会的饮用方式并没有被记录，即使是陆羽的《茶经》里，也没有广泛记录全社会的饮茶方式。

根据现在的文献，陆羽之前没有关于饮茶程序的叙述。以一定方式煎煮茶，确实始于陆羽，他有点像个带有强烈个人风格的集大成者，《茶经》里夹杂了很多个人审美的东西。

唐代茶风的开展和蔓延与宗教场所有很大关系，尤其是禅院。学禅要不眠且清醒，所以茶有很大作用。长安各大寺庙的饮茶之风大兴与此有很大关联，陆羽自幼生长在禅院，他所记载的或许和寺庙推崇的禅理、规范有很大关系。

他的《茶经》虽然不过万字，但是涵盖了茶学的每个层面，包括植物学、美学、器物学、史学等。精致的茶道文化，不仅注意茶汤之美，更要注意品茶的茶器、环境和时间，这些都没有脱离陆羽当年所订立的范畴。由于陆羽的推动，饮茶风气开始在文人间流行。陆羽和张志和、颜真卿都有酬酢往来，加速了文人的茶诗唱和。唐中叶之后，茶诗成为重要的诗歌题材，刘禹锡、白居易都写过不少茶诗，他们喝茶品茗，不单是为解渴，而且是上升为精神领域的活动。

这可能也是陆羽被纪念的一大理由，因为饮茶进入了精神领域，不仅仅停留在物质层面。中国的物质文明里掺杂了大量的精神文明的东西，需要人梳理。

唐朝并不推崇宋以来的天目碗，各地出土的唐代茶碗和茶托很多，像白居易宅出土的就是邢窑的白瓷盏，宁波出土了青瓷盏，长沙出土了釉下褐彩，唐代最出名的应该是"南青北白"，青则茶色绿，白则茶色丹。台北故宫博物院所藏的《宫乐图》中，宫女们喝茶用的就是青瓷盏。但是并不绝对，士大夫阶层依据自己的审美挑选自己喜欢的茶器，并没有统领天下的单一标准。

唐也没有出现斗茶，斗茶按照文献记载应该出现在五代，又叫"茗战"，应该最早兴起于民间，然后从下往上走。斗的方式很复杂，茶的种类、冲饮的方式都包括在内，最后进行色香味的综合评比，没有水痕的为最佳，越久者为胜，其中沫花都有一定要求。上面还要看到图案，图案是"茶百戏"，是一套综合体系。

宋朝的体系跃进

宋代的点茶文化已经上升到了艺术体系中，饮茶还是以草茶和团茶为主。草茶的品饮方式后来通过禅院传到了日本。宋代文人崇尚团茶，主要特点在于进贡的团茶制作考究，太宗时代就开始建立转运使监造贡茶，有龙凤团模型，后来做过转运使的蔡襄又做过小龙团的饼茶，北宋士大夫的诗中都有记载。宋改煎煮为点茶，其独特的点茶击拂方式，包括斗茶的流行，都使宋的喝茶方式上升到了前所未有的极致。

宋代的饮茶方式自成系统，与唐不完全一致，而且当时的官员和文人的诗文中关于饮茶的记载特别多，是一种风尚。"点茶"的"点"，是滴注的意思，汤为沸水，宋人把茶末放在茶盏里，以茶瓶注汤点掇。这个也得先碾碎成末，首先把团茶放在绢纸密裹，先烘焙，再锤碎，然后放在茶碾或者茶磨中磨碎，再罗筛。

五代和宋朝又出现了很多新的茶器皿，比如石磨。这些器皿随着宋朝点茶方式的消亡而大量消失。十四、十五世纪的，日本来收购了很多回去，因为他们的抹茶道还需要这些道具。

点茶分成两种，一种就是一般的末茶，包括江浙的草茶也是磨成末，然后点茶饮用；另一种是专门的斗茶。

斗茶讲究点茶技巧，过程中茶汤的变化会影响胜负。斗茶进行时，必须节制注汤，把茶末与汤调制成浓稠的乳胶状，再注汤到六分，以茶筅击拂搅匀，产生汤花，这和轻重缓急、茶末细碎度、击拂力量关系都很大。汤花浮面不退，在杯壁上咬盏得不错，茶末与汤分开，云脚散会出现水痕，那就输了。

当时的龙凤团饼说起来名头很大，但实际上民间根本见不到，在古画中也没有看到具体的模样，可见非常珍贵，宋徽宗的《大观茶论》、赵汝砺的《北苑别录》中都有很详尽的记载，制造工序为采摘、拣茶、蒸茶、榨茶、研茶、造茶和过黄七道工序。宋代的团茶贵白色，所以有"过黄"这一道工序，就是成形后，要经过数日火焙，使其表面光泽发生变化，也便于保存。而龙凤图案则是造茶过程中压制出来的图案。一般人根本喝不到龙凤团饼。欧阳修记载，他当官员二十年，四个人才分到一饼龙团。而且最好的龙团是喝不到的，他们饮用的应该是大龙团，精致的小龙团只能皇家享用。

当时江浙生产的"日铸""双井"等茶应该是草茶，也是研磨成碎末后饮用，是一般人饮用的茶，而且在寺庙很流行。黄庭坚一直推崇自己家乡的日铸茶，现在这里属于江西，是绿茶的天下，我偶尔喝过这里的茶所做的绿茶和红茶，都很强劲，但是和宋时的喝法已经完全不同，所以只能想象。

蔡襄以书法著称，他所写的《思咏帖》是写给另外一位北宋重臣冯京的道别信，附赠了青瓷茶瓯、大龙团，都属于特别贵重的礼物，很可能大龙团是他在福建做转运使时所得，八斤一片，属于稀缺物资，所以他写"大饼极珍贵"。青瓷此时应该已经是流行之末，此刻流行黑色建盏，为了映衬乳白色的茶汤——宋代也并不是一直流行白色茶汤，蔡襄所著的《茶录》里面论茶的色香味，写得很清楚。《茶录》中提及点茶的茶汤是乳白色，应该是北宋中晚期后的结果，所以特别强调用福建生产的黑色的天目碗，对比鲜明。宋天目流传到日本，很多是现在的国宝，但与此同时，北方和南方还有很多青瓷和白瓷。但也有人说茶汤绿色为上，说明宋代并没有被建盏一统天下，现在的流行看法很多是比较粗率的。

当时江浙的草茶，也就是前面所说的日铸茶等磨末点饮，肯定不在草茶之类，因为当时的名茶，还是以磨茶点饮的为主。好茶需要好器物搭配，青瓷、白瓷和青白瓷的茶具都是宋常用的茶具，而且诗歌中经常提到"冰瓷雪碗"。

北宋早中期，天目碗并没有一统天下，就拿范仲淹为例子，他喜欢品茗事泉。尽管斗茶已被不少士大夫非议，苏东坡等人批判斗茶"劳民伤财"，但是范仲淹还是写了不少关于斗茶的诗文，其中两句"黄金碾畔绿尘飞，碧玉瓯中翠涛起"就引起不少后人争论。比如蔡襄就提出应该是"素涛"，沈括也觉得应该是"素涛"，而茶粉末应该是"玉尘"而不是"绿尘"。实际上这都是因为年代有分别，真正茶色贵白是蔡襄的发明，他当了贡茶使后重视色白的小龙团，所以茶色白宜黑盏，朝廷中重视白茶的风气才出现。

而在早中期，影青瓷占有很高地位，当时叫青白瓷，它胎薄坚韧，所以茶易冷，不像建窑胎厚，所以蔡襄不推崇而已，在江浙还是很流行。与范仲淹交往密切的章岷的墓中出土了不少青白瓷的茶盏、盏托、执壶，说明当时青白瓷和建盏都受到士大夫的推崇，瓷色之美和造型之美，可以呈现他们徜徉山林泉石之间的清静情怀。

在日本的文物展览中也有大量的青白瓷的茶具，我在东京国立博物馆看到过青白瓷茶瓶，流嘴圆小尖，很适合点茶，而景德镇所出品的青白瓷的花口茶托和茶盏都很轻薄，未必适合斗茶，但文人气很足，这就是廖宝秀老师所说的章岷墓葬中出土的文物。除此以外，台北故宫博物院藏有大量的北宋定窑瓷器，专门做过展览，我也细心看过，定窑突出的是刻花的特色，也就是用竹签在胎体上刻上莲花之类的图案，还有白色的釉色，耀州瓷也是刻花，不过是青釉。这些茶盏，其实都是当时常用的器物，也说明宋人的审美还是多元化的。

南宋时期的茶具文物也大量留存在中国的各大博物馆里，除了几个著名的曜变天目国内没有留存。不过近年，在杭州出土了残品一件，釉面极美但残缺严重，大量的名窑瓷器在各大博物馆都有展出，比如吉州窑的黑釉木叶碗，黑釉梅花纹茶盏，哥窑的茶碗，龙泉窑的翠青敞口茶盏，既有实物，也有审安老人的《茶具图赞》一书可以对照观看。这些文物充分说明了宋的饮茶模式——注重审美，注重文雅。

日本的抹茶道在寺院、公园包括一些茶馆还在流行，其实和宋代的饮茶方式有很多勾连。廖宝秀说，台湾的吴振铎教授领导的茶叶研究所按照记载复制过北宋团饼，中间还展览了几年。"现在宋茶道中的草茶磨成末点饮，在日本茶道中流传下来了，当然没有那么完备，但也保留了不少精华。就拿茶器来说，天目碗中的精品很多都流传在日本了，而他们浓抹茶的方式也像胶状，也得之于宋。"

这种喝茶法其实非常健康，因为把茶叶末都吃进去了。简单的抹茶食用方式我们可以学习，并不复杂，而且有助于中国饮用茶文化的多元化。茶道的方式在中国一向是多元的，从来不存在谁一统江湖的模式。

很多人说日本的抹茶道来自宋，煎茶道来自明，是这样严格对应的吗？廖宝秀也负责台北故宫博物院南展馆的展陈，所以多次去日本各地的博物馆寻找展品，也看了不少文物，从这些文物中，也能看到日本茶道之发展变化。

唐代对应日本的平安时代。日本研究者们普遍确定，公元815年嵯峨天皇去梵释寺时大僧都永忠所献的茶为日本历史上最早的饮茶资料。大僧都永忠是早期遣唐使，他在长安待了三十年，在西明寺学习，而当时西明寺是著名的茶风鼎盛的禅院，近年还出土过茶碾具，他应该是在这里耳濡目染学会了茶法。和他一起回国的最澄和尚把茶种带回了日本，现在日本还有这个所谓最早的"日吉茶园"。但是平安时代所带回的茶树和饮茶方式，仅仅局限在寺庙和上层社会，并未普及。直到宋光宗时代，荣西和尚再度带回茶种和点茶方式，经过时代变迁和僧人、茶人的改造，才流传至今。日本抹茶道肯定是深受宋代，尤其是江浙一带禅院草茶吃茶法的影响。

他们的斗茶也仿效宋代，但是和宋法相去甚远，是一种类似喝茶猜茶比赛的游戏，每个人面前放十种茶，猜出哪个是"本茶"，也就是京都拇尾山的茶，这是荣西和尚从宋带回的茶种所种植的茶园。

在足利义政时代，也就是史称东山时代，日本本土的茶道渐渐出现了雏形。

足利义政把自己的幕府将军之位让给了儿子，自己隐居东山，在银阁寺开辟有茶室，醉心古董，大量搜集中国的舶来品，还有专门的鉴定人帮其收藏。他成就了书院茶礼，非常烦琐，而所用器物多是他搜集来的中国古董。当时中国正好是明代，但是书院茶应该是抹茶道。渐渐经过几代人的更新，到了千利休时代，又发生了巨大变化，基本抛弃了中国器物，与中国茶道大异其趣。

而抹茶道在日本因为繁文缛节也慢慢被市井抛弃。明末，福建黄檗山万福寺的高僧隐元和尚把明式冲泡法带回日本之后，慢慢形成风气，命名为"煎茶道"。明代文人所推崇的明人雅趣也一起带入，茶器也受到明的影响，他们的常滑烧和万古烧就是仿造宜兴的紫砂壶。

☯ 明茶道的转型：文人趣味的凸现

明朝的茶叶制法和喝法焕然一新，饮茶文化进入了新时期。此时采摘后的茶叶搓、揉、炒、焙都和今天类似。这种炒青制茶法，自明朝确立了体系，慢慢传播到了世界各地，也因为其形制不同，饮茶方式也不再相同。

其实在元朝时候，末茶和散茶就兼而有之。不过当时还是饼茶占据了上层统治地位，比如说"石乳"，就是元朝设立在武夷山的御茶园所产，产于石崖。现在武夷山的岩茶中还有一种名为"石乳"，应该只是借名，真实的元代石乳的制法和饮用法应该失传了。

到了明朝，朱元璋出于经济原因废除了福建建安的团茶进贡，结果唐以来以团茶为主的饮茶习俗为之一变，末茶没有了，连带着的击拂体系都消失了，以致明代考据学者对着宋代文学中出现的众多名词，无法弄清楚其为何物。朱元璋的儿子朱权著有一本书名为《茶谱》，他生活在明早期，著作中还有些点茶的记载，也有些散茶的制作和冲泡技术，所以很难说他那本著作是定规范之作，但也很难说中国饮茶史是彻底断裂的，唐宋有不少茶器的形制影响了明清，尽管有些用途不再相同。

茶制一变，饮茶方式必然改变。明茶制造方式已经和今天类似，成茶是散条形，所以明朝人改用茶壶容茶，再用汤壶煮沸水冲入茶壶，不再使用末茶，也就不需要那些击拂，茶瓯、茶碗都不再使用，茶杯也变得小了很多。因为要观看茶色，白瓷杯被放置在重要的位置。

表面上是简化了仪式，但是明中期大量文人的审美进入，带来了新变化。首先是茶器以宜兴紫砂、朱泥茶壶为主要地位，壶的大小、好坏关系到茶味；其次是提出了很多新要求：环境、茶品、泉品、茶友、赏器、闻香、插花、择果都有很多要求。首先，文人雅士要拥有自己的茶室；其次，书斋旁要建设有茶寮，文震亨、屠隆等人的文章中都说到茶寮的必需性，对茶事非常虔敬。所以，明中期后的茶事，也有人认为是中国茶事的文艺复兴。

明代文人茶人对饮茶环境的营造非常讲究，包括空间、审美氛围，在他们自己的绘画和茶书中表现很多。明中期的唐寅、祝允明、文徵明都喜欢茶事，又是书画大家，所以他们留下了很多代表作，又带领了晚明文人茶风鼎盛，而且茶画、茶书到了又一创作高潮。明人讲究饮茶空间，对人数、心情、氛围有很多禁忌。反映在画中，往往就是一人独啜，或者三两知己评书论画，旁边有专门伺候的茶童在准备茶事，很少在宋人画中看到多人茶会的情形。他们的原则是少则贵，多则喧，喧则无雅趣。

唐寅有著名的《品茶图》图轴，这是乾隆最喜欢的茶画，挂在自己饮茶的"千尺雪"茶舍。他特别喜欢此画，两边题满了他的字，可以说每次在这里喝茶就是与唐寅的一次对话。沈周的画里有专门的插花图，也是布置于茶室的。文徵明画自己的茶庵，前后画了几次。晚明画家丁云鹏画了很多幅品茶题材的绘画，特别注意空间和茶器陈设，有在庭院蕉石中烹茶的，植物营造特别精心，茶器也精心：竹编茶炉、藤编笼子、白瓷茶叶罐、白瓷茶杯、朱漆茶托、青铜香炉，等等。竹茶炉是明朝文人特别推崇的茶器。

明代人还贡献了一个重要的饮茶工具——紫砂壶，但是贡献不止此项，只是这项很突出。文震亨说，紫砂壶不夺香，而且无熟汤气，这肯定是胜过瓷壶的地方。现在有人把宋代的紫泥紫盏说成是紫砂肯定不对，那是宋代特有的酱褐釉的茶盏和茶瓯，随着宋茶汤的没落而消失。紫砂壶兴起于明中期。不过有一说法，紫砂壶朱泥壶"以小为贵"，无论在出土的明代实物还是绘画上都少见，包括台北故宫博物院藏的茶器都不算小，而且台北故宫博物院还藏有很多瓷壶，所以紫砂壶的"小壶为尚"的说法，可能是在一定的时间和区域里特定饮法的产物。

除了茶壶外，明代还贡献了茶盏，其中不少都在审美上和技术上达到了很高的成就，像永乐、宣德的白釉小莲子茶盏，被文震亨赞美可以试茶色。廖宝秀带我看过若干次台北故宫博物院所藏的瓷器展览，常规展览中没有特意标注出茶器，但是只要认真一看，就能看到不少精美的瓷器和茶有密切关系。明洪武年间的红釉暗花龙纹茶盅，奠定了之后的茶盅形制；明代紫砂壶台北故宫博物院少有，但瓷茶壶不少，永乐的甜白、青花茶壶工艺非常精细。大批的茶盅更多，甜白暗花，青花折枝纹，青花转枝月季花的，青花莲瓣的，包括成化朝的斗彩茶杯，这些瓷器都已经是瓷器史上的精品，但其实都是从茶系统中衍生而出，这又回到我们前面所说的"物质文明之中的精神元素"了。

除了器具的革新外，在用水上明朝人也非常讲究，他们确定了好的山泉标准，江南的许多名泉也是这时候被选拔出来的。我很喜欢看明代文人以品茶为主题的若干卷轴，文徵明的《品茶图》与仇英的《松庭试泉图》，其实都是画幽雅的茶舍，也是明代文人的理想之所在，不大的斗室，很多就是茅草屋顶，旁边是松树、竹林、清雅的山泉，这是明代人生活的重要空间之一，不过好玩的是，主人自己不会泡茶，都是有专门的童子代劳，也可以见明人的观念——茶虽是雅事，但弟子代劳就可，主人最需要的还是品茶的心情，还有实力——文徵明是专门派童子去无锡拉水到苏州的。

ᎦᏴ 清朝的茶道

在台北故宫博物院数次见到廖宝秀，都喝了她所推荐的三清茶，是用松子、梅花和佛手泡的茶。这是乾隆皇帝最喜欢的一种茶，用雪水泡，并且乾隆皇帝有专门制作的三清茶碗，自己制定样式，发到景德镇烧制。这是一种"无茶之茶"，也是她最早从文献中找出来的方子，又询问了朱家溍先生，确定了炮制法：松子炒过，佛手用干的，梅花则是本地苗栗高山上的，之后再推荐给院里茶室。

清代与明代饮茶方式大致相同，只不过宫廷饮茶在器皿使用上更为讲究。当时清宫流行的茶种也多是叶茶，所以所藏茶壶、茶盅和茶罐等器物之精美超越了前面几个朝代。

故宫的瓷器展陈里，有很多专门的奶茶碗，这是清代与明代的不同，带有明显的游牧民族特征。奶茶是宫廷的日常饮料，一般用膳的时候都会用奶茶，专门的奶茶碗和茶盅区别很大，宽口，浅直壁，圆直足，瓷器、玉器都有。但这并不代表奶茶之外清宫廷就没有自己对茶的讲究了，相反，清盛世三代因为国力强盛，各类贡茶非常之多。看乾隆留下的诗文，他常饮用的有三清茶、雨前龙井茶、顾渚茶、武夷茶、郑宅茶等。他对水特别讲究，包括玉泉山水、雪水和采集荷露所成的水，茶叶也是他经常赏赐给大臣的礼物。他用的茶，还包括普洱茶、六安茶、女儿茶、茶膏等等。

　　2002 年，廖宝秀在台北故宫博物院策划"也可以清心——茶器·茶事·茶画"特展，内容包括从唐代至清代各时代茶器、茶书、茶画以及品茶方式。当时因不甚了解清宫皇帝如何品茶，使用哪些茶器，而且也不知道这些器物是否真正拿来当茶器使用，所以就很好奇地想要了解它们的来历，于是她参考查阅了清宫的一些档案资料。清代宫廷造办处官员会将清宫制作的茶器具像流水账一样记录在一个专门的档案《养心殿造办处各作成做活计清档》里，清宫也会将陈设在各宫殿的器物一一记载于《陈设档案》内，从这些档案记录中，她查出了这些茶器的原始品名与陈设位置，还查阅到乾隆皇帝命作的宜兴茶壶是如何发布制作的，由哪个大臣书写御制诗、由哪个大臣画画等等。后来更在乾隆皇帝《清高宗御制诗文全集》中，发现他在某些诗文中会特别提到品茶、竹茶炉、陆羽茶仙像等，而且御制诗文的题名都是"试泉悦性山房""千尺雪""焙茶坞""竹炉山房""清可轩"等等，所以产生了好奇。再仔细阅读这些诗文，原来乾隆皇帝是在谈论他到哪里喝茶以及品茶的感想，与之前的资料一起对照，终于恍然大悟，原来这些诗文的题名都是乾隆皇帝专为茶舍所取的名称。

　　清代宫廷茶具特别讲究，里面有很多精致的壶和碗。在廖宝秀的带领下，我在台北故宫博物院看到专门的雍正珐琅彩展览，精致非常。原来台北故宫博物院所藏的珐琅彩瓷器即使在以瓷器众多而著称的故宫文物系列里也是重宝，世界各地博物馆均无，基本为台北垄断。清代帝王去世后，前朝使用的东西往往封存，雍正、乾隆的大批珐琅彩瓷器都藏在专门的仓库里，并没给后世帝王使用，所以并非在宫中随时可见，到了清王朝末期也没有流传到民间，甚至民间都不知道有此类精美瓷器。其实也并不为过——后世传说的"古月轩"之类的珐琅彩瓷器只是民间传说，也恰恰说明民间不了解。1949 年之后，这批瓷器被运到台北，现在还是镇馆之宝。按照清宫档案，这些瓷器除了极少量留在北京故宫外，有少数在圆明园被毁时外流，剩下的全部藏在台北故宫博物院。

　　被廖宝秀老师带着看珐琅彩大展，雍正的若干专用茶壶特别吸引人，这批茶壶号称诗、书、画、印四绝，看了之后我顿时明白，景德镇进贡的白瓷，包括很多永乐时期的甜白瓷茶壶，很多就等于是画布，雍正让宫廷画家在上面展现才华，再在北京宫廷里用小窑烧制，所以没有大件——因为宫廷中没有大窑，害怕失火。这批瓷器的精美程度当然非一般的民间器物所能媲美，即使是审美能力比较弱的人，看到那些青山水白地茶壶、花蝶纹茶壶、报喜茶壶的时候，也会发出惊叹。这些器物让人明白清宫廷茶器之精美绝非虚传。这还不仅仅归因于统治者的品位，还和时代兴衰以及文人、知识阶层的流行有很大关联。宫廷有巨大的实力，想要什么就竭力办到。还是说到珐琅彩，紫砂流行，康熙就让宜兴进贡了不少素胎紫砂，送到清宫廷造办处由宫廷画师用珐琅彩绘画，二次低温烧制而成。

台北故宫博物院藏的各种装饰工艺的茶壶、茶盅、茶碗很多，还有茶叶罐。珐琅彩由传教士引进，康熙开始烧制珐琅彩瓷器，奠定了日后发展的基础；雍正不仅评定品质优劣，还提供样式，加以评比，他的审美又好，所以雍正朝的珐琅彩精美绝伦，他的颜色釉系统的茶器也极为丰富，无论胭脂红、冬瓜青，还是茶叶末等，各种釉色充分展现了古中国的审美——"雍正的审美淡雅，几乎带有女性色彩，可能还是和他的微妙的心理有很大关系"。雍正出手大方，赏赐大臣常常是连茶叶罐一起赏，所以清宫中此时制造了不少茶叶罐，无论是颜色釉还是珐琅彩都非常精致。据说极少数的国外博物馆中的雍正朝的瓷器藏品基本有两个来源，一是来自圆明园被掠夺后，二是大臣家的传世品。

清代瓷器在嘉庆之后开始走下坡路，精致的很少见了，清晚期宫廷出现了三件式盖碗，一直流传到了今天。但是北方似乎也不用来泡龙井，用盖碗泡绿茶会被耻笑，更多的还是用来喝花茶。

宫廷讲究之风也影响到上层社会，贵族之家的饮茶方式也很讲究的，我们最熟悉的就是《红楼梦》里妙玉奉茶的一段，无论是茶器物、用水、所喝之茶都有非常多的细节，这其实就是清朝贵族家庭日常饮茶的缩影。而且对茶的不同功用，《红楼梦》的描写也很清晰，所谓的"女儿茶"，是消食用的普洱茶，和今天的说法也类似。小壶小杯的明晚期茶道当时在北方并不流行，宫廷也不接受，仅仅局限于闽南和潮汕地区，这和茶种，包括地理环境、饮用习惯关系很大。

有一个有意思的点经常被忽略，我们在台北故宫博物院看到的皇家茶具，基本都是一壶配一杯，尤其是乾隆朝经常看到的海棠形茶盘，一边放壶，一边放杯，这是因为皇帝不与任何人分享茶事，最多是赏赐给下人一些实物。不会分享茶水，一是地位所限，二是注意安全。在展览中看过乾隆的若干一壶一杯的搭配，有描红荷露烹茶诗茶壶配茶杯，非常好看，所喝的茶也特别，就是用荷叶上的露水来烹茶，说明他自认此事绝对风雅，所以要烧制专门的瓷器来纪念，当然还有很多三清茶碗，锦上添花红底茶壶茶碗，还配有专门的木盒装，相比之下，日本博物馆中常见的木盒显得就寒酸多了。

清末国力日衰，导致茶道日益衰败。民国文人的著作中关于饮茶的记载都非常简陋和寒酸，现在很多人看到精致的饮茶方式，就会觉得是来自日本。廖宝秀看过不少清末文献，其实清末的许多讲究人家的饮茶方式还是按照明人流行的文人化饮茶进行的。但是从清末至民国，整个中国处于动乱中，战争使大量茶具、书画都丧失了，哪里还讲究得起来呢？至于我们以为讲究点的茶道是日本的，也不奇怪，我们离宋茶道、明文人茶道的距离都太远了，看不见，就像明代学者不知道茶筅为何物一样。但是日本保存得比我们好很多，例如他们煎茶道中把茶瓯叫"啜香"，就来自明人高濂的《饮馔服食笺》。

现在中国台湾的茶人早期玩的茶会确实有些方面来自日本。开始时候习惯脱鞋坐在地板上，廖宝秀就说，坐一会儿就坐不住了，而且脚都露在那里，不合适啊。现在地板上的茶会越来越少了。台湾的发酵茶体系所带来的茶具的要求，进一步到审美的要求，都和他们不相同。台湾茶道的源头还是潮汕地区，主要是饮用的茶类相似，都是工夫茶。潮汕的小壶小杯的茶道流行于晚明，渐渐发展出自己的"孟臣壶""若琛杯"等四宝，台湾最早的饮茶文化就是庙口老人们流行的简陋版的潮汕喝茶方式。慢慢地，20世纪80年代台湾茶外销转内销后，大量茶出现在台湾市场上，台湾的文化人开始寻找自己的茶道，他们搜集了很多茶具，开始布置茶席，并且慢慢走向重视喝茶的环境，发展出今天的台湾茶道。■

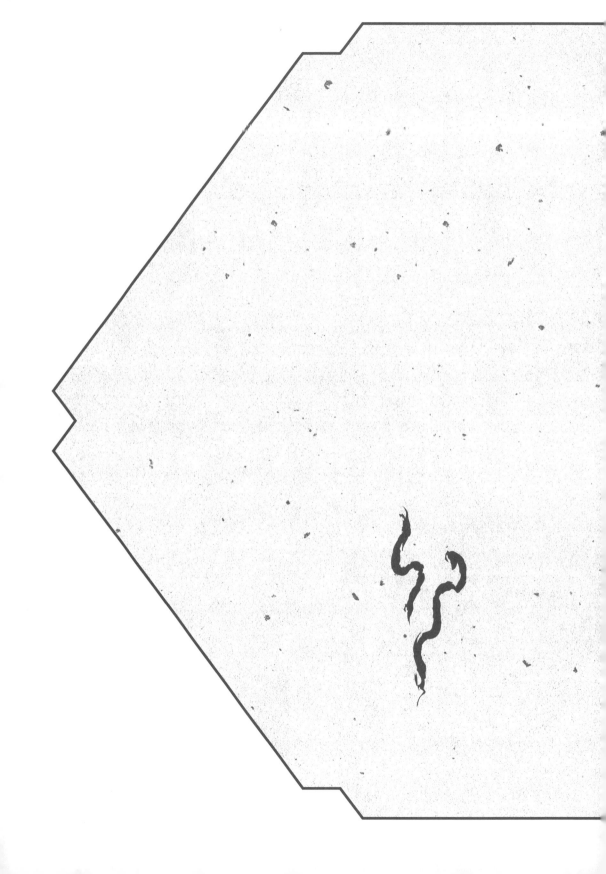

第二章

茶之味

茶香何来

从他者的角度来观看自我，往往大有收获。我居然是在京都第一次意识到：中国茶的根本，就是茶香，这也是他者——日本人眼中的"中国茶观察"，对方是一个做茶具二十多年历史的京都陶瓷匠人，还记得在那间黯淡的茶室里，他眯着眼睛对我说，你们的茶，是香，我们的，是甜。

那是京都的老品牌"河滨清器"，专门做陶瓷茶具，不在狭窄拥挤的京都老城而在宇治，所以拥有自己的相对宽敞的工作室。从宇治站下来，慢悠悠顺着《源氏物语》里写过的宇治川走过去，经过了朴素的平安神庙，就到了"河滨清器"。院落不大，落叶堆满了庭院，满地黄叶中一棵青枫，我们就在对着庭院的茶室喝茶。

到宇治，当然喝的是当地的日本绿茶。宇治茶在日本赫赫有名，有名到就连一般的茶饮料都要标榜原材料使用的是宇治绿茶。老店主用自己的银釉宝瓶泡绿茶，水温低到让我震惊，大约 45 摄氏度，触感就是一般的温水。浅浅的宝瓶倒进去不烫的水，然后晃晃悠悠再倒入碧清的小瓷盏中，这是他习惯的并且大家都推崇的宇治茶的低温冲泡方法，喝了一口，甚至有股海藻的气息，非常古怪。但滋味的熟悉，也是需要暗示的。他看着不说话的我问，好喝吗？我说，水温有点太低，有点茶没泡开的感觉。他说，你们中国茶，强调的是茶香，我们的茶，重要的是泡出甜味，你觉得甜吗？被这么一说，突然感觉似乎是甜的，带点鲜美的甜，有点像吃了口鲜美的生鱼片，也像海带汤，说不出的感觉。

后来去日本多了，凡是老派的茶馆或者茶器店，确实都流行低温冲泡高级绿茶，一股淡淡的甜鲜滋味在口腔，后来知道，日本茶多用蒸制法操作，蒸青绿茶确实保存了茶中大量的氨基酸，远比中国的炒青为高，难怪有种古怪的鲜。

吃惯了鱼生的民族，会觉得这点鲜，属于他们追求的高级口腔愉悦，但我们终归还是不习惯，有点莫名的寡淡感。喝完了，需要赶紧吃点小点心，后来想想也对，用厚重的甜来对冲前面的味道，加上日本越高等级的绿茶见太阳越少——比如京都附近的高山寺上的名茶园，最昂贵的绿茶"玉露"，需要用黑色棚子遮住阳光，最好一点不见天日，晒到10%的太阳的苍白的嫩芽，方是名家购买的上品。这样的绿茶，必然是寒凉，需要厚重的甜品抵敌。

而在我们的国度呢？哪里会流行这样的低温冲泡？哪里会有这样的遮阳大棚？哪里会把一杯绿茶努力呈现出"甜"？说白了，还是文化有别，口腔也各自为政，整体的口感追求完全不同。仔细一想，中国的茶不分品类，不真的就是在追求香？饮茶的过程，其实也是追逐香味的奔跑过程，从始到终：干茶的清香，泡好的茶刚一打开壶盖，缓缓飘出的隐约的芳香，倒在杯子里，喝完后细细地闻杯底的温香，进入口腔后，茶汤中混合着各种杂糅的香气和口感的芳醇，这方是茶香的极致：滋味。

中国茶的香，鼻腔、口腔是混合为一体的，绝对不仅仅是口腔的享受，我们还需要闻到香气。

中国茶以香为根本，是怎么来的？认真地想了想，还真是陆羽的功劳。如果了解中国茶的历史，就能知道，一直到唐代，茶汤的饮用还在药茶同源的系统中。有些人将茶当作药，有些人把茶当作解渴之物，寺院里则作为修行妙品，并没有完全被视为一种单纯的体系而存在。这时候的茶不仅仅流行于上层社会，皇家与民间同乐，多奉行的是一种"煎茶"体系，只不过皇家的饮茶器物庞杂而奢侈，民间相对简陋而已。

法门寺1987年出土的皇家茶具是文思院制造，从这些茶具的品类中可以想见唐茶的复杂与甘醇：先需要银笼烘烤茶饼，再用茶碾子碾碎，放入鎏金飞鸿纹的茶则，之后进入罗子进行清筛，筛好的茶存入茶粉盒，然后放进锅中混合盐和各种香料煮熟，后用银匙盛入秘色瓷的茶碗，一碗浓郁的煎茶就这样好了——我们无法得知这种茶的香与不香，此时追求的还是茶之功效，追求的是茶汤让人出汗、让人迷醉的种种体感，追求的还不仅是口感。鼻腔和口腔的满足还没有被提到今日的高度。

⚡ 中国人是彻底的香气物质主义者

有时候感慨，幸亏我们有陆羽。陆羽的《茶经》中的一句"茶性俭，不宜广"，似乎是给中国茶定了基调，从此之后，茶逐渐成为单独的体系，中国人开始追求简素之茶，各种繁杂体系的茶还存在——比如宋代宫廷饮用的龙团凤饼，里面甚至要添加麝香等物，但是都逐渐让位于单纯的茶，茶的本体确定了：不含添加物。就连"龙团凤饼"的占有者宋徽宗也反复说"茶有真香"，看来夹杂麝香的团饼也未必是他的唯一选择。

所谓的"真香"，归根到底是不与它物混杂，追求茶汤自己的清气。陆羽身份复杂，有说是孤儿，也有说被僧侣收养，也许这身世影响了他的审美，最终他选择了相对纯净的饮茶之法，与宫廷的繁杂和民间的粗糙皆有不同，就是尽量突出茶之本味。

但毫无疑问，在他成年之后，他的饮茶方式，逐步推广到自己周围的士卿友朋之间，最终被确立为饮茶之经典法则，虽然别的饮茶方式还有并且流传至今，例如湖南流行的擂茶，还有相对普及到许多地区的茉莉花茶，但是都不如强调"真香"体系的单纯的茶受欢迎，并且后者占据了决定性的地位。

宋茶追求黑盏盛出来的沫饽，追求器物之美，与我们今天的茶饮还是区别很大。我们细看，最昂贵的茶，如皇家御用的大小龙团，茶在加工过程中，要捣碎，要去汁，茶之本身香味大为减少，也许添加各种香料，就是为了让茶味馥郁，不过这并非民间能品饮到的茶，纯属稀少之物。欧阳修在朝廷为臣二十年，只分得小块的龙团凤饼；苏轼到了名泉"第二泉"，带着的是小小的茶饼，"独携天上小团月"，都不是一般人所常见。

宋代民间流行点茶之法，士大夫阶层注重的是活火、活水，此刻的茶，不仅仅是被称为"腊面茶"的饼茶，还有大量蒸后不拍不碾碎不烘干的散叶茶，与我们今天的茶已经十分相似，只是喝法不同，喝前也要磨成粉末，再用汤瓶之水去点茶，士大夫阶层所喝多属不添加杂物的清茶，这时候，中国的茶香主题已经隐约出现了。

当然民间的茶铺还是缤纷多彩。《水浒传》里面专门卖茶汤的王婆，第一次端给潘金莲的是"浓浓地点道茶，撒上些出白松子、胡桃肉"，这是民间流行的花果茶，其实今天市场上流行的奶茶就是此一系统的延续，也谈不到茶香，茶只是配角，不是主角。

当下，很多人选择复原宋茶的士大夫喝法，我在台湾的涤烦茶寮和主人王介宏一起试过一次。王先生是努力复刻宋茶的当代文人，选择的是宋代的御茶苑所在地建阳的野生小白茶，先用石磨磨成粉末，筛了一次，再磨第二次，接下来是第三次，要求用极细的粉末，以便达到宋代人点茶时所喜欢的"沫饽汹涌"的地步，最后的茶末是青灰色，用滚水注入后，再用茶筅击拂，最后碗壁的表面上挂着很多细小的泡沫，称之为"水脚"，茶汤却成了乳白，果然与宋人的描写类似，那些小泡沫，喝进去就像牛奶的小泡。确实有人考据说，宋代人重视"沫"，与蒙古人喝牛乳茶的风俗有关，并延伸到元代。

但这盏茶喝的还不是泡沫，重点还是香醇，野生的小白茶经过这样的处理，比起我们当下的工夫茶泡法，水路细腻许多，也温柔很多，散发着淡雅的白茶香。宋代的口腔感受是无法被当代人捕捉的，我们只能用疑似的办法参考。

明代之时，我们今天常见的各种茶类已经开始出现，最主要是改团为散，还是蒸青的绿茶为主，但是明末的很多茶已经是炒青。清代的茶基本已经是现代茶的轮廓了，六大茶类都已经出现，饼茶还有，以边销为主。但此时的饼茶，也注重香气口感，我们今天在普洱的品鉴上就能明显看到这一特点。

花果茶也依然在，也不完全是平民喜欢，以洁癖著称的元代大画家倪瓒就喜欢花果茶，一定要混合各种花香入茶，这是喜欢浓郁滋味的人。苏州无锡一带的江南风雅之士迄今喜欢做荷花茶，盛夏之日，选择新鲜的绿茶放进网袋，再在暮色降临之际放在半合的荷花之中，次日清晨，荷花长开之时取出饮用，有一种细腻的文雅感受——但终归不是主流。

主流的茶饮已经将茶之自然香放大到一定地步，对茶香的追求成为对茶品质的追求，中国愿意为某种茶中自带的香气付出贵很多倍的价格，但一定要求这香来自天然，绝对不能是添加物。举个例子，英国的伯爵红茶添加了大量佛手柑精油，这种茶在地道的中国爱茶人看来属于并不高级的拼配茶，上不了大雅之堂，但如果某种武夷岩茶中多了一些天然的青苔味、梅花香，外加隐约的木质香味，这种茶很容易超越平庸的茶，任茶商加价。

中国人真是彻底的物质主义者，口腔的快乐让他们无比欣赏，这物质里也有大量精神的成分——香本来就是风雅的代表。

⛇ 香从何处来

在茶山，最常见的是茶农炫耀自己家茶田的环境，比如附近的野生梅树，地头的兰花。经常有有经验的茶农告诉你，他家的茶就是吸附了周边植物之精华而携带了大量的花果香气，事实上，这完全是错误的。

茶树的品种、当地的气候、土壤的性质，都对香气成分有巨大影响，但是鲜叶中的挥发性的芳香物质，其含量不到 0.02%，组成芳香的物质成分错综复杂，有一百多种，包括醇类、烯类和酸类，鲜叶中含量最高的香气物质是青叶醇，占鲜叶芳香物质的 60% 左右，这也是我们捧起一把新鲜的茶叶稍加揉捻就有弥漫的草香的缘故——但这些物质，包括大量的青叶醛、沉香醇、苯甲醇和橙花醇，在加工过程中均会发生复杂的转化，形成新的香气成分，这也是茶叶之香的基础，更多来自加工过程而并非生长过程。

也很少有茶以"草香"为卖点，甚至草香已经成为一种茶香的缺点——新鲜的白茶就被嫌弃有草青气息，所以要喝老白茶。这点也说明，鲜叶之香和做好的茶叶之香，完全是两个世界。

茶叶加工历来属于农产品加工，一直到现在，中国茶都没有形成庞大的工厂系统，均为收购农家鲜叶、进入工厂体系进行加工、粗加工之后再进行分拣、进入精品化阶段。虽然茶是中国最早的外贸产品，也是中国出口量颇为大宗的农业产品，但真的，茶叶就是小工业体系，汇聚在一起成为大产业。

小加工就导致了不同产区的茶叶香味各异，只有大概的统一，没有完整的属性。绝对不能说，绿茶都带有兰花香，红茶都带有玫瑰花香，完全是区域环境加上师傅的手艺，形成了某一品类的茶叶的独特香味，比如黄山茶，普遍带有淡雅的兰花清香，而四川的宜宾红茶，有一类带有玫瑰花的甜香，这样一来，茶香的体系就更加复杂，也因此变得极为难以描述了。

但中国的六大茶类，由于加工方法不同，确实是有大约的香气系统的。拿绿茶、红茶和乌龙茶举例子。

绿茶的产区最为广袤，种类也极为多样，只要是传统产区，几乎每个县城都有自己的"名牌"。绿茶的特点就是香气高扬，这种香气来源于高温杀青带来的有效物质固定，茶多酚只减少15%左右，氨基酸也会增加，这样喝起来就带有鲜香和醇厚并列的特征。这点很有趣，中国其他品类的茶叶，均不带有"鲜"这个特征，但是绿茶主产区的长江沿岸的各省，无论上游还是下游，均喜欢"鲜香"这个口味，感觉绿茶在某种程度上与这些区域的食物口感系统有种千丝万缕的联系。这些鲜香具体分析又各有不同。长三角的两大名茶龙井和碧螺春带有清香，这清香众说纷纭，说是板栗香、豆香的都有；黄山、庐山的茶则是花果香，上等的炒青带有板栗香、兰花香，我喝过的一款产量稀少的传统黄山毛峰带有依稀的乳香。毫无疑问，都来自环境的特殊，外加本地化的悠久传统的手工——同是绿茶，这手工也千差万别呢，各种醇类物质在不同的温湿度下，幻化出不同的香气，花香、果香、焦糖香基本上都是在加工过程中产生的。日本绿茶带有的海藻味道，其实是蒸青绿茶的特点，是一种叫作二甲硫的化合物产生的，不过国内现在蒸青很少，只有恩施玉露一种，基本上算是留有古风的茶。

红茶的香，来自加工中的发酵阶段居多。发酵期，香味成分聚合最多也最快，所以厉害的红茶制茶师是在这个阶段发挥能力的。祁门红茶和福建的若干名品红茶，与广东和云南的红茶的内质物不一样，最后呈现的香气系统也不一样。祁门茶的兰花香，云南茶就不具备。有意思的是，制茶工业虽已多年，但现在还没有弄清楚红茶加工中的"高香期"是怎么回事。所谓"高香期"，指的是必须在某种气候条件中制作，这种茶中的高香才能出现。世界上著名的高香红茶——祁门红茶、印度大吉岭红茶也不例外，人工很难模拟出类似的加工环境，导致了这些高香茶有的年份多，有的年份少，并不能恒定。

乌龙茶当年是几大茶类中的香气冠军，香清而味道醇厚，主要还是其做工的烦琐，兼有红、绿茶初制工艺的特点，所以有了红茶之醇，绿茶之香，并具浓香和鲜爽，是其他茶不具备的。这种特点还是来自品种、环境以及特殊的加工手段。乌龙茶的鲜叶采摘比较晚，所以叶片也老，但这种老就保证了里面的醚含量居高，这种浸出物越多，则茶叶越香。品种不同的乌龙茶产生的不同的醚，有的带有桂皮香，有的带有柑橘香，凤凰单丛已经分出了百余种花香，这些茶叶的采摘也讲究，至少要一芽两叶的饱满——绝非绿茶的重视芽头的采摘系统。制作也复杂，从头到尾工序繁杂，萎凋、做青、杀青、揉捻再到干燥，用水分的变化来刺激各类物质的转化形成，茶多酚氧化，各类酸降解，最后出现大量不同层次的、挥发性的芳香物质，例如摇青工艺和花香有很大关系——去武夷山，茶季最辛苦的还是摇青师傅，青叶采摘回来，几个小时后必须摇青，一旦耽误了，这批茶就废掉，尤其是高档鲜叶，必须根据叶片的含水量来确定开工时间，半夜两三点干活是常态，几天摇青坐下来，辛苦自知。但高档鲜叶如果进入机器体系，则香味大减，在一斤鲜叶可能需要一千多元的时代，这可是浪费。而且人工动作要高明，才能让青叶的茶多酚类物质发生氧化，促进芳香物质生成，从清香变成花香，而且是初步兰花，进一步桂花，叶片也从绿色变成朱砂红——简直是一首庸俗的古诗词，觉得古人要是明白其中的复杂道理，早就有无数吟咏了。

萎凋中诱发，摇青中成型，发酵中进一步深化。发酵浅的铁观音和发酵中的铁观音，内含的芳香物质完全不一样，现在的会喝茶的人说到新派的铁观音都是摇头，主要还是嫌弃里面的清香，虽然浓而猛烈，但是近于绿茶，远不如传统的铁观音发酵重，带有浓郁的花果香。说来有趣，在我国香港、台湾地区和马来西亚的老茶楼，基本还是提供传统的老派铁观音，在安溪一带，将之称为"外销茶"，早年看重，现在却不多见，主要也卖不出价格，外销茶价格一贵，对方就要撤单，所以越来越小众。我记得在香港以古董行居多而著称的皇后大道东，随便找了一家家常的茶楼，喝并不昂贵的铁观音，金黄的茶汤散发出浓郁的花果香，有一种斜阳余晖的感觉，也不知道这种老派茶还能存留多久。

至于武夷岩茶，更是一个以品香为主体的世界，近些年最流行的武夷茶，无外水仙和肉桂，很多老丛水仙，强调其青苔味、木滋味，外加隐约的韵味，说起来像是某个高端品牌的男款香水，但是好的水仙也确实具备了这些香味体系；而肉桂则以辛辣的桂皮香开门见山，但之后，好的茶汤则有各种细节的香之变化，幽雅的梅花香，隐约的兰花香，得之于山场环境的特殊，也得之于制茶高手的手段。同样的武夷山肉桂，哪怕都是正岩之茶，最好的与最差的价格也能相差二三十倍，这就是前面所说的，中国人在追求茶香上，是愿意花大价钱的，这种虚无缥缈的物质追求，是某种"茶本主义"。

这些香气复杂的世界很难被归类，被定价，也没有说这种香味组合就一定高于另外的香味组合，有迹可循的只能是产地、做工，外加个人的品鉴能力。我特别喜欢和一位台湾的善于烘焙茶的老先生詹勋华一起喝茶，因为我俩性情相近，口味也类似。每次和老先生喝茶，我们都喜欢将茶汤的内蕴香味拟人化，比如一款茶，杳味藏在后面，隐约出现，而且每次只给一点，持续到很悠远，我俩都觉得，这茶像高僧说法，非常缓慢，但是让人清醒；有的茶香气华丽，先声夺人，一下子要镇住你，但是越往后面越乏味，我们又相对一笑，觉得这茶是个华丽的模特，刚开始好看，越往后走越觉得没什么意思——茶香真没有等级体系，还是需要善于品茶的人，懂得欣赏才能对上眼。

从这个角度说，中国茶真是雅致之物，始终在和人类的碰撞中，寻找着知己的那刻。只有最劣质的袋泡茶才会往其中添加各种芳香成分，规模性地制造雷同的香气，过去流行的办公室袋泡茶，现在已经是廉价的超市货品；现在又开始了新的添加香味的茶，各种网红推荐的"蜜桃乌龙""桃花银针"，这种甜美小清新的茶在资本的加持下盛极一时，但衰败也会很快，还是陆羽定下的"真香体系"埋伏在中国人的饮茶基因里，时不时地跳跃出来，呼唤那杯天然的、雅致的、清新的茶。■

源头活水

茶与水相激，才真正完成了我们将饮的那杯茶。

水在历来的品茗记载中都很重要，作为泡茶用水的调查，我直接选择了寻找泉水的方式。第一，是因为许多历史名泉并未消亡，是否还可以做饮茶用水，值得考量；第二，茶人欣赏饮茶于林泉的方式，饮茶之道盛行，各种改善饮茶的方法都在使用中，那就直接去山泉佳处，喝一杯活水冲泡的茶。

⚡ "天下第二泉"的没落

当年陆羽品茶取水的故事在后世被传说得神乎其神。比如传说他品水的技术高超，只要喝一口，就能分辨出哪些来自江中间，哪些来自岸边。这仅仅是个违反物理规律的传说，但是因为冠以陆羽的名头，一直流传。实际上，陆羽所撰写的《水品》早已经失传，现在托名于他的是后人张又新的《煎茶水记》，不是真可以作为陆羽论水的凭证。但是陆羽的许多关于饮茶取水的看法，比如要喝活水，要以山水为上、江水为中、井水为下，山水要乳泉为上，要浸漫于石上者，瀑布的水和淤积的水都不是好水等观念，确实通过一些书籍的引用流传下来，为后世饮茶用水提供了依据。

时至今日，直接饮用泉水者越来越少，人们越来越多地购买饮用水，或者通过某种方式储存水，比如陶缸储水，比如石子浸水的方式来做饮茶用水。陆羽的体系彻底失效了吗？其实很大原因在于他书中记载的名泉要么难以抵达，要么已经失去了魂魄。无锡惠山的"天下第二泉"就是如此。

"二泉"在当代的出名，应该归功于瞎子阿炳的曲子，还有音乐家杨荫浏的命名。《二泉映月》给了人们无尽的想象，可是真的二泉，已经映不出月色的美丽，只是无锡锡惠公园里一池被圈住的半真半假的池水，不知道来源于自来水还是山水，里面堆积着人们扔进去的硬币，标准的中国旅游点景观之一。这里是曾经留下了那么多风雅记载的"天下第二泉"，实在让人遗憾。或真或伪的天下泉水点评中，第一泉常常被更替，有多个候选者，但是第二泉始终属于无锡的惠山泉水，以至于从唐代开始，无锡的惠山泉水就被去除了地名的前缀，一直被直接冠名为"天下第二泉"。无锡的地方学者金石声告诉我，一直到20世纪90年代，他们这些在园林部门工作的人还能每日领到两桶二泉水作为福利。"那水就在我们公园里，终年不干涸，也不满溢出来，掩映在树荫下，特别清凉解渴。"第二泉的好，应该归结为惠山一带植被的丰美。过去惠山主要植物是松树和竹林，山上常年松针满地，且松根上长满了茯苓，二泉水不属于地下水，而是雨水落到山脉上，通过惠山的植被根系的过滤，直接在较低处的惠山东麓山脚白石坞处涌出的"缝隙泉"，松根和竹根基本就是最好的过滤器，泉水之甘美，可以想象。

"缝隙泉"的质量，受外界环境因素影响众多，包括雨水的洁净度，也包括植被的丰厚。从20世纪60年代开始，惠山的整体风貌有了大规模改变，二泉的上端不仅仅开挖湖泊，植被也被大规模破坏，尽管后来补种了树木，也不再是从前的松竹。也就是从那时候开始，二泉的水量越来越稀少，最后变成了今天的模样，只有极少量的泉水涌出，而且水质越来越差。

可惜就可惜在二泉从来都不仅仅是景观，更多的是中国饮茶历史上的重要道具。从唐代以来，饮用二泉就成为书中记载的饮茶佳话，唐宰相李德裕曾专门让人送水上长安，被批判奢侈后方才作罢，宋代的苏东坡用这里的泉水烹饪好不容易得来的"龙团"。二泉记录着名泉与名茶始终陪伴的历史，到了文人茶流行的明代，二泉越来越重要，已经成为中国饮茶史上的主角，其中最著名的要算是文徵明的个案了。2014年苏州博物馆的文徵明个展上，色彩明艳的《惠山茶会图》从故宫博物院借展。惠山泉水是全卷的焦点，根据原图上的序，那是正德十三年（1518 年）的清明那日的聚会。文徵明和朋友们一路从镇江游玩过来，到了清明这天，一群人到了惠山脚下，来试"天下第二泉"。文徵明的画作是写实，但不是写生，宋徽宗时代就盖在泉上护泉的石亭在画里被他改成了茅亭，亭中本来有两池，也被他改画成了一池，大约是为了画面中泉水主体的突出。明代文人的茶画有很多细节。本来文人雅趣的品茶，也是深入细节的活动。画上有两兄弟正在取水于鼎，表示对泉水的重视，其余七人环绕而坐，按照序中所说，是按照陆羽的做法，三沸而三啜之，识别水品的高下，是一次充满了仪式感的风流雅集——明朝时候，外地文士能喝到惠山泉，也是值得记载的大事，而且这是当时人的共识。冯梦龙调侃之作《唐解元一笑姻缘》里面讲唐伯虎追赶秋香一路狂奔，到了惠山脚下，却对船家说，且住，让我去打桶惠山泉泡茶，到了这里不取水，就俗了。在明朝文人的观点里，在爱情面前，茶事依然重要。

文徵明平素也用泉水泡茶，常派人去深山取泉水，因为害怕挑夫敷衍了事，所以就效仿苏东坡"竹符取水"——挑夫去挑一桶水，可以从住在泉边的和尚处领一竹符作证。不过在他尝试的各种泉水中，惠山泉还是被视为上品。朋友从宜兴给他送来名茶"阳羡月"，他大喜过望，让人连夜去无锡运水，因为大雪受阻，他异常失望，就在这时候，另一朋友冒雪给他送来一桶惠山泉，他赶忙生炭火煮水泡茶，写了两首诗记录此事。

名泉与名茶的关系到了乾隆那里依然奉行。乾隆是清代帝王中最重视饮茶者，他无锡的行宫就在二泉附近，不仅用这里的水，还特别喜欢惠山寺僧侣用竹编陶炉所做的烧水器物"竹炉"，后来这种炉具成为他各地饮茶处的标准配备。现在二泉边"竹炉山房"还在，乾隆的题字也还在，饮茶后的诗歌还被刻碑铭记，可是唯一不在的，就是昔日甘洌的天下第二泉。

泉水旁边，还开着一个大众茶楼，模糊地利用人们对于二泉的期待，在那里煮水卖茶——这当然是生意。现实中的二泉仅仅是一池让人沮丧的水。名泉的没落让我们产生怀疑：这里的泉水真的好过吗？古人是不是也仅仅是好名而已？

不过对照现在还活着的很多名泉，比如杭州的虎跑，乾隆规定的北京西山的"天下第一泉"，还是可以想当然——当年的这些名泉绝对不是浪得虚名，如果恢复生态系统，也许名泉能复活。当然有些是彻底消失了，尤其是一些生态系统被根本改变的地区。

🜍 寻找江南的新山泉

本来以为在无锡寻找泉水就此告一段落，没有想到，用泉水喝茶的人，转眼在无意中遇见。朋友陈宸和他的妻子赵小洁都是爱茶者，我与他们相识本来渊源于民乐。陈宸虽然是大学里的计算机教师，可也是民乐的忠实爱好者，热爱古琴和雅箫，且比一般人身体力行——箫的制作都是亲力亲为，自己经常进山寻竹。每次进山，不仅仅带上自己家养的狗，还带一堆茶具，在山里取泉泡茶，经常和两三好友，就在山林里选一块空地，开始喝自己携带的各种茶，间或拿出弦子和古琴在喝茶的间歇互相唱和。在他们的生活里，进山寻泉并不是值得大书特书的风雅事件，就是日常生活的一部分，几乎每周都要依例举行。

在他家喝茶用的也是山泉水。有朋友从江西运来的山泉，也有自己从附近的宜兴山里取来的泉水，相比之下，他俩还是更喜欢宜兴的泉水，直觉清澈甘冽一些，也许因为新鲜的缘故，宜兴的泉水每周取一次，更活跃："我们一直觉得水要新鲜才好喝，当场去山里取水泡出来的茶，味道更醇。"之所以能找到这汪泉水，归因于他们的朋友"老妖"。老妖是宜兴的紫砂壶从业者，这没什么稀奇，几乎所有的宜兴人都和紫砂壶有或多或少的关联。奇怪的是老妖的手艺出奇地高明，却不在任何工艺师职称之内，他明确表示自己看不上那个评价体系，所爱者就是认真做壶，一年产量只有数只，省略到了极端。老妖最早是个简单的壶贩，专门贩壶给台湾、香港和广州的爱壶者，后来有天突然不做壶贩了。他老婆告诉我，他是生气，自己要求工匠们做的壶，无论如何达不到他心目中紫砂壶的标准。索性自己动手，也是个亲力亲为者，结果出乎意料：他做的壶比他以往贩卖的壶都要高明，全国各地都有专门的追随者，陈宸最早也是通过买他的壶认识他的。老妖的亲力亲为，已经成为他的生活原则。他爱壶，所以从开始找矿料那一步就自己动手；爱茶，每年喝的茶叶都是自己从乡下收上来鲜叶，然后自己揉捻发酵，做最传统的宜兴红茶；爱园林，就自己四处搜罗菖蒲和太湖石，在买来的地上精心布置院落格局和植物。陈宸说老妖是"中国好农民"的样本，确然，老妖留长长的胡子，穿布衣衫，对外人永远是睁大了好奇的双眼，眼神特亮。如果光看外表，真的就是最普通的乡民——一个对生活有着特殊兴趣的乡村农民。陈宸的妻子赵小洁外号"小妖"，也是因为行为与一般人不尽相同。她爱花爱茶，院落里的植物丰满茂盛。这个季节，正是木香花盛开，她常常坐在院落里，用自己从景德镇定做的杯子喝茶。安逸之外，更有一丝古人饮茶的追求。这样几个人碰到一起，从山里取水茶聚，也就成为自然而然的事情。

我和他们一起去惯常取水的泉眼看看，距离老妖定居的宜兴郊外的小山村并不遥远。出村就是茂盛的竹林，就才想起了宜兴本来就有竹海，三三两两的山民从我们身边走过，进山去挖笋采茶。正是暮春，山里的农民忙的也就是这几件事，等到笋挖回来，家家户户开始煮笋晾晒，满村都是浓郁的香味。老妖的老婆在家晒茶，刚刚发酵好的茶叶如果不晒，就会发酵过头，所以不能和我们同行。一路走去，全都是山里溪水集聚冒出的泉眼，这里的泉水和二泉的形成机理类似，都属于雨水落在山间，经过竹根的过滤再从低处涌出的"缝隙泉"。二泉已经没落，这里的泉水却兴旺，毕竟山区人烟稀少，村里人的饮用水全部取自这里，常常是几家一个泉眼，上面盖以石板，用皮管取水直通各家各户，老妖家的也不例外，但是老妖更精细，一直在试水，总是从上游找更好的水来饮茶，最近他家又要更换泉眼了。

这里的山地，基本以竹林为主，山间散落着各种草本植物，其中有中草药。老妖眼尖，时常从草丛里找到某种漂亮植物，有时候会移出一两枝，准备栽种到自己的新园林里。到了山林深处，只有石头小路，原来是一条古道。找了几块大石，我们开始坐下泡茶。赵小洁告诉我，他们以往也是如此，在竹林之中寻找平坦的地方，坐下来就拿出古琴和茶具，一群人开始玩得兴致勃勃。因为他俩交往的古琴名家多，所以很多老先生都被拉到这里玩过，这种外人看来需要格外精心设计的雅聚，在他俩的生活中却已经玩熟了，因此很快就泡好了第一壶茶。

在山中喝茶一切从简，野外泡茶，只求简单也是有道理。泉水是在老妖家烧好灌在开水瓶中的，茶具是放经常携带出门的提盒里的。壶是老妖的，杯子是赵小洁他们在景德镇定做的古琴杯，每只上面都有琴曲名或者箫曲名。因为泡的是当地的红茶，所以杯子略大，拿在手中，几口才能喝完。这山林里的茶，比起刚才在老妖家喝的茶更加甘洌，也不知道是不是因为走了几段山路的缘故。喝到高兴，陈宸拿出三弦。虽然平时多弹古琴，可是现在拿琴说事儿的人太多，他出门基本不愿意带琴，而是玩自己还不熟悉的三弦和琵琶；老妖则是吹箫，他的箫和陈宸学，所以陈宸特别明白在什么节奏上两人能互相唱和。

赵小洁告诉我，有次他俩玩得兴起，在野外玩即兴演奏，她听得都呆了。累了，就是一盏茶，在这里，茶并非唯一的主角，这与古人的雅集比较类似。各种主题的碰撞，经常一圈人围坐，中间一人泡茶。陈宸爱玩也爱研究，他和老妖的交往，并非仅仅是迷恋对方的手艺，而是双方都喜欢研究问题，比如紫砂的审美、各种中国乐器的发声机制。他常开玩笑，要是有钱到不用工作，他的理想是和老妖居住在附近的大山里，认认真真做紫砂，做箫。

用当地水泡当地茶，是陈宸他们的习惯。"也尝试用宜春的明月山的水来泡宜兴的红茶，可是感觉不够厚。"这一片山地属于顾渚山，也是历史上"顾渚紫笋"的诞生地，当年陆羽的足迹遍及此处，奔走无外为茶。随着气候的变迁，紫笋早已经成了往事，现在宜兴流行的是红茶，但是像老妖这种完全收山民的野叶并且自己监督做出来的实在不多。我们在他家的院落里坐着，外面是一面生满竹林的山，确实像画屏。用刚取来的山泉接着泡茶，老妖泡茶也像做研究：先泡今年刚下来的宜红，火气尚未退，觉得嘴里有些毛躁；老妖又拿出自己三年前所做的红茶，这一道才是醇厚芳香的，茶袋上注明了日期，也就是茶完全做成的时间，这样的记录，能够让做茶更加科学，知道在什么气候里做茶是最好的。而水的记录也正在开始，取用水春夏秋冬的不同，经过怎样的存放，在什么温度下泡茶，老妖觉得这是一项漫长而有趣的研究，和他做壶一样，可以做一辈子。

𝄞 广东罗浮山寻泉：水与茶的激发

中国名泉甚多，可是真有心去找泉泡茶的人不多。许多人觉得，这是古人的生活，在当下很难实现。阿诚也是因为一个偶然的机会开始接触到罗浮山的泉水的，但是开始并不是用泉水泡茶，而是做酒。

阿诚是深圳紫苑·雅生活馆的老总，从前总爱到各地寻访找茶，也知道山泉之美。可是真正把泉水带进自己的生活，是从做惠州当地的米酒开始。他是惠州本地人，当地有一个风俗，就是农历七月初七的夜晚去江里或者井里打水进行储藏，说是每年的"至阴之水"，此水储存后经久不坏，泡茶、做酒或者做药引都是佳品。江南各地有取五月端午的水做"纯阳之水"的，岭南的风俗是如此的不同。

"你相信这个时辰取的水长期不坏吗？"我实在无法认同这种说法。阿诚笑着摇头，他也无法相信。但是，取这个时辰的水所做的米酒，却是出奇的甜。惠州一直有各家各户做米酒的习俗，可是现在人懒惰，都选用自来水，反正小城的自来水一直不错，阿诚独辟蹊径选用了罗浮山下一个古老的泉眼"酿泉"，而且真是七月初七的夜半时分上山取水，结果酿出来的米酒甜得简直过分。"我心里也疑惑，这个时间段取的水真那么好？"

不管这个时辰取的水好坏，但是无疑，这个存在于古老的道观的泉水肯定好喝。罗浮山是当年葛洪修道的地方，这里的道观历史悠久，我们所去的酥醪观就有一千多年的历史。据说当年葛洪在山上修炼的时候，除了位于山中央的冲虚道观，还在四周各处打坐，这里就是他的一处遗迹所改成的道观——和一切中国的旅游景点一样，如今的道观也被各种或真或假的人文景观所簇拥，反倒是道观里的植物可看：一棵近千年的古梅树，带有岭南特有的植物气息，繁茂得不正常，据说苏东坡曾经为其写过诗；梅树周围，全是古松树，一棵棵爬满了山岭，松树不奇怪，上面附满了爬藤植物，其中一种上面长满圆叶，据说只有空气特好的地方才有这种植物的生存，它就像空气探测器——松树和梅树下面，就有泉水涌出，不幸的是泉眼被束缚在一个铜铸的葫芦瓶里，成了旅游景观。

观里的道士们不会从这个出水口接水，这个现代的取水口在他们看来也有几分做作，他们直接用水管从泉眼附近接到道观里，生活用水都靠它，还有附近东莞、佛山的爱茶者常年用车来拖水，也算是道观的一个小收入。一个胖大的佛山人正在这里拖水，脖子粗粗，戴着大金链，他指挥着一个小型卡车，上面堆满了塑料大桶，是专门开车来拉水的。现在仍然是每20天来一次，不仅仅自己喝普洱用，几个朋友也用。泡茶用这里的泉水，据说醇厚度增加了很多。如此风雅的事，背后却是当代人喝茶用泉水的粗糙画面。不过也许这才是真实的当代饮茶图。

我们在道观的下面的石桌上喝茶。当地人喜欢喝甜茶——其实不是茶，仅仅是山上一种树枝晒干的产物，但是回味特殊，有种所谓的"甘"，是罗浮山人待客的标配。一喝，果然是甜。岭南潮湿炎热，多种植物自然而然被选择了出来对付严酷的生活环境，就连工夫茶的饮用我觉得也如此，一杯杯热茶接连地喝进去，出汗，润嗓，提神，身体从不振中恢复起来。阿诚热爱老茶，把他从潮州搜集来的老单丛拿了出来。这批老单丛数目不多，大约只有数斤，平时在深圳的紫苑，他也是特意藏起来，只有重要的朋友来才拿出来，郑重其事用深圳能买到的各种矿泉水试泡，确实是好茶。

第一次用罗浮山水来泡单丛，水温可能是个问题，因为平常的烧水器物一般很难烧到水温 100 摄氏度，可是野外喝茶总得碰到这个问题，只能用电水壶延续烧水时间，尽量让水温升高，并且用了瓷盖碗，可以让茶尽量地发香。这些问题虽小，但是一杯好茶汤的出现，确实应该设计周全，不应该有缺陷。只能抱着尝试心态了。没想到第一杯出来，就让几位喝过这个单丛的人意外。这泡老的黄栀香本来出味缓慢，需要三四泡之后才能慢慢绽开，可是没想到用这里的泉水，第一泡就已经特别舒展，满口单丛的芬芳，与此同时，单丛特有的涩重也开始升发，简单来说，就是醇厚很多，就像一般茶泡到三四泡的情形。这种情况，在平常泡茶时从没有发生过，很让人惊喜。于是开始了持续的试验，这泡单丛与这酿泉的泉水，互相激发，几乎每泡都有变化发生，一直到了十几泡，茶味渐隐，但是每次出来的茶汤还是甜润可口，这时候才有古人的寻泉饮茶之乐的体会——确实与平时在家烧水煮茶有本质区别——一是水质好，二是泉水高度新鲜，有古人所谓的活性，引发了整个茶汤都活跃起来。

罗浮山地域广阔，泉水四处都是。因为南方的降水量充沛，加上地下水系发达，几乎可以在各处见到泉水。一路行来，喜欢的恰恰不是人工修整过的水池圈住的泉眼——那种泉眼总有人往里抛掷硬币，似乎这已经成为中国人的固定习惯，看上去总觉得泉水受到了污染，大家普遍喜欢的是草丛和石下冒出来的泉水。这里有处茶山观遗迹，是当年葛洪的大弟子黄大仙的修行所在，这才知道历史上黄大仙真有其人。不过不管黄大仙名声多大，现在这里却已经只剩下道观的遗迹了，一处破败山门，往上走去，只觉得满眼青绿，整个山路所面对的像是一幅缓缓被打开的画卷。中国道家的修炼所在一般是精心挑选的，对于门外汉的我们这些知识纯属外行，但是走进这些空间，确实感到舒服，大约还是自然环境极好的原因。

整个茶山观，处处涌泉。雨水多的季节，这里不仅仅有泉水，也有瀑布，简直是水汽弥漫。当地的学者谢泽南告诉我们，他从年轻时候就泡在罗浮山，他们做过详尽的调查，整个山脉有 90 多处泉眼，许多泉水是历史名泉，比如苏东坡称赞过的卓锡泉。"这泉水是苏东坡泡过茶的，他自己说比杭州虎跑略胜一筹。我们也试验过，泡当地的茶，哪怕就是简单的山上的苦茶和甜茶，也远远胜过了外界的水泡出来的。"可惜现在卓锡泉被围在军事管理区内，不能对外，我们试验的泉水，就是茶山观的无名泉水，拿来泡山上的另一特产：苦茶。

所谓"苦茶"，是与"甜茶"相对的命名，反倒是真正的野生绿茶。当年茶山观上茶树很多，也就是"茶山"命名的由来。不过随着时间流逝，不少茶树已经漫灭在树丛之中，但还是有山民劈开树丛，摘来茶树，按照最传统的办法进行杀青做成简单的绿茶，这茶用当地泉水泡，据说也不错。

观下有养蜂农民，我们找他借来桌椅板凳，烧水煮茶——一股浓郁的茶香在杯中开始弥漫，所谓苦茶，其实不苦，而是特殊的茶的味道。当地水泡当地茶，果然不一样，这似乎也是一条古人奉行的规则。泡别的茶，是不是也会特别好？还是得试验——用这里的泉水泡一泡云南的大树红茶，和用酿泉泡单丛类似，特别的升发，茶味出现极快，且特别浓香，莫非整个罗浮山的水质都一样的好？

60多岁的谢老师因为从前做过学校校长，所以说话很严谨。虽然跑过很多山路，也用了很多地方的泉水泡茶，但是因为没有进行过泉水的检测，所以他并不断言哪里的泉水最好，仅仅是告诉我们，这里的山泉形成复杂，有的是天落水通过岩石过滤而出，有的是地底水丰富的涌泉，酸碱度也不完全统一，所以究竟哪个最适宜泡茶，没有定论。在罗浮山的泉水中，唯一经过检测的是冲虚观的古泉。这是罗浮山的主道观，进了山门，面临一面大池，据说当年这里长满白莲，因此被明代的祝枝山命名为"白莲池"。冲虚古观三面环山，一面正面对白莲池水，显然也是道家所挑选的福地——但是道观饮水却不靠池水，而是另有古井，因为水质特别好，所以1985年曾经送到省地矿局检测，富含很多矿物质，是标准的矿泉水。

但是并不是所有的矿泉都适合泡茶。市场上有专门研究水质的一批研究者，"农夫山泉"的博士周黎就是其中一位，他常年在各地做水质调查，因为品牌需要在各地寻找新的水源地。他们也曾经来过罗浮山，得出的结论是罗浮山的水确实适合泡茶，因为呈弱酸性，和碱性的茶结合在一起，两者交融得特别的好，也就是我对每泡茶都有"升发"印象的原因。"南方不少地区的山泉偏酸性，泡茶都特别好喝。有些泉水呈现弱碱性，可能就没有那么强烈的入口效果，但是，因为水质活泼，同样能刺激茶。所以我们觉得，自然的活泉确实好，可惜很少人有机会享受到。"

这种"升发"的刺激，在我们把泉水带回深圳的茶馆泡茶的时候仍然深有感受。在茶馆里，用几种不同的水来泡茶，那样印象更深刻。有从山里带回的泉水，也有灌装的山泉，都用来泡阿诚的老白茶，山泉水激发了老茶，第一泡就有浓重的药香气，越往后走越浓稠，整个茶汤都有胶质感，特别饱满——人人都觉得好喝。原来水质的改善，对于整个茶汤的效果真是重要，现在的爱茶者很多从器物的改善或者水温的调控来改变茶，其实，改变茶汤的方法真的很多。

只是新的问题又来了，住在城市里的忙碌的我们，怎么可能终日驱车，只为源头活水？多数的时间，还是只有利用偷来闲暇的时间，进行一下小享受。不过这点小的享乐，就已经很有吸引力了。有什么理由阻止我们去追求茶汤的完美呢？ ■

寻访六堡茶：黑茶之雅香

到广西梧州采访六堡茶，我是有一丝犹豫的。六堡茶属于传统黑茶，而黑茶在制造过程中长时间发酵，往往会使茶叶本身因原产地不同而产生的风土区别几乎消失。近年最著名的黑茶产地是湖南的安化，传统的黑茶产区则有四川雅安、湖北赵李桥，六堡茶无论在产量还是名头上都不能算是翘楚。但最后还是成行了，因为在诸种黑茶中，无论是六堡的新茶还是老茶，均有丝丝雅致的气息，与一般的黑茶只有醇厚的味道截然不同。六堡茶的这点特别让人好奇：做工复杂的茶叶，能否保留原产地的底蕴？也就是说，经过了漫长的发酵过程，六堡茶原来的山场的感觉，还有体现吗？

在梧州，我们沿着溪流而上，一直从梧州城到了六堡古镇，这正是当年竹排运输六堡的逆行道路，然后从古镇再颠簸到黑石、八集等传统产茶村，寻访那里的山场，结果发现，土壤和树种的区别造成了茶叶的本质区别，传统产区的茶叶，远比山下随便收购的茶叶味厚，气息完备。而后天的做工和储存方式，只是使好品质的茶叶锦上添花。从这个角度来讲，六堡茶特别像优质的白酒，后天的储存能让好茶叶更加显露出优点。

即使是黑茶，山场的重要性还是不可或缺。但是由于多年来国营大厂的加工生产方式，来自不同产区的茶青基本上混合，其中除了广西传统的桂青种，还包括很多外省的茶叶，要分清这些茶来自哪里几乎是不可能的任务，即使是当地的老茶客，也不会自夸有这个能力。这点上和普洱茶迥然不同，普洱茶重视山头茶的做法，在六堡茶领域并未广泛推广。

✍ 梧州的老六堡：难以确定的山场

我从前在北京喝过中茶进出口公司的老六堡，不知道年份，只觉得醇厚中有一丝甘甜，味道比较清雅，虽然与老的普洱熟茶类似，可是那股清香的味道却能贯彻始终，与一般的普洱熟茶只有熟汤的气味差别很远，于是很喜欢这种黑茶；但是六堡不如普洱耐泡，应该是茶叶树种的问题——云南普洱茶是大叶种，而六堡的茶叶普遍来源于广西，只是中小叶种，内蕴物不比普洱。

当年在香港见到香港茶道协会会长叶荣枝先生，他是最早研究普洱茶的老茶客，找了一些普洱的熟砖给我们喝。一喝之下，大为惊喜，熟茶中仍然带有茶叶本来的香味，并没有被熟汤气息所笼罩，与六堡茶类似，而且，那股力量随着茶汤的冲泡，越来越明显。原来这些早年制作的普洱熟茶发酵普遍轻，没有让茶发酵到头，也就是叶先生所说的茶叶还具备"回天力"，即后期发酵能力，能够使茶在后期转化越来越好，但是一缕茶香始终不灭。这一点成为我这次采访六堡茶的前提条件：寻找六堡茶中的"回天力"。

老居是梧州当地的六堡茶爱好者，不过是从 2003 年开始，时间并不长。这已经算是六堡茶中的资深茶友了。他之前喝各种茶，和国内流行的茶叶风潮保持一致，龙井、碧螺春、铁观音、岩茶，再到老普洱，经常是各地品茶会的参加者，比如北京今天能喝到一泡老普洱茶，立刻就坐飞机上京，也就是因为迷恋普洱，开始接触老六堡。"说来惭愧，身为梧州人，居然之前没怎么喝过老六堡。"这话实在，有些当地人说自己从小喝老六堡，纯粹属于吹嘘。六堡茶虽然诞生于清代的梧州地区，但是抗战之后遭遇巨创，基本在当地已经衰落，战后一批陈年六堡出口到香港和南洋，没想到一喝人人说好，反倒成了名牌产品。马来西亚的华人特别喜欢老六堡，因为去湿清热，适合当地的气候，最经典的传说是银矿和锡矿工人喜欢喝。马来西亚的很多矿产挖掘在水下进行，水中的寒冷和岸上的奇热容易造成身体寒热失调，大批人因此健康受损乃至丧失生命，六堡茶引入后，大家发现这茶调节寒热很好，喝茶后身体会大量出汗。对气候还不适应的大批海外劳工就以六堡茶为珍品，开始积极饮用，导致死亡率大为降低。说是完全的传说也不尽然，按照传统的医理，茶是有某种药用价值——尤其是家乡来的重发酵茶，对于炎热地带的居民，那种恒定的、芳香的、滚开的茶汤，确实能使人瞬间出汗并且让人心神安宁。新中国成立后，为了赚取外汇，梧州茶厂于1953年成立，生产六堡茶供应海外，但是这茶在本地反而逐渐没落，本地人喝茶，以简单的绿茶和花茶为主。

一直到普洱茶热，六堡茶才随之而起，本地人也开始收藏。老居告诉我，现在想想，早年真是浪费了太多好机会。因为六堡茶在当地并不知名，也很便宜，很多人最早就是泡一泡沥干当枕头芯，或者放进装修好的房间去吸味，这些茶就这么浪费了。后来他跑到梧州厂里收茶，也去工厂老职工家寻访，一些零散的茶就这么到了自己手上，最远的可以追溯到20世纪60年代，老六堡气味沉着，很是珍贵。老居边说边拿老六堡出来给我们喝。因为老六堡的口感人们喜欢，所以现在梧州茶厂所做的新茶普遍也是习惯当年不喝，生涩味浓厚，供人们专门买进做存茶的。我们先喝了一个去年的产品，也就是普通产区的特级茶，六堡本来就有汤色红亮的特点，闻起来有淡淡的香味，一喝就更明显：与别的黑茶品类相比，六堡茶真是有劲道，一股浓郁的茶气在里面，虽然涩度高，并且有老居所说的"青草臭"，能感觉其茶底的壮实，可是与此同时，甜度也好，也就是所谓的"醇和"。这类茶如果放上几年，肯定可以转化成沉郁好喝的老茶。

又拆了一个新的六堡茶饼。同样是梧州茶厂的新茶，第一杯喝进去，有股特殊的药香气息，醇味更厚，这也是六堡茶最吸引人的特点——越陈放，这种香味越浓。可是这个茶与前面喝的那道新茶差别也太大了，莫非这就是产地不同所带来的特点？这是个特别复杂的问题。1953年梧州茶厂刚成立的时候，规模不大，没有那么多产量，所收的茶青集中于当地，也就是西江顺流而上，上游的几条支流，属于最传统的六堡茶产地；随着生产规模的扩大，附近沿水流域的土地被广泛地纳入了六堡茶的收取茶青范畴：包括浔江、郁江、贺江和红水河两岸，而且生产的范围也在扩大，包括贺州县（现为贺州市）、苍梧、横县（现为横州市）、钟山等县都开始生产六堡茶，各地收取的茶青基本来自附近区域；最主要的产区梧州，收取的茶青就不一定仅仅限于原始的六堡茶产地了。就像我们很难分析出早年的普洱茶熟茶都来自哪些产区，哪怕有些工厂有记录，但由于当时并不流行山头茶，所以这些记录也变得价值有限。我们今人关注的问题却不是当年的重点，甚至都不是需要注意的问题，这个真的需要茶叶侦探。

全广西范围内的茶青都可能进入六堡茶的权威企业——梧州茶厂，因为从创办开始到现在，它一直是最大的六堡茶生产企业。就是因为这些来自不同产地的茶青，导致了六堡茶在成品后风味不同，而且生产的每批茶叶为了尽量达到同一口味，经常会混合各地的茶叶——有的茶叶醇厚，有的茶叶力量足，有的回甘好，厂里的配料师傅就会进行混搭，同一批茶叶里面可能混了几个地方的茶青，哪里有可能分辨？这点也和普洱老茶一样，至今红印来自哪个地区，依然是各有说法。这也成为我们追寻六堡茶原产地的山场异同的最大难题。

老居说，要确定这一批批茶青的来源，近年新做的尚有可能，可是早先的产品已经完全不可能了。他拿出若干十几年前的老六堡让我们尝试。尽管都已经是十几年前的茶叶了，可是每个年份都有不同的感受。有的茶汤浓稠，像米汤一样；有的回味有浓重的药味，喜欢的人会很喜欢，不喜欢则觉得是中药汤；有的回味特别甜润，整个口腔瞬间饱满起来。唯一的共同点是都有一种似药非药的清淡香气，总是在后面扬起，原来，这就是传说中的槟榔香，也是梧州茶厂早年生产六堡茶的共同特点。"产于本地的六堡茶，事实是得益于梧州本地生长的茶树。这里气温很高，一年平均下来也有 21.6 摄氏度，气候又湿润，年平均降水量在 1200 毫米以上，土层深，茶树一年四季都在生长中。你们那里讲究明前茶，可是在这里是'社前茶'。农历二月初二这里要搞春社活动，而社前就是农历二月初二之前，是早于全国多数产区的。"老居说。

对于如我这样没吃过槟榔、缺乏这种味觉分辨系统的人来说，这就是六堡的雅香了。这是一种南国的香味系统，也是亚热带的香味系统，难怪这茶在广东、广西和新加坡早年成名。值得注意的是，六堡茶这种浓郁的槟榔香如果运去平时干燥的区域，会逐步减退，比如北京，香味变淡，但茶汤的爽滑度会增加——这又涉及颇为复杂的干湿仓的存储问题了，不过根据个人经验，在北方存贮的老六堡，入口会非常快，甘甜度高。我在北京分别喝过几款好喝的老六堡，都是老居这里买回来的样品，有 2001 年的，有 1999 年的，茶汤入口之后和在梧州的感觉截然不同，这个更加的滑、腻，感觉茶汤瞬间有了一种柔软的姿态，后来想想，应该是干燥的仓储让老六堡去掉了一部分湿度，变得更加能快速苏醒。

☙ 梧州的老厂：地理的优越性

走进六堡茶厂，老厂房全部保留下来，恍如进入20世纪。这家20世纪50年代修建的茶厂有不少外界一直传说的秘密，不过确实老厂房已经成为这里的看家财富：不是因为建筑本身，而是因为格局和多年形成的小环境均有助于六堡茶风味的形成。这里其实位于梧州市的中心区域，三面环山，一面临鸳鸯江，是最古老的老虎冲——两广一带将狭长地貌称为"冲"。后来逐渐扩展，不过现在也还属于狭长的地块，里面最珍贵的是一个600多平方米的杉木仓库，还有一个4000多平方米的陈化茶窖。厂里的老职工都说自己厂有很多商业秘密，主要秘密就在这两个储藏仓库里。

最古老的六堡茶是揉捻和堆放后的毛茶，要经过双蒸双压的工艺，也就是将做好的毛茶蒸好，然后压紧，凉后再蒸，装在箩子里在上面踩压。知道一点点发酵原理，立刻就能明白，这是在加速茶叶的发酵和陈化。和任何黑茶的原理一样，经过双蒸双压后，本来还有点涩的毛茶也就陈化了一半，口味会变得醇熟起来。因为如果双蒸双压控制得好，茶的"回天力"还在，能保证后期持续转化和发酵，这也就是陈放多年的六堡还能保持一丝幽雅茶香的原因。而这种工艺的起源，也可以想象：从前交通不便，所有的茶叶要靠船只运送出来，如果特别蓬松，那么船的装载量就会浪费，两次蒸压后，同样体积的一箩子就能装更多的茶，运力得到了节省。这也成了六堡茶的一大特点：越早期的茶叶，越装在粗糙的竹箩里。都是就地取材、砍山上的竹子编织成的竹箩，一箩能装80多斤，有股豪迈的气息。堆在箩子里面的茶叶也可以继续陈化，因为茶叶越多，发酵越好——没想到这个起源，却得到了更醇更厚的茶汤，这也成了六堡最标准的做法。很多老茶客就寻找这种六堡茶喝，但现在市面上也是越来越少。而且这种大箩茶也有缺点，因为靠外面的部分容易沾染灰尘，所以土味居多，需要在泡茶之前洗茶，内核的部分反而好很多。经常有精致的小箩茶冒充早年六堡，这个精致反而露馅了。

听起来和普洱熟茶的陈化有点类似。但是六堡的蒸压法却比普洱的熟茶工艺要早一些，不应该学自普洱。所有的梧州茶厂的老员工坚持同一种说法——他们这种做法是当地祖传的，应该不会错。因为蒸压法使茶叶发酵后口感醇厚的原理并不复杂，所以后来还诞生了冷发酵的改进法则。就是收购回来的毛茶上面洒冷水，让其发酵。发酵到一定温度后（也就是不超过60摄氏度），就摊开，不让它过头。连续发酵30天左右，整个茶就变得爽滑起来，这也是六堡的另一特点——同样没有让茶叶发酵到顶，"回天力"尚存。事实上，这些生产中总结出来的经验是每个时代都在变化的，但是每个时代的经验会造成这个时代的茶的典型特点——这个特别有价值，慢慢能让品饮的人明白，哪个年代的茶有价值，是怎么变成的，不过这需要漫长的时间作为成本。

这种冷发酵和普洱的渥堆技术更相一致，也不知道是谁传给了谁，但是六堡的冷发酵和普洱还是有所区别：一是温度不会太高；二是毛茶堆得比普洱要薄一些，不会超过一米；加上前期毛茶加工的时候，六堡是炒青而不是晒青。也就是这几道工艺，使六堡和普洱的口感迥异起来：就像一个是猛火炒后晒干的菜，另一个是小火炖前期炒干的菜，自然口感不一样了。

在这种发酵过程中，经常会产生金花一类的霉菌，这种霉菌中的酶会加速茶叶的转化，使茶汤更加有药味。但并不是所有六堡茶中都有霉菌，因为茶叶制作中没有"发金花"这道工艺，所以六堡茶中有无金花纯属偶然。而且金花与堆放时间也没有关系。并非堆得越久就越多金花，一开始有金花的就会有金花，这也是六堡茶并不广泛宣传金花的原因。因为六堡茶一直到现在都没有过高的价格，并没有形成炒的风气，所以金花也就没有成为神话。梧州茶厂的工程师们对金花也并不特别看重，拆开一篓，如果有金花，"那就有吧"。厂博物馆有一篓不知道年份的六堡，上面有若干金花，但是并不因为有金花这篓茶就珍贵，而是因为年份久而珍贵。"厂里记录缺乏，说不清楚年份了。"神话系统没有建立的老茶厂，反而显得特别可爱。我们喝了一块金花茶，也就是药香醇厚，很舒服，但是并没有人把它神秘化。不过真的是非常有体感——想起来某年传说的黑茶黄曲霉素超标的新闻，其实还是研究不够的结果。黄曲霉素和黄霉在茶上的存在普通人怎么分辨？黄霉就是金花？茶叶中的大量杀菌物质为啥对金花没有作用？黄霉有害无害，是不是"冠突散囊菌"？科学退场，众说纷纭，但是茶中的金花为什么混淆成黄曲霉素？至少当地人没有定论。

厂区本来有很多老茶，后来老茶逐渐热起来，就被职工你挖一块我挖一块拿回家了，反正那时候厂里看管不严密，最后的一大篓50年代的老茶，也被拆剩了一半，现在剩下的样品是锁起来保存的结果。这种故事，听起来特别有生活气息。一直到2013年，央视的一个收藏类节目上有位藏家展示20世纪

60 年代的老六堡，被估价到近万元一斤，人们才觉得自己早年弄到手里的老六堡还是卖亏了。这时候种种老六堡才逐渐神秘起来，不过还是不如普洱老茶价格高昂。

因为六堡陈茶味道好，而且有药效，所以除了前面所说的冷发酵、双蒸双压等加速陈化的手法，厂房的特殊仓库也被使用起来，起到了重要作用。一个是所谓的山洞陈化茶窖。工厂处于群山包围中，所以很容易挖山变洞。最初这个茶窖只是堆放原料所用，后来因为湿度非常高，达到 80% 左右，于是从 20 世纪开始这里就变成湿仓，放在篓里的茶直接进入山洞存放几个月，湿气肯定有利于茶叶的继续陈化——"就和从前茶叶在河流上运输几个月一样。"我恍然大悟："对。"

梧州本来就是典型的潮湿亚热带，否则这里也不会发明龟苓膏这种去湿热的妙物。我的习惯认知体系中，山洞本来都是干燥的，可是在这里不同，还没有走进茶窖，就感觉到洞中空气的湿润感比别处尤甚，扑面而来的发酵中的茶气、药味、草味，混杂在一起。难怪说六堡茶像白酒，去过的很多酒厂都有大酒窖以便存酒，这个潮湿的茶窖，其实就是后期发酵的湿仓啊。在茶窖存放几个月后的茶叶被移往杉木仓库。这个仓库最早是堆积毛茶所用，但是后来放置起临近出厂的茶叶，大家觉得效果良好，茶叶同样会变得好喝。原来杉木仓库全部是木头包围，有一定的吸水性能，湿润的茶叶进来，遇见良好的吸干通风的自然条件，前一段的水分蒸发完毕，接着进行干仓发酵，自然转化好——这其实是简单的科学原理，弄明白后，顿时觉得自己在黑茶的理解上有了进步。

不过，两个仓库因为多年的使用，加上南方湿热的环境，有了自己的微生物小环境，所以发酵可能比我的想象要复杂。但是这个过程，即使是梧州茶厂的工程师也还在摸索中，毕竟这是个更复杂的茶叶后期发酵领域，与前期制作有很大距离，目前在中国，还少有人研究。只能从口感上感觉，经过这个干湿仓轮流发酵的存储后，出厂的六堡醇厚好喝，相应地，生产时间也延长了很多，毛茶从进厂到出厂需要两年时间，但是经过两年存放后，有别的工厂堆放几年的效果。

那么，经历了这么长时间的发酵期，六堡茶的口感就基本同化了吗？并没有。每一批来自不同产地、不同时间段的六堡，还是顽固地保持了自己的口感。和厂里的老工程师杨锦泉喝茶，他拿出几泡不同产地的茶让我们尝试。一泡是采用当地的树种也就是广西的桂青种的茶青所制作的毛茶，经过了五六年的存放，看上去还是有点黑得发亮。他告诉我，广西地区的茶种多样化，因为土壤肥沃，各种茶树都能存活，桂青种未必是主流。这个茶的准确山场也说不清楚，不过是梧州地区内的，也是古老的产茶区："你喝喝看效果。"一喝之下，大为喜悦，尽管经过了长时间的发酵和陈化，那股旺盛的茶叶内蕴的力量还在那里。也就是人们在黑茶领域一直追求的"茶气"的感觉。因为早年的历史原因，人们对六堡茶茶叶的山场没那么重视。"这两年是倒推，后面消费的人总在问，为什么有些茶喝起来不一样？我们也开始想办法去研究，发现还是要本地树种，也还是要生态好的茶园生产出来的茶，明显要更高档。"也就是 2011 年开始，梧州出台了地方标准，只有本地生产的六堡才能叫六堡茶，否则就只能叫"广西黑茶"——第一次把地理概念明确地提出来了。

晚上吃饭前，另一位工厂退休的老先生也被请来，他带来一大块 20 年左右有金花的茶砖，随意扔在饭店的瓷壶中，这是十分粗枝大叶的泡茶方法，开始谁也没有在意，可是一喝上这口茶，瞬间人人叫好，忘记了桌上的菜。老先生告诉我们，这茶同样是桂青种，因为当年他觉得好，所以留了一些在家里，就这么随便喝掉了。老居这种老茶客听了好惋惜，这种好茶，可真是喝了就没有了。看来树种和山场的原生性的特征，虽然历经了漫长的岁月的掩埋，但还是不会轻易被盖住，茶汤中有真相，总是不甘地冒出头来，告诉我们曾经的秘密。

寻访六堡的原始产区

传统的六堡产区十分狭小，那里的茶青数量甚至不够梧州茶厂生产一个月的。所以，最传统也是过去被推崇的六堡镇的恭州和黑石两个村落，基本上在梧州茶厂的收购地图上消失了形迹。但我还是很想去黑石村。因为按照书本记载，那里遍布黑色石头，雨水充足，茶树叶片又大又厚，味道也浓，而恭州村则是树木枝叶繁茂，茶树得到的雨水不能蒸发，所以茶叶嫩，有独特的香味。这么说起来，这两个独特的山场确实是六堡茶历史上的传奇，尽管茶厂的人告诉我，他们不觉得那里有多么特殊，我还是想去。

终于在老居这里见到了彭庆中，他是当地人，热爱六堡茶，很早就去马来西亚寻找老六堡，也走了很多产地山区，是当地六堡茶的研究权威。我向他询问，真正用当地原材料做成的老六堡是什么感觉？山场的作用在六堡茶体系里究竟还有多大？这几个问题，正是他多年来探询的问题。他先拿出一泡放了9年的黑石村的茶树做的老六堡，要我们喝喝。

这泡茶，前面三泡还比较平淡，可是到了四泡五泡，喝得人精神一振。味道突然转甜，一股压抑不住的茶气，还有特殊的槟榔香，遮挡不住地往外冒。看我们喝得高兴，他非常得意：这就是黑石村老六堡的特征。一边喝，一边让我们和老居的一泡10年的六堡茶相比。说实在话，两者风格未必相同，尤其是前面若干泡的表现，一个浓重，一个幽雅，但是到了十几泡，就很近似了，都是绵软的甜，只有精致的茶客才能极其准确地说出其中的差别，可是彭先生还是坚持让我说哪个好，显然他对黑石村的六堡情有独钟。

按照彭庆中的研究，不仅仅广西独有的桂青种是制作六堡的好原料，而且梧州地区独有的六堡种更是六堡茶的最佳原料。"六堡种？""是，我在80年代出版的一本茶叶专业技术书籍上看到曾经有提及，后来就很少人提，可能是因为越来越少，但是还真有人在种。"彭庆中说。他的说法引来周围人一片反对声，大家觉得所谓六堡种和桂青种没什么差别，可是他还是很坚持。"去黑石村看看就知道了。"我怂恿。

不知道为什么，去一般茶区采访，提出要去某个原产茶区，大家一般都很愿意帮忙，可是去黑石村就很少有人主动协助。后来还是老居能干，协调出来越野车，我才知道，是道路过于艰难，去那里就是受罪的过程，所以大家一般去得非常少。梧州周围的山头平缓，上面野树杂草横生，给人的印象很是荒凉。去六堡镇的路不远，可是极多弯，一路就那么荒凉着过去，几乎没有茶园，我不由得发慌，问彭庆中，怎么这里看不到茶树？他告诉我，大约90年代，因为茶叶的价格到了谷底，这里很多老树被砍掉了，非常可惜。他去做调查的时候，还有一些近百年的老茶树，可是后来也消失了，现在整个六堡镇区域，要找到野生茶树或者老茶树，几乎是不可能的事情。

这话说得我心中一凉。要知道古树也就是那些近乎野生的老茶树，对于一个区域的茶叶品质有非常重要的影响，普洱的古树茶近年的复兴就充分说明这一点。可是以六堡茶得名的六堡镇范围内，古树都已经很少，那不就是人们离开六堡镇四处寻找茶青原料的原因吗？这和我想要的答案有了距离。听见我的抱怨，老彭说，不要慌，到黑石村看看，也有新发现。我也只好沉默。从梧州到六堡镇，身边总有条若隐若现的河流，我们等于逆流而上，过去茶叶就是顺河流运送到梧州，再到西江，顺江而下到广州、香港、澳门的，距离比我们想象的要近得多，今天的陆路不比以往的水路更加便捷。

到了六堡镇，各种茶叶收集站多了起来，这时候才能依稀看出当年的茶乡风貌。整个六堡镇用现代眼光看起来也很狭窄，几乎不能让人相信这种名茶当年曾经带给古镇的繁荣。看来六堡茶的兴起，真的还需要时间。我们需要更换车辆。原来进山路程崎岖，有几段道路只能靠底盘很高的越野车辆，进茶山、到真正的原始产地，真的永远是这么麻烦。在车上颠簸得几乎不能看周围景色，只觉得茶园还是极少。这倒也是好事，生态环境保持下来，并不像很多茶区因为大规模种茶把山地广泛开垦起来，周围都只剩下寥寥无几的几棵树，是另外一种荒凉。至少六堡镇沿途的这种荒凉，是有积极意义的。

正在胡思乱想，黑石村到了。村落人烟稀少，据说只有 200 多人，很多土地已经抛荒。我们望到了村口的黑石标志，在一片环行的山脉中，有数块裸露的黑色岩石在烈日下暴晒，与此同时，一片茶林展现在我面前。说实在话，并不好看，树丛极小，萎缩在阳光之中，看上去像营养不良，但是老彭神秘地笑着，催着我走近观看。走到茶丛中，才发现奥秘：这些茶树树干并不细，有的已经手握不住，原来，这些茶树很多是当年砍伐的幸存者，年纪并不小，有的已经四五十年。"土地和树种的原因，就只能长这么大。"原来这就是传说中的六堡种。因为这里岩石居多，所以生长比一般地方还要缓慢，从春天到现在，只发了一次芽，完全与广西炎热的气候条件背道而驰——但是，这也正是这里茶树好的原因。茶树因为生长条件先天不足，所以在岩石中拼命生长，根系比一般的茶树粗壮许多，也能够更多地吸收土地的营养。加上这里的茶树都是有性繁殖，每个树枝、茶芽并不粗，但是叶片却很厚重，而且有很强的蜡质感，同样得力于根系深深地进入土壤。所以茶叶的味道，自然就浓郁。

摘完茶芽，农民会用剩下的叶片放在水中稍微撩一下，然后捞出晾晒，经过长期堆放，就成了"老茶婆"。听起来和白茶有几分类似，看来原始的产茶区自然有些相互暗通的原理。

陈醒华带领我们上山看她们家的茶园。她的姐姐和姐夫是村里人，组织一些村民成立了黑石村的茶叶收购站，专门做最传统的六堡茶。那茶园里的茶树远看同样瘦小，但是细看十分壮实，芽头全部发紫——也就是传说中花青素很高的紫芽，从另一个角度说明茶树茁壮。茶园附近，全是各种高大的树木，形状美丽，散发着浓郁的芳香。一问才知道，这些都是香料树种，有八角树，还有大批肉桂树。广西是中国的香料主产区之一，果然名不虚传，而茶园与香料园做邻居，自然也受益不少。更远处，有密密麻麻的橄榄树林，还有大片的黄栀子，都是附近农民的经济作物，可是无一不浓香。我才发现自己的谬误——原来误以为是荒凉的山脉，其实早已经种上了各种我不熟悉的植物。

黑石村的不少茶树收过一年后就要进行砍枝，同样是传统工艺——因为这样才能保证来年树能发新芽，这也是我们觉得茶园稀疏的原因。不过到了这个时候，我已经喜欢上了这片茶园，稀疏、小块面，周围簇拥着奇异的香料，这不就是传说中的好山场？

陈醒华用最简单的泡法让我们喝他们家今年新做的六堡茶。开水瓶里扔进去一大把茶叶，能喝一整天。我倒了一杯，果然浓厚，这才是好山场的力量。他们的仓库就在附近，里面存茶不多，最长时间也就 5 年，放在专门在附近订购的陶罐里。"（陶罐是）附近石桥镇的一位老师傅做的，要几百元一个，因为会这种工艺的人不多了，需要不上釉，保持透气，但是要极其光滑。"

陈醒华的姐夫自己做茶。和厂茶大机器加工的模式不同，更加精细，是小作坊式的加工样态，他的茶青需要揉捻和烘干 5 遍，从青茶到毛茶需要 4 个整天的时间，做完之后直接放进陶罐或者竹筐，并不进行双蒸双压的工艺。"为什么？""传统就是这样的。"我想了想才明白，蒸压是后续工艺，是为了运输方便而诞生的，对于第一批制作毛茶的师傅们来说，那不是他们要考虑的。所存的茶，都是这样直接入缸，也就是没有蒸压，没有干湿仓，也没有任何后天加速发酵过程的传统茶。

那么，最关键的问题来了，这种没有加速陈化的六堡茶滋味如何？在简陋的村里，我们按照比较细致的办法泡这些原产地的老方法六堡。这次挑选的是五年陈的茶，油亮的黑毛茶放在盖碗里，迅速出汤。

窗外艳阳高照。这一年春天雨水少，否则会潮热难过，这五年陈的原生态六堡，让我觉得非常有劲道，尽管我已经习惯了六堡茶的茶气，但是来自老产区的野生感还是给我留下不可磨灭的印象。野蛮、不顺从、粗糙、甜、药香，各种杂糅的感觉一起出现，这确实是最能体现老山场特色的六堡茶。可我还是心有不甘，如果这样的茶再经过双蒸双压等工艺，会变成什么味道？是不是六堡的标准味道？会不会更加甘甜？没有人回答我，因为这种山野茶一直都没有经过这种做法。一切都还在未知中。

原始产区、做工，外加干湿仓的储存方式，要制造顶级六堡茶，哪项是最重要的？即使我们在茶叶产区探询，似乎也还没有办法得到答案。一切都还在生长变化之中，研究这个小茶类中的种种变项，才能更深入地进入茶叶的研究之中。■

黄山访太平猴魁：兰香不绝如缕

　　"最早的绿茶之祖松萝就生长在黄山云雾间。"根据黄山当地茶史专家郑毅的介绍，最初松萝茶都由黄山各个寺庙的僧人制作，自明代他们已经开始去各地传艺，最远到了台湾。但只要稍微翻检资料，就能发现松萝并非绿茶之祖，我们熟知的龙井和碧螺春都比松萝茶只早不晚。松萝茶的起源，来自苏州虎丘的大方和尚，他于徽州松萝下造庵而居住，采用黄山的野生茶树，仿照苏州天池茶的制作方法制茶，此茶因此得名为"松萝"。

　　也是晚明之后，具有文人气息的细致审美开始蔓延到茶圈，松萝茶就是为了弥补虎丘茶的供应不足而诞生的新茶类，据说芳香度高，但是与虎丘茶相比还是稍逊一筹。不过因为普通人能喝到的概率大于虎丘茶，所以松萝茶自从清初之后开始在全国流行，在上海的佘山、福建的武夷山都有仿造品，但是随着后来居上的黄山名茶的崛起，松萝茶慢慢消失了，后来的模仿品，包括现在被当作文化遗产制作的松萝茶，未必是当年的模样。

　　黄山绿茶始于松萝，但是现在最火的是晚清出现的太平猴魁和黄山毛峰，如果算上不太出名的屯溪绿茶、黄山绿牡丹、敬亭绿雪，包括明代出现的涌溪火青，我们会发现所有的黄山绿茶都带有浓郁的兰花香味。这是典型的黄山山场气息，无疑来源于当地风土，即使不算是黄山区域的临近山脉，大别山、天柱山所出品的舒城兰花、岳西翠兰、天柱剑毫，也都带有浓郁的兰花香。黄山的名茶与长三角区域的名茶加工方法不尽相同，龙井和碧螺春属于"细嫩炒青"，而太平猴魁和黄山毛峰，属于"细嫩烘青"。

不过，按照历史典籍来考察黄山的茶叶太不现实了。松萝的产量已经很少，只有松萝山的古寺旁的几棵百年茶树还在证明着它的辉煌。随着徽商崛起，大批黄山茶叶进入大城市进行流通，现在也不例外。虽然名气不如龙井，但黄山绿茶在大城市的流行度非常之高，正宗的太平猴魁已经飙到了一定价格，不逊色于任何名茶。

⚡ 当地人的绿茶泡法

在北京见到老罗，这位台湾画家被北京茶圈称为"茶痴"。为了喝绿茶，他把所有的高古茶器都模仿烧制了一遍，最后觉得宋盏的形貌最好，专门定了大小不同的一批，给自己用，也给朋友。来他这儿喝茶，先要接受试水的考验，在不同器形里喝水，看哪种效果最好。

老罗喝茶起因于在台湾教学的时候，一个学生的父亲是台湾最著名的茶专家，他就此与茶结缘。"那些年像得了病，四处寻找好茶喝，而且经常为了茶的好坏和人争吵。结果别人笑我不是在找茶，是在找碴。"他的日常生活除了绘画基本被茶所占据。最极端的例子是，他把连续几年台湾拍卖的名茶冠军都买下来了，外界说是会升值，其实他哪里舍得卖？展览给我们看，瞬间堆满了桌子。

尽管四处寻觅，可是绿茶给老罗留下美好印象也就是两回。一次是在黄山上写生，在汤口附近的农家喝到的野生毛峰，"外形很难看，根本不符合毛峰标准，可是喝起来才知道好"。问起来才知道，这些茶来自最高档的毛峰核心产地的边上，"也是终日云雾缭绕之地"。还有一次是喝碧螺春。老罗自己手上有些好碧螺春，据朋友说是苏州市领导送的，转赠了他一点，结果拿给另外一个朋友喝，那朋友当即斥责，说你这算什么好茶！老罗当然不服输，去朋友那里见识他的碧螺春，一喝之下，"也没多说话，因为知道天外有天的道理"。

众人皆知的好绿茶，一般是靠名字来打天下，叫了某个名字就能卖出高价。但是真正的喝茶人还是要用身体喝茶，因为真正的原产地名茶量少，有品质保证的更少。茶叶专家、农业农村部研究员资格评审委员会的委员李杰生告诉我，好绿茶基本上都很难成规模，尤其是所谓名茶中的顶级品。他是历年来全国名茶评选中的评委，他说"好茶要色、形、匀、净全部符合标准"，这就对生产地区有了严格要求，"海拔、植被都有严格要求，至少海拔 700 米以上的高度，可是太高又不行；周围的植被要丰富，茶园既要有太阳，又不能太晒，最好是山的阴暗面。所以名茶的茶园都不大，出产量本身就不高，加上现在能做好茶的师傅越来越少，所以，真正能称上顶级好茶的茶叶，每个品种都数量有限。除去送礼的、运往国外销售的，真正散发到市场的顶级茶叶确实数量不多"。

绿茶是各类茶叶中茶多酚和氨基酸成分最全面的。"绿茶的工艺形成得最早，其中最主要的就是杀青工艺——尽量让鲜叶停止发酵，这是和其他茶最不同的一点。"所以，多年来李杰生一直在鼓励大家多饮绿茶，"说到功能，它不比任何茶种差，尤其是所谓减肥，绿茶和别的茶一样好。可是好绿茶本身价格就高，因此不易被拿来炒作，所以这两年风头最劲的茶反倒不是绿茶"。极端的好茶更是不可能流通。有一次做评委，他喝到安徽岳西的一种无名茶，"喷香，我一喝就知道不是成规模种植的茶叶，一问拿茶参赛的农民，果然是野生茶树上采摘来的茶叶。这种茶我们不给评奖，因为完全不能生产，评选了也没意义"。

与外地的繁复讲究相比，黄山当地人泡茶甚是简单。这有两个原因，一是中国一直流传着一句话"好茶不怕泡"，二是产地其实一般不重视用复杂办法泡茶，即使是岩茶产地武夷山，也并不像外地茶人一样用各种复杂茶具，基本使用盖碗，也有审评本地茶的意思——既要泡出茶的优点，也要直面茶的缺点。

黄山上被推荐出来的泡茶高手郑毅也是如此。郑毅伸出手来，一双手保养得洁净、红润，年近 60 岁的人了，可是"指甲每天都要剪"，他告诉我，这是必修课，为的是能专心致志地泡茶——"不能让外在的东西来污染茶。"黄山市迎接大小领导的时候他经常要出场泡茶，原因是他泡的茶好。同样的茶，不知道为什么他一泡就不一样了，据说色、香、味都到了最高境界——尽管很多时候是泡完茶改由专门的服务员端上去，他连领导是什么样都没看见就退场，可他还是很自豪，因为这是对他的"茶人"称号的肯定。他的正职是工会干部，和茶界微有联系，如果不亲眼见他泡茶，你会觉得他就是一个当地的普通干部，甚至手里拿着的不锈钢杯子都像。可是打开杯子，就闻到不一样的香味，淡黄色的茶汤散发着兰花香。杯里没有茶叶，"是用浓茶汤泡的，最适合外出饮用"，他轻描淡写地说。

他自号是"徽州茶人"，觉得"茶人"这个称号比什么"专家"之类要听起来更让自己坦然。他年轻时候并不喝茶，一次在外面出差，在车站的长椅上病得躺都躺不住，正好看见手中的报纸上有"绿茶能治病"的小百科，当场就试验了一下，结果立刻见效，就此爱上了茶。"很正式地拜了两个茶文化的老师，其中一个是研究茶业史的，他对我说，你不能像我这样，只有理论没实践，一定要会喝茶，会泡茶。"他说老师这话对他影响深远，他花了大量功夫研究泡茶之道，"最便宜的茶，一样被我泡得香气四溢"。他经常给初次见面的朋友泡一种当地的廉价绿茶，这种茶对感冒很有作用，可是味道苦，不知道怎么被他泡出来是香的。

我们面前放着普通的黄山毛峰，本身等级就不高，又是去年的陈茶，郑毅准备泡回好茶给我们喝。面对杯子的时候，他忽然郑重起来，把滚水倒进去，然后在手上滚动玻璃杯，水把杯子烫得透彻晶莹——这手还真不是每个人都能成的，至少高温就让人受不了，这才想起见之前就有人告诉我们，郑毅的功夫不仅在嘴上，更在手上，"他能拿着滚水泡的玻璃杯耍来耍去"。

见人拿来开水瓶，他二话没说让人重新去烧，至于水本身，在黄山地区，"用自来水就很好"。在北京一般用纯净水或者矿泉水泡茶，可是郑毅说他也用自来水泡过茶。"非常简单，水快开的时候，把水壶盖打开几分钟，让里面的氯气挥发掉。上次我在北京用自来水烧开泡茶给人喝，喝完没人相信我是用自来水泡的。"在郑毅看来，与其像很多茶人那样玄虚地宣扬"对水说话，可以使水质变好"等理论，不如认真研究水的特性，"自来水有自来水的好处，桶装水有桶装水的好处"。有时候泡茶，还使用桶装水和自来水搭配，"例如泡铁观音，那样效果很好"。

这次是用黄山的自来水泡毛峰，除了水质，还要讲究水温。刚开的水递上来，几乎没怎么等待，郑毅就把水往杯里倒。"别人总说毛峰细嫩，要用80℃的开水泡，我觉得不对，用90℃或者更高的水温很合适，那样香味和汤汁出来很快，大量的营养物质也可以在第一泡中出来。"不过第一次他只倒了三分之一杯开水，深色的茶叶慢慢活起来，变成嫩绿，然后再倒进更多开水。据说要是用盖碗泡会更好，"过去没有玻璃杯，全都是用盖碗泡绿茶，一是不烫手，二是杯盖有妙用，可以撇去表面的泡沫。最好的绿茶也会有泡沫，所以给人泡茶身手要快，一定要打去沫后再递出"。还有个办法就是泡半杯，"那样沫不怎么显眼"。在郑毅看来，茶永远要泡半杯。

去黄山的时候，我到早了几天，即使是最早采摘的黄山毛峰也尚未萌芽，没能看见"春风走几步，茶香飘万里"的场面。没有新鲜的茶，但是能看到尚未开采的茶园，未必不是另外一种乐趣。

ᔥ 寻访太平猴魁

郑毅说，"黄山山脉、天目山脉和武夷山脉是中国三大茶叶产区。外国的贸易商人多年研究已经发现，凡是黄山山脉出产的绿茶，第一泡泡沫都特别白，而且特别厚，这就是他们辨别黄山茶的方式"。当然，气候条件、水土成分、海拔高度和茶叶品种等科学道理更加能说明黄山茶的好处由来，可是按照现在黄山人简单的分法，北麓沿太平湖一带的崇山峻岭是太平猴魁的原产地；而黄山南麓夹杂在群峰中的各个山村，则是黄山毛峰的地盘。两种名茶构成了黄山绿茶的主要题材。尽管顶级的猴魁、毛峰的产量都不过只有几千斤，可是这两个名字已经在黄山茶中普及化，而应该还有不少野生的好茶种在黄山默默无闻。

和猴魁商人郑中明去看他的太平猴魁核心产区的茶林，是一种很奇妙的经历。

首先是那片产在猴坑的"茶棵子"不能轻易得见。据1992年版的《中国茶经》记载，正宗的猴魁产地三面环山、一面临水，没想到这种描述到十七年后也没有改变，产区仍然无法直接车行到达。我们从黄山区坐了半小时车到太平湖边，船行水上半小时，最后还在山林中行走了两小时，才终于见到了那片树林。

郑中明是衷心地爱他的猴魁，才看见我们几分钟，就硬要泡一杯猴魁给我们看。长达数厘米的猴魁在杯子里初次过水后发出奇迹般的深绿色，像海草；再泡，叶子慢慢转黄，汤色也变成嫩黄色，闻上去有一股奇香——说是兰花和栗香的复合物，我不懂，只觉得味道浓而滑。在所有绿茶中，猴魁最奇怪——叶子奇长，采摘时间相对也晚，每年的4月20日前后才能开采，不仅长相古怪，而且产量稀少。郑中明天生就能捕捉到最核心的东西。他的办公室里任何奖状奖牌都没挂，就挂了张前国家主席胡锦涛把猴魁赠送给普京的照片，旁边有中国茶叶协会写来的感谢信，说感谢他生产的猴魁被当作了"国礼"。

当年卖猴魁可没有这么顺利。出生在三和村的郑中明虽然是地道的茶叶原产地人，可最早的时候他们不说"太平猴魁"，而是按照家乡约定俗成的叫法，叫"尖茶"。20世纪初猴魁才诞生，当地有名的太平绅士刘静之规定，只有三和村猴坑、猴岗和颜家的三座山岗上生产的茶叶才能叫"猴魁"，其余地方生产的茶叶尽管品相同一，也只能叫"魁尖"。郑中明家也有几十亩茶叶田，生产的茶全部叫"尖茶"，卖不上价。1990年初，最好的魁尖也只能卖五块多一斤，现在最差的也要卖到四五百块。他当时还是个卖竹木的乡村干部，因为茶叶不好卖，家里人逼迫他想办法，说一定要把这些茶卖掉，要不然再也不爬到高山上采茶了，成本都不够。"高山采茶特别辛苦，半夜两三点就得往山上爬。"他的第一次行动就失败了，把茶叶拿到无为县城的木头市场上去卖。"当时我就知道木材老板有钱，肯定喜欢买贵茶叶，结果他们看了就说，这个乡下人是骗子，怎么拿柳树叶子当茶卖？"因为诞生晚、产量少，所以见过真正猴魁的人不多。茶叶专家李杰生早年就在黄山茶叶公司工作，他告诉我，虽然是名茶，可是新中国成立后猴魁长期产量只有几百斤，采摘季节由县里干部带着公安部的封条来监督采摘最好的猴魁，制作完毕立刻用封条封上带走，作为国务院和人民大会堂的招待用茶。"猴魁一直讲究当天采摘后立刻制作，所以他们只来两三天，周围区域产的茶叶也不多，基本被卖到香港，成为换外汇的产品。"

卖不掉也得卖，郑中明开始在各地游走，最后在马鞍山开了个小店，算是他们村最早在外卖猴魁的人。到底是在同一省，"他们听说过猴魁的名字，可是不太清楚是什么样，喝了之后都觉得好，结果我家的茶叶不愁卖了，最后还把邻居家的也都收进来。那时候渐渐知道，要达到最好的质量，还是得占有猴坑的那几块地"。马鞍山的许多大企业成为他最早的客户，渐渐有人直接进山采购。郑中明当时已被奶奶叫回家乡，奶奶认识字，知道怎么做茶叶，"看见很多人进山采购，她和我说，你要抓紧机会，猴魁不是你一家的特产，大家慢慢地就找别人了"。他一咬牙，把自己挣的十多万元全部扔了出去，把猴魁最核心产区猴坑上方几百亩地承包了下来，那是1997年，"一直包到2033年"。现在他丈量清楚了，被他包下的山头一共400多亩，"但是不能全种茶叶，要让植被自然生长，茶田只有180多亩"。这180多亩地成为他的摇钱树，当时包土地给他的人家一次没来找过他，"我合同里写过，他们来找一次就要罚款一次"，他非常狡猾地说。

1997年之后，大家慢慢发觉，每年新茶上市，郑中明就成为有定价资格的人。"我可以和客户讨价还价了，因为我的产区最大，茶叶质量最好。"尤其是国营茶叶公司倒闭后，给国务院和人民大会堂生产茶的任务慢慢地转移到他的茶田上来。这片核心产区给他带来了无数机会。

郑中明说他就觉得做茶好玩，从前做茶是家家户户分开做，讲究的无外是节气，最早采摘的就算特级了。"我承包地多，有挑选余地，最早那批采摘的茶叶也被我分出长短来，就是 4 月 20 日这天的，都能根据长度、制作分出四个等级呢，为什么不把茶叶做得更精细呢？"现在每年国务院在他这里采购 200 斤猴魁，人民大会堂买 10 斤，都要最好的，"不过他们也付最高的价钱，由当地财政直接付给我。也有几个国家领导的亲戚亲自来买，他们来了也不惊动地方政府，直接来我家，就是喜欢上茶山的感觉"。

郑中明带我们上船。船行走在湖面上，我们已经进入了太平猴魁的原产地半个多小时，两岸的高山中不时地可以看见一些茶田。郑中明一直在点评，哪块好，哪块不好。现在黄山区域都算是原产地，可是郑中明最自豪的是，他的产地在核心区中的核心点，算是历史上的猴魁名产区。只有当地人才能说出这些细微区别：猴魁要生长在阴坡的山谷里才算好，而且要有一定海拔高度——但是又不能太高，重要的是种植面积不能太大，周围要有松林、竹林为上，"那样猴魁独特的清气才能出现"。他家最早承包的田就在一处半山腰，从船头望去，几乎很难爬上去。现在有了更好的田，那块田基本上已经没有怎么照料，长满了杂树。突然，他笑起来，指向一座小山头，"那就是我那棵茶王的原产地"。原来有一年收茶，有个老农民交来的几斤茶叶特别香，"比我的核心产地的茶叶还要好"，一闻就知道是野生的，郑中明立刻追问这棵树在哪里。老农当然不说，晚上两人一起喝酒，郑中明诱骗他说，我知道了，你这棵树在哪里哪里，老农喝晕了头说才不呢，在哪里哪里的才是。郑中明第二天就去了这个山头，把整棵野茶树连根挖到自己的核心产区里，又进行分解插枝。四年之后，野茶树成了他的"茶王"。说起自己的"强取"事迹，郑中明一点不掩饰，他觉得自己做了件好事，改善了猴魁的品种。周围几百座山头，山上的野茶肯定还有，"哪里发现了，我就去那里把它挖来"。

这种野茶树是真实的野茶树吗？事实上，未经驯化的茶树，才能叫野茶树，而这一片茶树所在的黄山山脉，虽然离开城市很偏远，但清末就开始垦殖，这片柿大种茶树应该是人工驯化的茶树，若果真的是野茶树或者是当地的群体种，做出来的基本只能是魁尖，而不是猴魁。翻看了一些资料，这里的土壤是黑沙土为主，土质疏松，土层厚，所以茶树的根系可以深入地底，不太会浅根，能够吸收土壤的盐分，加上此地雨水多，一年有164天的降雨日以及56天雾日，非常符合"高山云雾出好茶"的传统概念，中国的很多名茶，离不开这个基础条件。

猴魁还有一个基本条件——成熟晚，清明之后都不采，采摘肯定晚于谷雨，需要一芽两叶的成熟条件才能采摘。这在很多地方看来，已经是晚熟茶了，但晚熟有晚熟的好处，内质丰厚，内蕴也突出，这个真的要喝到正宗猴魁才会印象深刻。在我后面的旅途中，郑中明用一片优质猴魁泡在玻璃保温杯里让我随手带着，没特别留意，随口喝了，再次注意到的时候，是因为嗓子深处泛出来的清甜之气。因为成熟晚，所以有人甚至以为，明末流行过的"芥茶"就是太平猴魁，同样春末夏初收获，同样兰花香满喉。

现代中国人对春茶的渴望，造成南方诸省的早春茶或者一些早熟品种茶如乌牛早等一早上市，冒充名茶。市面上的龙井很多来自四川、广西、贵州等地，但猴魁很难冒充，真的是因为外形特殊，极其狭长。最多就是黄山周边的产地，用群体种冒充猴魁，但是一喝还是很容易喝出区别，真正的猴魁，香如兰露，浓郁极了。

费尽周折到达的核心产区煞是好看，也是这片山的最尽头了，前面再没有道路。夹杂在两座高峰间的山坡被称为"阴坡"，早上云雾散去后会有四五个小时光照，正对着东面，冬天不会受冻。脚下就是几百米长的树丛茂密的猴坑，早上来的话，会看见猴子在树梢打闹。一道苍翠的竹林把茶园和外界隔离，疏疏朗朗的茶园中，夹杂着野樱桃和厚朴，还有种种说不出名字的树木，脚下是兰花丛和嫩草。郑中明说，就是这些复杂的植被，让茶树有了特殊的风味，而且这块地的土壤特别好，是风化的页岩，"像海绵一样，很软。两边山峰里的叶子枯枝都会落在这里"。但是茶叶专家李杰生告诉我们，茶叶在生长的时候并不能吸收香味，"因为成长的时候细胞壁尚未破裂，香味是种性中的天然成分，还有后天工艺的作用"。这个问题好像并没有准确的说法。黄山地区的茶农普遍认为，恰恰是优异的花果满山的环境造成了茶叶的成品香味复杂。不过专家们不同意，他们认定，各种茶汤的芳香，很大程度来自加工工艺的繁杂，破坏细胞壁的过程产生了很多奇香。

柿大种与别的茶种截然不同，"别的是以小、嫩、新取胜，可是猴魁要等到四月下旬，都长到一芽三四叶了，才能采摘。不过特殊之处就是它一点也不老。当地茶农采摘的时候很讲究，要有芽，芽要大，颜色太淡或者太紫都不能要。制作好的猴魁是两叶包一芽，这点也特殊，因为它的芽和叶基本上长在同一水平线上，正好包住"。不管专家怎么解释，郑中明还是精心地在他的茶林中花了很多功夫，"施的肥料是菜籽饼，还得是土法榨油后剩下的。为什么留这么多嫩草？是想要虫吃，它们吃了嫩叶子就不去咬茶树了……茶林倒不用看，周围家家户户都有，外人想进来，也没那么容易"。李杰生解释说，菜饼肥，周围的大量野生植被、海拔高度，还有不能太久也不能没有的阳光光照，是保证柿大种茶树生长旺盛的原因。"好的猴魁特别爽口，不浓，可是在口腔里有股韵味。2004 年国家制定猴魁的标准，我是制定人之一，要求把'猴韵'一说加在标准里，大家都觉得不能理解，喝了之后大家没再发言，集体同意。"

这大概才是太平猴魁内质中最独特的一点。

国家把整个黄山区都定为猴魁的原产地，"就是想扩大猴魁的产量，取消魁尖和猴魁的区分，可是能找到的好山头太少了，所以猴魁的产量虽然有扩大，好的还是微乎其微，加上采摘的难度，每天早上天不亮就要上山，然后太阳出来就不能摘了。所以，太平猴魁才在黄山的众多茶叶中价格最高，最金贵"。

郑中明现在是猴魁制作的非物质文化遗产传承人，他说自己喜欢没事就琢磨怎么把猴魁卖出更高的价格，"要价格高，总得有好东西拿出来"。前些年偷挖那个野茶树培育就是一个办法，这些年开始搞优质树种的杂交，"就是为了能有点最好的树种。现在研究猴魁的人太少了，只能自力更生"。他带了 7 个徒弟一起搞加工。从前猴魁是散加工，家家户户做好茶集中到茶叶公司，公司再进行挑选，"现在变成我先挑选最好的鲜叶，4 月 20 日早晨摘下来那批，然后集中加工，加工好后我再进行拼装，哪几种香味浓，哪几种叶子好看，长短相同的那批集中在一起，像仪仗队一样整齐"。

叶斌就是他挑选出来的 7 个徒弟之一，"老郑像教练员，那几天整天盯着我们加工，其实我们本来个个是好手，对茶叶加工都有自己的套路"。叶斌解释说，如果没悟性，怎么盯都没有用。鲜叶加工没有一定的规则，如果碰到晴天是好事，如果是云雾天气或者是雨天，那么每个人的判断就不一样，"摊晾多少时间，就要看自己的感觉"。然后还要把颜色不太好的叶子挑选出来，"雨雾天采摘的叶子有点发乌，这种都要摘出来，只能做次一等级的茶叶。好在我们家的茶叶种子好，叶片厚重，一点也不轻飘，说明这茶叶内质厚"。

一般的猴魁烘干两次就够了，可是老郑和他们按照旧书记载摸索出来，烘三次，每次细心地把茶叶梗里的湿气烘到叶片里，然后等一会儿回潮后再烘。开始叫子烘，然后是老烘，"老烘这关，很多人就过不去了，烘笼顶上放的叶子更多，温度为六十度左右，倒入茶叶后轻拍很多次，还要轻按，这样才能平直。老烘后摊放五六个小时，然后打老火，每烘放一公斤左右的茶叶，温度五十，五分钟翻一次，三十分钟后烘干，放进铁筒。"茶厂里的烘笼，很多还是竹子编织而成的，没有现代化的设备。精心烘制后茶叶被放进铁筒，上盖竹叶，这就是传统的"细嫩烘青"。"这一手，一般人家学不会，即使学会也不愿意做，太花成本了。"从四月中旬起，就是他们最忙的时间，"一天要干十六个小时的活"。

张春阳是老郑的朋友，合肥一家策划公司的负责人。他告诉老郑，好的茶叶不是靠炒起来的，而是一步步做起来的，你得弄清好茶的渊源，占有好茶的核心资源，还得有好的包装——不是指包装材料，而是指文化包装。2004年之后，郑中明不再把重心放在拍卖上，而是精心打理起自己的那片核心产区来，"一般人不能进去，得是好朋友或者大经销商，才能进到最里面。"原来我们都进了郑中明精心布置的迷魂阵，好在这迷魂阵里的茶叶是一等一的好茶。

谢正安后代的黄山毛峰

黄山毛峰的产地众说纷纭，但是有一点不例外，就是说要以云雾为伍的高山，那里植被丰富，土壤堆积了大量落叶，都是多年的腐殖土。19世纪末，俞樾进黄山游览，发现桃花峰、松谷庵一地的野生云雾茶最好，而这些地带都是花丛密集处，所以关于黄山毛峰要生长在万花丛中的说法一直很流行。

而关于黄山毛峰泡法的故事则更传奇。最普通的说法是，用烧开的黄山泉水倒进黄山毛峰，只见一团云雾缓缓上升，最上端会开出一朵莲花。"只要水开，泡任何茶叶都会有白气上升。"郑毅笑着说。之所以黄山毛峰的传说多而复杂，是黄山地区历史名茶太多的缘故，最后因为黄山毛峰在一众茶叶中最出名，所有掌故便都堆积到它的身上。

其实典籍记载得很清楚，黄山毛峰是1875年由徽州茶叶商人谢正安在歙县富溪村研制成功。谢正安本来家境富裕，后来因为战争躲进了富溪村山林中的一个小村庄"充头源"，为重振家声，自己带领着家人照料茶田，采摘鲜叶，精心制作了一批形状如雀舌的茶，并运往上海销售——名字也得之偶然，黄山云雾茶以茶质得名，他就以茶形命名，"白毫披身，芽尖似峰"，就名作"黄山毛峰"了。此茶问世后他的生意越做越大，之后上海的漕溪路就得名于他的家乡漕溪村。充头源现在改名充川，是黄山南麓小得不能再小的一个村庄，十多户人家，可能是偏僻的地理条件决定了乡村规模，至今去那里，要在颠簸的乡村公路上漫游几小时后再步行爬山半小时才能到。我们本来想进山看云雾围绕的村庄景象，可是走到那里已经是中午，只看见山腰上的小村庄，高高低低环绕着有不少茶园——更多的是毛竹、樟树林，村庄至今不能靠茶叶单项收入致富。也亏得植被丰富，使村庄的茶树种植环境良好，茶叶品质保持了最优。

　　作为毛峰的诞生地，这里的经济状况实在不能算好，老谢家的茶林在村庄里面算多的，据说有100多亩，具体是多少又说不清楚。山里人都丈量不清自己家的茶田，可是一年的收入也就2万元，他盖了一幢两层楼，就用了多年的积蓄。"最苦的是'文革'时期"，20世纪60年代出生的老谢还记得当年摘茶的过程。黄山毛峰远近闻名，这种闻名也带来了严厉监督。当年采茶要有出身好的证明，先把清明前最好的那批几百斤茶采完，在政府监督下制作完成后上交到茶叶公司作为礼品茶或出口香港，剩下的茶叶就不许采摘了，"要完成生产任务，必须等叶子多"。当时村干部在树丛下面画上水泥记号，不许摘嫩叶，只能采摘三到四片叶子的茂盛茶树，"所以啊，那些年只有那批最好的茶叶能叫毛峰，剩下的都是哈巴茶"。黄山毛峰多年来虽然名声在外，可是许多人却不觉得出色，"那是因为他们还没喝到好的毛峰"。到了20世纪90年代，黄山毛峰的生产彻底放开，可是因为知名度高，市面上出现了很多假毛峰。"那时候没人管，离我们几百里的地方生产的毛峰都叫黄山毛峰。其实我们这里出产的毛峰特别好认，我们最好的毛峰是'黄金片、象牙白'；所谓黄金片，是说我们这里的芽边上的余叶是金黄色的，而芽尖油绿，微黄，俗称象牙白。这些是别处的毛峰不具备的。"

　　与猴魁不同，黄山毛峰的茶树品种类似于群体种，既有大叶种也有祁门槠叶种，清明后开采，谷雨后结束。也许就是因为茶树种比较丰富，导致各地毛峰都可以冒充——黄金片象牙白说起来容易，可是辨认起来还是很难的。按照李杰生的说法，黄山毛峰之所以特殊，是因为云雾缭绕的山地茶叶少吸收了许多光波，促进了黄山大叶茶树中的含氮物质和芳香物质形成，加上昼夜温差大，茶树中有机物质含量高，"虽然采的是芽尖和小叶，可是香味很复杂，汤感也好，又没有苦涩味"。

老谢说的哈巴茶，"只要是原产地那块出产的，也比外面的质量好"。老谢家现在也只喝哈巴茶，最嫩的那批鲜叶要卖钱，120元一斤的收购价很吸引人，所以他们只能喝晚采摘的茶叶，尝一口，还是比外面的一般所谓好茶多了几分清香。因为人少地多，所以毛峰的这块核心产地采取了粗放经营模式，"不太管，管也管不过来"。老谢家最远的茶园在一个我们站在村的最高处也看不见的山头，"光爬就要两个小时。采茶时候，半夜两点钟起来，打个手电往上面爬。一边爬一边脱衣服，太热了，下山的时候再捡回家。"因为现在人力成本高，所以他们不愿意雇人帮着采茶，"反正忙也就忙几个月"。

这种粗放式经营，造成了核心产地的茶叶质量很好——不打农药，不用化肥。也就是这个原因，谢正安的后代谢一平在1990年开始集中收购这里的鲜叶，并且在现在控制了黄山毛峰80%以上的核心产地。谢一平是歙县茶叶公司的质量检查员，他的姐夫叶伟铎告诉我，当时谢一平是偷偷做茶叶生意的，"因为那时国有公司还没倒闭，他就在产地附近开了个厂，专门收茶叶加工。他特别知道哪里的鲜叶质量好，哪里该定什么价格"。农民们也相信他，因为他一看就知道这叶子是什么时辰、什么天气下采摘的，"慢慢地，我们家的白条成为当地的货币，农民们可以拿我家的白条去买米，买日用品"。晴天的时候忙采摘，雨天的时候，白条可以拿到当地的信用社去兑换。

谢一平基本将最好的毛峰控制在手中，可是一直没有自己的牌子，只是北京几个大茶叶商店的供应商。1997年，京华茶叶的老总和他聊天，说到这些毛峰他还要包装，然后打上京华的牌子，再送给各个领导喝去，"一句话把他点醒了，从此他把谢正安创办的'谢裕大'的牌子给恢复起来了"。谢一平恢复了祖宗的牌子后，慢慢发现自己比不上当时的谢正安，开始对谢正安的兴趣越来越浓。"徽州的大宅子一般都保存祖宗的遗物，谢一平的曾祖父是谢正安的第四个儿子，他们家就有不少遗物，慢慢地，他把其余几家的东西都找来了，开设了一个祖宗的纪念馆。"

在谢裕大茶叶博物馆，可以看出黄山毛峰的创始人不仅是茶叶制造者，更是位精明的商人。谢正安留下了大批的账本、记事帖，都是研究他的好材料。谢正安当年特别注意加工工艺，"黄山毛峰烘茶法与众不同，烘完后芽叶完整、白毫显露，特别讲究外观，加上本来都出产自山间，内质也好，所以才能在当时就成为一代名茶"。也许是注重研究祖宗的结果，谢一平的毛峰特别异于别的茶叶，"我们只收鲜叶，不收做好的干茶。我们生产的茶叶有自己的特性，像叶片大小、烘干程度都和别的茶叶不同"。其实相比起别的茶类，绿茶属于单纯的茶，鲜叶的等级也便于认清。按照20世纪80年代的标准，一芽一叶、一芽二叶初展，为一级；二级则是一芽一二叶；三级是一芽二叶、一芽三叶初展。鲜叶进厂后按此标准进行分拣。这种标准，我觉得来自黄山毛峰的初创时期，也就是光绪年间。在那个年代的中国绿茶生产已经很成熟了，原因是，这片区域早就被做进出口贸易的商人控制在手中，他们把工厂化的制度普及了。

我没有喝到黄金片象牙白的特级毛峰，大概还是季节没有到的缘故。据说只有特级茶中的上等才完全符合这些特征，喝起来醇厚、甘甜、清爽兼而有之，也是不同于其他黄山毛峰的特点。

✌ 余韵：与众不同的涌溪火青

我一个朋友收到了失传已久的黄山松萝茶，说是珠形绿茶，泡开后有浓香，涩度也高，但一会涩度就消失了，感觉很好，说是这种涩度和茶底的单宁含量有很大关系，接近橄榄的香味，余味悠长。我听了之后觉得，这哪里是松萝，应该是"涌溪火青"，另一种值得记录下来的不那么著名的黄山绿茶。

松萝的做法自清末已经失传，现在开始恢复。但是我所喝过的恢复的松萝皆类似黄山毛峰，应该是现在人附会的产品。实际上，松萝茶的做法在明代的文人笔记里记载很清晰，都说是苏州虎丘的大方和尚去休宁制作。在晚明的江南，苏州的天池茶和虎丘茶引人入胜，以雅趣引领风尚，松萝茶的出现，应该是对这两种茶的模仿，但是大方和尚模仿成功后，安徽茶都说自己是松萝茶，又导致了真假难辨。明末的徽州书商吴从先为真松萝鸣不平，说是真的松萝，色如梨花，香如豆蕊，饮如嚼雪，种愈佳则色愈白，而且杯子上过夜也不会留下茶的痕迹。听起来很不可想象，为什么这么清淡？

也有人记载说是松萝色如绿筠，香如兰蕙，味如甘露，这个倒是和现代的黄山优质绿茶类似——有记载说大方和尚做茶极为细致，需要采取复杂的揉捻法，而且不仅要去梗，还要去尖，因为尖嫩梗老——听起来和现代制作法又同又不同，这莫非就是汤色白的道理？

想象中的松萝不如现实中能喝到的涌溪火青。火青生产的年份为明末清初，早于太平猴魁和黄山毛峰，原产地为安徽出宣纸的宣城泾县，全年的平均湿度为90%，非常潮湿，海拔也不甚高，但是终年云雾缭绕，这里在宋代就被记载了有"四百万六千六百八十七棵"茶树数量，说明一直是茶叶的重要产区。明末，有人用这里的半黄半白的大柳树种做成了火青，咸丰年间产量已经有百余担，真的不少。

我没有去过泾县，所以没有见到火青的制作过程和区域环境，但是知道火青的前期生产也是杀青、揉捻、摊凉，但是最大的区别在后面的"掰老锅"，火青的球状外形主要就是这一步产生的。旋转翻炒的过程中，采用翻转挤压的办法让茶叶成形，每锅炒六公斤，三十分钟，让茶成团，后面接下来还要一小时，温度降低后，两锅并一锅，又是两小时的功夫。可以想见，在1994年机械生产没有引入的时候，这一道工序是多么的复杂难弄。

现在喝到的火青都是购买自当地的茶农，我倒并不觉得机械制作和手工制作在冲泡出来的茶汤上有明显区别，都是色泽杏黄，清澈明亮，特别甘甜，而且一直有悠长的兰花香味。寻找兰花香的绿茶，基本上黄山茶可以保证。 ■

寻找祁门香：传说中的国礼茶尚存否

东方的红茶，西方的品饮

虽然红茶诞生于中国，但毫无疑问，中国人对红茶品饮的习惯、对红茶生产的规范，包括对红茶饮用时候的点心搭配，其实未必有那么高的熟悉度。红茶是西方世界最了解的一款茶，由于长期的饮用，形成了自己的红茶文化。这套品饮模式建立和成型于西方世界，而下游的品饮习惯，又向上回溯到了上游，以至于在历史悠久的工夫红茶生产地区，红茶的生产过程更像一个被西方标准控制的工厂，而完全不像一个东方式的古老小作坊——与别的茶区情况迥异。

工夫红茶的生产区域其实很广阔。这是一种条状红茶，在我国大部分地区生产，品类众多，基本按照产地去命名，有滇红、祁红、宁红、宜红、粤红等，所用原料分为大叶种和小叶种，小叶种做出来色泽乌黑，所以也叫"黑叶工夫"。

英国人发现红茶后，是由上流社会往下普及。1662 年，英国的新王后、查理二世的妻子凯瑟琳从葡萄牙出嫁，带了一箱子茶叶做嫁妆，她是中国茶的狂热爱好者。到英国后，茶是她招待皇室贵族的珍贵饮料，这使越来越多的英国人渴望尝到茶的味道，茶就这样在英国形成了自上到下的普及。下层社会对茶的渴望弥漫了整个 18 世纪，他们喝从荷兰走私过来的茶。走私茶中常常混杂着干草和树叶，可这并没有阻止这种狂热的爱好。18 世纪茶叶价格趋向便宜，在伦敦新兴的茶馆喝茶成为时髦。托马斯·川宁就在伦敦的老城墙的河岸边开起了专门喝茶的清静茶馆，招待男人的同时招待女士，于是女人们上街有地方可去了，因为当时的咖啡屋是不许女人进入的。红茶就这样和女性开始有了密不可分的关系。之后是下午茶的风行、茶舞的流行，无一不是和女人沾染在一起。当时最流行的《笨拙》杂志上有这样的漫画：中产阶级的妇女借喝下午茶为名，勾引来家中装修的工人。

红茶怎么喝？当时英国人喜欢往里加糖。18世纪，英国人均消费的糖是法国的10倍。茶匙、匙托、糖罐、糖夹子成为英国人喝红茶的标准件。不仅加糖，一种在产自中国云南的红茶里加上柠檬精油制成的格雷伯爵茶也风靡一时，还流行添加的准确配方：添加过多，则太油滑，加太少则是清茶一杯。红茶不仅可以加糖和柠檬，还可加奶、肉桂、玫瑰花、果酱，甚至加冰、加酒。茶叶专业人员无法想象为什么英国人喝红茶这么爱加东西。所幸的是，红茶里加什么都不难喝，这是一种兼容性极强的茶类。

这就使我们更进一步去思考红茶的性格——为什么红茶这么包容？有人将之解释为柔顺，是所有茶中最丧失特点的，其实不然。红茶的香，其实是在等级越低的茶叶中越淡薄，加进去配套的东西，才不影响其香，而是产生一种新滋味。

台湾地区的红茶专家叶怡兰记得，台湾人喝红茶，尤其是他们小时候，完全是当大众饮料的，甚至是游戏化的。先是泡沫红茶，用廉价的红茶粉做原料。她也没有想到，终有一天这种饮料会席卷亚洲，作为一种代表性的台湾味道。还有就是咖啡馆的水果茶：取些水果在壶中煮熟，最后再加一包廉价的袋泡茶。滋味平常，却很能满足一般少男少女的心愿。有意思的是，在中国，红茶从出口，再回来，确实是从咖啡馆开始流行的，是立顿以及档次高一些的川宁先后成为咖啡馆的饮品，才触动了茶人们重新去寻找真正红茶魅力的野心。于是，祁门工夫、滇红工夫才又重新回到茶叶追随者的视野。与袋泡茶相比，这些红茶带有独特的芳香，但冲泡比之工夫茶要方便，你可以选择白瓷壶或紫砂壶，小把抓红茶进去，然后用90多摄氏度的水冲，倒出来的，就是一杯芳香艳红的茶汤，混合第一杯和第二杯，口味更好，各种对茶的要求都在里面了：汤色、滋味、香气都基本满足。虽然各类茶的冲泡都有讲究，可是相比之下，红茶的冲泡与乌龙茶之类相比显然更随意随性，这也是很多人逐渐爱上红茶的原因。

当习惯红茶滋味的人群成型的时候，中国茶客们又开始喜欢上不同于工夫红茶的武夷山的正山小种。正山小种之"正山"，表明是真正高山地区出产的茶叶，它独特的烟熏感，外加出汤的厚度，使真正的老茶客感受到了口腔刺激。而周围地区所产的茶叶，在老茶客们嘴里，即使加了烟熏，出在距离武夷山并不远的福建省内的政和和坦洋，也只能叫作"烟小种"和"假小种"。正山小种产量不高，加上俄罗斯人多年来对之孜孜不倦的热爱，使得国内消费者认识到它的矜贵。没有喝过正山小种的茶客基本属于不入门的茶客。但是，这部分茶客中包含了许多想入门或者初入门的人，他们不太能接受正山小种厚重的松烟感。聪明的武夷山人于是放弃了烟熏工艺，出现了升级版，许多人从正山小种中喝出了桂圆味。不过，如果喝出薯香味的就请注意了，正山小种和假小种的一个大区别，就是其中没有薯香味。

红茶的茶客最大的特征，其实和红茶一样，比较兼容，他们没那么执拗于只饮用中国红茶。也许是因为红茶品饮开始得晚，大家没形成固定习惯，于是，更广泛的红茶品尝运动开始了，从正山小种拓展到了印度阿萨姆茶、大吉岭茶，再到斯里兰卡的汀布拉茶和加勒茶，印度次大陆的茶声誉鹊起，比中国更早实施了原产地保护，所以喝起来更加放心和专业。而且，这几种茶喝起来比中国红茶更有趣。比如第一茬的大吉岭茶适合清饮，可是第二茬的大吉岭适合加奶饮，多变可又不那么复杂，所以被下午茶的爱好者们选择了。更高档的咖啡馆和五星级酒店于是迅速抛弃了袋泡茶，改用这几种印度次大陆的名茶，这种风尚又反过来影响了喝茶者，袋泡茶逐渐成为办公人群的茶。

红茶的中西方品饮方式于是逐渐分立：老茶客们还是浸淫在清饮中，而新茶客开始接受广泛的红茶品尝方式，红茶的发酵过程使它赢得了健康的名声，尤其是养胃的美名，多数红茶茶客不太喜欢绿茶的青草味，也拒绝了黑茶的厚重。

中国有世界上最广泛的产区，也有世界上质量最好的茶叶，加上绝大多数区域还在手工做茶，不喜欢红茶复杂喝法的中国老茶客也能创造出新的顶级名茶。就在印度大吉岭茶在中国声名大增的时候，用正山小种的原料，可是却全部选用芽头制造的金骏眉出现了。几万个芽头做一斤茶的事实，就已经让品饮者格外珍惜了，何况确实是高香醇厚，没有任何人想往这杯中添加一点糖。这就又给世界红茶提供了一条新的思路——完全不加任何附加品、纯粹以自身香味和滋味取胜的新型顶级红茶。中国人对茶叶口感的永无休止的追求，就是这种茶产生的动因。约十年前，在金骏眉原产地武夷山的桐木关，一斤可靠的金骏眉的基本价格是 8800 元。与此同时，众多的红茶产地都被搅动，以往注重外销的茶叶生产者们似乎突然发现了中国人的消费能力，若干顶级的红茶都在研制中。这是一种精美而昂贵的新型红茶，人们对茶的浓厚兴趣导致金骏眉迅速成为名茶，自诞生到现在，已经出现了无数的仿冒品，在任何一个城市都能看到金骏眉，从几百元一斤的，到几千元一斤的。

但就在金骏眉风靡一时的同时，祁门工夫红茶却始终以质量稳定和香味独特占据了西方世界里的中国红茶的重要位置，被称为中国最高香的"红茶"，与大吉岭和斯里兰卡红茶一起，并列为"世界三大高香红茶"。但是，由于新中国成立后祁门红茶基本全部出口，导致国内的新老茶客们都不够熟悉这种香味馥郁的红茶，这也造成我的好奇，祁门红茶究竟是什么味道？它和广受赞誉的金骏眉有何区别？祁门红茶也是最受西方工业体系影响的茶，工业化生产决定了祁门红茶有标准的等级，茶叶技师们也不会讲什么故事，他们不过是按照最标准的程序来制茶，缺乏创造力。这就使人疑惑，最好的原料在这种方法下制作，是不是会丧失特征？

在寻找独特的祁门香的过程中，我发现，特殊的"祁门香"之所以一直稳定呈现，并且早在 1915 年的巴拿马世界博览会上获得金奖，原因不仅仅来自祁门当地的红黄土壤和云雾缭绕的气候，也包括被称为"祁门种"的茶种楮叶种，更来自稳定的工艺。祁门香是一种淡香，持续而长。最适合喝祁门红茶的方式，是不加糖和奶，清饮；如果硬要加奶，则是一种淡粉红，也与众不同。

传说中的国礼茶

金骏眉的横空出世和声名远扬，都使过去惯坐在枝头之上的祁门红茶有了压力，这种红茶 1875 年问世后的主要销售对象就是英国人。英国人对于茶内蕴涵的浓郁香气无法命名，干脆就以产地名之，"祁门香"成为世界红茶香味的一种，当地人却说得简单，叫"甜蜜香"。祁门红茶的出口价格，自问世以来，一般高于别的红茶十分之一。可是现在，国内茶人的喝茶口碑神秘地被金骏眉转移了过去，喝不到金骏眉，银骏眉也是好的，要不就是正山小种，似乎祁门红茶被忽略了。

郑毅是整个黄山区域号称泡茶的高手，每次中央领导来黄山，都由他主泡各种茶。当地人专门请他来泡祁门红茶，在当地，绿茶还是最常见的饮料，很少见人喝红茶。郑毅拒绝了一套精致的泡茶器具，居然拿了一个粗大的飘逸杯来泡精致的祁门红茶中的特茗，仅次于祁门"礼茶"的一级的高档茶。他手指头超长，按在飘逸杯的纽上，指甲每天修剪，因为，"洁"被他视为泡茶诸多要素中的重要一项。

水刚烧开，他就倒了进去。按照他的研究，黄山地区水开时的温度是95摄氏度，之所以用飘逸杯，是在第二、三泡的时候可以不松手，让水过茶就流下去，这样泡出的茶，倒在玻璃杯中，好看。

琥珀光泽，一道特殊的金边在杯中形成，这是好红茶才有的特征，说明其内含物质丰富。可是喝起来却有点薄，香味像烫死了一样，到了第三杯，还是淡淡的，也并不甜。宜红、滇红等，包括正山小种，普遍到了三四杯时候，有越来越明显的甜味，可是祁门红茶没有，是股隐藏在其中的淡香味。英国人简·比特格雷写到，在英国，老派的人喝到好的祁门茶的时候一定是清饮，害怕奶和糖的味道掩盖了香气。可是，这香气并不浓厚，不由觉得祁门当地人说的"甜蜜香"有点言过其实，又有点怀疑自己喝到的不是好茶。

包围祁门县城的群山并不高大，这片低矮的山坡上出产的茶叶，直到1875年才被发现更适合做红茶，而不是绿茶。当地人说，这里的茶做出的绿茶不好看，容易发黄。整个祁门只有几条河流经过，例如经常发水的凫溪等两个乡镇的茶叶适合做绿茶，出品的屯绿上过名茶榜；而另一个乡镇芦溪，还出一种祁门安茶，介于红茶和普洱之间，专门出口东南亚和港台地区，现在台湾人还在大批收藏。

一个小小的祁门，怎么会同时流传三种茶叶制作法？难道地质条件和气候差异如此之大，导致茶叶制作技术如此精细？

见到闵宣文的时候，一点都没觉得这个78岁的黑瘦老人就是祁门红茶工艺的非物质文化遗产传承人。他说话非常缓慢，以往采访过的茶人普遍能说会道，可他却言辞简单。1951年，在上海商检局工作的他每年茶季就在祁门蹲点，1958年，他被分配来支援安徽，从此把做红茶的每道工序都研究了一遍。现在，他还是祁门红茶做茶技术最后一道程序"官堆"的高手。国营大厂倒闭了，可是各家作坊还争先恐后请他指导，原因是最后一道程序"官堆"要是做得好，能提升茶叶口感和色泽不少，价钱就上去了。

他告诉我，实际上工夫红茶的粗加工各地一样，不一样的地方，就是粗制之后还有精制。他说，从祁门设立茶号开始，这里的检查就分外严格。"过去上海是买办到祁门来检查，新中国成立后就换了我们。从一开始红茶就是全部出口用的，一点都不马虎。"

全部出口？闵宣文说，从他1951年来的时候起就是这样。在新中国成立前，祁门红茶也许还有国内消费者，可是新中国成立后，他们茶厂的红茶全部送往苏联，他每年来茶厂，都是和苏联技师一起来。后来中苏关系破裂，出口转向欧美国家，改为上海商检局和外贸出口公司的检验员前来，最关注的就是等级和卫生。也就是说，祁红一直是一种名声在外而国人并不熟悉的茶叶。现在的祁门工夫红茶还是按照20世纪50年代的分级法，分为国礼、特茗、豪芽A和B，然后是一到七级，即使是小店也按照规矩分，一点不花哨。

凡是传统工夫红茶的生产者，没有做七个等级之外的。当然现在有以次充好的，比如国礼茶现在难以做到，基本稀缺，有些人家偶然得到了好的原料，精挑细选之下，过去是特茗的茶，也说，我们这个是国礼级别了，可是在闵老的眼里，这种茶和国礼差远了。

后期结果决定了前期的制作过程："家家户户制作技术一致，绝对不能自己搞创新。"我几乎不相信自己的耳朵。去过的所有茶区，都强调自己的工艺独到，有特殊之处，最后才出来最好的茶叶，可是闵宣文的话语系统完全不一样："越是严格按照工艺技术的，最后做出的茶叶越好，20世纪30年代吴觉农他们就定了规矩，破不得。"既然如此，那么，毛泽东送给苏联的国礼茶、1991年江泽民去苏联带去的国礼茶，也都是按照传统常规方法做出来的？回答还是肯定的，闵宣文就是参与者，非常清楚："清明和谷雨之间的茶叶采集回来，一芽两叶的品质最好，萎凋、揉捻、发酵、烘干，谓之粗制，严格按照规矩制茶。制造好的茶叶进入精制程序，用几种筛子筛，筛出来越细的茶叶，等级越高。最后把同等级但是来自不同产地和采摘天气的茶叶拼起来，这就叫'官堆'。"

官堆和酒勾兑一样，全在于经验判断。闵宣文说，先由他看样拼样，比如4月10日采集自祁门县西面山区某地的和12日采集自南面山区某地制成的茶叶拼在一起，"我来定比例，采集自不同时间和地点的茶叶口味不同，拼出来效果会更好，花果香和汤色艳红的效果都恰到好处"。闵宣文说自己先把茶样试拼一两次，喝两回，确定后，工人只穿袜子，走到茶堆附近，严格按照他的比例把不同批次的茶叶混合，再慢慢堆就可以了，并不是什么稀奇事情，不过他拼配后的茶叶，等级只升不降，因为香味和口感都达到了这批茶的高水平。

规模生产，再从中精选等级，简单的体系，体现了工业化的祁门红茶的制作方式和中国别的地区名茶单独加工的不同。但我还是好奇，常规工艺怎么就能保证祁门包办了红茶精品？在漫长的计划经济的年月里，甚至在国营茶厂20世纪90年代衰落的时代，一直还在供应外交部"国礼"茶。闵宣文还是很老实地对我说，真没有特殊加工办法。

看到茶叶的时候，闵宣文才眼前一亮。他走过去，在礼茶前面闻了闻香气，又毫不迟疑地要来更多的茶样，问明了生产日期，只用手一撮一搅动，那茶似乎不同了很多：最细嫩芽呈现出的金芽多了不少，剩下的黑灰条索很紧秀，有光泽，就是祁门茶特殊的"宝光"，香味也浓厚起来，即使还没有人杯，淡雅的兰花味已出现。茶叶的主人也高兴，因为是"闵拼"的茶叶，礼茶更加名副其实。

不过，现在即使是这种精工挑选出来的礼茶，在闵宣文看来，也不能叫作"国礼茶"，过去国营茶厂垄断了祁门几万个山头的大量资源，可以先精选好原料，还可以在做出的几万斤甚至几十万斤茶叶里层层筛选出最好的茶叶，最终最好的一吨茶被送往外交部。每年送茶是从祁门直接上火车专列，到合肥后由军队送往北京。祁门几乎没有剩余，闵宣文说自己喝到的国礼茶，也就是在做完装箱前剩的那么零星半点，有时候一年也只有几杯的量。"印象中最深的是1980年送外交部的一吨茶，香是兰花味，还带着祁门山区漫山遍野的青苹果的香味，喝到嘴里又有种蜜糖味，做了这么多年的茶，才明白'祁门香'的准确定义。这时候，我们比计划经济时代要宽松点了，每年能剩一点。1986年，英国女王到上海，上海市派人到我们这里来找茶。"

尽管都是非物质文化遗产传承者，可是每人擅长的工序并不一致。谢永中比闵老年轻近20岁，他所擅长的是红茶粗做好后的分筛工艺。20世纪80年代，外贸进出口进一步宽松，有日本商人找到厂里，令谢永中印象很深的是一个80多岁的老太太，健步如飞，非要参观厂子，之后就要求每年给她航空邮寄，再高价钱也毫不迟疑。

我开始以为分筛简单，芽头细嫩的茶叶被筛子一晃就出来了，再依靠等级分类。可是谢永中纠正了我的偏见，光是筛就有十几道工序。"哪里那么容易？很多人学了一辈子，还是不会筛茶，我1971年进厂就开始学习，祁门红茶的每道工序都有功夫。筛茶，先用方筛，再用圆筛分选，两只手要平端，一倾斜就容易走料，好茶没选出来，反而被筛碎了。这么筛之后还有抖筛，要把茶扬起来，有些茶叶轻飘飘的，虽然小，可是内质不好，结果就跑了，剩下的才是好茶。"边说，边做手势，一抖手中的筛子，感觉有风从他那边吹来，手上功夫甚是厉害。

做最好的茶叶的时候，是单辟车间、精工细作的。1991年，国家领导人要带两吨礼茶去苏联，整个祁门县清明到谷雨季节的好茶胚都搜集来了，谢永中他们二十个人忙了十几天，可是能够达到最高等级的还是不足，最终只能把以往算作特茗级别的一些茶也加入了。他记得，幸亏那年鲜叶质量好，一抓软乎乎的，抖起来一股子清香，做的过程中一点异味都没有。

垄断资源情况下，一年也只有2000斤的国礼，现在国礼就只是传说了？闵宣文用简单的大杯泡了一杯他刚才混合的礼茶给我们，和先前那杯特茗味道不同，滋味先是厚重，然后是鲜味，香气不浓，可到了第三杯，不明显的香味还是那么多，一点都不减少。对于祁门红茶，我似乎多了一点点入门感。可是心目中还是有点遗憾，传说中的"祁门香"就这么简单？地域和品种优势是固有的，那么严格遵守标准的工业化生产能做出好茶？

⅋ 中国式工业化下的"祁门香"

2005年，祁门茶厂倒闭，当年苏联援建的厂房后来也被彻底拆掉，机器当废铁卖了，我们只看见了废墟，如今这里要开发楼盘。曾经的技术高手涌向各个小作坊，陶子就是其中一个，土生土长的他是2007年祁门县举办的红茶评比上的"茶王"得主，而且空前绝后，后面几年虽然评比还在继续，但是不选茶王，前几名拿并列奖。

陶子同样实在，他家的茶基地选择了祁门南面山村，经常有人找他合作，要求他一年产出二十万斤茶，可他一听就拒绝了，因为他的厂子完全不具备那个生产能力，满打满算一年也只能生产出几万斤茶，又不想收购别家的茶叶来充数，没合作基础。提起自己那年得奖的"茶王"经历，陶子的话头和闵宣文一样简单，说是最传统的做法，完全选择一芽两叶，觉得这时候的茶叶内质含量高，而且还画了一幅工业流程图给我看，是20世纪30年代吴觉农在祁门建设茶叶改良场时候的规程。

2007年，金骏眉制作办法"骏眉令"已经兴起，明确选择单芽茶制作，陶子的制茶模式依然不变，为什么一点不受影响？原因很简单，祁门红茶按照老规定就要一芽两叶制作。陶子说，"那一年萎凋鲜叶的时候，就觉得自己会赢"，因为叶子手感特别好。萎凋槽的设计同样来源于20世纪早期茶叶改良场的设计，他觉得槽里放叶子比用阳光自然萎凋要可靠。"纯手工的制法，比如用阳光晒干，太不可靠，可能会被阴雨天气弄坏茶叶质量。"在国营茶厂常年工作的茶师们都相信科学技术，这是祁门红茶产区的茶叶制作者和外地茶区的不同。那年的鲜叶很香，陶子说他只是在制作规程中严格遵守了规章，比如传统说清明前后采茶，他就要求一定是那个时候，农民愿意早采，加上现在有的品种发芽早，早采芽头鲜嫩好看，有的三月中旬就要开采，可是他不让，说是最好要清明前后两天的，他宁愿多付钱。最好的第一批采摘的茶，才能做高品质茶，所谓国礼，从没听说是用到了第二批采摘的茶，这点上他比别人都较真；书上说萎凋槽里放几斤他就放几斤。鲜叶的香来自他的鲜叶产区，这里森林围绕，他所使用的几个村的茶树全部隐藏在云雾中，山地虽海拔不高，可是一到清晨，薄雾还是会笼罩山村的茶园。

2007年陶子的"茶王"一共只有数十斤。祁门的红茶人不信奉老茶的神话，做好一个月后再喝口感最是醇厚，说是火气刚退，新香生起，但是陈放几年肯定不好喝。所以，他没有一点2007年的存茶，我们也无法想象那年的茶王如何香甜。但是陶子并不夸张他的茶园，他告诉我们，祁门类似他的鲜叶产区还有很多，县城西面和南面简称西路南路，全是红黄色的土质，偏酸性，很细，鲜叶质量全部不错，但是不管哪一路，陶子强调，一定是昌江水系的。祁门地理范围不大，但是按照水系划分却有昌江、长江和新安江三大水系，新安江和长江水系山头的出品适合做绿茶，而昌江的大大小小几百个山头的茶基本都做红茶，这里云雾缭绕，山不高但湿润，基本没有阳光直晒的区域，而且多为茶籽播种，根系发达，吸收土地养分多，加上又是传统的"槠叶种"——也就是过去的"祁门种"，在1970年申报成现在的学名。这种茶，有兰花香，有果实香，还有一种清幽的森林里的气息，只要加工到位，香气就会持续不散。

近些年陶子一直在做传统工夫红茶，越做越明白，一定要按照"工夫"去做。比如夏天的茶，本身产品质量不好，"我们过去也不开采，后来为了经济效益，大家都去采，现在我们又劝说茶农放弃这一季，全年只采春季；化肥少放，20 世纪 80 年代之前，这里的茶山没有化肥的，因为当时化肥还很昂贵，但那时候茶的滋味就厚足，香气就饱满；各种区域的茶要拼配，比如祁红乡和祁山镇的茶，拼上历口镇的茶，香气和滋味就都有了，内含也最丰富"。包括茶园管理，陶子也基本上按照 80 年代的教程设计去要求茶农，比如立秋之后、秋分之前给茶园松土，过去"我也不懂为什么要求这么严格，现在明白了，只要秋分过了再动茶园，就会损害茶树的根系"。不崇尚老丛，一般树龄 10 年到 50 年的茶树，在祁门就算好茶树——这也是按照新派科学经验确立的。

好茶的传统，背后是建立于 20 世纪三四十年代的茶园管理和茶叶加工的科学经验，顿时觉得吴觉农那一辈科学家的价值在于既有西方科学的实证精神，又结合了东方农耕的长期经验。这点上，安徽省茶科所的黄建琴教授深有体会。

安徽省茶科所的前身就是 1932 年吴觉农从上海来到安徽祁门后改造的安徽省立茶叶改良场。黄建琴告诉我，吴觉农等一代宗师的改造，现在看起来一点都不稀奇。"比如梯形茶田、茶树的种植空隙如何留、推广祁门红茶最适合的茶种槠叶种，听惯了都觉得是常识，可是当时他们这些先驱者编写的《祁门之茶业》，就奠定了整个中国红茶的发展模式。20 世纪 30 年代，祁门红茶出口一担卖到 360 两白银，是整个中国各区域红茶里面销售价格最高的，这之后，祁门地区的茶农栽种的技术就基本固定了。"生产方式也基本固定了：当地茶农不做红茶也不喝红茶，普遍将鲜叶送往茶行，茶行请茶师们加工。吴觉农倡导的运销合作组织明确了茶叶加工环节的分工，而且使茶农收入高多了，这些模式的成型，导致祁门红茶制作没有传说的民间高手故事流传。

祁门茶师们普遍比较简单，说话也不弄玄虚，大工厂确实能生产出质量有保证的茶——可是，最优秀的茶还是靠工厂而非手工吗？昔日的国礼茶毕竟不同，靠的是资源垄断。几百个山头混合，优中选优。

⚡ 传统工业化的细节

疑惑直到祁门红茶的发源地之一的东至县同春村才消解——即使工厂再庞大，制茶行业还是一种完全细节化的工业生产，与想象不同。我本以为祁门红茶产区局限在祁门，事实上，从祁门往南行走，山谷越来越深，邻近诸县如东至、石台、贵池都是产区，云雾中茶树越来越稀少。原来，这些年祁门及其周围地区的茶园抛荒严重，壮劳动力出门打工了，不肯在家看守茶园，这里的鲜叶价格不到武夷山价格的十分之一，效益有限。附加结果就是许多地方仿造金骏眉也多从这里采购鲜叶。茶园疏于管理带来了意外的好处，茶叶总量下降，质量反而提高了。茶农舍不得放化肥，老人上山用叉子一翻，把杂草放在茶树下当绿肥，茶园里松树横生，反倒回归了自然。我们在数个茶园里观察都发现茶树大小不一，原来祁门种流行自然繁殖，不是插枝的结果，这样的茶，喝起来厚。

同春村的同春茶号是祁门红茶创始人之一余干臣留下的遗迹。余干臣是安徽黟县人，从福建罢官后，1875 年左右把武夷山的红茶制作技术带回了老家，在老家寻找了一番做红茶的原料，结果发现老家附近的祁门山区的原料做红茶最好，祁门传统的绿茶时代就此改变。我翻了一些资料，才发现余干臣是个传奇。从他个人经历上可以发现，确实红茶并非像有些人传说那样发源于祁门，而是福建山区，那里更靠近出海口。关于红茶的起源众说纷纭，但有一点可以确定，就是无意之中的青叶堆放引起了茶叶发酵，最后成为与绿茶风味完全不同的茶，而且这种茶在运输过程中不易损坏，即使经过漫长的海运过程，因为前期的发酵齐备，所以后期风味不变——也因为口味稳定，不因运输改变，所以被西方世界广泛认可，红茶就此诞生了。

余干臣因有感于红茶的销路广阔，所以在东至县设立了茶庄，后来茶庄又到了祁门，扩大经营和收购，各地茶商接踵而来，祁门绿茶改为红茶的越来越多；咸丰年代的胡元龙贡献也大，他在贵溪开辟了五千亩茶园，后来开辟茶厂，指导农户四十年之久，祁红逐渐被改良成最上等的红茶，所谓的"王子茶""群芳最"都得名于这个时期，祁红的地域性香气也被世界所认可。

余干臣留下的茶号的遗迹抵挡不过时间，日军侵略时毁了一大半，现在的村庄改革又拆了剩下的几处，一大间灰白色的高楼尚存，木头地板已经没了颜色，只有一位老人居住，在抄写宋词，有着徽州地区特有的意趣。对面的工厂倒是兴旺。这是一家年产数十万斤的茶厂，属于祁门红茶较大的生产企业。茶季还有几天就到了，工人们忙碌地调试机器，做好迎接茶季的准备。村支书是工厂负责人，所有的茶都由他接收："方圆几百个山头的人都会来送茶，最远的从 30 公里外来，因为我们这里按质量收茶，定价比较清晰。"

"同是清明到谷雨期间的一芽两叶，可是这个山头比那个山头质量好很多，所以可以付出高一倍的价钱。祖辈只有茶田，人民公社的时候也不种粮食，用茶叶去换国家的返销粮，几百块茶田出品的质量，人人清楚。鲜叶进来后我们再分批登记，按照不同的批次做茶，做成茶后再筛选。"工业化里原来充满了人的记忆。再看机器，这个厂处理能力很强，可是制茶机器还是看上去有几分农业的淳朴劲头。比如分选芽头大小的旋转机器，用竹笼套在鼓风机上，细芽和粗芽一吹出来，就落在不同的竹筛眼里分门别类，不会损失茶叶风味，与想象中的大机器完全不同。

疑惑至此终于解决。精选的茶叶从第一天起就编了号，后期精制中的筛选、官堆，原来就是精中选精——祁门红茶是精细的工业化，也是一种带有浓厚手工特点的工业化，这来自最初红茶出口带来的要求。

在郑毅那里，我们看到了一本 1894 年的茶商谢正安的账簿，保存得非常齐整。谢正安的曾孙谢吉龙告诉我们，家里这种账本原本堆积成山，他小时候还有很多，新中国成立后被安徽农学院要走，所剩无几。谢正安做黄山毛峰起家，可是当他生意做大的时候，立刻介入祁门红茶的生产中。他的茶号开设在上海，因为红茶是直接销售到上海各洋行的。"账本里就洋行要求的茶叶等级问题记载了不少，可想而知，祁门的红茶生产大概是中国茶叶生产中最早国际化的。"账本复杂得几乎看不懂，徽州商人特殊的精明使其中充满了暗记，郑毅说，祁门红茶的销售往往被买办赚了钱。谢正安把自己的儿子谢大鸿带到上海，培养他学英语，作为通事直接和外国商人交流，结果利润大增。

谢正安是一代茶叶巨贾，他和张之洞交情很深，张之洞称他为"静翁"。有一次他洗脸，儿子在一边和英国商人谈价格，商人在镜子里看到他洗脸时不断摇头，以为他不同意自己报的价格，就一次次加价，价格凭空增加了不少，当时徽州茶商们传为奇谈。不过谢家起得快败得也快，20 世纪 20 年代茶叶出口受挫，谢家第二代就已经没有他这般的经商才能了，到 40 年代已经成为贫农。谢一平是谢正安的第五代，他兴办的谢裕大茶号是安徽最大的茶叶企业之一，他也从做绿茶起家，转而恢复了做红茶，想法同样是大工厂制，"小工厂化生产无法恒定质量"。

虽然是按照国际要求加工茶叶，可是双方还是有误会。吴觉农的孙女吴宁在美国居住，近年多次回到祁门访茶，她总觉得祁门红茶精心做叶底，或让所谓的嫩芽呈现金色都是在浪费时间。她的美国经历是，和几位懂茶的朋友喝茶，大家只关心茶叶香气如何，谁看你叶子泡过后是不是金黄好看？她觉得这就和喝完咖啡让人看咖啡渣一样。

事实证明，吴宁的说法过时了，随着精细化的品饮方式的流行，咖啡磨粉后闻香已经成了惯例，而观察茶叶底也在茶叶圈成为习惯。陶子就强调叶底的重要性，泡了自己去年做的好茶做案例。泡完后，茶叶叶底金色，他说从这里面能看出发酵的工夫——过了，叶底发黑，不及，则发绿，口感都不够完美。各种红茶均不如祁红耐泡，这个和生产环境、加工过程有很大关系。现在好的工夫祁红，基本能泡到六泡，与一般地区三泡就淡而无味的红茶区别很大。

这泡茶，喝完了很长时间，喉咙里还很甜，逐渐明白，祁门香为什么被当地人叫作"甜蜜香"。

⚘ 纯正工夫和新品

在贵池茶厂，我见识了一次正宗的祁门工夫红茶审评。用最坏的泡茶办法，如用大杯滚水泡5分钟嫩芽头，把茶的缺点全泡出来——专家们就是这样评茶的，这时候，喝到嘴里口感仍然很好的茶叶，就是真的好茶。

20世纪50年代，为了出口换取外汇，祁门茶厂、贵池茶厂和东至茶厂等国营茶厂先后成立。如今，另外两家都已经倒闭，只有贵池茶厂还在，不过已改制，更名为安徽国润茶业有限公司，并且于2010年生产出了一种叫"九五至尊"的顶级茶，用于适应金骏眉出来后的红茶高端市场。董事长殷天霁说，这名字会让人误会，其实他们指的"九五"，是从1915年祁门红茶在巴拿马世博会上得奖再到2010年祁门红茶再上世博会，正好是95年。

审评的茶里包括了九五至尊。我很好奇，想知道这茶是不是能顶替当年的国礼茶，以及和金骏眉有何不同。茶还是标准的一芽两叶的原料，属于传统工夫制法。殷天霁是安徽农大茶叶系毕业，也是茶厂老职工，他解释说，之所以按照传统工夫红茶方法精制，是因为这种制作中有许多精彩的地方。"只改进了一点，比如萎凋的时间。叶片特细嫩，萎凋时间缩短了一点，要及时从槽中取出。"

九五至尊、特茗、豪芽 A 这三个等级的茶叶放在三个审评杯中，均是 5 分钟出汤，然后打开杯盖闻香，观察叶底。"之所以看叶底，说个不恰当的比喻，就像医生叫病人脱衣检查，这样一来，身体有什么异状可以第一时间发现。不过叶底占评审的分数不多，更重要的是茶叶的香、滋味，还有汤色。后面几项占七成分数。"三个杯子虽然并列，可是差别很明显，充分展示了等级不同的茶叶是何状态。第一杯九五至尊香味不浓，可茶汤里含着醇厚的花蜜香。第二杯特茗香味浓，汤却不那么厚。原来，香气和滋味并不统一，冷下来，茶香又变了。这次各杯里散出的是兰花香，是黄山地区茶叶普遍带有的气息，即使是做成红茶经过发酵，这味道还是不改。喝到第三杯，九五至尊的优势充分显现，茶汤里带着点乳香，细密而含蓄，"祁门香"的特殊的品质终于在这么多天后被感触到了。

殷天霁解释，传统的一芽两叶原料内质丰厚，但比起单一的芽茶来，香气肯定不足，这就只能在原材料方面下功夫。他们把祁门老产地内合作的高山茶园茶叶定点采摘，这种高山茶即使长到一芽两叶，芽也不会完全放开，卷曲而细长，颜色也明亮，就是产量少，有一年全部材料做完，只得到了 8000 斤茶叶，价格与金骏眉不相上下。"我们企业招牌老，所以客户多，加上国内现在兴起了高端红茶热，一下子就没有什么存量了。"说白了，就是新时代的礼茶。过去的垄断系统有了缝隙，现在有钱就可以买到。

1995 年之后，祁门兴起了红茶改绿茶的风气，原因是当时红茶销售受到了冲击。可是老话不是白说的，祁门的茶叶做起红茶来很出色，可是绿茶并不是第一流的。茶科所的黄建琴带头研制了"红香螺"，一种外形和碧螺春很相似的红茶，接着，"红毛峰""红松针""祁眉"等新品类红茶相继出现。其共同的特点，就是在红茶粗制后不再精制，而是经过低温做形，和绿茶的外观相似了。

我一直以为工夫红茶的精制过程就是改变祁门红茶外观、划分等级的过程，原来并非如此，精制过程中的补火和官堆两道程序，对传统工夫红茶的香味影响至深。

在国润公司的审评中，有一杯红香螺香味十足，外放，一点不含蓄，看来新加工方式确能提香，可是到了第三杯的时候，香味转淡，没有那几杯传统工夫稳定的含蓄香味，不过，祁门原料的特殊性还在，并不甜味十足，反是清淡，是喝惯了祁门红茶者熟悉的味道，原料的特殊性无法仿造。

红香螺问世之初卖了好价钱，很多传统工夫红茶的制作者开始改做新茶。从祁门历口镇看了无公害茶田回来，路过农技推广站的时候，听说站长朱兴华是当地制作红香螺的能人，就走到他家老宅的作坊参观。二楼是木板铺就，茶季全部用来萎凋茶，而一楼是小揉捻机，周围挂满了当地特殊的盐火腿，纯粹农家风范。朱兴华是个明显的聪明人，从前写对联出售的时候，会自己雕刻木版，印刷上图案，这次红香螺兴起，他找茶师学了一个月，回来就学着做了。喝了一杯后，不免失望。他的红香螺的茶形很像碧螺春，可是味道单薄，香味也浮在面上，祁门红茶这么多年的工厂制作经验还真复杂，民间的聪明人想模仿也没那么容易。

另一种新品祁眉就是工厂操作。祁眉的名字听起来有点和金骏眉争风的意思，价钱也是每斤 3000 元的统一零售价。负责人张惠民告诉我们，这个茶制作研究了四五年，开始是用芽头，由于品种和土质的关系，香味虽好，可是滋味不厚；又恢复了祁门传统的一芽两叶，可滋味还是不尽如人意；第三年用一芽一叶尝试，终于，实验者都觉得不错。

打开一袋祁眉，金芽特别多，茶被制造成弯眉状；冲出来，杯上面浮着一层细白毫，和传统工夫很不同，也是因为后期不用精制的缘故。刚喝祁眉，觉得非常奇怪，它不是传统工夫红茶的香，而带有岩茶的厚味，又有点涩。第二天，去了在祁山镇的祁眉基地，果然不同，海拔比起祁门县普遍的茶园要高许多。农民告诉我，他们村的茶园在高山上，产量少，过去大宗收购很吃亏，现在被收去做高档茶，划算多了。他们只采一芽一叶，鲜叶价格是别地茶园的数倍。祁眉的工厂里，辟有专门的发酵室，一口专门蒸水汽的大锅在里面，土洋结合，大片的栗木也已经砍好，等待烘茶的时刻，和在武夷山看到的岩茶场景倒有点相似。回过头第二次喝祁眉，还是觉得，这是目前新研制的红茶种类中味道最像岩茶的了。

工夫红茶和新种类口味完全不同，相比之下，我还是喜欢传统工夫的内涵。新派的各种茶，按照陶子等老师傅看来，属于只有前期粗制而缺乏后期精制，重视做形状，但缺乏后面的细致工夫，就导致了醇厚度差的情况，祁红的非遗工艺，还是有道理的。

殷天霁告诉我，新品种的红茶是国内的高档红茶消费所引起的。"大家喝红茶可能一两泡就结束了，新品种正好适应这种需要，香味外溢，一下子就出来了，但接下来是不是持续长远，大家就没那么关心了。"这很是时代的缩影。

⚘ 祁门安茶

同样的祁门槠叶种，为什么在小小的祁门县范围内，在凫水适合做绿茶，在芦溪乡做安茶？黄建琴的解释是，黄山地区是个茶叶加工相对发达的区域，很可能是不同的地理条件决定了茶叶的不同的精细化加工。凫水很多河流冲出来的沙洲，每年洪水带下来上游的泥土，结果沙洲越来越肥厚，上面的茶树特别壮大，这种茶做绿茶很香，做红茶却不出色，所以茶农就选择做绿茶出售了。

安茶同是这个理。进入芦溪的时候正逢傍晚，雾气从山谷中缓慢地出现。这是安徽省最靠近江西的地方，山势与别处不同，早晚雾大，结果，安茶制作中最重要的一个环节——承露，就轻易地发生了。

我们找到的是汪升平。新中国成立后，祁门安茶的制作中断，1991年，就是他重新办厂做起了安茶。老头精瘦。祁门安茶过去叫软枝茶，用不太高级的带梗茶叶，先按照绿茶的制作技术加工鲜叶，然后轻度发酵，再烘干。这时，制作过程奇峰回转——山乡芦溪的四五月份，天气潮湿，在大雾天里把烘干的茶叶摊在地面上，吸收露水一两天，然后用箬叶和小竹篓包装好后，下面架炭火烘，上面要盖棉被，说来又像紧压茶。

这么多道程序，茶叶受得了吗？"所以要带梗，也因此我们叫'软枝茶'，传统做法就这样。我母亲年轻时候，芦溪还做安茶，我模糊有点印象。1991年，这里的茶叶做绿茶不好卖，我找了一些老人商量，结果把安茶恢复起来了。"说起来很轻松，可过程还是很复杂的，去广州、佛山出售，这里是传统的安茶转售中心，基本上由这里再销往东南亚，主要是马来西亚和新加坡，当地华人觉得安茶因为有承露那一道程序，特别下火气，可是又发酵过，不伤胃。

我在台湾杂志上看到，台湾有藏家收藏安茶，多是新中国成立前的旧出产。安茶讲究老茶，说是越老的安茶越有药效，特别是把老陈皮包裹在里面，放上几年，对胃好。近年因为安茶恢复生产，品质好，所以添了一些新藏品，莫非说的就是这里出产的安茶？包装很近似，可那篇文章简直把安茶说得矜贵无比。汪升平不声不响翻出一本杂志，果然如此，里面说的就是汪升平新做的安茶，说带有徽茶典型的兰花香味，放上十年就是好药。可是汪升平对这些东西一点不讲，他只是带着我们参观他的仓库，走进去，竹篓和箬叶的香味就扑过来，茶叶本身的味道倒是闻不到了。他用小竹刀撬了茶出来给我们泡。没喝过安茶，总觉得这也许会带点普洱的味道，可是并不，普洱的浓厚没有，反倒是带有祁门茶叶特有的花香，说来说去，还是典雅，这似乎已经是这几天我们用得最滥的词语了。

可是，典雅确实是祁门茶最典型的味道，即使是等级不高的红茶，大杯热气腾腾地泡出来，味道还是不错，不甜俗。祁门人实在，他们做的茶叶中也带了这种实在感。

竹篓旁边堆着几大块木板。我问汪升平这是什么，他不好意思地一笑，说是往那个世界的时候用的。原来是寿材。我突然心中一动，人走了，茶却一代代传了下去。■

二访武夷岩茶：一个时代有一个时代的名丛

2010 年，我第一次去武夷山看岩茶，那时候，岩茶远不像今日这般知名和大众。本以为武夷山和去过的绿茶产区近似，武夷岩茶也是成群成片，可是眼前的岩茶生长环境还是很让人吃惊：不说那六棵寂寞地长在半崖上的大红袍了，许多名丛都是孤零零地一棵两棵散落在悬崖之上或沟谷之中，从山道上望去，让人觉得可望不可及。印象最深的是若干名丛的所谓母本，基本上长于岩石之上，活在深谷之中，望过去，要么显得遥不可攀，要么显得"那人却在灯火阑珊处"，非常"拒人于千里之外"。

生长在山岩陡峭处的特点，以及武夷山成为世界文化和自然遗产后，对茶田的控制力量，都使产区的"正岩茶"量少而味厚。这倒是真实武夷岩茶自古以来的优势——生于岩石坎坷之上，少人工干预，肥料来自地面的腐草落叶，这样的茶味，滋味醇厚霸道，香气独到迷人，均有自己的特点。

回忆 2010 年的那次寻访，历史上记载的 800 多种名丛，按照 20 世纪 80 年代武夷山茶科所的调查，只剩下 70 多种，几大名丛的母树不仅在今天已经无踪可觅，甚至 30 年前就不见了踪影。当下的寻访更是如此，名丛还在缩减之中，武夷岩茶随着时间推移，正在不断更迭自己的种类。岩茶最大宗的早已不是《中国茶经》中记载的"大红袍、白鸡冠、水金龟和铁罗汉"四大名丛了，武夷山的岩茶田几乎全部成了肉桂、水仙的天下。平心而论，肉桂浓郁的花果香和水仙清雅的韵味，都符合老茶客对好岩茶的追求。

可是，总让人觉得不甘心：莫非大家记忆中的种种名茶，真的不见踪影？众多茶商手中种种稀奇名字的岩茶，真的只是迷惑购买者的工具？

我们进入了武夷山岩茶的核心产区耐心搜索，包括 2006 年刚扬名、迅速升至每斤万元的"金骏眉"的原产地武夷山桐木村，终于发现：每个时代都有每个时代的名茶，"四大名丛"确实已经成为过去式。

自然环境和制造技术正在选择新的名丛。好在现实中的武夷山还在不断生产出新的好茶，而每个出产过程背后，都有毫不逊色的新传奇。2020 年的新探访，更加深了十年前的判断，武夷山的名茶层出不穷，过去的经典也没有消失光彩，从大红袍到牛栏坑肉桂，从三坑两涧到一些新出名的山头茶，良好的自然环境外加精细的做工，使武夷山的岩茶始终在中国诸大茶类的顶端位置，没有动摇。

🔥 武夷山大红袍：比传说更神秘的现实

2010 年，大红袍已经禁止采摘，那六棵大红袍树所在地已经是景点，只见几棵树耸立在九龙窠的岩石壁上，只有一点薄土层供它们吸取养分，难怪并不好看，矮小，黄叶不少，且叶片不齐整，远不如不远处成片的岩茶叶新品种"肉桂"好看。不过游客们不管茶树的好看难看，他们只在"大红袍"几个刻石字前留影，也分不清哪个才是真正的大红袍。不过，即使是在武夷山生活和工作的人，大多也只根据那些传说在编大红袍的故事。走在武夷山的街道上，家家土产店招牌上全写着"大红袍"，这些只是因袭了大红袍之名拼配的岩茶罢了。我们叹了口气：真正的纯种大红袍，在一般商店哪里还看得见。

1963 年从福安农校毕业后就来武夷山区工作的福州人陈德华是岩茶制作技术的非物质文化遗产传承人。当时这里还不叫武夷山市，他的工作单位还叫"崇安县茶叶公司"（武夷山市旧称崇安县），现在他被武夷山人普遍尊称为"德华叔"——他 47 年来与茶叶打交道，是最权威的"大红袍"诠释者之一。

我们所在地，正是大红袍茶树所在的岩石对面的茶座，木板架在岩石上，简单，却是来过无数大人物。上面挂满了各种对大红袍的介绍，他站在介绍前，看到上面所写的"香气浓重"，又叹口气："应该写香气馥郁才对。"一开始还不明白他为什么如此谨慎措辞，直到当天晚上，偶然喝到纯种的大红袍，才明白他那种近乎苛刻的认真的原因。

当时我们不明白，在茶座喝的只是通称大红袍的拼配岩茶。这里出售的"大红袍"，一律写明是谁手制，一泡茶，最便宜的也将近200元。也有陈德华制作的拼配大红袍，这是目前武夷山最大宗、最典型的大红袍产品，拿几种好岩茶拼出一种类似大红袍香型的岩茶。里面并没有纯种的大红袍茶叶，可是他当时没有向我们说明。

只是说不要拿他做的，拿别人制作的给我们尝尝，精心泡过水，一喝，花香浓郁——可是又很难说出是什么类型的香。德华叔喝了喝，说有"岩韵"，但他随即解释，这是个很难理解的词，喝多了岩茶，才能有体会。只有武夷山的山峰峡谷地带产的茶才有这种风味，哪怕离开武夷山几公里的地方出的茶，也不具备，所以那些茶被称为"外山茶"。

先从6棵大红袍讲起，陈德华是朴素的科技工作者，不是个喜欢渲染的人，什么"状元报恩"给茶树披上红袍，或者采摘前给茶树披红的故事，他说自己没看过相关史料，所以都不介绍。他看的相对准确的资料，就是1932年国民党军官蒋鼎文曾经派军队驻扎，监督采摘大红袍母树上的茶叶。"为什么？是因为当时的这几棵茶树已经声名远扬，一斤茶要卖64块银圆，该树此时属于天心寺的僧人，但是蒋鼎文对采摘的僧人不放心，所以派兵看守。也就是从那时候开始，大红袍被看守的历史就开始了，即使是'文化大革命'中也没有中断。"看守所搭的木亭现在还在茶树对面山崖上，人待在里面正好监督采摘过程，"外面半截是前些年新加上去的"。

当时的大红袍只有3棵，现在的6棵中有3棵是1982年之后插枝而成的。无论是陈嘉庚1941年来武夷山访问的日记，还是陈德华在福州上学时候所见的老师1958年来采风的记录，都表明只有3棵茶树。这点为什么重要？因为不同树龄的茶树，哪怕都是母种，所产茶的风味也截然不同。根据2008年福建省农科院的测试，从左往右数的第二棵母树所产的茶叶中总氨基酸含量最高，导致了成茶后也最香醇。而1982年之后插枝成功的几棵，树龄不长，所产的茶"劲道不足"。

按照一份20世纪40年代的制茶记录，大红袍新叶的采摘期晚于很多名种，"基本上是5月10日开始，到20日左右，所以现在很多人说他们的茶是大红袍，可是在 5 月 1 日就开始摘了，这就是最大的漏洞"。

1951 年后，大红袍由天心寺庙产改为国有农场所有，最早是劳改农场所有，后来转到另一国有农场，一直有专人看守。这在中国各大名茶之中非常少见。

1962 年，在杭州的中国茶科所第一次来武夷山截取若干大红袍的枝条带回杭州的基地做培植。陈德华几年前还去那里看过，培植的树长得不错，不过在异乡环境里，即使能产茶，风味也应该和种在武夷山的这几棵完全不同。1964 年，福建省农科院来这里截取母本大红袍带回福州育种。"当时我就是陪同者，来办事的是我同学，我记得他们拿着介绍信，还盖着县政府的章。"陈德华想要一支截取下来的枝条试验扦插，可是同学不同意，"嘿嘿，没想到，再等这个机会就是 21 年后了。"其实后来"文化大革命"期间，管理没那么严格。"我和管理员熟悉，有时候还能要到一泡母树上的茶叶喝，可也没觉得好喝。"他也没想过去截取一些枝条，"至于为什么不偷着弄，我自己现在也说不明白了。想想也好笑，反正就是有机会的时候没有弄。"直到 1985 年，他去省茶科所参加所庆的时候，当年的同学已是育种室主任，他找同学开后门想要几棵，同学一时高兴，送了他 5 棵大红袍，就是 1964 年从武夷山母树上截取枝条并且育种成功的后代。"就是那一年，大红袍开始在武夷山推广种植了。"可是，这种推广非常艰难。"茶树的成长不是一朝一夕的事。1994 年，福建省科委来做课题，问我有多少大红袍。当时大概也只种成了一分地，可是他们觉得太少了，写在报告里不好看，让我汇报说已经有了 10 亩地，我也就只好说有那么多了。"

这一分地的大红袍随着武夷山推出了以"大红袍"为商标的各类岩茶而愈加知名，之后，越来越多的茶叶叫"大红袍"，大红袍逐渐成为一种指代，而母树扦插成功的大红袍，改称为"纯种大红袍"，这个名称，只有内行人才常常得闻。其实那时候，一年只出产几斤的纯种大红袍也还是和多年来一样："出钱的人喝不到，能喝到的都是不出钱的。"

有很多知道准确信息的人来陈德华所扦插的大红袍田里偷枝条，也有部分有本事的人去窃取母树枝条，然后自己偷偷培养，也因此形成了武夷山的规则：有多少大红袍的茶田，永远没有准确数字，而能出产多少大红袍，也成为一桩悬案，问多少人，就有多少答案。不过，如果是茶叶系统内的人，并且懂技术，偷着培育了几株纯种大红袍还是可能的事情。也因此，无数不是大红袍的树种因为制成茶叶后风味独特，拥有者也开始说自己是当时从陈德华那里弄到的大红袍母树枝条，或者神秘地一笑，说自己有独特来源。在武夷山后几日的采访中，经常看见这种笑容，可都是些难以确认的故事。

2009年，福建农大采集了若干种谣传是从母树大红袍衍生出来的名茶样本，包括"北斗"等，进行了DNA测试。科学很无情，这些茶树虽然风味独特，可都和大红袍没关系。陈德华说："大红袍的历史悠久，加上出名早，所以附会的故事越来越多。而更关键的是，喝过真正大红袍的人非常少，大家不知道准确味道，所以鱼目混珠的东西出现了。"

那么，真的大红袍究竟味道有多好？陈德华说他在自己引种之前喝过3次，基本上是"文革"前后。"可是真没觉得味道多好。"在"文革"之后，自己有制作大红袍的机会了，才明白："这真是好茶。"5月中下旬，别的茶叶基本上采摘完毕，纯种大红袍方登场。"采茶工人可以相对悠闲地采摘，因为长短不一，并不好看，只能慢慢采。"采来后制作也不容易，陈德华说："我也算老茶师了，许多名种都做过，可是大红袍的脾气还没有摸透。10年制作，其中有两三次出了好的大红袍，就是上天保佑了，做不好的大红袍香味、厚度都不出来，也难怪我'文革'中喝倒也不觉得好。"

做得好的时候，纯种大红袍真能体现自己的特征。"为什么几百种岩茶中大红袍那么知名？还是因为品种好，特性独具。"在陈德华宽大的院落中，暮色四垂，越说越高兴的他终于拿出了真正的纯种大红袍，不再是那些拼配的产品。他说泡一泡试试。这是他2008年的作品，不说价格，后来我们才知道，陈德华制2008年的纯种大红袍价格，在2010年是6万元一斤，还是有钱也难买到的珍品。

虽然不知道价格，可是喝了一天岩茶的我们在喝到这纯种大红袍的时候还是有奇异的感觉：别的岩茶从第一泡到第七、八泡，全部会有浓淡、香味的变化，可是，这泡大红袍从第一盅到第七盅，色泽和水中的厚薄几乎没有变化，始终有浓重的桂花香。"2008年我做出来的，就是馥郁的桂花香。"这才觉得，白天喝到的那些拼配大红袍，虽然也香，也有岩韵，可是和纯种比还是落了下风——大红袍得名，绝对不是一时之幸。

2007年，原本岩石上的6棵大红袍彻底封存，现在能喝到的所谓纯种大红袍大多是陈德华从福州拿回来的那5棵茶树的后代。"树龄不长，我们现在还没有摸索出一套完整的制作它的技术手段，这也是纯种大红袍昂贵的原因。"陈德华告诉我们。

拼配的大红袍与名丛的衰落

2007 年，6 棵母树大红袍进行了最后一次采摘，徐茂兴就是制作者，制作过程中，他们尝了一点自己做出来的茶叶，"非常之好"。这次做好的大红袍没有出售，也没有更多的人喝到，直接被国家博物馆封存了。

徐茂兴是 1995 年从福建农大毕业后回到武夷山茶科所的大学毕业生，之所以能留在所里，是因为他的做茶技术好。"当时在所里实习，让我们做一批茶叶，我和德华叔的儿子搭档，我们大概是能够把理论应用到实践中去。虽然是第一次尝试做茶，同一批次茶叶，我们做出来效果特别好，卖出去的价格是别人的 3 倍。"

徐茂兴因此留在了茶科所，学习制作茶叶和育种。他对拼配大红袍的事实了如指掌："现在武夷山能够把大红袍拼配好的，很多是我们茶科所出来的，都是我的师兄弟，可是每个人配方都不同。"他说，有一位师兄，也是非物质文化遗产的传承者，有一年拼配的大红袍非常之好，能在北京卖到上万元的价格。"去吴裕泰，要求服务员给我看一下，一开罐，香气就出来了。"他自己的配方是用梅占，配以肉桂、水仙、半天腰等茶种，各占一定比例。这种拼成的大红袍是目前武夷山最主流的大红袍产品，而价格高低，则决定于你所用的茶叶的好坏以及拼成后的口感滋味如何。这就给各家的大红袍很大空间。

在福州见到原福建省茶叶质量检测中心站站长陈郁榕的时候，她的配方除了常见的肉桂、水仙外，还有醉贵妃、玉井流香等少见的奇种岩茶，成品非花香，也非果香，在似与不似间，拼配出来的大红袍效果很好。"现在拼茶技术犹如勾兑好酒，效果差别因人而异。"陈郁榕就是其中高手，使用价格不是很高的茶能拼出好滋味来，她拼配的 200 多元一斤的茶，比起别人 500 多元一斤的还要滋味醇厚。去年她还拼了一种 55 元一斤的大红袍，"就是把我手中剩下的几种茶随便一拼，哈哈。结果我的一个学生买去，放在他的茶店标价 550 元"。不做生意的陈郁榕觉得这价格很离谱，可是买的人并不觉得不合适。原因就在于，她所搭配的一些奇种茶，在武夷山也越来越少，大家对那些茶的香味不熟悉。

武夷山的岩茶有一特征，就是品种复杂。20 世纪 70 年代大学毕业分配在武夷山工作的陈郁榕说："武夷山是天然的植物园，茶树的品种和资源太丰富了，岩岩有茶，通称为'武夷菜茶有性群体'，植物学特征却千变万化。"因为栽培历史悠久，所以最后形成了七八百种岩茶名称，可是这些茶都不多，甚至只有一棵两棵，像大红袍有3棵甚至都不错了。有的根据产地命名。去看大红袍的路上，我们见到下面岩石缝隙里有一棵茂盛的茶树，叫作"不见天"，陈德华解释说，是因为它生长的地方比较阴暗，上面只有一线亮光。还有的是根据发芽的时间命名，比如"迎春柳"。奇怪就奇怪在，这些只有一两棵的茶树确实属于不同品种，做出来的茶风味也变化很多。

1978年，陈德华他们为了查家底，对传统岩茶名种进行了一次普查，"才发现，许多名种近乎传说。新中国成立前武夷山有几百个茶商，他们给自己庄里销售的茶命名，很多只是好听而已，并不科学。加上新中国成立后，茶山收归国有，有些高远处不太出名的茶山因此荒废了。那次普查特别彻底，我把老茶人、老和尚一一找到，拿着记载里有过的名种档案和现实中的一一对照，不管多偏远的地方都去了，可是连十分之一都没有。"最后确定下来的只有165个品种，"我们茶科所做了一大片品种田，将之保留下来"。

四大名丛中铁罗汉的母树，陈德华1969年的时候还看到过，就在离大红袍不远处，可是1978年做普查的时候已经不在了，后来是在别的树上截取的枝条。鬼洞外边的水金龟的母树1978年倒是有，前些年他去看的时候也已经不存在了。为什么没有对这些母树好好看管并且进一步推广？陈德华说得异常清晰："其实不是我们茶科所或者茶农不肯保护，很多是历史的选择。随着年代推移，这些名丛有些老了，成茶质量大不如前。"从1980年开始，每年的十大名茶评比中很少有名丛的影子，品质也不能保证。"你别看名丛奇种有几百年的历史，可是很多脾气捉摸不定，名气大，做不好。像水金龟，少得可怜，现在一年只产几百斤了。白鸡冠还行，有几年突然做得很好，我们觉得可能是那几年做茶时节的气候适合它，评比连续进了前十名，还有一年是第二名，可是后来又不行了。但是好在它很好看，泡完后叶底金黄，特别诱人，所以很多茶农保留了一些，现在还能喝到一些真的，可是这两年又完全做不好了。"

市场上的茶叶商是这样：你要什么，他就能给你什么。至于给的是什么茶，那就完全不知道了，反正多数人都不知道名丛的外观和滋味。这两年，老君眉又流行了一下，说是《红楼梦》中提到过。可陈德华估计，只是一种没大发掘过的茶用了这个名字而已。名丛产量很少，一般只有五六十斤，完全不能和后来的品种水仙或20世纪70年代推出的品种肉桂相比，后两种茶叶的产量是前者的若干倍。茶农在直接利益驱使下，往往去除名丛而改种产量高的肉桂和水仙。所以名丛大多是只听过名声，真实的茶叶已经看不见了。

原生名丛最多的地方是武夷山的鬼洞，在徐茂兴的带领下，我们打算去看看那些还剩不多名丛的生长空间。一路上从最著名的"三坑"中的牛栏坑经过，这里是岩茶的著名产地，因为狭窄，潮湿，茶树长势很好，可是人走在里面却很难受，路又湿又滑，几乎不见天日。两边岩石上的茶树多是肉桂，外界给这里产的肉桂起了名字叫"牛肉"，喝起来非常顺滑，而且有浓重的花果味。徐茂兴解释道，"牛肉"一喝就知道是正岩茶，哪怕是不太会喝的人，"岩韵浓厚，我个人感觉，是岩石粉末的味道"。

他这么一说，当时的我更觉得费解了，没想到多年后再访牛栏坑，喝到的"牛肉"非常之好，已经成为武夷山的当家茶。

2020年我重去武夷山，又去了牛栏坑，又喝到"牛肉"，此时的"牛肉"，已经是天价茶的一支，价格昂贵，但真的好喝极了。我和另一位懂茶的朋友的形容，是喝了几口之后，感觉人都飘飘然，升在半空之中——最奇妙的是，"牛肉"和我前面所说的大红袍一样，均匀恒定，十多泡茶都不会结构垮塌，始终饱满馥郁，这也是正岩茶的一大特点，而徐茂兴所说的岩石味儿我也终于喝明白了，是一种金石之感。

这是后话。回到十年前的鬼洞之旅。

鬼洞并不是一个洞穴，而是一处深不可测的山谷，据说下雨时候，整个谷中云雾弥漫，所以有了阴森的名称。我们去的时候正是晴天，能看见下面的山谷里外全是各种茶树，那些茶树从高处向低处蔓延，一直冲出山谷，倒像是有意种植的结果，其实全是造化之功。这些茶树本来属于国营茶厂，后来被一个矮矮胖胖、外号叫"西瓜"的人承包，目前归他管理。西瓜生产的拼配大红袍在当地也很出名，品牌名为"曦瓜"，是不是里面有这些留下来的原生茶种的功劳，就不知道了。

⚗ 肉桂、水仙的崛起和岩茶村的资源

陈郁榕对我们解释，她有多年的制茶经验和评茶经验，可是就连她也无法明白：为什么有时候一种茶同样的人做，有的年份好，有的年份差？历史上传统的名丛怎么就越来越不好喝也不好制作，而逐渐被肉桂和水仙取代了呢？"我给不出答案。"但是，毫无疑问，肉桂、水仙就是我们这个时代的名丛，不仅产量高，而且香味好，滋味厚。

20 世纪 70 年代她在山区工作时，就发觉了肉桂有可能做大："其实最早肉桂也是武夷山的菜茶的一种，可是做出来有一种我们很少见过的桂皮香。这两年广泛种植后，桂皮香味少了，花果香浓了，味道之浓郁，还是超越许多茶种。我们国家的生化研究还不是很先进，也没有给出准确答案，唯一的解释就是，种植的环境给了茶树香味很大的影响，所以产在核心地带的肉桂味道还是最好。"其实肉桂的推广种植，和陈德华也有很大关系，他自己没怎么说。徐茂兴告诉我们，20 世纪 60 年代，茶科所发现肉桂产量高，香味好，最重要的是制优率好，十年种植基本上九年都能做出好茶来，"水的味道很丰厚"，所以德华叔很想加以推广。"他在十几个品种中试下来，发现这肯定是能做大的品种。茶叶是那样，就怕货比货，肉桂中好的带桂皮香，一般的也都带有水蜜桃的香味。80 年代开始的评茶评选，德华叔做的肉桂连续多少年都是前十名。"

1979 年，省科委给了一笔 10 万元的无息贷款，被茶科所用来推广肉桂种植。80 年代是肉桂发展的黄金年份，许多茶农开始开山劈林，在山地里种植肉桂，为此销毁了不少名种。"当时有个政策，茶园由谁家平整出来，就归谁家所有。勤劳的茶农就砍去了不少从前产量每亩只有几十斤的菜茶，开始整片种植肉桂。"

与此同时，原产于闽北的水仙也开始在武夷山推广。水仙滋味不如肉桂，可是产量同样很高，两者现在已经占到武夷山岩茶总量的 80% 左右。而且水仙也是制优率高，十年恨不得有十年能做好。当地有句话叫"勤肉桂，懒水仙"，就是说制作肉桂的时候用的力气要大，而制作水仙的时候力气必须很小。其实是因为二者的叶片厚度不一样造成的。水仙叶片大而单薄，摇青的时候轻微摇晃，就可以把滋味做出来了；而肉桂不同，叶面蜡质感很强，必须使劲摇晃。徐茂兴是做茶好手，他告诉我，名种大多和肉桂有同样的特征，叶片厚而蜡质

感强，所以都不好做，力气要大，但是光这样也不起作用，还得看准时间、气候等，看青做青，看茶做茶，看天做茶，一直到现在，老祖宗留下来的那套办法一直还在使用。

由于武夷山在申请世界文化和自然遗产的时候不能允许景区内有人居住，于是，从20世纪90年代开始，景区内的茶农陆续搬家出来，现在，他们就住在距离景区最近的岩茶村里，当年"天心村"的名字也被保留下来，称为"天心岩茶村"。武夷山景区禁止车辆入内，可是茶农家的车例外，因为不少茶农的山场就在核心点，不可能不让他们开车作业，尤其是生产的时候，一家一天要运几百斤青叶出来，不可能靠人力挑，那成本就会再增加几倍。

村民翁建昌家在山上有50多亩茶山，在村里算是大户，除了当年分田的时候家里人多，还有一个原因是他的爷爷当年很勤劳，把很多无人管理的茶山改种了肉桂，得益于当时的政策，一下子他家就比别人多了几亩茶山。不过，当地人不管自己所有的茶田叫茶山，而是叫"山场"。山场的好坏，直接关系到茶的品质。

原来不仅核心产区的岩茶质量要高于外山茶，即使同是核心产区的岩茶，因山场的好坏，也能划分出不同的质量。翁建昌带我去看他家位于天心寺上方的山场。曾有一位台湾来的茶友，看上去貌不惊人，可是鉴别能力很强。"一喝我的茶，就说你这是正岩，然后又喝了一泡，说你这是不是天心寺附近的啊？"翁建昌本来以为，只有当地茶人才能分出这是哪个山头的产品，这下吃惊了，"他那么大年纪，还一定要去我家的山场参观。"

走过天心寺的时候，翁建昌告诉我，1976年前，庙里的和尚只剩了一个，所有庙房都是他们村的住宅，现在他们搬家了，这些房产又回归了庙宇，僧侣们把当年的村民住房改建成了茶叶工厂，也要做茶销售。经过的时候，一个穿黄色袍子的僧人正在和一位商人讲价，说是商人想包今年寺庙产的所有茶叶。其实也不奇怪，天心寺种茶历史悠久，大红袍从前就是寺产。

穿过天心寺，往背后的山坡上奋力爬去，就是翁家的山场了，武夷山的岩石陡峭，山场也非常不成片，翁家虽然有50多亩地，可是至少分成了十几片。依靠着岩石下面的小块土地，地上有很多碎石，翁建昌告诉我们，这就是风化下来的碎岩石，只有这种土地上生长出来的岩茶才有很重的韵味。"外山茶别看土地肥沃，可是那些黄泥地容易板结，对茶树不好。那些茶树看着好看，收获量也是我们的几倍，可是质量就是不行。"山头不仅土不多，而且树丛茂盛。"这又是一大好处，茶树不见天日不行，可是总晒也不行，所以我们这里的茶叶质量好。"一片巨大的岩石下面，有一分地左右的矮小的茶树与翁家大片的肉桂看似不太一样，翁建昌夸奖我们的眼力，原来这就是半天腰，只能生长在最高处，传说中是鸟将茶籽衔往三花峰的半山腰上生长而成的，一种产量稀少的名丛。"我从20世纪80年代开始培植（半天腰），也是想做些不一样的茶叶，不过产量稀少，一年才几斤，基本上不能在市场上销售。"某次台湾茶客来的时候，说是5000元一斤全部要了。2008年风调雨顺，翁家一共产了8斤半天腰，果然全被包走。我们下来后喝到一泡2009年的半天腰，说来也真奇怪，同是岩茶，半天腰喝起来显得很轻，非常柔软，但是那香味却又融在水中，舌头下面生出甘甜来。翁建昌说，都是他做的，可是2009年的远不如2008年出产的，香味不浓厚，所以价格不高。

茶品种好，必须还得做得好，这在武夷山是老生常谈了。翁建昌和徐茂兴一样，强调做茶时候的摇青，其实是氨基酸类物质如何表现的过程，从叶脉集中到叶片，翁建昌说这还真不是人力能决定的，有时候尽心尽力还做不好。2008年天气特别干燥，一点雨没下，"那年做的茶叶，真是好"。靠空调之类的东西来控制制作环境，在岩茶村至今没实现，他们说，那样做出来的茶风味不佳，糟蹋了岩茶村特别山场里的好原料。

徐茂兴经常跑到岩茶村做茶，他的经验是，绝对不能太累。许多茶农现在雇佣工人做茶，最高已经到了十几天一万或几万元的工钱，可是徐茂兴和翁建昌都不用，不是为了省钱，而是不相信别人，"毕竟自己做的最精心"。而且，翁建昌也不做外面的茶叶，因为自己家的产量已经够大，再做外面的，常常人累死了，做出的茶叶质量不好，照样卖不出高价。从四月下旬到五月中旬，是岩茶采摘的时候，他们几乎每天连续工作，根本休息不得。除了摇青，焙火也是手工活，极关键，能够把茶叶的香味定型下来。好在他岳父是当年茶科所的老师傅，焙火技术很好，敢于用猛火，又不会把茶叶做出焦味，外面请的工人300元一天，还不一定能做出那种火候来。

我向他请教为什么外地大宗市场上的岩茶焦炭味道极重时，他说，那些是电焙的产物，正岩茶从来不用电焙，而是用荔枝木来焙，做出的茶能发挥本来的香气。这才明白，那种焦炭味道严重的所谓岩茶是想借这种厚味来掩饰茶叶其他味道的不足，不仅用电，而且火功高，最后只有焦香，所以在内行人看来，这种有所掩饰的茶"往往是外山茶"。

正岩茶的行情起起落落，去年前年，翁家的年收入都在40万元左右。"不过刨去人工就少了一半。采茶女工的工资现在是每天百元左右。虽然做茶靠自己，可是一些体力活还是请人做，又刨掉一些。"一到三月下旬，江西上饶地带的农民就开始联系岩茶村的村民，看看主家是不是还需要他们来、工钱多少等等，翁建昌也接到几个电话，岩茶村的村民小农场主的身份显露无遗。

32岁的汪天林同样是岩茶村的村民，他家里有几块肉桂优胜奖的奖牌。岩茶村从2006年开始搞茶王赛。"我次次都参加，一共要交上去22斤茶叶，评比用2斤，剩下的被村里包销了。如果能评上状元，就很合算，因为包销价格就很高。可是我评来评去都是优秀奖。"不过也不简单了，每次参加的有80多家，最后评上的只有10家左右。"其实我擅长做水仙。"汪天林笑道，水仙轻松，摇青的时候不用花力气，而肉桂属于力气活，连续做半个月下来，人能瘦掉十几斤肉。

岩茶村会不会有龙井村那种现象，村民们在家里卖茶，但是卖的很多是搜集来的茶叶，而不是自己家山场所产的茶叶？汪天林说前些年有过，把外山茶弄来当正岩茶卖，而且还为数不少。可是很快就卖不出去了，一大原因是岩茶的买家都是行家，往往一喝就知道有没有岩韵，那种特殊的棕叶、石头和青苔的复杂混合味道，是外面出产的茶叶怎么都模仿不出来的。

𝄞 金骏眉：向武夷山新名茶出发

2010年我去武夷山的时候，金骏眉还是刚问世的传奇，所以也特意去寻访了金骏眉。汪天林的老婆是武夷山桐木村人，原来那里正是武夷山神秘的红茶正山小种的所在产区。而2006年开始，用正山小种的芽头所做的红茶金骏眉始终价格高昂，在北京市场上的价格是一万多元一斤，即使在产区也要四五千元，知道这个背景，我们对桐木的好奇心大增。

正山小种一直是出口红茶中最优秀的品类，陈郁榕告诉我们，福建红茶出口历史早，品种也丰富，可是，只有同样用武夷山的菜种加工做成的红茶正山小种味道最好，有一种特殊的香味。省茶叶公司负责出口的人告诉过她，正山小种的价格是一般的几倍——因为产量被局限了，只有桐木附近几个村庄所产的茶叶才能算正山小种，原来"正山"的含义和"正岩"一样。

可是，桐木却不是轻易能到的地方，这里是武夷山自然保护区的核心地段，一般人进入需要门票，还有很多地方不可以去，我们幸好有当地人带路，进入了核心地带，并且向更核心的物种保护区挂墩进发。这里不通公路，所以植被保存得非常好，处处可见野猴群落。原来挂墩是武夷山物种最丰富的区域，19世纪就有传教士在这里采集样本，并且将之送往国外保留。

不时可见木头的茶房，下面堆满了松木，原来，正山小种最后的工序是用松木熏一遍，当地人又叫作"烟小种"，不过现在人不喜欢，有些人觉得有油漆味。不少做茶人于是省略了最后工序，反正现在弄到松木也是困难的事情。不过，我们在当地农民项文良家喝到了两种，还是觉得烟小种别有风味——透过浓香的松烟味，再慢慢冒出一种花香，比起岩茶，正山小种要甜得多。又和北京市场上的正山小种对比，发现北京市场上打着正山小种牌号的红茶很多只有烟味，并没有甜香。看到项文良家的山场后，才明白那些打着名号的小种不大可能出自正山。

项家的山场在一片山地斜坡上，项文良告诉我，根本不知道自己家有多少亩地，因为完全不可测量。这些山场一小块一小块很分散，比起我们在武夷看到的岩茶的山场甚至还要分散，前后都是竹林和山花，基本上处于原始状态，环境非常好——山高还有好处，气候寒冷，这里刚下过雪，不太有病虫害，也就根本不用打农药。这些小片的山地出产的茶叶并不多，一年也就上千斤，整个桐木的正山小种产量加起来也就几万斤。20世纪60年代之前，正山小种只供出口，国内没有什么机会品尝，90年代后，正山小种开始被国内茶人知晓，并且在2000年后迅速流行开来，可是，真正喝到过纯的正山小种的人并不算多。因为这里人口稀少，村民家拥有的茶田和竹林都很多，这里成为武夷山区最富裕的村庄，虽然很多地方还不通公路，家家都有自己的车。

2006年，一种更传奇的红茶金骏眉诞生在这里。对茶叶界故事熟知的陈郁榕告诉我，一位休养的官员因为喜欢正山小种，常年在这里居住，结果有一天忽然动了念头，想做一种比正山小种更好的茶叶，就找到了当地著名的茶师梁骏德，看能不能试验成功，那是2004年的事情。试验做了两年才成功，正山小种一般使用四五片叶的茶叶，金骏眉只用芽尖，前期用乌龙茶做法，后面用红茶做法，做成之后，汤色金黄，滋味里面有花果香和甜香，外面的茶叶再怎么仿制也是徒劳。陈郁榕说，外面的茶叶虽然也用最好的芽尖，可是汤色是红的，而且带甘薯味道，和正品一比就明白了。因为茶汤呈金色，制作人名字里面有"骏"字，加上形状如眉，所以得名"金骏眉"，一芽两叶的叫"银骏眉"，所以也有说法金是形容其稀少。茶带到北京后，迅速扬名，成为茶叶市场的新宠，外地市场上甚至看不到，可是由于每年产量的限制，价格越来越高。这种茶叶产量更稀少，稀少到什么地步？汪天林告诉我，2007年，他有一些客人想找银骏眉，他帮他们上山搜集，挨家挨户找农民买，最多的一家还有8斤。金骏眉一斤要用六万个左右芽尖，有差不多五六斤，而一斤芽尖，几个熟练女工摘一天才可能勉强凑够。因为这里山势陡峭，树丛不整，所以工人工钱也很贵，算下来，光是芽的采摘成本就已经过千元了，昂贵的茶叶总有昂贵的理由。

出山的时候才知道，这里不仅出产神奇的金骏眉，还有稀少的红豆杉。村里一位茶农当年偷砍红豆杉去卖，赚了山区的第一辆奔驰，可是不久就被抓了进去，判刑4年6个月。不过天无绝人之路，出狱后，他迅速转人做茶行当，一年能做近千斤正山小种，加上若干斤的金骏眉，重新发家致富。

⚘ 重访陈德华：深入探索大红袍

2020年，重新回到武夷山看岩茶，十年前的岩茶寻访只剩下依稀的记忆。但是"德华叔"还是要去拜访的，因为武夷山虽然名丛辈出，但是大红袍的地位还是没有变，陈德华还是和自己的儿子兢兢业业做着大红袍，想要喝到纯种的大红袍，去德华叔家最为靠谱。

这十年，也是武夷岩茶飞速发展的十年，新的名丛和天价茶不断涌现，大红袍就像上一代的名角，人们尊重它的江湖地位，但是因为纯种大红袍喝到的机会不多，所以更多的人喜欢上了品种特征明确的肉桂、韵味悠远的水仙。我们十年前目击它们的萌芽状态，现在已是其遍地开花的时代，武夷山各个岩都有自己的肉桂、水仙，"牛肉"为尊，后面的"虎肉""马肉""龙肉"一堆，但陈德华还是独爱大红袍——可能真的和老人家深人研究有关。

这次，陈德华已经走人了地方史的脉络，拿出了更多的资料让我们观看。比如岩石上的"大红袍"三个字，是时任崇安县第33任县长、江苏人吴石仙所书，但刻在岩石上，是抗战胜利后由当地人黄华友所刻。怎么判断出来的？这几个字没有落款，一是听当地人讲述，二是根据武夷山别的石刻判断，大王峰上有"居安思危"几个字，同样是吴石仙所书，有落款，所以属于推断。因为找了一些民国写生做辅证，所以陈德华这次的推论更加严密，比如20世纪30年代的军队搭建的木板房的样式与今天的有何不同，比如哪几棵树属于补种，和十年前的推断基本一致，只是更加详细。陈德华给纯种大红袍下了五个定义：

第一，无性系，并不是茶果栽培，而是扦插培养，只有无性系才能保证品种特征突出。最早的几棵树是茶籽栽培，但是后面的基本都是第二棵（从"大红袍"三个字数过来第二棵）上取枝扦插的，当时的三棵就是这么定的，一正两副。

第二，灌木型，并不属于大树，属于中叶类（叶长大于10厘米，叶宽大于4厘米，叶面面积在20～40平方厘米），"很多云南人习惯了他们的乔木，过来一看，啊，这么小。我就说，对啊，这个连小乔木都不算"。

第三，晚生种，很多茶采完了，茶季快结束了才采摘大红袍，有时候都到五月中旬了。武夷山采茶，分小开面、中开面、大开面，意思是指叶片的展开程度。大红袍是晚采，这样做成的茶才不苦涩，而且做青的时候并不重，手法比较轻。

第四，要按照传统的焙火方式，不能太轻，也不太重。火焙得高，汤出来是深红色，并不是大红袍的特点，大红袍茶汤是淡淡的黄色。陈德华一点不排外，因为早年科技工作者的出身，他能看到各地做茶的长处，比如安溪人的"看茶焙火"他就赞扬："大红袍要是和水仙一样焙火，根本没有办法喝。"焙火好，茶汤则是我们上次被普及的桂花香——这一招，是很多做大红袍的人做不出来的，即使还是那个茶种，但后面几道关过不了，做出的茶还是不行。

第五，"二倍体"，这是专业术语，是指由受精卵发育而来，且体细胞中含有两个染色体组的生物个体。

陈德华说，大红袍到处被引种，武夷山本山也多，江西、湖北、浙江都有引种，但当地引种的怎么做，喝起来怎么样，他也没有问，知道不会和武夷山的一样。"风土不同，效果就完全不一样。"不仅仅外山，就是本地茶城的各种大红袍，真正正宗的又有多少？政府的招待茶都未必合格。陈德华在这一点上很固执，武夷山好茶不少，他也没有说大红袍就一定是王者，有的比它香，有的比它醇厚，"但它们不是大红袍"。按照民国时候的记载以及马寅初等人的日记佐证，真的大红袍一年总量就是"八两三钱"，这个中央茶研所就这么三棵树，能有多少量？现在虽然广泛引种，但是说实在的，种了不会做还是普遍现象。德华叔的儿子陈拯多年浸淫于大红袍中，这时候插话说，还是边喝边休会，我们也陡然来了精神。

马上又要喝到纯种大红袍了，这种市面上依然稀少的茶。

十年前喝茶的体验已经完全忘却，大红袍也并不是《追忆似水年华》里的小玛德莱娜点心，一下子让我想起当年的喝茶体验。但这十年，我喝茶越来越明白，经验也越来越多，轻易就能喝出岩茶是不是正岩，是不是风土足够有意思，也能喝出做茶人的匠心。在第一口入喉之后，我迅速判断，这是好茶，很多岩茶的花果香很暧昧，就是很多花香说不出来具体是哪一种，但是这款明确无误，就是桂花的香味，妙就妙在并不是真的桂花，而是茶汤里的桂花香，更高雅，不甜俗。

到了五六泡，微妙的粽叶味道又出现了。陈德华特意强调，这其实是前年做得很好的一批纯种大红袍，一般茶多多少少都会有涩感，可是这个就是没有，一点不会苦涩。陈德华说，最早他拿回武夷山扦插的大红袍现在育苗已经有一千多棵，但是并不能保证每年都很好或者批批都好，还是要看运气。悬崖上的六棵纯种大红袍现在已经杜绝采摘，所以人们现在喝的基本都是扦插种。上一次来武夷山，陈德华说还在探索制作工艺，现在纯种制作工艺基本成熟，可是说来说去，还是两个字——难做。

由衷感觉，一个名丛的起起落落，真不是光靠努力就能完成。

市面上的大红袍虽然拼配比例居多，但是绝对不要以为拼配大红袍就没有好的，这次我被普及了这个概念，也是近年武夷山岩茶的进步造成的。其实最早出现的拼配大红袍就是以质优价高著称的，而且也出自陈德华之手，老先生说："武夷山品种太多了。以前的品种各式各样，我们都叫菜茶，现在很多被发展成了优秀品种，高香的居多，对此的认知也多了，那么当然就容易拼配出很好的茶，都叫'拼配大红袍'，各家有各家的配方，真不能说就一定不如纯种好喝——只是不管怎么样，这种就不是纯种。"

1985年，泉州惠安的一家茶厂用自己拿去的各种武夷山原料，尤其是奇种，拼配了一个大红袍，用的是四四方方的包装。这启发了当时陈德华所在的武夷山茶科所，既然外面的人可以搞，那我们当然也可以搞，当时就想着一炮打响。那时候茶科所的茶产量是一年一万斤，他们从中选出三百斤最好的，等于是"百里挑一"。当时没有配方，尤其是没有固定配方，原因还是武夷山的"看天做茶"——今年这个好，明年那个好，说不出哪里的山场就一定特别好，所以选择的是当年的好茶，每包15克在市场上销售。真的是非常好喝，一下子就扬名了。陈德华说，大红袍名声的放大，除了过去的传奇，这次的拼配大红袍在市场上的名声远扬，也是有一定原因的。

"拼配大红袍不仅没有固定配方，也不能让人喝出来你放了什么茶，一喝出来，这个茶就失败了，比如说你在里面喝出了肉桂，喝出了水仙，那就不对了，不成功。喝不出来而品质高超，才是真正的高手。武夷山不少拼配大红袍的高手都有自己的绝活，但是绝对没有规律。"陈德华说的这番话其实一下子就把很多拼配大红袍打到不入流的地步。很多人拼配大红袍还是太随意，放肉桂、放水仙，一下子就被人喝出来了，真正的高手还是要"不留痕迹"。我们找到了另外一位拼配大红袍的高手王剑平，他所拼配的大红袍因奇香，近年被颇多人喜欢，虽然价格高昂还是一泡难求。我在想，是不是就是用各种最好的茶叶堆积在一起？显然这个看法，还是低估了武夷山制茶人的手段。

五十岁左右的王剑平也是武夷山人，父亲在茶叶公司工作，几代人都做茶，但他从小先做茶贸易，成功之后，反过来在武夷山承包茶园、制造茶叶。这种下游到上游的反攻，让他更能领风气之先，知道市场上的口味变化，也知道当今人们的喜好。他直接告诉我，武夷山的大红袍分两个流派——老派和新派。老派的大红袍拼配可能有某种标准的味道，茶叶的香，水（茶汤，指茶汤的饱满度），条索的外形都差不多，也就说明选择的品种要类似，很多外形特殊的茶叶如水仙、佛手、梅占就不会选入其中，而是选择条索大小差不多的，匀称；第二就是传统大红袍需要中足火，火候比较重，也就比较厚重。而新派则在每一点上都相反，主要突出香味，需要靠香打天下，与别的茶去竞争。

我们想当然地以为他的那款奇香的大红袍是新派，事实上并不是。"一点都不随意，我们基本还是按照老派标准来的。很多人说大红袍没有标准，但是就像我刚才说的，还是有标准。我拼配的最昂贵的一款叫'无极'，固定只有几个品种的岩茶，外形类似，工艺上走的是传统的发酵，焙火也是中足火。当然我的品种是精挑细选过的，是我自己对好茶的理解，我需要这款茶，有香，有水，也有韵，这样一来，就必须各个点都做到综合。我们按照传统工艺去做核心产区的品种，寻找它们结合在一起的最佳的点，其实很像那种度数较高、滋味厚重的酒，这款茶唯一的点就是因为太香，焙火的时候我们稍微轻了一点，但随着时间过去，它的香会渐渐沉进水中，是不是也很像高级白酒的沉淀？"

这时候就明白为何新派大红袍也有昂贵的了，如果都是核心产区的好茶，加上精心的做工，包括各人的对茶的理解，相比起一般的单一品种是要更加的费工费心，所以并不是说拼配的大红袍就一定不如传统的大红袍。

"还是想做点招牌产品，武夷山的茶太多了，如果只靠茶原产地，今天喝这个，明天喝那个，别人很快就忘记你了，可是我的很多消费者开始不了解，后来越喝越明白，他为什么要跟着你？无外是一款茶怎么喝也不厌倦，就想一直喝下去，不能肉桂好卖就卖肉桂。除了肉桂，我们武夷山还有很多别的好茶，跟着流行走就会被淘汰。而且我真心觉得，武夷山最有代表性的岩茶就是大红袍，无论名字还是口感，不能因为这个名字众所周知，大家就随意对待，反而越是知道的人多越是要做好。我觉得客人们越喝的多越要找最经典的东西，所以无论纯种大红袍还是拼配大红袍，都是可能经典化的东西，我很看重这个东西的质量。"

"真的是非常麻烦，我们是从青叶开始就拼配的，而不是做好的茶拼在一起，所以我们这几款青叶是同一天采，也是邻近的山场，这样做出来之后，即使是老茶客也喝不出是什么品种，非常经典，而且层次感很丰富，这是单一的品种所没有的特征。"除了这个，后期还要混入一些稀少的名丛加深口感，让这款茶能被人记住。

我们坐下喝他得意之作大红袍，确实是跳跃的、霸道的，真个口腔迅速被茶香占满，但又不是肉桂那种辛辣的霸道，而是多种香味融合，打击味蕾。茶汤也有厚度，在舌头上遍布，像泉水漫过岩石，真是一款好茶。至于后面的甘、活，不用多想也具备。在武夷山要做出好茶来，说难也难，说容易也容易，从原料开始就讲究，后面的工艺环节一点不落，最后就能成就一款"活甘清香"的好茶。

王剑平说自己实验了五年才做出这款茶，中间不断试验和改进，"很多核心产区的茶是茶农的，我需要按照我们的茶园管理，按照我们的采摘标准去做这款茶。第四年那个师傅才磨合好，第五年，才逐步稳定。"这也是从下游走到上游的必须一步，茶园管理上和传统有所区别：增加有机肥，只采一季，绝对不能任其生长，要增加茶籽饼和大豆渣肥料，这样茶才会清甜。"传统的茶园要么不管，要么过度增加化肥，都是不对的。"

突起名丛肉桂

十年后，我重访牛栏坑，发现随着牛栏坑肉桂的出名，整个山场变得更加开阔，不再像第一次拜访那样树高坑深，崎岖难行，甚至对于很多岩茶爱好者来说，这里已经变成了旅行打卡目的地，大家到了坑里拍照，兴奋不已，觉得见到了最美的岩茶环境。但是对于懂行者来说，比如最早注册"牛栏坑肉桂"这一商标的王国祥，并非如此。

他随便一指点，我们就明白了奥妙。谷地被太阳暴晒的那块本来是菜地，因为近十年肉桂出名，现在被改成茶田，王国祥有点轻蔑地说，都是黄泥田，茶叶不行。山顶的茶，在他看来也不行，"终日暴晒，完全没有牛栏坑岩茶那种微妙口感"。最好的一批，还是多年的老树，长在岩石之下，既不暴晒，每天也能享受几个小时的阳光，营养来自山坠落的腐败植物，还有茶园管理者添加的豆饼肥、茶籽肥。和王剑平一样，武夷山的顶级茶园，现在最看重科学管理。

牛栏坑作为"三坑两涧"的核心产茶区，过去一直是武夷山的主要产茶区，却并不大，整体也就 60 亩，再怎么开辟也不可能叠屋架梁地种植，所以就算是坑底的菜田变成了茶田，牛栏坑的肉桂产量还是有限。王国祥最早不从事这个行业，本来是武夷山市区的人，后来因为爱茶开始种茶，成为最早入驻这里的外来户。"还是这里的矿物质比较丰富，加上阳光属于漫射光，对茶树很好，尤其是西北面的阳光足。这里本来各种名丛都有，后来慢慢就变成只有水仙和肉桂了，别的菜茶被改造了。"

这么一说，突然想起来，我也喝过牛栏坑水仙，韵味悠长，可还是不及肉桂出名。从上面山顶下到牛栏坑里，最先看见的是一批高大的水仙，足足有两米左右。这里的水仙不如肉桂，王国祥解释还是山场的风土原因。这里的水仙不够有特点，但是肉桂就好，他印象最深的1996年早期做出来那批，肉桂的香、水，还有滋味，都突出，香是花果香带奶油感，当然少不了浓郁的桂皮辛辣，就是那次起，无心起名，把牛栏坑肉桂改名叫"牛肉"，登记的人拿了纸皮做标签，上面用毛笔写上"牛肉"，挂在装茶叶的大编织袋上，下面再标记上"王"，表示是王国祥家做的牛栏坑肉桂，没想到因为这批茶质量太好，一下子扬名，"牛肉"之名就此传遍了岩茶世界。"因为那批质量非常好，所以无形之中就成了我们追求的目标，一直按照那个标准去做，一直到 2006 年，十年都是摸索阶段，后面越来越好，茶园管理上去了，年轻人技术出来了，基本上就定型了，明白'牛肉'是什么了。"

王国祥的标准其实是苛刻的，牛栏坑盛产肉桂，但不是都被他叫作"牛肉"，只有达到 1996 年那般惊艳标准的才能叫"牛肉"，有几个特点：轻足火，幽静，花果之外带有奶香，一般能冲十几泡，耐泡度高。外观上倒是没有什么特点，和别的肉桂看起来也相似，只有喝才能喝出区别。可是说到喝，还是不能轻易喝，即使是他家，也需要正规的品鉴场合。产量太少，市面上大批的肉桂都写着"牛肉"，有无数的冒名顶替者，那种包装袋是不值钱的，可是真正的"牛肉"，即使就王国祥这种早期入驻牛栏坑的人来说，一年总产量可能不会超过五十斤，有时候只有二三十斤。他在坑里有六亩地，已经占到了十分之一的山场，分发给全国的爱好者，哪里还有一半人的份额？

剩下的不够他的"牛肉"标准的肉桂，做成了两款，"牛栏坑一号"和"牛栏坑肉桂"。我们先从牛栏坑肉桂喝起，这也已经是顶级的好茶，香味凶猛，猛烈的桂皮辛辣感直接冲出来，但是喝到接近 2000 元一泡的顶级茶"牛肉"的时候，还是迅速忘记了前面的那些茶：何等的轻描淡写，但是又是何等让人印象深刻。被称为"牛肉"的茶，桂皮香味混合着一丝丝柔和的奶油味，持续不断地进攻，让你的口腔沦陷，满口生津，岩茶的清香甘活，听起来复杂，但是一喝这个茶就明白了。

王国祥说，其实好茶的出现并且持续稳固也得益于技术进步。从前的集体茶园时代，大家不会这么精工细作，好茶和一般的茶基本就混合做了，现在他们对待"牛肉"可不是这样。顶级的青叶从采摘就开始细致看守了，好天气绝对不能错过，晴天里，中午 12 点之后到下午 4 点之前采摘回来，因为要赶太阳，用太阳来萎凋，如果成熟季节是连绵雨天，那今年的肉桂就废弃了，因为采摘时间只有三天，三天过了就不行了。"十年里绝对有一回不行"，有一年是没有"牛肉"喝的，这一年的茶质量都一般，不过努力还是能做出"牛栏坑一号"标准的茶，"牛肉"可能不行。

"这是我自己定的标准，可能比政府的标准还严格，也是我觉得，牌子不能倒。"

除了时间，还有标准，必须是三叶一芯中开面，工人们被严格培训，多采少采都不行。很多岩茶爱好者觉得牛栏坑的茶都很好，采多点也不会坏，可那是完全不懂，茶产量可能高，质量也一定下降，和葡萄酒是一个道理。

他现在每年两万斤左右的岩茶加工量，大部分是一般的岩茶，不过送到一些老茶庄，人们还是认，因为比起一般的外山茶质量好很多。"武夷山的肉桂产量比较大，尤其是坑涧肉桂，茶滋味浓，且经久耐泡，特点就是桂皮香，有点锐度，再精制一下，或有焦糖的香味，尤其是做得好的话，可能果香少一点，但是相比起一般的岩茶，还是好茶。这也是肉桂近年越来越扬名的理由。"

🐍 回到四大名丛

如果不是遇见外号"正岩先生"的潘勤，我可能不会返过头重新去研究"四大名丛"。现在的武夷山确实是肉桂和水仙的天下，去武夷山几天，可以依次品尝不同山场的肉桂，有的幽雅，有的爆裂，很有乐趣；水仙则是寻找其丛味，老丛的韵味悠远，喝起来颇有山水画的意境，感觉到眼前都是奇山秀木，延绵不绝的小溪流。

但潘勤不同，他本来是福州人，后来到武夷山做岩茶，一开始就没有做工厂的打算，而是只收集名丛，追小众茶。在他武夷山的家里喝到母本水金龟，茶汤非常厚重，几乎是深褐色，闻起来也是静静的，没有什么表面味道，但是喝一口下去，人都是愣的，虽然浓郁，不像现在流行的轻足火的风格，但一股茶的锐利之气一下子就让人身子笔挺，调整了坐姿，而且并非不好入口，瞬间化开。潘勤看到我的样子，微笑了起来，在他看来，岩茶的药用价值不小，名丛更是各具特色，完全不是一般的大规模种植的某一品类的茶可以比。

他喜欢读道教典籍，武夷山又是道教圣地之一，他调查了好多年，发现这些名丛很多和修行人有关系，并非像民间故事讲述的那样，白鸡冠就是一只白公鸡为了护住茶树，与蛇搏斗，最终死去，人们纪念这只鸡护住的茶树，称其为"白鸡冠"。"太民间传说了，其实白鸡冠在道教里有专门的意思，可能是一种适合清晨饮用的茶。"无论是茶本身还是这种解读，都吸引了我和他继续观察古老的名丛，是不是真的有那么神奇。在潘勤的概念里，名丛最大的特点还是韵味，武夷山的岩茶不仅有芳香、有厚度，重要的还有岩韵。元代之后，武夷山逐渐被开发，到了清代，各地茶商来武夷山投资，包括安溪人、广东人，这样很多幽深山谷里的茶就被挖掘了出来。潘勤说，九曲溪的左岸往上仰峰的方向会发现有很多古老的茶树，这些茶树，被人们认知了，圈养了，并且做出特点来了，就成了名丛。"我本来很糊涂，尤其是名丛这一块，大家都拿出来'铁罗汉'，可又是完全不一样的感觉。后来发现，一棵树在不同时期有不同的名字，一种茶在不同时期有不同的认知，这个体系事实上并不清晰。"

他去得多，不同坑涧都在走，三十六峰都爬遍了，慢慢就发现不同的山场确实风味很不一样。涧的味道，坑的味道，包括沟的味道，小环境的不同带来了成品茶风味的不同。有的坑涧茶，带有药香，有的带有梅子香，有的是清幽路线，有的是野放路线，很多老茶带有人参味道。花了好多年不断地行走加喝茶，慢慢就明白很多茶的命名以及成名，是有栽培者、制作者的个人审美、个人修养在其中起作用的。"很多山头上都有道观和寺院，所以整体上，武夷山的这些名丛带有一定的出世色彩，至少这些早期的栽培者们认为，这些茶能帮助人修行。尤其是道家，注重养生，所以很多茶的名字，可能和饮用者感受到的意境有关而就此命名，比如'白'代表清晨，对应的是凌晨三点到五点，'鸡'则是鸡鸣，这个茶走肺经，早上起来喝这种茶，很利于肺部的气血分布，清悠地满满入口，适合打坐。我觉得当时的修行人也大部分都重视医理，那时候这套体系是很完备的，他们把自己的观念带到制作之中。岩茶制作工艺的完善也是在这个阶段。"

中医里的药是需要炮制的，茶也需要精细加工。这时候的名丛，很多就只有一两棵，长在房前屋后，普遍属于有性种植，或者压条而生。这些茶树基本都在岩石下，岩石上面有植被，下雨的时候保留了大量水分，天晴了水则缓缓流下，这样矿物质和营养成分都灌入岩茶生长的位置，岩茶下面多是烂石，树根顺着往下长，很多长到几米深。这种早期的名丛，自然和后面批量生长在泥地里的茶不可同日而语。

某一棵茶树出名后，大家就都去采枝条扦插，慢慢形成了"母本"概念，意思就是最早的那棵树。问题是现在也混乱了，很多农民家的树可以追溯到爷爷辈，现在都有一米多高，大家都说是母本，确实也都有一百多年的历史了，但是认真喝一下，还是能逐渐找出真相。后期扦插的茶品种比较明显，但是真正古老的树，尤其是茶籽长大的有性繁殖的树，根系更深，韵味更足，也更耐泡，有明显的山野之气。喝着这种茶，附近的植被信息你就能捕捉到，也能感觉到周围的山林、草丛、阳光的种种情况，"岩韵"大概指的就是这种东西。母本茶耐泡极了，所有的母本茶，基本上都能有十多泡，尤其是对比着喝，更明显。

潘勤找来的名丛有性繁殖的居多，如果一棵茶树青叶产量不够，就找一批基本上同一天开采的，这样能维持口感，这样的茶，当然贵很多，但还是有人喜欢。"有性系的茶，也就是我们说的茶籽种出来的，有的根深十几米，非常厉害，这样吸收的养分也多。我这几年一直这么找茶，慢慢就把名丛给琢磨出来了。白鸡冠很清幽；而水金龟则是带有梅子味道以及粮食味道，走的是脾胃经，也对肾有刺激作用，补充肾气，我觉得也是道家最初培植的；铁罗汉则是非常饱满的，佛教里说罗汉是自我修行，我觉得铁罗汉也是自足的，喝了之后特别的安静，一下子人就定下来了。"有性系的种植不能保证成功，有些名丛的茶籽换一个地方种植，出来的茶完全是另外一种感觉。"就像父母生孩子，完全像父母的可能只有一个，别的孩子是别的样子。很多名丛的下一代或者几代慢慢又成了奇种，不像祖先了。"

所有的这些名丛，在潘勤看来，不仅仅要尽量寻找到有性繁殖的，还要确定采摘的时间，真的就是看天做茶，时间不对，做出来的茶也不对，其实都和王国祥所说的顶级"牛肉"类似。不能像大批量的茶统一采摘，达标不达标都采摘，那种茶采摘回来基本是放进滚筒，特别地粗暴，所以生成的是"商品"，而这种小批量精心手作的茶，更像是"奢侈品"。潘勤给我们喝的水金龟，真的有浓郁的中药味，就像中药里蒸晒过数遍的梅子，说不出的神奇。

名丛有名丛的世界，大宗茶有大宗茶的世界。武夷山的茶在不断发展中，无论是品种，还是制作，包括品饮方式，这才是它始终在中国茶中占据高位的原因。■

岩茶何以复杂：山场、做工、品饮

　　如果不接触岩茶，那么在中国茶的世界里，确实会有桌子缺了一大角的感觉。我们很难拿六大茶类进行僵硬的比拼——哪种最香，哪种最好，哪种最适合日常品饮，这些都会夹杂个人观点，难以形成统一定论。但毫无疑问，属于乌龙茶系统里闽北乌龙体系的岩茶确实是做工最复杂、品饮也相对讲究的茶，岩茶的内含物质也相对复杂，造成了没有专业基础很难喝明白——对于品饮者来说，岩茶如大学，需要学习几年方能进入门庭。岩茶制作里的非物质文化遗产传承人非常之多，我找了其中的几位高手来解惑。

✍ 岩茶的风土概念

　　熟悉岩茶的人都知道，昂贵的岩茶一直都有。早期可能强调领导喜欢或资源稀缺，但是后来名家手作异军突起，其中"空谷幽兰"就是其中很出名的一款，由武夷山市岩上茶科所所长刘国英制作，成名很快，成为某一时期好茶的标杆，价格也昂贵。但是刘国英并不愿意多提这款茶，可能也是政策禁止天价茶贩卖，但是我还是好奇，反复追问，因为平常确实很难喝到。

　　刘国英精瘦，不知道是不是常年猛喝岩茶的结果，做茶、试茶、品茶，饮茶量是一般人的无数倍。尤其是茶季，亲手做茶的他会喝得上火。他是正经科班出身，讲起岩茶来没有夸张的成分，都是从自己的经验出发。这款空谷幽兰实际是肉桂品种。他早年做很多肉桂，因为状态投入，能根据山场原料的不同而做出各种风格，到了2007年左右，做出了这款茶，觉得特别好，香气持久，带有浓郁的兰花味，还有各种说不清楚的香味，冲泡中，各种香气的变化会依次出现，绝对不是传统肉桂的香味，中间有兰花、桂花、桂皮香味，尾水处有水蜜桃的味道。顶级的这批空谷幽兰一点不苦涩，不像一般肉桂那么苦涩或者霸道，而是始终柔和、稳定、醇厚，这茶属于轻足火体系，所以比起一般的岩茶，品质特征非常突出——命名为"空谷幽兰"，就是为其品质感，而不是按品种去命名。

按照这种形容，你会发现，顶级岩茶确实已经脱离了农产品属性，进入了精神领域。

空谷幽兰成名后，武夷山大大小小的茶农都开始做自己家的名品，命名方式千奇百怪，可以说想得到的名字都被武夷山人注册了，无论是正面出击还是反面联想。其实名字不重要，如果我们不从品种特征去认识岩茶，永远靠名字去想象，就无法触及真实。那么真实的问题是，好的岩茶到底具备什么特征？如果不从品种名去命名，怎样理解岩茶，以及"岩韵""岩骨花香"这些常说的特征？

刘国英说，"岩韵""岩骨花香"包括"清香甘活"都属于形容岩茶品质的术语，其实都是品质特征，为什么用不同的词语？是因为不同的表达会侧重不同的点，最基本的词还是"岩韵"。所谓"岩韵"，就是强调岩茶的基本特质，岩韵越强越明显，一般来说品质就高；所有的正岩茶，都具备"岩骨花香"的特点，"岩骨"指的是滋味，"花香"则是岩茶在摇青过程中出现的各种芳香类物质，并不是靠后期焙火而生成的。一般质量好的岩茶，都有丰富的花果香，不过由于山场不同，做工不同，导致茶很多样化，绝对不单一，所以岩茶也成了产品风格非常多的茶类。"岩韵"内涵比较丰富，包括了滋味和香气，所以专业人士会用"岩韵"这个词。

所有茶都有韵味，但岩茶的"岩韵"两字连着，包括了精神层面，就不仅仅是喝的口腔感受，还包括喝完之后的回味。可能喝了几个小时之后，口腔还有余味，过了许久，你还能回忆起来，这就说明这个茶真是好，岩茶的独特生态，造成了生长出来的茶具备复杂的口腔余味，这不能不说是武夷山正岩得天独厚之处了。其实这也是所有的品饮者好奇的问题，但凡有经验的岩茶爱好者，会发现正岩茶和外山茶区别很大，原因是为什么？刘国英说，这里面有历史因素。历史上约定俗成的武夷山丹霞地貌的产区内的乌龙茶质量就是好，所以有了原产地的标志，这里面又分为"正岩"和"半岩"，正岩产区是现在的国家级风景名胜区内的产区，总面积70多平方公里，这里生长的茶叶和半岩茶区的质量区别很大。

地域特征就是武夷山产茶的重要指标。所谓地域，指的是生长环境，就是土壤、光照、温湿度，这些因素都包括，还有周边植被，我们称之为"小气候"，不是单一因素，"地域"是个内涵丰富的词。最好的生态环境，或者说山场，就是传统的三坑两涧，因为独特，是最典型的上品岩茶生产地。这里的岩石都风化成了烂石，就像陆羽《茶经》里写的，上品的茶叶生于烂石之上，这里的土壤是石头风化后的产物，利于茶叶品质，除了土壤，光照是漫射光，空气湿度很大，原因就是石头在下雨天吸水，晴天释放水汽。所谓的"高山出好茶"，其实也是因为湿度大，这样就把阳光都折射漫射，最利于茶叶品质。

武夷山位于北纬27度，这个纬度出品的茶叶最利于乌龙茶，往北适合绿茶，茶味新、滑，氨基酸含量高，往南则适合红茶，茶叶滋味厚重。武夷山出品的茶，则多种做法都可以，这里品种丰富，简直是茶树的品种王国，加上历史上的茶农经验丰富，所以乌龙茶基本会被选择做基本项，也是做工最复杂的茶类之一。

刘国英说，岩茶的品质特征，取决于三者：品种，山场，还有工艺。不同品种的茶肯定特点不一样，比如肉桂近年出名，早先时候，这种品种叫"玉桂"，也是鬼洞发现的，后来大家都觉得这茶的香气和中药里的桂皮类似，所以改名为"肉桂"申报了。岩茶品种的这些命名有的是根据外形，有的是根据生长位置，比较五花八门，随着时间的证明，优秀的品种就慢慢发现培育出来，如果仅仅这片山场好，别的地方不好，也很难推广开。肉桂就是广泛种植后还是保持品质的，品质感很稳定，质量优良率也高，所以就成了优秀品种了，而且喝茶的人容易喝明白，一喝就知道，这个是肉桂。大家老说"勤肉桂，懒水仙"，其实在刘国英看来，肉桂也并不难做，"做出香容易"，当然这也因为他是一个从基层做出来的制茶人，不是空谈派。

说到品种的复杂性，和刘国英同样是非物质文化遗产传承人的刘安兴带领我们去了鬼洞。和牛栏坑一样，也是从高处往下走，仅仅从上俯瞰，就觉得高谷深崖，很是幽深，光台阶就有几百级，可是对制茶人来说，这种地方太值得来了。刘安兴告诉我，20世纪八九十年代有了新的品种提升，很多人广泛种植了水仙、肉桂，结果很多名丛就此消失，但鬼洞却保留了很多，存在很多有性繁殖的名丛，有点像基因库。这里的名丛就像袁隆平做杂交水稻一样，越是原始的母种，未来的可能性越大。刘安兴在这里找到过不少大有前途的名丛，随便举例：有一种"坠柳条"，外形像柳叶，下坠，做出来香气和滋味都特别细腻，带有古老的气息，"很有内在的美感，持久甘甜，不像肉桂张扬"；还有一种"红孩儿"，芽头紫红色，外形漂亮，喝起来有强烈的梅子香味，非常有果实的芬芳感。

现在新品种越来越多，有发现，有培育，先两年的"金观音"，这两年的"黄玫瑰""紫玫瑰""瑞香"，都是高香型的岩茶，也都是市场选择，但是最重要的是在不同的山场这些品种都能表现优良，这个品种才能够被推广出去。肉桂和水仙，确实就是无论种在哪里品种特征都很突出的茶。

山场和品种是相辅相成的关系，就拿近年声名鹊起的"牛肉"和"马肉"来说，就是包含了山场和品种两个元素，名字已经说明了一切：牛栏坑的肉桂和马头岩的肉桂，但是这后面还包括很多的优质岩茶形成要素，比如"天时"，多变的气候要被好茶农所利用；比如茶园的管理和采摘，属于"地利"；"人和"则还要讲制作工艺，这一招，绝对是岩茶好坏的决定性因素之一。

✂ 与山场的重要性一样，做工也重要

先天好，后天也要好，否则光有先天不行。强调牛栏坑的肉桂每家都好，也没什么道理，做得不好是白搭，先天是基础，后天是手艺——刘国英反复强调，消费者不懂加工工艺的复杂度，所以老是强调山场和品种，这两个因素比较直观，但在专业制茶人看来，岩茶从头到尾，哪里都不能出错。反过来也是一样，要是牛栏坑的茶是福鼎大白，不是肉桂；要是提供的青叶不是正岩，而是武夷山之外的外山茶，即使是高手，也做不出好茶。

在制茶人看来，品种、山场、做工，是纠缠在一起的岩茶三要素，缺谁都不行，刘安兴工作的大企业迄今还保留了手工制茶车间给他，专门做那些金贵

的青叶，这在武夷山并非特例，所有类似牛栏坑的肉桂的好青叶，绝对是手工制作，师傅的手艺在优质岩茶中是重要的加分项。"传统的手工出的优质茶多，机械可能最适合揉捻、杀青，但是从采摘、做青这些环节来说，绝对是手工的天下，而且是可以做到极致的。"

刘国英说肉桂好做，真的是他技术过关，技术过关的基础，还是懂得基本原理。乌龙茶都需要做青这道工序，岩茶的品鉴中，香气是重要指标，这些复杂的香气怎么来？并不来自山林，也不是来自茶树，而是做青中的手段，听起来很魔幻，但确实一点不虚假，先静置，再摇青，通过酶的促进让花香果香均匀出现，叶片外观变成"红叶绿镶边"，这个需要复杂的手段，因为不同的山场、不同的青叶老嫩、不同的采摘天气，手法完全不同，经验必须被调动出来，而且制作中要精神高度集中——茶季，这些摇青师傅基本很少睡觉，当然，两个月也能挣出一年的工资。"为什么说'勤肉桂，懒水仙'，是因为水仙叶片大，发酵就有差异性，叶片大所以做青时间长，无论走水还是发酵，这样才利于品质感，香味才明显，肉桂正好相反，叶片小不能放置太久。"

在碰撞摇晃中，这些青叶开始了发酵过程，受损的部分，内在物质开始转化，香气成分越来越复杂，成就了茶汤中的各种香味集合。刘国英说，做茶有个度，牛栏坑肉桂的青叶优秀，工艺再掌握得好的话，顶尖茶不难出现。"我们武夷山人说'香不过肉桂'，说明香味容易出，滋味厚重有点难度，做得不好就会浮躁，滋味苦涩，所以我觉得要做到醇厚，滋味好，外加纯粹，也就是各个方面均衡，那么这款茶就很拔尖。摇青发酵都要恰到好处，所以有了'看天做茶'这句话。南风天就不行，北风天就好，前者湿度太大，茶叶走水难，时间就要长，北风天相反，香味也容易出来，有时候就是'中庸之道'——岩茶也是半发酵，不能太短，也不能太长。有时候想想，古人的人生道理也在我们做茶的道理之中。"

做青之外，需要手工精制的是焙火工艺，也叫"炖火工艺"，这是岩茶区别于其他茶类的核心要素。别的茶，无论绿茶还是红茶，基本上没有这道因素。焙火之前，先要精制，挑出很多碎片、梗、粉末，包括附生品，然后取出优质茶，进行炭火烘焙。火温需要掌握，依照火来调整香味，调整口感，只有焙火才能让岩骨花香全面绽放，而且茶汤的醇厚度也是靠这一招。刘国英说，岩茶有种穿透力，这种力量也来自焙火，内在的品质被火锻炼出来了，也是岩茶的核心工艺之一。

无论刘国英还是刘安兴，都觉得在整个岩茶制作过程中，很多环节是没有具体标准的。刘国英说，很多看起来小的因素都对品质影响明显，岩茶的风格是多样化，但是这些品质也会互相干扰。比如你焙火的时候焙重了，所有的品种特征也就被掩盖了，山场也没有那么明显了；但是焙火轻了，岩茶又容易返青；同样的道理，品种和山场特征也会互相干扰，景区内的正岩老丛，丛味还不如外面的吴山地的老丛明显，但是吴山地的老丛滋味比较淡，景区内的滋味浓厚。所以各个微妙环节的特征也会互相干扰，不能掉以轻心，只有顶级茶才是真的方方面面都好。

刘安兴也说，有经验的品茶者才能喝出这些微妙之处，包括过程中的哪个环节有漏洞。所有这些制茶师，都是有经验的品茶师，这样才能从头到尾控制好：采摘的时候要保持鲜度；萎凋的时候要注意轻重；做青的时候不仅仅要注意摇青力度、静置时间，还要对环境有判断力，湿热冷暖都关系到茶青发酵；杀青也不能过，也不能太不够；揉捻则不能让茶叶断裂，但也不能松散；焙火也是要走中庸之道，因为焙得不好，前功尽弃。

说来说去，还是把握"度"，不由感觉，岩茶真是一种中国茶，这些制作方法的总结中都是中国哲学式观念，最后成就的还是中国人喜欢的口感和香味。是因为有这样的品饮标准，才倒过来，对制作也有那么多的要求。

🜍 岩茶的品饮之道

多年在这行业里，刘安兴见过无数貌似喝懂了岩茶但实际上还没有真正入行的人。他有一个简单的阶段法则：其实都是从低到高，并没有例外——一开始就是表象，慢慢喝到里面的滋味，再到变化，逐渐对茶理解。

"开始就是注重香，喝到各种有意思的芳香。岩茶本来就有高香属性，很多品种也是高香品种，黄观音、奇兰、黄玫瑰，都很有特点；香气喝明白了，然后是品种，比如这是水仙，这是肉桂，除了香气之外，茶汤的厚重感、复杂度也有了，这样就可以追求自己喜欢的品种了，看哪些是符合自己的口感的；接着就是喝山场，不同山场的同一品种的不同，某个单个山场的风味特点；再往下，就是喝制作人，同样前提的东西，在不同师傅手下有什么不一样。这就是从低到高的过程，养成自己的个性化喝茶法。"

当然这个也讲机缘和接触层面，刚接触就指望自己喝明白，没有办法。刘安兴觉得，这种机缘里面，还有很多文人性的因素，因此岩茶带有很强的文化特征，有的人就是有机会，靠喝茶的理解力得到师傅的青睐，从一开始就走上正轨，能和专业的茶人交流，但一般也需要三到五年才能喝明白，因为武夷山太丰富了。

武夷山有句俗话：同山不同韵，同韵不同香。一个山场，山南山北未必一样；一块地，采摘老嫩度不一样，香气也不一样；不同师傅做同样的地的原料，即使同样的采摘季节，处理手法不一样，后期焙火不一样，前面的这些也都不一样，所以就是需要有千变万化的品饮经历，需要锤炼，需要提升。

普通人喜欢强调简单喝茶，我觉得是受了禅宗的影响，去复杂化也不是不可以，觉得很舒服，很有口感上的满足，那样也行。但是在岩茶这块，这样简而化之，问题是不知其所以然，对很多饮茶者来说还是会有遗憾。"就不能共鸣吗？岩茶说到底，其中有一块精神属性，就拿我们另一个当家品种水仙来说，很多人喜欢水仙，但是喝不明白。其实武夷山的水仙有几百年历史，生活在这特殊的环境里，除了表面的香味，还有大量老丛的味道、木质香、苔藓香，有的还有竹子的香味、粽叶的香味，这些香味其实都属于细腻优美的香味，都带有强烈的文人感，属于山林草木之香，比起一般的花果香更需要一些带有强烈文人色彩的品鉴方式。"确实如此，普通的品鉴者喝到了好的水仙，可能一开始只觉得韵味悠长，经过一段时间的沉浸，能明白木质这种朴素的香的感觉能让人更感动，这样品茶的水准也在提高之中。

刘国英也是这么看，冲泡岩茶在他看来并不复杂，喜欢浓郁就投茶量大一些，水要活一些，水温要高一些，出汤不要太久，基本有定式，这些都是技术活。除非是审评，要把岩茶的缺点泡出来。但更关键的是对岩茶的理解："建立理解，不能看外形，也不是茶汤颜色，还得就是香气和滋味的品鉴。"任何一个品种的岩茶，都具备香气和滋味两项因子。综合掌握这两个因子，就能判断出岩茶的级别。有的香气好滋味不好，也不拔尖，有的滋味好，香气不够也不行。初喝的人喜欢香味，但实际上香味也有高低区分，一是香气的种类，就像上面说水仙和空谷幽兰，都是幽雅的香型，兰花香、青苔香，这些香气让人有山林之美的感受——说白了还是中国的文化基因，岩茶的内涵也在这里。刘国英说，岩茶强调的还真不是富贵气，而是别的内涵。滋味一般用醇厚来强调，醇厚里面有两种含义：厚度和饱满度。不能苦涩，也不能过于单薄。

综合了香气和滋味，就可以进入品饮阶段。岩茶品饮里也有专业术语：锐则浓长，清则悠远，走了两条路线。浓郁、幽雅、持久，综合起来看，就能弄明白岩茶品质的高低了，有的岩茶能走很远，泡很多泡，而且一直有香气，挂杯的香、冷香，专家评审说起来玄虚，其实也是这个系统，喝多了就发现让人惊讶的少，大部分还是绕着标准走。刘国英说，有时候喝到一款大家都吃惊的茶，所有人都高兴，特别愉悦，像破案一样，纷纷分析这个特点是怎么来的，喝到好茶所有人会刨根问底，知道了才罢休。

岩茶的爱好者能多些专业知识，当然就能从中发现更多乐趣。"岩茶品饮还是有标准的，很多人说这是玄学，其实有标准，喝的越多，越明白这些标准的道理。不能你非说一个冷门茶好，大家就跟着你走。我的建议是，一开始就记录，记录越多，真的就明白越多，有悟性的人入门很快，当然也有人一辈子不分水仙和肉桂，那就也没有什么可说的了。"

最后还是回到"岩韵"，所有的表达都围绕岩韵，品质特征、制作工艺都藏在里面，岩韵包罗万象，说来说去还是感谢武夷山，要是没有这片山林，出产不了这些原料，刘国英说，他们这些制茶者也做不了无米之炊。■

初探云南茶山：古树普洱的丰厚滋味

从 20 世纪 90 年代末之后的十几年里，一些带有玄妙色彩而又很拗口的新鲜词语不断地从喝普洱的小群体中迸发出来，例如"冰岛""老班章"，说的人眉飞色舞，不了解的人却如堕云中。事实上，这些奇怪的名字都是茶叶产地的村庄名称，这些大山深处的村庄彼此隔绝，拥有各自的古茶树资源，这些古茶树资源在 2000 年之后逐渐被发现，注重老茶的普洱似乎在走一条新路。

云南省现在是世界上拥有百年以上老茶树资源最丰富的地区。不过，即使是好的山地古茶树，要做出好茶，还是需要识茶人的掌控。2011 年，我第一次去南糯山，见到了古树茶的一帮玩家，感觉到了山地古树茶之美。

⚘ 从喝茶到找茶：南糯茶山行

2010 年，老班章的春茶被炒到每公斤 1200 元，每 4 公斤鲜叶可以做 1 斤毛茶，差点让众人以为又要回到普洱茶的疯狂时期。老班章属于澜沧江畔的深山老林地区，大片古茶园成为中国茶叶的种源基地。班章是一个山地里的小村庄，与明代开始种植茶树的冰岛村一样荒废已久，最初被现在的茶界发现的时候，要在雪山脚下徒步走上半天时间的山路才能抵达，即使是现在，也需要开上拖拉机在陡峭的山路上走很长时间。那里的居民都是拉祜族、布朗族等少数民族，常年生活贫困，基本用不起化肥，保证了当地山林中这些老茶树的生长环境。进入 2000 年，古树茶被云南省一些茶叶专家发现价值并投入流通市场之后，这些区域迅速被控制在一些茶叶商人手里，作为稀缺资源而价格猛升。

在过去所存储的老茶越来越稀少的情况下，古树茶正成为爱茶者和喝茶者新的噱头，谁都以能喝到真正古树茶叶制成的普洱为自豪。茶界传说，更厉害的喝茶者能喝出大致的树龄，喝出茶树是否打过农药，喝出茶树的山头。也因为古树茶的热，云南普洱茶协会组织了一次古树茶品鉴会，专门饮用近年的普洱古树茶。我本来对古树茶毫无概念，第一次喝到只觉得香气刚猛，茶汤黄亮，不由得心生疑惑，哪里有那么多玄机？是不是又是一轮普洱茶的营销方式？见过太多半神秘、半吹嘘自己茶叶的云南普洱茶商人，对各种宣传方法都不太在意了。

近年来做古树茶很出名的诸葛春光被介绍给我，原来这次品鉴会的不少茶都是他制作的。他是北京人，满头白发，可是年纪却不大。他是真正的爱茶人，20 世纪 80 年代末就离开北京到处寻找好的茶叶，在各个茶叶产地之间最终选择了普洱，开始另辟蹊径在西藏的雅鲁藏布江区域做茶园，可是后来发现还是传统的云南六大古茶山的品质更好，最终他选择了西双版纳做自己的茶叶基地。

古树茶的资源并不像想象的稀缺，像冰岛、老班章都只是因为品质独特，加上现在这些乡村出产被某些资金所彻底垄断，能抬高其价格。他邀请我到西双版纳时去当地一些茶山看看。喝了一肚子的古树茶，只觉得茶叶很刚性，香气也很凶猛，都比一般的茶厉害，茶汤黄亮得异常，尤其是其中一种，有明亮的琥珀光。我并没有爱上这种茶，只是随意答应了诸葛春光的邀请。他另有一个别号叫"茶翁"。

没有想到，不久之后就真的有机会去西双版纳出差，被茶翁带上了南糯古茶山。这是传说中的六大古茶山之一，因为距离西双版纳州首府景洪很近，所以现在去一趟丝毫不觉得有什么困难，这也是其在名声上被后起的勐库等地盖住的原因。人们总是喜欢传奇的。可是，走进去就迅速发现，这里的古茶山真不是浪得虚名。参天大树中，各个寨子的发了财的茶农把自己家的新楼房选址在山坡上，茶翁说，都是那些年靠古树茶发家的结果。

南糯山是六大古茶山，也许就是因为发现得早。这里的茶田分成了多种形态，有开垦出来的茶园，有古树被农家照料生长的，也有完全野放状态的，就是完全不施化肥，靠茶树自己自生自灭的，产量是前者最高，质量却是后者最好。问茶翁，做成茶之后如何分辨？他一笑："不用成茶就能分辨，施不施化肥，一尝就知道了。"怎么可能一尝就知道？茶翁笑着不说话，沿路采摘各个茶园的叶子给我尝，山脚下是现代化的茶园，农民管理得很好，他甚至都不屑于去采摘这种茶叶让我尝。南糯山不是一座高山，可是却分成了多个寨子，茶田分成各个寨子管理，寨子成立了合作社，各个田都有招牌。茶翁也不看招牌，他告诉我，谁家茶不施化肥，谁家茶树有上千年的历史的招牌，都不能光是靠看，"茶一定是靠嘴巴尝出来的"。

　　他摘了一片古树上的茶叶。那片茶园在斜坡之上，上面写着某大型集团的名字，号称全是树龄在300年以上的古茶树，茶树很粗。可是他说粗细不是评判树龄的唯一标准，摘下了顶尖的叶子。这是标准的云南大叶种茶，叶片肥厚，上面的白毫在透过大树林的阳光下很显眼，一尝，舌尖就觉得芳香，微带苦涩。茶翁也尝，评价说，施过肥料，而且不少。我们向山间小路进发，沿途他爬上爬下，不时摘一片叶子给我，有的平淡无味，有的却清香异常，可是他一直觉得不是他心目中的好茶叶标准。"基本都施过化肥。前两年古树茶热，寨子为了增加产量，就开始拼命催肥。最可惜的是一大片300多年的茶田的主人，现在也算是南糯山的茶王一类的人物，我尝过他们的鲜叶，施肥太多，茶质明显下降。"正说着，这位拉祜族的山民出现，得意扬扬地和茶翁招呼，并且动员今年茶翁收他的茶叶，说他今年没打化肥，茶翁客气地笑着说："你得到时候拿来让我尝。"

　　走到一片林地小路，他眼前一亮，爬上小坡，摘了一棵不太高的古树上的茶叶，让我含在嘴里尝尝。这棵树扭成一团，比起前面那些树龄300年左右的茶树看上去还小，可是他从根系一看，就觉得肯定是有300年左右的树龄。这片茶叶入嘴，一股清洌的茶气就在嘴里蔓延开来，最奇怪的是，10分钟后，整个嗓子都是清甜的。他得意地告诉我："这才是真正没有施过化肥的古树，而且正逢茶树这两年生长恢复了旺盛期，所以质量十分好——判断施化肥与否并不困难，舌尖和舌底绝对不能有微麻的涩感。否则就是施过肥的，不过当然还有一个前提，就是你得尝很多种，让自己的整个感官灵敏起来。"

　　南糯山深处有棵茶王，根据中国农科院专家的研究，至今已经有1000多年的历史，在凤庆等地3000多年的深山古茶树没有被发现之前，这棵树是闻名的古茶王。拉祜族的女主人在旁边设了棚子专门看守。可是喝了一口，未见得很甜美，甚至不如刚刚尝试的鲜叶回甘。老茶王现在已经衰老，出产的茶叶要看年份，有时候好，可是多数时候已经不太好了。原来茶树树龄并不是越老越好，可是具体多少年的好，现在农业专家也没有准确说法。

这时候才开始佩服有经验者的尝茶能力。他告诉我，他也是喝了多年，并且和茶农们一起种茶做茶才弄明白其中的奥妙，现在他自己并不承包或者垄断茶园，因为"资源丰富，你只要自己能把握质量关，就能保证收到好茶"。在南糯山的山腰他自己的山居坐着的时候，周围都是古茶树，高低起伏，而这座完全用木头搭建的房子很高大，墙上糊满了一个画家醉酒后给他画的各种人物图，心里顿时安静。突然明白过来：将好茶资源占为己有是件荒诞的事情，关键是如何利用好各种资源，光有好茶不够，得做好茶，明白好茶。

古树普洱的滋味

在昆明的品茶会上我没有喝出古树茶的好滋味，此次古茶山之行才明白，古树茶所制作的普洱，实在有其好处：茶树树龄长，滋味自然丰厚，如果是照顾好的不施化肥的古树，则在丰厚滋味外嗓子中会带有回甘。这些资源就是云南省独一无二的宝藏，据说云南古茶树资源至少有几十万棵之多。这也是老班章的古树春茶虽然昂贵，可是也并没有带动普遍的普洱茶价格的缘故。普洱茶界正在恢复理性。

云南茶界的高级工程师何仕华曾经在云南普洱地区的外贸部门工作过多年。普洱茶一直是中国大宗出口的商品，新中国成立后，开辟了大量山地种植茶叶，结果现在云南省所有的普洱茶根据生长环境被分为了"山地茶"和"台地茶"。最早的台地茶生产是为了供应大宗出口，管理很严格，当时云南省的茶叶出口产量占据了全国的十分之一。可是当外贸体系开放之后，台地茶的管理出现了滑坡，对化肥、农药的控制不再像以往那样要求严格，只能靠农民各施其法。这时候，山地不容易栽种的老树或者古树的质量就受到了重视。

他因为做外贸，所以特别在意茶叶的质量，曾经去过许多地方寻找好茶，并且发现过中国从野生到驯化的过渡阶段的最早茶树标本，已经有3000多年历史的古茶树。古茶树现在云南省澜沧江中段，这里是云南茶的发源地区，有许多野生型和栽培型的茶叶，凤庆的香竹箐古茶树，被中国农业博物馆认定为有3700年历史，是当今世界上最古老的茶树。邦崴古茶树则是经过驯化的活化石，能证实人类在研究茶树起源、演变和驯化传播方面的功绩。除了这些发现，他还去了很多人迹罕见的古茶山，例如攸乐古茶山。这里的酸性红沙土壤特别适合茶树生长，当地的基诺族、拉祜族虽然信鬼神，可是对茶叶的了解却很丰富。这里茶树并不高大，和我在南糯山看见的很相像，不知道什么时候种下来的，当地村民除了制茶，还吃凉拌茶叶，加水、茴香、姜捣碎，然后用盐和辣椒搅拌食用，非常生津开胃。

勐库大叶种茶条索肥厚，上面有很多白毫，被称呼为茶中的味精。1997年当地农民在雪山上发现了上万亩近十万株的原始野生古茶树，它的规模给发现者很多不解之谜：若是原始生成，不会这么成规模，如果是自然创造，那么和现在的联系也难以清晰化。

这些资源，长期以来白白浪费。何仕华解释，古树茶产量很少，非常不好看，做成茶叶又黑又粗，显得很劣质，加上采摘经济利益上不去，所以1997年在他将古树茶工业化之前，古树茶在很多乡村只是当地寨子里的乡民的日常饮用茶，用陶土罐子去烤制，会非常好喝。"滋味很舒服，香气比起一般的台地种植的茶叶高很多倍。"道理其实很简单，与野生植物滋味醇厚是同样道理。何仕华说："我看这些茶叶是作为低档原料使用的，觉得特别可惜，想把它们分离出来。"

在刚开始生产古树茶的时候，资源丰富到了可以随便使用的地步。何仕华回忆，1997年的古树茶每公斤毛茶收购价格也就12元左右，而且几大茶山的原料随便使用，无论是版纳还是勐海地区，做出来的茶叶甜熟，不苦涩，就是口感烈，许多喝惯了茶园茶的老茶客都会被震一下。现在古树茶毛茶收购价节节攀升，2002年已经到了100元左右。2007年，景迈的古树茶是每公斤500多元，一直到今天班章、冰岛茶的天价。

何仕华也不赞成古树茶稀少的理论。他认为，云南海拔2000米以上的山林太多，那里气候微寒，病虫害少，加上当地栽培历史久，清代以前这些茶树都不修剪，所以许多山头都有自己的资源。他也不认为古树茶应该卖这么高的价格，"云南古茶树资源丰富，各个山头都有各自的好处，因为十里不同天，生产环境区别很大，比如我就不太喜欢班章，我喜欢老曼峨村的古树，那里的茶叶虽然苦涩，但回甘足足十几分钟长。"

也就是因为各个山头的茶叶风格不同，许多茶叶作坊特别是爱茶人的作坊就蓄意把山头的茶叶分开来做。茶翁告诉我，大型工厂没有这种条件，因为他们要保证产量，可是小工厂就可以，哪座山头的茶叶就按照哪座山头来做，单独加工，这样独特性很强，他自己就是这样。去帮助他加工茶叶的工厂参观，那些压饼的工人们对他都很尊敬，因为知道他要求严格甚至挑剔，也就不蒙他，不管一批茶产量多少都加工得很认真。可是，他所制作的茶饼上并不打上哪座山头的名称，而是根据茶性起名字，喝到一款被他起名为"心跃"的茶，喝起来有苹果的味道，入口特别顺滑。他笑着说，是不是身心愉悦？又有一款叫"空山新雨"的茶，又新鲜又爽利，他解释说，这款茶的滋味持续很久，而且有股清新感，所以起了这个名字。"为什么不叫山头的名字？是因为各个山头出产太复杂，而且山头茶叶不能持续保持质量。比如这两年好，可是采摘过度后，再几年就不好了，很多古茶树几年采摘之后就进入休眠期，香味会大减。所以我给他们按照茶叶的口感香气起了新名字。"

会做茶的专家们做茶有个基本特征：追求爽滑和适口，不强调某一方面，老制茶人说自己喝了这么多年茶，能够把各个特征表现得均衡的才是好茶，有些茶叶特别香，但是苦涩，他们不觉得好；有些特别醇，可是刺激，他们也不觉得好。"茶性还是平和的，要追求均衡。"这种做茶的方法在普洱茶界不多见，尤其是在别人都在制造产量稀少的神话的时候。

❧ 老茶与古树茶的差别

在古树茶之前，普洱流行的是老茶的神话。总有人说老茶如何好，如何神奇，最夸张的年代，许多人将发霉的普洱的霉味也视为神奇的味道。

昆明民族茶文化促进会会长王树文很喜欢普洱陈茶。他告诉我，陈茶是指多年的茶，陈化好的茶，又好闻又好喝，有兰香、荷香和人参香，这些香味来源其实一点不神秘，是自然而然的结果，从清香到沉香是一个自然变化过程，茶汤的颜色也会呈现褐红色，感觉很好。他解释说，普洱最早就是外销茶，价格并不昂贵，当时别的茶叶需要小心保护，需要密封袋、遮光设施，包括低温装置，可是普洱就很简单，什么都不需要，这种暴露在外的运输往往刺激了普洱的陈化，比如放在船舱里被湿润空气所浸润的普洱，陈化中不断发酵。香港一批酒楼的普洱尤其好，绿黄色变成红黄色，自然而然生出了藿香、樟香等天然香。"他们储存条件好，一般在山地上的仓库里，不发霉又通透。广州储存的就差很多，因为广州通风条件不好，结果汤色深，不好喝。"这也是香港、台湾等地老普洱值钱的原因，他喝过最古老的是宋聘号的普洱茶，大概有80年历史，从台湾回流，陈香中带有当归的味道，又有点蜜香。可是，这种优质的老茶是可遇不可求的，现在号称储存了60年、70年的老茶很多，可是专家们一喝就知道是假的。"很多是熟茶，可是熟茶的发明很晚，怎么会是真的。"

做古树茶的人，也未必一定需要做老茶。有些业内人士说，"古树茶一般都纯正，而纯正的东西最有力量，比如有种巴马的古树茶，特别持久，刚做新鲜茶，味道就绵里藏针，能比得上存了几年的茶叶，还有那卡山的茶叶，味道也特别悠远，我觉得比一般陈茶好很多。"

茶翁说自己是个喜欢简单的人。"我做的茶叶，都不搞虚头的东西，保留茶本身的香味。"帮助他做茶的英国人马克也告诉我，他走过中国很多地方，结果发现云南的古树茶是一种很简单却很杀伤力的茶叶，"因为本身质地好，所以那种花果香、蜜香还有甘甜味道都能被清晰分辨出来，这反而符合好茶的标准"。马克生长在英国，强调的是茶叶本身的性格，他爱茶，可是受到英国式口感的训练，不太相信中国茶人编的故事。"那些告诉我喝茶可以参禅之类的话我都不相信。"他告诉我，喝过无数的坏茶叶，包括吹得神话一般的普洱老茶，现在他的感觉是：与其玩玄虚，不如简单地做茶，只要原料能保证，做茶工艺能保证，好茶自然就能保证，"重复出现的东西最有力量"。

茶翁爱做古树新茶的另一个原因是储存时间不长的古树茶就能有储存时间很长的普通普洱茶的效果，汤色会呈现琥珀色，回甘会更醇，"但是永远不会呈现出人工发酵的那种深红色"。这句话实际上很重要，说明古树茶基本上是按照自然方式发酵制造而成，属于生茶，可是由于其原料好、软滑的口感，完全使人不觉得这是一种不柔美的茶叶。但生茶和熟茶的争议，还在持续发展之中，古树茶放置很久，也不会成为熟茶，未来的普洱如何发展，还有待时间的检验，永远不可能是一种茶雄霸天下的世界。■

再探云南茶山：山头茶的正确打开方式

对山头茶的印象，还是多年前对南糯山的印象。南糯山属于离西双版纳最近的产区，近年过去的人越来越多，已经颇为旅游化，甚至有专门为游客修建的木头栈道，所以再访茶山我一直犹豫着去还是不去，不过最后还是成行了。十年后重看山头古树，还是要从南糯山走起。我们走的是澜沧江西岸的几座古茶山，除了南糯山，还包括布朗山上的老曼峨寨子以及贺开古茶山区域，几个区域虽然都是古茶山，但是风格特别不同，是专业人士为我规划的从版纳出发的最方便的古茶山路线。

说起山头茶，越来越成为一种约定俗成的称谓，即是云南茶山上古茶园里的茶树，才能叫"山头茶"。但是随着茶叶价格的高涨，越来越多的人开始在古茶山上开垦种植茶园，很多新种的茶树也可以冒充山头古树。我们还是强调，只有一百年以上的古茶园里的茶树，才能够被称为"古树"，古树所产的鲜叶制作成的普洱生饼，也是目前市面上最流行的产品"古树茶"。

山头茶：一山一味，一村一品

云南省农科院茶研所的专家汪云洲陪我们前去古茶山，还没有靠近南糯山，就让我们看那附近的云，原来南糯山属于高温带和中温带交界区域，所以远远望去就是云雾汹涌，茶山被笼罩在云雾之中，走进去，倒是难得的好天气。顺着修好的木头栈道从山脚往山顶走，这里清代就有 1.5 万亩的茶园，而且据说此地历史悠久，唐代的南诏国时期就已经有产茶的记录，所以茶园的年份可能不止于清代。茶树掩映在森林之中，整个山头的植被极其复杂，远不是内地茶山那样能看到大片成片的茶园。

茶在林中，需要在森林里努力找寻茶树。那些覆盖着青苔的古茶树，在我们看惯了小叶种灌木为主要形态的茶林看来，确实也一眼难以认出，尤其是南糯山所谓的茶王树，尽管拴着红布，做了鲜明标记，还是一眼没有认出来这是茶树。茶树下面是嶙峋的烂石，树枝披离，大量的青苔和寄生植物与茶树共生，也有拉祜族的老妇人专门看管。据说这棵树已经有八百多年的历史，想要喝到这棵树所产的茶也行，每年都有若干毛茶采摘下来，属于私人所有，可以供给游客品尝。

但也有很多人告诉我，真实的茶王树在 20 世纪 90 年代已经死亡，并不是这一棵，这棵树只是看上去苍老而已。看古茶树，不能看枝干的粗细，很多粗大的茶树年龄并不古老。汪云洲告诉我们，尤其是在这些古茶山，因为缺乏详细的考察和记载，很多人讲到树龄的时候都是模糊带过，要不就是瞎说。事实上，一百年以上的茶树都可以算是古茶树了，在云南的各个山头并不是稀缺资源。现在的问题是，很多古茶树在农民手中，新进来的茶叶厂家为了宣传自己的品牌，经常拿新种的茶树冒充古茶树，或者动辄给自己包下来的茶树加年龄，一百年说成三百年，三百年说成上千年，其实不太有历史依据。

突然想起来，云南农大的周红杰教授也说过，再过五十年云南可能遍地都是古茶园了，现在的很多台地茶也有三四十年的历史，如果科学管理，照料得当，再过五十年可不都是百年古茶园？主要是茶树的品质，并不一定是越古老越好。周红杰说，按照科学规律，茶树就分幼年、青年和壮年，在云南，20 年的茶树都是青年，50 年的则是壮年，之后就要开始衰败，需要修剪，让它重新发出来。认真去看古茶园，很多茶树的根部有砍过的痕迹，所以绝对不是说，粗的就年龄大，细的年龄小，很有可能小树年龄更大。

这也是我再访古茶山上的第一课，不能以茶树的粗细来辨别茶树年龄。茶树长到一定高度，也就停止生长，并不会无限发展。南糯山植被丰富，古老的茶树并没有成片，生长在丛林之中，所以很多古茶树未必很粗壮，反而显得纤细。周红杰还说，很多古茶树看着很苍老，可是未必好喝，并不是年龄越大，就越有营养价值。因为茶树过了年龄，加上现在的人不太懂，总是说要保持原生态，上面有病虫害也不去清除，导致很多茶树营养不良，都快死了，这种芽叶他是不肯喝的。

按照周红杰的说法，所谓的单独某棵古树出产的茶叶，也就是单株古树，更像一个故事，而不是一种真实的状况。他说在茶山经常能看到假专家，指着单独栽种的茶树就说这个是大叶乔木，指着成片的茶园就说这是灌木，事实是错误的。云南普遍种植的是大叶种，和成片不成片没关系，都是大叶乔木。"还有很多人和古树合影，然后说自己的茶叶就是这棵树上的，也不靠谱，很多茶树的鲜叶做出来的茶只有一两，连一饼都压不了，他却有几百斤，要么是被农民骗了，要么是自己被自己骗了。"鲜叶和制成茶叶的比例是四比一，春茶更少，所以一棵古树如果有半斤鲜叶，确实一饼茶都压不出来。单株古树这个概念，更像是商业概念，其实不必相信。

被他这么一分析，对南糯山茶王树的所谓茶叶也就破除了迷思，觉得不必要执着。事实上，南糯山整体的茶叶质量不错，虽然海拔有高低，茶园管理有落差，但是南糯山的古树茶还是比较甜爽、醇厚，而且甜而不媚，有其风貌的独到之处。

南糯山的古茶园状况比较自然，但是新近的茶园就有点急功近利，成片栽种，缺乏植被的多样性，且经过几年的采摘，使用化肥的情况比比皆是，和我们去贺开古茶山所看到的茶园截然不同。贺开位于勐海县东南部，这里多为拉祜族聚集区，进入这片茶山，顿觉莽莽苍苍，只看见云山雾罩的大山，与江南茶产区那种青翠点染的小山坡截然不同，与武夷山茶产区的嶙峋的怪石奇峰的场景更是不一样。这里是荒芜的，看不到人迹，大片大片单一的浓绿，仿佛几百年来就是如此，偶有一树樱花打破了这种绿。

贺开古茶山是世界上连片面积最大的古茶山，行政隶属勐混镇，连接了南糯山和布朗山。当地人据说是南迁的羌族人的后裔，以诸葛亮为茶祖，一下子把云南种植茶树的历史又提前了几百年。且不说历史的真相，贺开最好的还是茶山环境，古茶树到处都是，寨子就在茶园之中，而茶树也混杂在森林之中，相比起南糯山，这里规模更大，气象更开阔，有一半的茶树树龄在100～500年之间。

其实云南的古茶山非常多见，根据汪云洲他们的大致统计，现在有五六十万亩的种植面积。这些古茶树应该是云南的先民们从森林里选育移栽出来的。云南地广人稀，先民们刀耕火种，可能会不断变换耕地的位置，但茶树因为是经济作物，不会年年砍伐，慢慢就留下来，越长越大，最后成为规模化的森林，生态环境自然是比新近种植的茶园好了不少。贺开就是这样的古茶区，茶园已经和森林混合，因为历史久远，最大的古茶树已经有200多厘米粗，根深叶茂。汪云洲说，贺开的这种森林茶园特别好，是因为有相当多的遮阴树，茶树本身就喜欢漫射光。大概因为祖先是从森林中被引种出来的缘故，茶树普遍害怕直射阳光，这些大树把阳光过滤了不少，使得茶树的内含物质有了保证，"阳光直射，芽会粗壮很多，纤维化重，口感也会弱很多，缺乏生物多样性植被的地区的茶园在我看来就是茶地，那个和茶园比起来差远了。"也就是俗称的"台地茶园"。

贺开确实美，古茶园被各种森林怀抱，风吹过大树，树上一片鸟鸣，树下则跑着小猪，是云南山地常见的放养方式，田园风光中带有边地的气质。在汪云洲看来，这些随处可见的遮阴树在某种程度上就是茶园的保护神：旱季的时候，因为根系很深，可以抽取地下水，帮助茶园土壤保持水分，雨季的时候，又像伞盖，能够使茶树减少风雨灾害，还能保持水土。

所谓台地茶，其实也是在和古茶山的古树茶对比中产生的概念。然而，这概念还没有那么简单，需要首先弄明白的是，古树茶好在哪里。

古树茶一般在比较偏僻的山区、半山区，山区群众也采取比较放养的方式对待，树种一般也是群体种，西双版纳地区基本为勐海大叶种，别的地区则是勐库大叶种、凤庆大叶种，基本以地区命名。这些群体种一起采摘，等于天然拼配了，口感丰富度就高了很多，就拿贺开来说，甜茶、苦茶都有，一中和则平衡了。汪云洲解释，当时先民移栽培养古茶树不会去区分品种，这样这些古茶园里的茶树，不仅仅生态环境好、无污染，加上面积大，一家有上百亩茶园是常见的事情，农民不太会进行精耕细作，自然比较粗放，农药化肥几乎没有，所以这类古茶园的山头茶自然品质就上去了。

现在的所谓台地茶，都是选择比较容易到达的地区大面积种植无性系茶树，其实也是挑选过的，但是比起群体种，品种单一，加上生态环境不如古树茶，无论是海拔高度，还是打药施化肥之类，都让台地茶的质感有大的落差。"现在国家已经在推广减持增效，就是少用不合理的农药化肥，多用有机肥料，多用生物防治技术，降低农残，但是种种原因，台地茶质量还是没有办法和山头茶比。"还有一点经常被忽视，就是古茶园的小环境一般都很重要。一般的古茶园有丰富的植被，腐殖土很多，所以造成茶汤的水浸出物很高，基本有 40%，不像一般的台地茶。"甚至我们都不建议古茶园修水泥路，因为水泥属于碱性，茶树喜酸，很容易伤害到古茶树。有些村落发财了，搭盖成片的水泥房子，我们都要去劝阻，提醒大家不要干傻事。"

笼统说山头古树生态环境好还是不够，汪云洲进一步具体分析——海拔起了决定性作用，古茶园一般在海拔 1000～2000 米，这种海拔高度，气温低，湿度大，云雾就多，即使没有遮阴树，也有大量的云层漫射光。再就是昼夜温差大，造成了茶树白天积累有机物多，晚上消耗少，所以一般泡山头古树茶会觉得浸出物质多，就是因为确实有机物质含量高，加上大叶种比之小叶种的优势，茶多酚、咖啡碱都高，这样就是味高而厚，氨基酸多则鲜爽度也高，贺开的滋味甜柔，布朗山的滋味悠长，味道醇厚，南糯山则取之中和，泡出来比较纯。

整体来说，西双版纳茶区的茶，口感强烈、浓厚，局部地区香味很高，也是因为此地海拔高，光照强，土壤肥沃，形成了版纳茶的特点，以口感著称；易武的茶，汤水含香，不是说不刺激，但是普洱茶所谓的"水细"，按照本地普遍的说法，就是茶汤入口香气也入口，很多人很喜欢；临沧、普洱地区的茶，则因为当地的海拔还有土壤状况，偏于甜美、醇和，茶多酚含量也大，涩味也重一些。"大叶种最多的就是酚类物质，入口先苦后甘，很舒服，和橄榄一样，所以很多人说喝完山头茶，整天都有回甘。"

都是云南大叶种的群体种，但在不同的区域，会根据当地的气候、生态、土壤发生变化。云南本身就是"生物多样性"的区域，一山有四季，十里不同天。周红杰说，云南的海拔从 60 米到 6000 米，是立体型气候，云南的不少茶山都处在三江并流的地带，这几个地方都是云雾缭绕，水量充足，土壤相对肥沃，这种自然条件下普遍出好茶；云南茶的化学成分比较复杂，生茶有 500 多种，熟茶更是高达 700 多种，"一山一味"的说法，并不是空穴来风。

接着去布朗山，我们经过了不少的村落，有出名的老班章，也有不太出名的小村寨，无一不依靠茶叶为生。汽车接着上行，不久就到了老曼峨村，海拔

1650 米以上，这里有 3000 多亩古茶山，整个村庄被包围在茶林之中，据说茶山是古代濮人开垦的，这里的人也认为自己是濮人的后裔，拥有极其古老的茶园。和我们一起去的司机娶了当地女孩，就在这里安家落户，家里也有十几亩茶园，属于村庄里最早富裕起来的村民。全新的吊脚楼被柚木包围着，坐进去非常舒服，但是因为这几年收入实在不错，所以决定再盖新楼，选择一个寨子里更高的位置，"否则就被别的村民的楼压住了"。

为了防止财富外流，村里茶园早已经分配好。如果村里有赌博、吸毒的人，村里的佛教组织会进行劝慰，乡村的最高处是佛教的寺庙。这里普遍信仰小乘佛教，依靠宗教的约束力来维系人心，在这个财富飞速增长的年代，也不失为一种好方法。

老曼峨的茶，茶气十足，非常有劲，茶汤以浓酽著称，先苦后甘，苦后生津，老班章号称"茶王村"，老曼峨有样学样，管自己叫"茶后村"，事实上也属于自己村庄的命名，"一山一味，一村一品"的说法在云南已经普及，大家都想成为最出名的那几个。

这里的茶树更加复杂，有野生型，也有野生向驯化过程中转化的栽培型，还有改良型的茶树，属于茶树类型多样化的小区域，山前山后的茶都不一样。汪云洲说，有些没有驯化的野茶其实有害，需要进一步研究。很多茶树是先民反复挑选的结果，被驯化的茶树相对安全，口感好，还有就是本身就可能抗病虫害，不用打农药，相比较，还是不要一味追求"野"，"很多野生茶树有害于人体，饮用后胸闷甚至呕吐，可能很多人还不理解，古茶园的茶树也是经过驯化的产物"。

包括古茶园管理，也并不是完全放任。汪云洲是病虫害防治专家，他说古茶园一般来说病虫害少，因为这里害虫的天敌多。云南的茶树有三百多种害虫，但是其天敌就有四百多种，是生态链带来的天然防治，不容易发生虫灾，可是近年新问题出现了，就是过度采摘。随着山头茶资源的升值，越来越多的农民开始过度采摘，现在很多老树已经有几百年历史，每年的芽头采摘就是带走茶树的养分，而且是恶性循环——越摘得多，茶树越老得快，衰老则会减产，所以他们要经常组织农民培训，减少采摘，还要教给农民"留叶采摘"，即春茶留一片叶子，夏秋茶留的更多，因为要让茶树能够继续光合作用，靠新生叶片维系营养的吸收。还要去除茶树上的附生物，"不是说附生植物越多茶树就越好，我们看生态环境，还是需要科学的分析，不仅仅是表象"。豆类的肥料也要放，这些都被称为绿肥，纯粹让茶树自生自灭，在专业人士看来，并不科学。

🌿 如何冲泡古树茶

周红杰明确说，熟茶的保健功能可能更强大，但是从品饮角度来说，生茶的魅力还是动人，最大的原因还是所谓的"一山一品"，恰恰是因为没有经过后期的高温发酵三十天以上的"折磨"，普洱生茶的个性特征更清晰，香味也更强烈。

从品茶的角度来说，生茶的魅力还是原始的"刺激性"，追求的是各个山头茶在优秀生态环境中产生的风土魅力，这点似乎和岩茶有点相像了。不过岩茶强调的是不同坑涧的茶树的魅力，但是普洱茶的范围大很多，强调的是不同山头的魅力。不同山头生长的茶树，环境不同，内蕴不同，原生态中富含的物质当然就不同，刺激到身体，每个山头都不一样。班章是浓艳，冰岛是甜爽，易武则是滑和香，景迈的茶山所产茶普遍有花香，身体都会有愉悦度，但是内在的刺激物完全不一样，更能从生茶中体会到自然之美。

我继续邀请了王迎新泡不同的生茶，分别是南糯山、老曼峨和贺开的古茶林的茶饼，正好和我走的茶山路线一致，经过不同年份的陈化，都有丰富的表现能力。

第一次上普洱茶山，去的就是南糯山。在王迎新的印象里，这里雨水多，云雾缭绕，所以土壤特别的肥沃，而且，从山脚到山顶虽然海拔不同，但是整体茶叶的区分并不大，还是比较平衡的，"中正平和，很耐品"。与此类似的还有古茶山中的攸乐，都属于茶树连绵的地带，大约从古时已经发现这里适合种茶，所以茶树普遍经过了选育，和冰岛、班章那种突出个性的茶不好比较，但是有"君子之风"。

先喝的是南糯山去年的新茶，甜味和涩感都很突出。王迎新用盖碗浸泡，主要就是为了降温，让甜度提高，草青味减少，水温也不太高，大约94摄氏度，用这样的水温来唤醒茶，能够让茶汤的涩度减少。一开始，释放出来的单宁不多，慢慢升温，香气逐渐弥漫，这时候感觉到南糯山的茶确实是平和，一点不霸道，但是要说特别香甜也并没有，真的有点"平"。王迎新说不急，还有好的南糯山的老茶在后面。

想不到她这里存有大约四十年的南糯山毛茶，这是她教学的样本茶，来自父亲当年在中茶公司考察的收藏。当时王迎新的父亲王树文他们组织了一次茶山行，那时候的道路更加艰险，出门一次就需要几个月的行程，他们走了很多老寨子，据王迎新说包括当时最古老的巴达山的古茶树也拍到了资料，南糯山的古茶树也不用说。因为好奇，父亲收藏了很多样本，在南糯山收藏了20多公斤的鲜叶，回来做成小铁饼，半斤左右，不大，一直放在家里。"昆明的气候干燥，等于就是干仓存放。"当时他还考察了少数民族吃茶的各种风气，傣族的青竹茶、白族的三道茶还有烤茶等。

这大概也是现在能喝到的比较早的"古树茶"，那时候认识山头茶的人少，虽然很早南糯山就有勐海茶厂的老厂房专门收购鲜叶，但是古树茶不受欢迎，因为不符合当时的收购标准。那时候普洱的收购标准按照绿茶走，细嫩芽叶才好，大枝大叶的古树茶放进茶叶里，收购等级就会降低，采摘者还会受批评。不仅南糯山不收，就连班章、易武这些现在的名山都不收，所以父亲这批茶都是当时拿回家好玩的，属于偶然得之的好东西。

泡这款茶，王迎新特意选择了小陶壶来浸泡，还是她喜欢的建水紫陶系列，不过100毫升，小壶泡茶聚香聚气，能够激发茶中的内含物。还有一个原因，就是因为这个茶真的稀少，当年20多片，现在眼看着没有了，也舍不得多泡。这一饼尤其有特点，存放中产生了金花，可能是温度湿度合适，恰恰有了点惊喜。

冲泡很是小心。茶叶比较碎，所以出汤很快，稍微润茶后即出茶汤，王迎新说，按照正常时间出汤可能会有苦涩味。我拿起了小陶杯，外面是陶瓷，里面嵌银，也是让茶汤表现得更好的器物。茶汤饱满，有强烈的甜香，还有股难得的梅子香味。普洱生茶饼一般不提倡早喝，王迎新更是讲究，有的存放十年、二十年后才喝，好处就是香味变化多样，花蜜香之外，还有浓郁的梅子香。但这壶茶也有微小的烟味，这个味道的来源也很有意思，原来当年杀青条件简陋，就是用小铁锅炒茶，下面是柴火灶，有时候烟味就会进茶叶，不过不令人反感。越往后喝，茶汤越滑，确实南糯山的"中正平和"在其中，王迎新说，这次是用电陶炉煮水，如果是炭火，可能茶汤的滑感更强，气感也会强，甚至会有打嗝的感觉。

这茶一直存放在昆明，相对干燥，如果是在湿度更大的城市存放有可能茶汤会更美，不过之所以拿出来喝，也是因为这个年份也到了，再往后放未必表现会更好。"南糯山的茶放到二十年已经足够好了，茶叶里面的内含物随着时间过去还是会流失。"

喝完了这款君子茶，接着喝老曼峨，著名的苦茶。我们在寨子里喝老曼峨，有时会觉得有点难以下咽的苦，王迎新的泡法还是活泼，苦，不过很快能化开，一会儿就变成回甘，一点不呆滞，她说还是因为老曼峨活性比较好，不是苦到底，让口腔里的愉悦感很强。"与别的产区的苦茶相比，老曼峨的茶，即使是毛茶，苦也能化开，不至于一直顽固存在。"

虽然不建议喝新茶，但是如果碰巧要泡老曼峨新茶，还是有办法，就是选大一点的泡茶器物。因为老曼峨的大叶种叶片宽阔，所以需要这些叶片在壶里能充分打开，注水的时候定点冲，让它释放得慢一点，不是迅速把苦释放出来，这样的老曼峨就是清苦，苦中带有清香。这样缓慢地泡能泡10多次，缓慢地释放叶底的内蕴，"看茶泡茶"就是这个意思。

不过，王迎新一般还是建议喝存放五年以上的老曼峨。她取出2011年的老曼峨，拿出了一个柴窑烧制的壶，身筒不特别高，因为这个茶经过陈化，不需要宽阔空间，而是有聚合感的小壶能够聚拢茶气，这样泡出来的茶汤会比较有厚度，苦是苦，但是温暖，会让身体有体感。

她用很高的水温，第一泡冲进去，香味就弥漫出来了，茶汤非常饱满，感觉整个口腔被填满，非常有厚度，这时候想想老曼峨那种漫山遍野的茶林，就能明白树大根深才能让茶有这样的厚度，还有隐约的花蜜香，越往后花香越浓，大概也是因为茶叶的内含物丰厚，加上后期氧化，转化出各种新生物质。

还有人用老曼峨的普洱茶做成茶膏——就是拿毛茶一直熬制，熬一整天，最后的茶汤继续熬，直到水分尽量蒸发，只剩下薄薄的一层茶膏，一千克茶最后出的茶膏不到一两。王迎新正好有一些，她也用玻璃茶盏冲了一点给我们，只有一克多，却很浓郁，相比起茶叶冲泡，茶膏更加柔和。据说茶膏可以治病，包括抵御瘴气、治疗感冒，显然这也来自云南当地人民的遗留智慧，用萃取的茶叶内含物质抵御一些常见疾病。

最后是贺开的茶，王迎新觉得，像是贺开这样的古茶山很早就被外界熟知，可见这里的茶一直让人喜欢，比较让人惊喜的还是这里的茶自带花蜜香，个性不强不过平衡度好，和南糯山的茶也类似，是经得起存放的茶。

她拿出了老茶，也是从饼茶上撬下来的块状，注水的时候也是注意调整角度，让冲击力度大一些，水温也高，每一泡的时间都有所调整，二三泡短，之后越来越长，她说这是因为给我们这些不熟悉贺开的茶的人喝，要知道每个人的耐受度，贺开的茶其实也很汹涌，要考虑我们会不会喝生茶肠胃不舒服。

泡茶的时候，尤其是壶盖打开注水的时候，她都注意不和我们说话，害怕口中有唾沫，或者自己的气息到茶汤里，非常地精心，她解释说，还是觉得这些茶来之不易，一个山头的古树，从采摘、初制，到精制、仓储，每一步都很小心，那么到自己手上，还是要用一种不辜负的状态让它打开，让茶汤好喝，毕竟从山头到每个人的手上，都有一个漫长的过程，"泡坏是罪过"。

感觉贺开真是一款春天的茶，先是慢慢打开的花香，接着是带点发酵味道的果香，让人心旷神怡。虽然只尝试了三款山头古树茶，但因为制作和存放的时间不同，就已经有了无数的变化，顿时感受到山头茶作为品饮茶的趣味。

🐍 如何存茶

事实上，在北方冲泡山头茶一般比南方要容易，王迎新自己就有深刻感受。一方面是气候问题，昆明海拔高，水温常常不到 100 摄氏度，而北方低海拔地区水温高，促使茶气上扬，容易泡得好喝；另一方面，是北方空气干燥，存山头古树茶虽然转化慢一点，但不会出错，尤其是发霉这些问题不会出现。

山头茶为什么难泡？就是在冲泡的水温、投茶量、茶器等常规因素之外，多了时间的维度，不同存放时期的山头茶，冲泡手法绝对不一样，茶汤的感觉也绝对不一样；此外，还有地点的维度，南方存茶和北方存茶，因为温湿度不一样，结果完全是两回事，即使是王迎新这种有经验的普洱茶研究者，对付一饼全新的山头古树茶也需要反复冲泡才能明白这款茶怎样才能好喝。

实际上，就是因为存放的复杂，让山头茶的好坏更难判定。周红杰说，按照道理，很多山头茶并不贵，可是很多人愿意玩玄虚，就让山头茶越来越成为玄学话题。有些存茶客人连"普洱是什么"甚至都不清晰。周红杰认识的普洱茶爱好者多，有位江苏老板每年收进所谓的单株古树很多，总金额上百万，带周去参观他的仓库，结果首先存茶环境就不好。周红杰说里面放了拖把、水桶，异味很大，不干净，散发出的茶香都被盖住了，拿出来的茶都不能喝。

为什么都不能喝？周红杰说得直截了当：存的多数只是毛茶，晒青毛料。他在云南也经常说，很多茶农只是喝过普洱茶的原料，都没有喝过普洱。所谓晒青毛茶，并不能算普洱茶，相对于普洱生饼，缺乏几道程序，相对于普洱熟茶，更是缺乏高温历练的过程。这等于把稻谷拿回家，非说这个是米饭，还缺几步过程才能成为普洱的毛茶，陈化起来更复杂。

很多人说普洱茶制作简单，但是在周红杰看来并不简单，做好一饼普洱很难，理解了普洱之后，越来越会发现离不开普洱了——不过这里面也有他个人的偏爱，做什么茶爱什么茶，也是自然的事情。

因为普洱茶的存放特性，造成了大家普遍喜欢强调"越陈越香"，所谓"时间里的普洱"的概念，可是问题就出现了。这句话，是早期普洱茶在构建体系时候出现的，1979年提出的普洱茶加工技术标准中有一句话，说普洱茶加工出来，经过摆放，品质会出现越陈越香的特点，这句话随即出现在教材体系中。也正是这种说法，让普洱茶有了鲜明个性，因为绿茶体系一直是以新为贵，但普洱茶反其道而行之，让人们印象深刻。这句话虽然在20世纪七八十年代提出，但是当时并没有被过度发酵，因为当时的经济条件一般，能够存茶的人不多，随着社会富裕，才有人开始存茶，大陆开始流行存放普洱，自2000年之后越演越烈。2004年，周红杰在自己的普洱茶著作中明确说到，好的普洱茶有三个条件：优秀原料、精湛工艺、科学存放，缺一不可，所谓"越陈越香"，要建立在这三者之上，否则就不完整。

首先说到仓储条件。好的仓储条件需要注意温度、湿度，还有空气，也就是仓储空间的布局。需要综合考虑，温度是25摄氏度，上下不超过3度，最高不能超过30度，最低不过20度，在这范围之内都可以；湿度则是不能超过75%，超过就会霉变，茶丧失本味；还有就是能够定期净化一下空气，最好有灭菌设备，很多杂菌滋生的环境并不意味着对普洱就一定友好。他们做过实验，如果在负离子充足的空间存放半年，普洱茶的所有的好味道都会被激发出来，现在的条件做到如此也并不难。

越陈越香，是相对的概念，新做的茶也香，陈放十年后，茶饼的香气也很浓郁，但两种香气不是一回事。早期的是清香，经过一定时间的陈放，氧化过程中，茶饼的清香减少，木质的香气、枣子的香味和药草的香味都出现了，原来的茶多酚开始递减，氧化十年后能少掉10%，茶饼变成了木香、蜜香，喝起来口感好了，但可能清除自由基的功能减少了。所以一般来说，各项指标达到了品饮的最佳程度就可以喝了，不是说二十年的古树茶饼一定比十年好，一百年的最好，这种看法都不对，要看茶。"好茶放了十年后可以非常好，不好的茶放了五十年也不好喝。"

好茶差不多就可以喝，这是专业人士的一贯观点，他们追踪很多普洱茶二十年左右，发现茶的有效物质会随着时间的增加而减少，确实口感会更加甜醇，就是因为带来苦涩口感的茶多酚没有了，胃舒服了，但有益成分减少了，所以每种茶都有其最好喝的年份，营养物质也好，饱满度也好，汤水也细，一般来说，十年到十五年就可以了，再往后走会越来越弱；熟茶一般八年后就不错，茶汤甜柔、爽滑，有效物质浸出得也多。周红杰觉得，从养生角度来说，很多好喝的茶不一定营养好，他并不赞成所有普洱山头茶放个二三十年的做法。

工艺好的茶刚做出来也能喝，放一段时间后更好喝。不存在刚做出不好喝、放了几年后就好喝的茶，十年前买的铜铁，十年后不能变成黄金，这是最简单的道理，不好的东西永远不好。周红杰对普洱茶的理论，其实放在别的老茶领域一样，近年喝老乌龙、老岩茶的风气也越来越强烈，实际上好的茶才值得等待。

一般来说，普洱茶离不开好山头。早年的普洱耐存放，也是因为早期普洱茶本身就是山头好料。最传奇的普洱茶"红印"，在周红杰的分析体系里，很可能就是以当年的布朗山原料为主体的，因为当年勐海茶厂的原料基地在这里，经过了70年左右的陈化，现在红印的地位非常之高，可以算是目前能见到的价格最高昂的普洱茶之一，而且口感不错。为什么一款茶70年后还会好喝？周红杰还是觉得，当年红印的原料就好，物质丰富，转化的过程中有基础；"7542"也是勐海料，那时候也不强调单株之类，甚至不强调古树——因为规模种植的台地茶还没有广泛出现，这些古茶园是当时茶厂原料的唯一来源，所以生态好、加工好、拼配好，加上后期的仓储好，最后一定会出好茶。现在很多人推崇的有机班章和各种单株古树，究竟经过存放后能不能超过早年这些名茶，还是未知数。

作为专家，周红杰的特点就是并不盲目推崇某个山头。当然，山头茶各具特点，本身山头茶就是云南茶的最大特点，但是对消费者来说，不用管山头，就按照前面说的几点去选茶，好原料、好工艺、好拼配，只要好喝，自己买回家存放。不出名的山头茶的价格是出名的山头茶的几百分之一，常规的云南古茶园的茶树为原料做的山头茶也就是 300 元左右的价格，95% 的山头茶目前还是低价状态，300 元一饼茶，哪怕是每天一泡，一个人一个月也喝不完，所以山头茶真的不是一种昂贵的茶。

当然，名产区的山头茶肯定也有自己的特点，比如易武的七村八寨。很多茶只要加工好表现就很丰富，苦甜涩都有合适的表现，汤水细腻，一切刚刚好；临沧的冰岛的甜和鲜美，无量山的茶的鲜甜、回甘之后的浓郁，都不一样，知道这些对于泡好一壶茶很重要，但是也就是知识。"玩茶人会突出一些小产区的茶的特性，就会造成某一产区的茶越来越贵，尤其是茶产量少，要的人多，但是这未必是真实的价值。小产区的茶，就是特点明显，让人印象深刻，但至于付出一百倍的价格吗？"至少对于周红杰来说，消费者如果多一些专业知识，就能更加平和地认知茶，成为茶的主人，而不仅仅是一位茶的炒作者。 ■

普洱熟茶：等待被开发的价值

关于普洱熟茶一直众说纷纭：有的说好，有的说非常不好。理由是近年来质量不好的茶叶才用来做熟茶，包括加工中卫生没有保障，存放又没有合适条件，远远不如近年流行的山头茶好卖。熟茶的市场价格忽高忽低，当然也有一些品牌的熟茶受欢迎，尤其是陈年熟茶，但是大家真的没有那么了解熟茶。

甚至可以说，大家没有那么了解普洱茶。2007年，普洱茶才拿到原产地证明商标的保护。尽管这种茶的历史悠久，可能远始自唐朝，南宋的《续博物志》里面就写道，西藩用"普茶"从唐代开始；清代时期的普洱茶已经是重要商品了，但应该都不如现在产量丰富，以及标准混乱，弄得所有人都是一头雾水，包括很多生产者也会有种种谬误说法。

普洱茶产自澜沧江两岸，北纬25度以南的云南西南部和南部，植被为热带阔叶林、落叶阔叶混交林，海拔至少1200米上，这里特别适合大叶种茶树生长发育，高山茶区非常多，普洱茶就是用优良的云南大叶种的鲜叶经过杀青揉捻后做成晒青茶为原料，再经过泼水、堆积、发酵的特殊工艺制成的。很多人知道前面的工艺，包括很多山头茶都是烘干、晒干后做成毛茶，但是缺少加水发酵这一步。缺少这一步，很多所谓的毛茶在专家眼里就是"绿茶"，还不能算是"普洱"。发酵后的普洱色泽变成褐红色，产生特殊的陈香味道，滋味更加醇和，之后晾干，再用手松散后，就是普洱散茶，可以上市了。从大范围上说，普洱茶属于黑茶，并不能单独列为茶之一类。

我们常见的云南紧茶、七子饼茶，还有沱茶和砖茶，都属于紧压茶，但紧压茶有的是用红茶、绿茶或者晒青毛茶紧压，所以不能说这些茶就是普洱茶。晒青毛茶直接压饼，我们就称之为"普洱生饼"，制成普洱散茶后再压饼，我们就将之称为"普洱熟饼"，所以发酵工艺成为普洱熟茶中最重要的一个环节。缺乏后期人工发酵的普洱生饼事实上也不能算绿茶，因为在压饼加工过程中还需要蒸制，所以环节还是复杂了一些，茶叶确实也和绿茶风味不一样了。但基本上用产地、加工模式以及约定俗成的若干说法来做框架，我们还是基本上能定义何谓"普洱熟茶"。

🜁 如何冲泡好熟茶

在云南，只要不去产区，普洱熟茶还是有大宗消费者，尤其是一些老茶客，大杯大杯地泡饮。按照专业的说法，普洱熟茶对于降低血脂、减肥、维持身体健康都有很好的效果，品饮起来味道可能不如生茶，但是遇见高手说法却不是这样，普洱熟茶也能冲泡出理想的味道，只是冲泡方法与生茶完全不同罢了。

王迎新就是这样的高手。从前在云南报业集团做记者的时候，她一直跑茶山，尝试搜集各个山头的普洱，日常也搜集各种老普洱茶，加上父亲王树文是普洱茶专家，曾担任昆明民族茶文化促进会会长，所以她现在专门做了茶教室，进行茶教学和著述。她着力推广人文茶席，是因为觉得茶不仅仅是饮品，这个行业也突破了服务行业。茶在历史上和那么多的文人发生关系，所以她希望未来的茶人不仅仅是有专业知识，也有审美。

喜欢茶的人不少，如果能把一些专业知识运用到实践喝茶之中，当然能整体提高茶行业的水准。在她的茶教室里，她为我专门泡普洱熟茶。外面就是昆明的蓝天和远山，打开特制的木头窗格，完全不觉得是在城市的高楼之上。我们靠窗坐着，喝着她模仿云南少数民族用罐罐烤出来的野茶——先烤干罐子里的茶，然后加热水进去，扑腾一下，白气冲出来，喝一口，汹涌的甜香占据了口腔，一线入喉，非常刚猛。她说，这已经是改良的罐罐茶了，她减少了投茶量，否则更烈。云南茶的野性就这样扑面而来。事实上，普洱茶无论生熟，都是刚猛的茶，因为大叶种的茶树特性决定了普洱茶的力道足，大树根系发达，吸取土地丰富营养，喝着她的茶，几乎疑心自己坐在了森林之中，但此时确实又是在昆明市中心，只能说"心远地自偏"。

茶席朴素，但不乏精致感。她用专门的云南建水紫陶壶来给我们泡熟茶。茶壶是她在建水定做的，找了一个青绿色的小陶板来做壶承。"熟茶比生茶难泡很多。生茶很容易打动人，因为芳香味强烈。熟茶里面增加了人工发酵的工序，中间有微生物的参与，会生成不同的芳香物质，在唤醒熟茶的过程中，规律就比较难以找到，今天酸了，明天有杂味了，科学仪器也检测不出来，只能用冲泡时候的一些手法来避免茶中杂味。级别越高的熟茶就越难泡，因为要把复杂度泡出来。"

我去喝茶这天，先泡的是一个 2010 年压制的梅花饼熟茶。当时这个茶压制得很紧，压力有点大，因为用的是一个梅花形的模具，只能压紧才能成型。为什么用这个形状的模具？原来因为这茶泡出来有一股梅花的冷香，喝起来很有趣，经过几年的转化，梅花香更突出。王迎新冲泡的时候非常注意水温，"里面芽头很多，很细碎，所以茶叶内含物很容易出来，不能用太高温度的水来泡，会有酸味。"果然，用大约 92 度的水去冲泡，汤感十分浓稠，还有冷冷的梅花香味在杯底。

第二款熟茶年代更早远，是 20 世纪 80 年代中茶公司出口日本的小沱茶。那个时候，日本、法国对云南的熟茶有很大需求，所以以普洱茶为原料做了一批减肥茶"窈窕茶"。出口产品比较精致，每块只有几克，用单独的小绵纸来包装，放到现在已经三十多年了，还在持续的转化中，老茶的各种香味都出来了——枣香、焦糖香还有花蜜香，都有一点，甚至有了木质香，这种复杂层次的香味很难一下子出来。王迎新说自己多年来总结了一套熟茶冲泡法，三次注水，一次出汤，这样泡这些压紧的熟茶，汤感比较稠，厚度也好，"熟茶不能泡得淡薄，那样就没有品饮价值。多年来，我一直在找独特的冲泡方式，三次注水可以把熟茶从一开始就打开，这种方法看着不难，但其实要很用心，你要注意壶中间茶叶打开的状态，三次水温其实不一样，冲入的水力度也不一样，这时候要特别用心"。

这些冲泡方式都不能简单机械地套用，不同的地区，不同的水温，包括用不一样的炉子烧水，都会有不同结果，并不是一套公式，而是需要自己反复实践。王迎新说，自己每天冲泡，最后出来的茶汤也会不同，还是需要用心去泡。

这两款熟茶，都来自她自己的收藏，那么普通人如何选择熟茶？尤其是现在熟茶特别多，不同年份、不同厂家，我在这方面还是比较陌生，尽管也喝过不少上好的熟茶，但是也中过招，喝过带有异味的所谓老茶也不少。王迎新说，她找茶，第一步也是拿起来先看，不能听别人说，"这款有20年历史"诸如此类的话特别多，但是这时候你就盯着茶看，是否润泽？是否有光？"发灰发暗，有小白点，一律赶紧放弃，因为可能是仓储中发霉了。然后是闻，和中医有点像，看有没有不好的气味，这个也建立在平时多闻、多记录、有自己的标准库的基础上，就像香水用得多也会有自己的标准，对茶的气味一样可以建立标准。生茶因为有不同山头，所以个性会比较容易区分，但是熟茶发酵过，是要在共性里面找个性。除了闻，还要喝。很多卖茶人说这款茶里面有焦糖香、枣香，这些必须自己喝着才知道有没有，一杯杯尝试建立在你自己训练过的味觉系统上，训练有素，就能尝出来。不同地方标准也不同，我湖北的学生说某款茶有姜花香，我就不知道姜花是什么。"但是，好的熟茶，都有令人愉悦的香味，如果有不好的味道，哪怕吹得再玄虚，也不要轻易买入。

接着还要看工艺，是压得紧还是松散。松散的茶冲泡的时候也要小心，不能注水太猛。王迎新说，越是高级别的熟茶，水温越要低，冲水越要温柔，才能在熟茶的共性中找到个性，让高端熟茶隐藏的个性香味散发出来。便宜的熟茶，原料一般，可以高温冲泡，耐泡度也好。

很多人不喜欢熟茶的渥堆的味道，王迎新说，发酵中自然会出现这种堆味，他们进过工厂，熟茶发酵过程中，有时候甚至有臭豆腐的味道，也有的是奶酪味道，都属于常见的异味。正规的工厂要等堆味彻底散尽再进行压饼，但有的为了赶时间，会用陈化还不够的茶叶来压饼，堆味严重也没有办法，只能买回家自己存放，至少放半年以上，两三年更好，然后时常打开闻一下，没有堆味再喝。买回家的茶如果暂时不喝，就不用打开绵纸和笋壳包装，这其实是非常经典的包装，对后期的发酵很有好处，所以不用轻易打开。

很多早期茶，纸上印刷的年份不要相信，因为确实很多人作假，还是要自己泡茶，喝到嘴里，才是真味。一个熟茶没有杂味没有堆味，那么说明至少生产了一段时间了。现在管理比较严格，有时候纸上会印刷有两个时间——出堆时间和生产时间，这两个时间相差越长越好，说明堆放了很久，杂味已经散尽，基本上买回来放一段就可以喝了。熟茶的新茶基本不好喝，一定要经过存放，在王迎新她们这些云南老茶客看来，直接喝就会有"水味"，必须要等水味彻底消散。长时间的存放可以改善熟茶风味，五年甚至十年都可以。"喝进去丹田一暖，非常舒服，这就是我的个人身体感受。当然在潮湿的地方存放可能陈化更快，三年就行，但在昆明、北京这些地方存熟茶，我要求是五年后喝。"

熟茶的发酵不是在前期就已经开始了？为什么还要存放这么久才好喝？王迎新说，这方面她不是专家，熟茶的核心机密就是发酵，既有生产过程中的发酵，也有存放中的后期发酵。有很多人研究过，但还是发现，生产过程中的发酵属于人工干预，不能完全解决发酵的问题，确实需要后期非人工干预的发酵，也就是自然陈化。她为我们找来一位专家来解答发酵问题。

∲ 发酵是熟茶的最重要的一步

熟茶最关键的步骤是发酵，其余若干道工艺——前面的采摘、摊青、杀青、揉捻、干燥，其实也都与别的茶类似，尤其是和绿茶类似，那么接下来的发酵等后期工艺就变得尤为重要，包括拼配这一环节。实际上，普洱茶里的不少专家都出在对后续几道工艺的熟练掌握者之中，王迎新帮我们找到的发酵专家杨行吉就是享受国务院政府特殊津贴的老专家。

1963年，杨行吉在安徽农学院茶叶系毕业后被分配到云南的临沧市。老人家回忆，那时候当地没有像样的楼，他们这些学生来了也没有被优待，直接住在地上的窝棚里，他用手比画，就是竹子盖的楼，估摸着是低矮的吊脚楼。杨行吉还略带安徽口音，但基本已经云南化了，早年云南边陲和老家来往不便，几年回一次，渐渐就不回去了，这也是一代人的命运。现在是个清瘦的老人家，脸色红润，大概常年待在工厂的缘故。老人家一待就是这么多年，晚年中国茶业复兴，他的工作也越来越受到重视，1991年他就被评为可以领取国务院政府特殊津贴的专家。他笑着说，那时候补贴就有两万，现在还是每个月六百多，看得出来，这份补贴不仅仅是物质奖励，更是骄傲。我们熟悉的普洱茶发酵专家以勐海的居多，杨行吉当年在临沧市，那里的茶厂各种茶都做，除了普洱，还有绿茶、红茶，尤其是红茶发酵问题也需要专业人士解决，所以他的功夫是实打实的实践出来的。

他到云南是在 20 世纪 60 年代，当时规模性种茶还不普及，山头茶还在使用，在他眼里，山头茶并不稀奇，只不过那会儿不会这么叫。现在山头茶再次兴起，所谓的时尚也就是一次次轮回。所以他对当下关于山头茶的种种神乎其神的说法，也都报以有涵养的微笑，不否定也不肯定——还是看多了。

说到熟茶的好坏，第一步还得是原料。其实这是特别简单的道理，有人说熟茶不好喝，很多用的台地茶原料，其实也没有错：20 世纪八九十年代的大批熟茶，大多是选用规模种植的台地茶作为原料，确实有"不好喝"的嫌疑。当时古树茶尚未被挖掘出来，1997 年之后古树茶才大行其道，随之是山头茶的崛起。杨老先生说，什么茶都要讲原料，普洱茶之所以与别的茶不同，不就是在于其叶片大而厚重，大叶种的优势十分鲜明。"浓"，老人家一个字，非常老派的标准。"浓"是基本道理。普洱茶的制作中存在多次发酵，要是茶叶质地单薄，可能早就整体"没魂"了。现在的台地茶，就算养殖环境不错，但是在劲道上肯定还是比不过山头茶，无论是土壤肥力还是根系深度，都决定了古树茶要强很多，所以要做好的熟茶，其实原料还得是山头茶，成品也就是近年开始流行的新品：古树熟茶。

这完全是一种崭新的熟茶玩法。但从某些道理来说，又是古老的玩法，尤其是在台地茶不普及的当年。我们可以想象，在台地茶开始广泛种植的 20 世纪六七十年代之前的云南普洱茶，原料都来自明清两代种植的山头古树，哪里有台地、古树之分？所以，早年的熟茶价格一路高涨，当然是有道理可以讲的。

新做的熟茶价格一直不高，尤其是和各种山头茶相比，这些年也没有看涨，但是有一批像杨行吉这样的老先生，他们内心还是觉得，熟茶工艺复杂，保健价值高，凭什么价格不好？那就从原料开始改革，去找山头茶来做熟茶，没有那么多古树，那就找大树，大树的根系也是深的，现在"大树熟茶"也开始出现，都是对"普洱生饼"的一种对抗。杨行吉的原料基地在临沧一带，除了冰岛等名品，那里的古树茶价格普遍不高，所以，他能够以比较低的价格收到好的原料。"到初制所，去看他们的茶树是哪里的，质量好不好，毛茶自己一一尝过，对比之后，就和农民说，你就按这种方式做毛茶，以后每年我都收。"

虽然都是古树原料，但是他也不买太贵的古树料，还是有价格的考量，谁舍得拿冰岛来做熟茶？也有另外的原因：熟茶经过加工，会模糊掉山头茶的特性，也没必要一定要很贵的山头，选择标准还是浓度高，"到我要求的浓度，我就选。"尤其是很多大山没有被认识，知名度低，农民也是粗摘粗做，也不会放太多化肥，这样的料就好，不太高档但是已经足够。老先生说，保证能做出来香甜的茶，"太高档的，有些顾客非要说吃到嘴里是活的，我真的觉得，经过熟茶的发酵，这种活，也不活了"。毛茶的工艺，在杨行吉看来并不复杂，多年技术活做下来，要求杀青多少度、揉捻动作怎么做、多长时间，这些都是死规定，不论是收来的还是自己工厂加工制作的毛茶质量，只要原料保证好，程序正确，就没有太多问题，关键还是后期发酵工艺。

发酵怎么弄？老头嘿嘿一乐，说不神秘，但是不能让我们参观，因为每家都有绝活，这涉及他的绝活。我奇怪地问，普洱熟茶的发酵工艺不是在20世纪70年代已经完善，成为家家户户都掌握的秘密了吗？老先生说，绝对不是，各家发酵程度不一样，有的发得死，有的发得活。

这话其实特别对，很多普洱的老茶客，就喜欢熟茶，但是不喜欢那种发酵特别狠的、一点香味都没有了的熟茶。突然想起香港的茶人叶荣枝先生也和我说过，好熟茶要有回天力，就是对发酵程度的微妙掌握。任何操作都需要有度——这么一来，所谓的20世纪70年代发酵工艺彻底完善的话，也可以思考，一种茶的成型肯定不是一天内完成的，发酵工艺其实现在也在不断探索之中。老先生的发酵有什么特点？杨行吉说，他是从做红茶的时候开始探索发酵工艺的，红茶讲究发酵完整、透彻，但是普洱茶不一样，是晒干之后再发酵，那么不晒干，直接揉捻，会怎么样？他试验过多种湿度，结果并不成功，还是要按照传统的做法，彻底晒青，晒干了之后再加水发酵。

经过发酵工艺的加持，普洱茶才能成功。我们还是要求去车间看看老先生的独门秘技。老先生的儿子笑着说，其实没有奥秘，随即带着我们参观。工厂的洁净程度超乎想象，可能也是多年来做工厂的人对自己的要求，全部是雪白的瓷砖铺地当作发酵池。堆积发酵的茶，并不是随意堆放成大堆，而是梯形的小堆，在地上一小块一小块分隔开，这大概也属于自己的独到经验，所以不愿被别人看到。上面插有温度计，还有散气装置，没有王迎新所说的发酵中的臭豆腐气味，当然也是因为发酵时期不同，我们所见的这批茶基本发酵已经好了，有股浓重的药香。

杨老师的儿子小杨负责厂里的具体技术操作，他抓把茶闻、攥，是一种看发酵的程度的检查方法，这里面确实有很多只可意会不能言传的经验。这一关一定要做得好，发酵越好，不仅仅意味着"吃口"好，也意味着后期的存放转化也会好，越是发酵得好的茶，转化越快。

车间发酵完成后，还要摊开晾凉，干燥彻底，进入自然循环风系统中，然后是拼配。这一步也是老先生的长项。熟茶最好经过拼配才能好喝，"就像不同的人有好有坏，茶也是，用这个茶的优点来碰撞那个茶的优点，优点相加，把缺点隐藏起来。一综合就好了，人不能综合，茶可以。"老先生说，发酵后的茶特点已经很清晰了，这时候最好拼配，缺点都可以克服，有时候会用几种原料拼配，还真是和中国白酒的道理有点相似。

拼配好的原料，还需要蒸压。蒸压过程就需要水分再进入，其实也有继续发酵的意思。这时候才觉得，熟茶的工艺确实要比生茶更复杂，老先生说儿子跟了自己二十年，工艺的掌握已经不错了，但还在改进中，这个学习需要太多经验积累了。他们一家就喜欢做熟茶，一是有难度，能让普洱茶更复杂，二是认定工艺应该是可以给茶叶加分的。"过去就是别人定制，你要什么料子我给你做什么茶，生茶都是这样，很没有意思，我们就赚个来料加工的费用。尤其是别人定了许多茶放在那里，结果经过时间转化后，有的好有的不好，我一喝，觉得这样对不起自己啊，也对不起这些茶。我是搞科研的，喜欢什么都记录，这样我就要思考，工艺上有什么问题？原料上有什么问题？同样的工艺，为什么味道不一样？原料差别到底在哪里？"就是这样刨根问底，造成了他热爱做工艺复杂的熟茶，哪怕现在熟茶的价格还不是特别高。"工艺稳定下来，我们可以把不同地方的原料做出品质有保证的好茶来，大家每年喝的都一样，而且越来越好喝，这个才是商品，这样做才值得被尊重嘛。"

老先生的古树熟茶，有十年前做的，有去年做的，他说自己的最低要求就是"吃到嘴里首先是甜的，其次是香"。下一句话，听起来简单，实际也很难："连续吃一个月，都不反感，任何不好的味道都不能有。"十年前的古树熟茶当时尚是开端，还不够成熟，可是撬了一小块下来给我们喝，红艳浓重极了，入口就有散开的枣子香味。虽然我熟茶喝得不多，但是相比起一般原料的熟茶，也能明显感觉到这是好东西。

老先生神秘一笑说，好的熟茶不利尿，即便喝很多，也不会像生茶那样着急上厕所。听起来像玄学，似乎有点说不通，不过云南农业大学的普洱茶专家周红杰也认可这种说法，他的解释是，普洱茶的熟茶制作系统里，是将大分子变成小分子，与生茶正好不同。

周红杰 2004 年写出了研究普洱的专著，他也参与制定了普洱茶的系列标准，所以对关于普洱的各种疑点有充足的发言权。"之前的标准里，提到过必须发酵过的、有微生物参与的才叫'普洱茶'，其实就已经说明光是晒青晒好了的毛茶不能叫普洱茶，必须有发酵过程。2006 年，云南省提出了普洱生熟茶的概念，更具体了，晒青直接压饼做出的茶砖、茶饼，叫'普洱生饼'，晒青经过一定时间的发酵后，完成了品质的转化，其实就是大分子小分子化，有效物质多样化，这时候就叫'熟茶'，哪怕是一般的熟茶，也至少需要高温高湿 50 天完成品质转化。"

⅍ 卖手艺不是卖原料

作为专家，周红杰明确提出，熟茶更加有利于健康，不像很多人说法比较暧昧，尤其是现在生茶市场蓬勃向上，很少有人公开赞美熟茶。

周红杰解释说，熟茶加工过程中，馥郁的甜香出现了，汤水也更加稠滑，而且还细腻，"好的原料我们先不说，熟茶重要的是工艺。加工过程中，大量的微生物参与其中，直接导致了茶叶品质的提升，黑曲霉产生樟香，酵母产生药香，根霉产生了甜香，米曲霉产生了果香，工艺掌握得好，微生物参与得适度充分，你喝茶的时候，该有的就都有了。"

他边说，边给我们尝试不同年份的熟茶，有的深褐，有的金黄，茶汤都饱满透亮。周红杰说，如果茶汤不清透，管别人告诉你是多少年份的，都不要喝，"透是基本标准"。

这些熟茶其实年份也未必很长，有的五六年，有的十余年，但都具备茶汤的细腻感，在舌面上滑动流淌，很活泼。周红杰说"不呆滞"也是好普洱的特点，熟茶就是有这种表现。都说时间越长的熟茶香味越浓重，他倒是未必赞成，说一定年份就能喝，未必一定需要放五十年，"不好的茶，放五十年，还是垃圾"。

好的熟茶，既能保证原料的生态之美，又因为添加进人的智慧，喝了之后更为养生。"生熟茶对比的实验我们做过，降脂减肥、抗疲劳，包括抑制霉菌，都是熟茶更好，白天喝点生茶可以，晚上还是熟茶好。我们学校有个同事，喝茶睡不着，而且喝得口干舌燥，他也是常年喝茶的人，我说你喝喝熟茶。他喝了之后睡得特别好，上卫生间次数也少，跑来和我说，这是重大的科学发现啊。我和他说，熟茶就是不起夜啊，我们早就研究过了，熟茶的特点是大分子小分子化，小分子进入体内，对人体的有益程度很大，你这不算重大科学发现。"

很多人说，生茶放久了，营养物质也和熟茶差不多，周红杰还是反对。他说熟茶和生茶不是一回事，转化机制不一样，生的永远不会变成熟的，就像猴子不会变成人。熟茶需要至少 30 天的高温高湿环境，最高温度能有 70 度，微生物对茶叶的作用强烈，所以熟茶中的脂性儿茶素就降解了，成分中还有寡糖，这些重组后就是小分子物质，对身体有益；而生茶正好相反，是将小分子大分子化，茶多酚变成茶黄素、茶红素、茶褐素，机制完全不一样，所以生茶就是生茶，不是熟茶。

市面上大家都说好原料不做熟茶，因为价格上不去，尤其是现在市场都是冲着山头古树去的，一般的名寨名茶几乎全是普洱生饼。周红杰说，还是历史原因。一是很多人不会做熟茶，做出来的茶不好喝，当然这些人就不敢玩熟茶了，这样的普遍状况也造成了人们不熟悉熟茶，喝着不爽、不畅通，也就不喜欢熟茶。但是真正的好熟茶，尤其是好的工艺做出来的，一定应该比生茶贵。二是熟茶需要更多的原料，因为经过发酵后，熟茶会蒸发掉大量重量，制作中如果没有好的手艺，没有人敢揽瓷器活。就拿老班章来说，现在原料这么昂贵，你让人做几斤老班章熟茶也许能做好，但是做几吨，没有人敢应承。加工过程中本身就有损耗，做几吨老班章熟茶，等于一下子蒸发几千万元，谁敢下这个手？除非熟茶比生茶贵几倍才行。但是现在熟茶就是便宜，还有各种假货，他去东北，看到过八十元一饼的老班章熟茶，朋友拿来让他鉴定真假，这不是侮辱市场吗？他都被气笑了，老班章的生茶一万元一斤，如果老班章熟茶卖两万元，那还靠谱点。

"同样的原料，熟茶比生茶贵，说明是卖手艺不是卖原料了，这时候普洱茶市场就成熟了，就有希望了。你去茶叶市场，就应该让人拿熟茶给你喝，喝得好，说明这个卖茶人有水准，如果茶叶商只有各个山头古树，就等于卖原料。"

说来说去，还是熟茶有技术门槛。周红杰说，做熟茶发酵等于蹲马步，你让他蹲一天可以，蹲个三十天、五十天，就需要有相当的功夫水准。很多人说渥堆就能出熟茶，周红杰说这是国际玩笑，怎么可能？熟茶发酵过程中需要每天观察、照料，要充分掌握每日的香气变化，等于茶叶的涅槃重生。

熟茶能发展，就代表普洱茶能发展。"不是说生茶不好，但是两种茶功用完全不同。生茶转化到能喝需要很多年，而且当年好的未来不一定好喝，我们还是要让人们喝到普遍好喝的普洱，而且能说明白好喝在哪里，清清楚楚。"他碰到过专家，说茶就是要把人喝糊涂，他当即反驳说，茶就是要让人喝清楚才对，怎么可能越喝越糊涂？

他早年总结过普洱茶品饮的"四字特点"，多年后依旧觉得很适用——"顺活洁亮"。茶汤入喉顺畅；口腔生津、流动，就是"活"；所谓的"洁"，既包括茶汤，也包括茶饼，茶饼看上去有光泽、干净，茶汤看上去清洁；"亮"则是茶汤明亮。"外形上看得出来吗？当然，茶饼干枯不润泽的，吹得再厉害，再怎么告诉你是好茶，你也不要听。当然更要自己冲泡，第一泡，香气正、纯度高、不浑浊，基本就可以往后面泡了。而且你要自己泡，不要让卖茶叶的动手，他比你经验多，会做手脚，你自己泡，能正常泡出这款茶的特点。有点杂味、异味，都不要买，如果加上卡喉、锁喉、麻舌头，他说得再好听，再怎么单株古树，你都不要喝不要买。茶也是饮品，健康第一位。好茶其实也不难鉴别。"自己试，还要注意水温高，投茶量多，这样充分投入浸取，当然能让茶汤的好与坏全部呈现。■

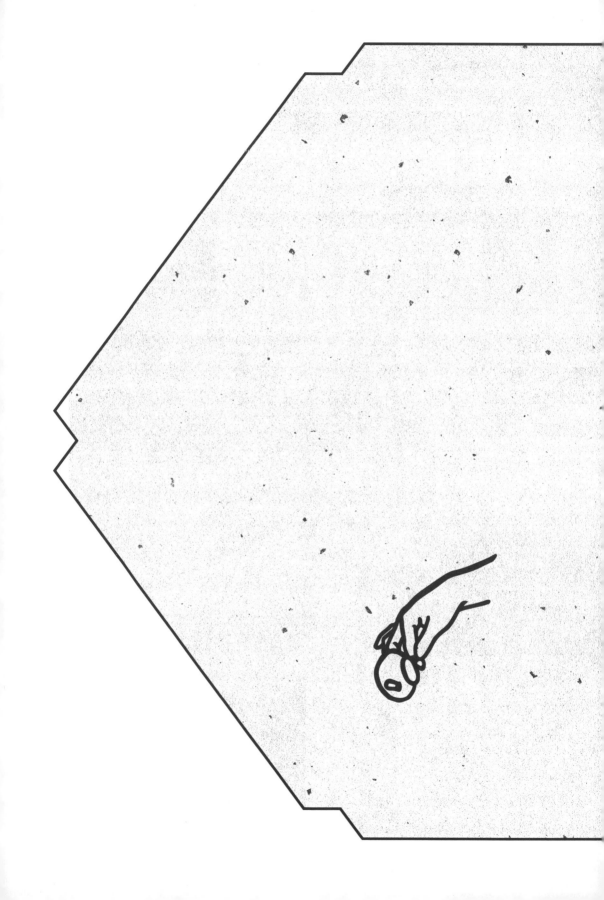

第三章

人与茶

叶荣枝：寻找茶之真味

　　叶荣枝是香港乐茶轩的主人。这家位于香港茶具博物馆附近古色古香的茶室，颇有几分老茶楼的味道。除了茶，还有粤地点心出售。我们去的那天，正好有几位粤曲前辈在那里唱曲，听客们边喝老普洱边摇头晃脑地鼓掌，看不出新派的茶空间那种刻意的装修与气质，倒是紫陌红尘扑面而来。叶荣枝告诉我，香港城市的特征就是市井味足，想做一个纯粹品茗的茶室，几乎不能。比如说陆羽茶室以茶室为名，却是专门的广东茶楼，他们也做了这个妥协，但是品茗学茶，还是主要功能。

　　与叶先生接触下来，才发现他和乐茶轩一样，其实都经历过众多的茶事繁华：比如普洱老茶的收藏热，名家紫砂壶的暴涨，各种茶的起伏……可是这些事情浑如春风过耳，在他身上都没留下什么印迹，反倒使他成为一个朴素的茶人。弄明白茶，包括那些已经被冷落的茶，才更是他的需要。

朴素的泡茶法则：不为名物所累

　　去见叶荣枝，发现他一直奔波在那些"非主流"的茶事里，比如，去南京的定山寺为僧人们制作一款茶。他告诉我这段茶缘：定山寺是南朝梁武帝时建的寺庙，唐代已无，近年恢复重建，发现后山有很多茶树。相传是当年达摩祖师在这里修行，因为困倦，索性把眼皮扔在地上，瞬间变成了茶树。这么有意思的故事，当然吸引他。不过更有意思的是，从年轻时候就热爱书法的叶先生，发现庙里的住持字非常好，"我们是着意为之，他写得却浑不在意，高人"。就为这个书法机缘，所以要去定山寺做茶，打算专门做一款绿茶，形状有点弯，让人想到当年达摩祖师修行的故事。问他，绿茶最近不太主流了，怎么不做别的茶？叶先生一愣，说他从没有这么想过问题。

叶先生出身中医家庭，香港的人家，喝茶普遍简单，他小时候喝普洱、水仙加药做成的"神曲茶"，都是帮助消化去滞、去暑湿、解毒去腻的茶。"尤其是过节点心吃得多，父亲必叫我们喝普洱。"舅舅喜欢一种叫"香六安"的茶。大热天的时候喝，因为廉价耐泡还有大麦香味。"其实和六安茶没关系，是用乌龙茶骨这种下脚料做的，里面会加珠兰，茶色深红，滋味也顺。"正是这种安稳的茶世界，使他对待茶有了基本的认识和判断，之后虽然经过无数风浪，可还是很平实。看叶先生用的紫砂壶，也是最普通的手艺人作品，不过选的好矿料，手法也简单，是普通的素壶。不过，要是知道当年他的手上过过多少好壶，才能理解这种平淡不容易。

20世纪70年代，当时叶荣枝还在香港中文大学的图书馆做研究工作，香港的立法会议员罗桂祥找到图书馆，想查一些紫砂壶的资料。他最早从英国购买到清代匠人邵旭茂的壶，之后陆续收藏了一些壶，但是相关的知识却匮乏。馆长动员当时还年轻的叶先生帮助罗先生查找资料，结果几人聊得投机，叶荣枝和罗桂祥干脆去宜兴寻访中国当代紫砂壶去了，那是20世纪70年代末期："当时还不流行作者往紫砂壶上署名，即使是大师顾景舟，也和大家一起生产，他们的作品，每把也就卖5元钱。我和罗先生到内地早，在陈列室里看到他们的作品，完全惊呆了，那么好的东西，当时也没什么人买，负责出口的南京进出口公司也不懂得如何销售。"

他和罗先生注册了公司，找了一批最好的作者来做。"在我们看来，紫砂实在是中国手工陶器中最值得关注的门类，从头到尾，都是一个人在完成，带有浓厚的个人色彩，这就是艺术品。"当时他们定制了一批产品，并且要求每位作者都打上自己的款，恢复到从前的风格。"也算是机缘巧合吧，现在宜兴每位大师的作品都在手上过过。"当时宜兴还没有出口权，他们又找来一家广东的公司负责出口，要求作者刻私人章，打上年份，在壶上留有痕迹，给顾景舟和蒋蓉

178

定了最高的级别，每把 5000 元的价格收入；给徐秀棠和吕尧臣定为 B 级，每把 1000 元，在当时都已经是顶级的价格。这批艺术家也尽心尽力，做出了一批上品紫砂壶，都带有浓厚的个人风格，这批作品在香港的亚洲艺术节上展出，当时就引起了轰动。

罗先生和他的这次展览，使当代紫砂壶进入了香港收藏界，一把当时的大师壶，现在价格都上千万元。可是叶先生却觉得越来越没意思。"我后来还去过若干次，20 世纪 80 年代反复去，可是当 90 年代资金大笔进入时候，我就主动退出了，因为大师的紫砂彻底不再是使用品了，全变成了钱。我越看越不喜欢，觉得这哪里还是艺术品啊，自己也没留什么在手里。"别人趋之若鹜的机会，他不在意。原因还是他觉得茶是个平实之物，需要使用的器物，应该是一般人用得起的东西。他现在的乐茶轩里的紫砂壶，贵的也不上万，都是他在当地找好的手艺人按照他的要求做的，要求保证手工的传统和矿料的质量，是在日常使用中很舒服的壶。而他自己，经常放弃了用壶，叶先生给我展示他自己泡普洱茶的器物，一对用德化的瓷土烧制出来的陶土杯，他找当地的老手艺人制作的，出水非常好，尤其是断水干净利落，他日常就带着这么一对出去给人们上课，或者展现自己的泡茶手艺。"我故意烧了陶的温度，因为古朴大方。"这对杯，一个做泡茶器，一个做公道杯，跟了他十几年也没有舍弃。

叶先生泡茶的桌面非常简单。除了对杯，就是一些竹器。桌面是旧竹帘，上面有竹子做的盖置，也是因为使用得多，包了浆，看上去非常温润，是东方审美系里的东西。他在上面镶嵌了一粒小珍珠，算是桌上唯一的奢华，这种盖置是他最先制造出来并使用的。"当时也是瞎想出来的。帽子下面，不都有放帽子的东西吗？就自己动手动脚做了这个。"现在很多人学着做。他并不在乎，"你想得到，别人应该也想得到"。剩下的茶则茶针，全都放在一个老竹筒里，也是使用了几十年的东西，温润自生光。桌面的东西不多，都各有用途。"泡茶还是要讲究法度的，我使用的每件东西都要想起合理性和科学性，不多用，也绝对不使用名物，人不能为物质所累，当年陆羽说的就是这个道理，我也不带领人们追求名物。"在他的理解中，泡茶肯定不是表演。"我们是为了做事而做事，不是为了自己而做事，何必为了让大家看你而让自己成为表演者呢？"

但是，简单并不是叶先生唯一的特性。他前不久在深圳主持过一场唐茶的聚会，就是找专人制作唐茶，然后用法门寺地宫里发现的茶器的复制品来泡茶，带领大家赏鉴唐人的茶风。"那茶用的是云南的蒸青毛茶加工成的饼，因为我看陆羽的文章，然后根据他的感受挑选的茶风味，带点唐代诗人皇甫冉所写的与陆羽交往有关的诗歌中那句'时宿野人家'那种感受。茶饼做了很长时间才好，喝之前也是完全按照唐人习惯。烤、打碎、碾、用罗筛。""好喝吗？"我非常好奇。可是叶先生并不吹嘘，只是说见仁见智，但是回甘确实非常好，如涌泉。他说，之所以这么费劲做这种关于茶的唐风雅集，还是想建立关于茶的法度和常识，"目前自己玩得太多，太随意了，或者捏造古人的习俗，都是我不喜欢的"。

寻访皖西茶：黄大茶和六安瓜片

访茶，是叶荣枝从一开始接触茶就养成的习惯。去茶山找到老师傅，喝到按照正宗的传统手工做的茶，是他的最大爱好。叶荣枝的访茶，并非什么茶时髦就寻访什么，恰恰相反，很多被遗忘的茶才是他最喜欢的。比如 20 多年前，他就开始寻找黄茶的原始做法。

"1991 年我就去安徽找过黄茶的做法。六大茶类里，别的茶香港都不难找到，可是黄茶几乎没有。著名的君山银针，算是流行的黄茶，特别好看，在杯子里上上下下，一共三次，可是我对它不感兴趣，觉得只不过是福建移栽过去的茶种，不是我喜欢的。当时四川的蒙顶黄芽我没喝明白，安徽的霍山黄芽的生产工艺改了，也不太对，我总觉得自己的茶系统里缺这么一块，所以想弄明白。"2003 年一次偶然的机会，他在浙江碰到了一位戴先生，聊天知道对方是安徽的。再问是安徽哪里的，对方说，"说了你也不知道，金寨。我们那里去不了，从合肥坐车要十几个小时呢"，露出骄傲和谦卑并存的神态。"我高兴啊，拍拍他肩膀说：'我去过两次，去找黄茶，但是没找到正宗的。'戴先生特别高兴地说：'当然啦，30 年没做了，不过我爷爷还能做。'"没想到就这样找到了线索，2003 年"非典"期间，他也不顾忌，直接从香港去了安徽金寨。从火车转汽车再转小货车，终于在古碑镇坐上了拖拉机，看到了晚霞中的茶树和迎接他的戴先生的爷爷。

这里是正宗的霍山黄芽出产地，历史上早有记载，而且生产技术早于绿茶。因为茶叶色黄不受欢迎，当地才慢慢改进衍生出了绿茶的制作技术。叶先生经过研究发现，黄茶虽然外形不美观，可是自有其内涵。尤其是当地茶种经过制作，按照明代的茶书《茶疏》记载，具有消除积滞的功效，而且耐泡，解渴消烦。但是因为是粗品，20世纪70年代就停产了。他此次前往，就希望能喝到焦香和焖黄的黄大茶和黄小茶。在他的动员下，戴老先生按照传统工艺为他制作了黄茶，三口锅上阵，却不用手炒，而是用一个竹编的扫帚样的东西炒茶。戴老先生年纪虽大，手法却利落，炒好后焖黄发酵，全部一人完成，之后再使用老火焙干，叶先生说，叶片这时候带有浓郁的焦糖味道，茶汤特别甘美，而且色泽特别明亮。

查资料才发现，用扫帚来炒茶，才是黄大茶的正宗制作方法，20世纪80年代出版的资料就表明，古籍中很少见黄大茶的加工方法总结，但是民间一直有各种口诀流传，随着朝代更迭而自生自灭。明代《茶疏》里记载过六安茶的生产方法，依稀可以看到黄大茶的生产流程。当时出产黄大茶的地方叫六安大蜀山，采摘的茶叶粗放，一芽四五叶，粗做，需要焦味和焖黄，所以书里写着这里的茶不堪斗茶，只能"下食"，实际上，这正是黄大茶的特点。一芽四五叶的黄大茶也需要立夏才采摘，鲜叶要求粗老，叶大梗长，炒茶则是用竹扫帚。民间说法是第一锅，满锅旋，第二锅，带把劲儿，第三锅，钻把子，就是对使用劲道不同的描述。竹扫帚既可杀青，又可揉捻成型，最重要还是后面的堆积和烘干。烘干时利用高温，两人抬着十几公斤的篮子，几秒翻动一次，最后的茶梗要烘到一折就断，焦香明显。

黄大茶的叶底有黄褐色，滋味厚重，据说特别解渴，当地人称之为古铜色，高火香，叶片大能包盐，听起来和绿茶的所有要求完全相反。绿茶的细嫩和明艳，似乎造成了人们在某些茶领域的单一的审美标准，黄茶的不流行似乎和这个有关——但事实上，黄大茶梗长叶肥，是内质丰厚的，也好喝。这种茶虽然目前产量不高，可是他的茶馆常年订货，所以当地人还是努力生产。

另外几种茶就没这么容易做了，传统的六安瓜片也是他心头梦想。"香港人虽然总听说六安茶，可是真没几个知道什么是六安瓜片的。我前面和你说过我舅舅喝的香六安，和瓜片相去甚远；还有一种六安篮茶，是安徽祁门生产的，工艺很复杂，可也并不是六安瓜片。"正好祁门芦溪我去过，这种生产工艺类似于黑茶的茶装在小竹篓里，常年销往香港和东南亚，据说有很好的去腻去湿的功效。但这并不是六安瓜片。

真正传统的六安瓜片在香港非常少见。而近年内地恢复生产的瓜片，他也觉得不对。"六安瓜片之难得，在于它的工艺极为考究。颜色墨绿，香气高扬，略带花香，汤色黄亮，滋味醇厚，丰富饱满，佳者如咽精肉所炖之清汤，而清幽鲜活又绝非荤腥所能辈及也，我多年曾得一试，印象难忘。"听叶先生说得这么口角生风，我才想起来，他也是个注重美食的人。前两日和他吃饭，去的是他挑选的一家老广东餐厅，点的菜，都是最传统的菜式，务必保持老派粤菜那种制作技法，比如棱鱼球一定要蘸蚬酱。口感的敏锐是养出来的，爱好茶的人，极其重视口感，对喝到的好茶念念不忘，这是必然。

"六安本以芽茶著名，瓜片的出现大概始于20世纪初，据说是麻埠一位祝姓财主与袁世凯熟悉。但袁对茶叶的要求很高，祝出高价找来茶农专采开春嫩芽的第一、二片新叶，炒制而成，此茶得到袁世凯的赏爱，因而争相仿作而成为名茶。据说从鲜采芽叶中掰下嫩叶，单独炒制，品质更上层楼，遂风行一时，又因形状扁平，有如瓜子片，故得名。"他说他也是像上次找霍山黄芽那样去了古碑镇，不过还需要往齐山进发。这里是自古以来的瓜片产地，附近的水库地区出产的最好，以齐山这里的最佳，出产茶不仅叫瓜片，更叫"名片"。好不容易到了那里，找了正宗的老茶农，可是一喝大失所望："面目全非，完全丧失了过去的香味。我才知道，是今天的制作办法不对造成的。以往六安茶属于昂贵的贡茶，有一套复杂的制作过程，比如最具特点的掰片工艺。"

一般的瓜片每年谷雨前后采，采摘时候挑一芽两叶的整株折断，然后分级别掰片，嫩的放中间，顶芽放左，老叶放右，然后分开炒，耗工很大，这也是它质量好的原因，因为经过摘后处理，已经完成了一次轻发酵，茶叶的滋味更醇和，而且分开加工也使茶叶中大小不同的叶片都能达到最好状态，每种形状的茶叶都要过若干道火，每锅只有数两鲜叶。最后的成茶也就格外特殊。"可是现在为了节约成本，首先不再采回来进行掰片了，直接在树上掰，那样芽不断出来，几天内可以采上三四回，多而快，产量就高。自20世纪90年代开始，当地已经都是如此做法了，这样的结果，就是内含物大量降低。我央求农民按照最传统的方式帮我做一次，可是他们都很茫然，得我非常详细地解说，才有人说，对，过去是这种做法。"这是最让他难过的事情。

事实上，我翻阅了过去的六安瓜片的生产资料，除了掰片，六安茶还需要走老火，就是最后一道工序是放在大火上烘烤几秒，要烘四五十次，每烘一次翻一下，一直烘到九成干，有时候甚至要七十次，最后烘到表面上霜，手捏成粉末即可。旧有的名茶，加工方法在当地都已经被遗忘了，其实想想也并不奇怪——太传统，太繁复，太刁钻古怪，实在是现代人急于逃离的传统劳动。可是，很多传统的做工是有道理的，传统六安瓜片之所以干茶起霜，泡之后回甘明显，就来源于这些细致的劳动过程。这种名茶的失传，并不止于六安瓜片，就像安徽古老的松萝茶，也是因为操作方法太繁复而失传，现在后人附会做的，已经和最早的名茶没什么关系了，只是保留了这个名称而已。

"我大概慢慢明白了茶的道理，不能追求表面的茶香，也不要追求其形状和外观，更不要追价格，而是要弄明白茶的根性，认真研究它的质地和类型，就知道它适合做什么类型的茶。"这两年，他找各种茶已经到了境外，"那里的环境好，老茶树多，就是工艺还不行，我去就是按照我的想法去帮当地人做出好茶"。叶先生追求的是有根性的茶，不是那些扦插的、无性繁殖的茶。"我们去老挝的丰沙里，用当地的老茶树做成月光白或者做丰沙里青饼，都非常好喝。还去大吉岭，用当地的茶叶试验做绿茶，结果很多朋友都喜欢。我一位美国朋友把我拉到不丹去，帮当地人做茶叶，我们在不丹庙会上还碰到了当时的王子，也就是后来的不丹国王，他觉得我们的茶非常芳香。"叶先生说。

老普洱的误区

在叶先生心目中，普洱，包括六安篮茶，都是家常茶。"看重的还是实际功效，就像'六安篮'，当年传说佛山的一次瘟疫就靠其拯救，也可见其去湿去滞的效果了。"普洱也是如此，一直是香港最普通的茶，70% 以上的人群都日常喝普洱，要神秘化，实在神秘不起来。"我是爱喝茶的，刚毕业时候就去买好茶喝，那时候一个月收入500元左右，'红印'价格也平实，几十元。传说中的'宋聘号'，也就是 100 多元，每个月我都喝一片'红印'，当时喝得也简单，就觉得是好茶，但是并不离谱。每次喝一定洗茶，因为是陈年茶，觉得有灰尘味道。现在不太喝了，大笔资金进来之后，炒到这么贵的价钱，已经脱离了日常茶的范畴，谁还日常喝？而且你看现在谁舍得洗茶？都脱离了我喜欢的茶的范畴，但是不洗，我心里始终有点别扭。"

不过说到那些喝过的好茶，他还是很高兴："宋聘号"柔软，厚重，醇度高;"红印"则又滑又香，还有力量，"像有根很细的针在里面，很有劲"。这些老茶的品尝，让他多年难忘，也成为现在去寻找好茶的某种谱系。"我一直在研究，当年那些好茶是怎么做出来的，什么山头，什么加工办法，什么储存条件。"与一般人推崇老茶的方向不同，他不觉得越老就越好。"我喝到的'红印'就比很多号级茶好喝，可能还是因为时间正好，加工也精良。"说到任何茶，叶荣枝都有自己的价值与判断标准。

香港是存普洱的好地方。叶先生专门研究过，当时西区住满了中国人，中区住的是洋人，地价都很昂贵，所以很多茶楼的仓库放在了东边，那里潮湿炎热，茶容易发酵，尽管现在很多人说马来西亚存放茶，陈化效果要比香港好，但是叶先生并不觉得。香港的四季温差大，有冷有热，有时候湿润有时候干燥，他觉得这反而有利于茶叶的陈化：那些微生物可以休眠，也可以活跃；而且人们在长期存放中积累了自己的规律，海风很大，要避免发霉，可以开窗通风。"后来发明的干仓湿仓理论，我一直不是特别赞同，其实干湿仓只是相对概念。你看香港，开门就是干仓，关门就是湿仓，很多仓库都在山边特别潮湿，有时候还要开门去潮呢，没有那么绝对。"

他研究从前的老茶，发现在生产中就存在着发酵。"当时的老普洱在运输、加工、存放中经常要接触到水，所以一直处于发酵过程中。20世纪80年代我去到云南，当时很多普洱就堆放在地面，所以在制作中肯定还在发酵，过程中还有淋水工艺，也在促进其发酵。我总结了，在制作中就有四次发酵，然后经过存放继续发酵，这可能恰恰就是它好喝的原因。可是现在不对了，机械化制作，然后不晒青，全部是烘青，整个的风味都被破坏了。"在他看来，不经过陈化的茶，始终是寒，不适合入口。"有些人现在推广生茶，说甜。其实普洱要那么甜干吗？开始苦涩浓郁是没有问题的，陈化后就好了嘛，你看梅花不也是从苦到香？"按照他的理论，新鲜的大叶种茶并不适合饮用，"当地农民吃茶，都装进瓦罐，放在底部，然后把瓦罐架上火烤，不就是怕寒？"香港人是在日常生活的饮茶中发现这点的。"60年代内地搞'文革'。茶叶出不来，我们从东南亚进口茶叶。那里的茶质量不行，结果茶楼有老师傅觉得要加速陈化，开始往茶上泼水，结果效果不错，并不是特别讲究，也不是特别精细，香港人就是想喝得简单舒服。这种方法后来传到广州，再传到云南，成就了熟茶。"

与一般的茶人不一样，叶先生并不贬低熟茶："只要是按照传统办法做的，都不错。"他说 20 世纪 70 年代云南人做熟茶，还是很扎实基本的手工，选择的茶叶都是有叶片和软枝的，他这里有批 70 年代昆明茶厂的厚砖茶，拿出来泡给我喝。一般人总觉得熟茶无香味，可是他的茶很奇怪，一股浓郁的枣香味从里面慢慢出来，还能依稀感受到茶叶本身的清香。问了叶先生才知道，其实关于普洱的这些香味的表述，比如枣香、樟香，都是他们在品茶之中慢慢建立的。茶叶的香，来自陈化的不同阶段："这就是我说普洱的回天力。不能让它一次发酵死，哪怕是熟茶也一样，让它们慢慢陈化，放上一段时间后，自然就出来好茶了。"

本来普洱是按照正常的规律发展的，可是 80 年代开始有人炒茶，1997 年香港回归，移民大增，许多仓库开始清空，大量老普洱上市，许多人都发了横财。"我没有参与，我觉得那已经让普洱丧失本来的面目了。我这里的老茶，都是从前进货时候留下来的，而且，不是所有老茶都好，很多后期的内地茶，也许是为了节省成本，也许是别的什么原因，采用了拼配技术，那种茶我就不喜欢。"他说自己始终在用专业挣钱，靠炒作挣的钱，不愿意介入。

除了老茶，他也去寻找新茶——和对待别的茶门类一样，去找到好普洱、做出好茶的心思一直浓烈，倒真不是因为普洱热门。很多人传说他有款"老鼠嫁女"的茶饼，做得特别地道。"其实也就是按照老办法做的。"80 年代他就去普洱茶山，"农民太穷了，种了那么多年茶还那么辛苦。"接着去拜访茶科所，"他们做什么茶啤酒、茶饮料，想不到怎么能把普洱做好，我就只能靠自己了。"那是 1996 年他去易武古茶山时找当地的村主任张毅加工的。当时易武还没有电灯，整个小镇黑乎乎的，古树茶的概念也没有流行开，但他是奔着"有根性"的茶去的，那里的乔木古树茶天然就是他想要的。80 年代大规模推广的无性繁殖的茶树还没有在这里安家，贵的不是茶叶，而是手工。"我们的做法也很简单，就是按照最传统的方法加工，首先是采单一的山头茶，然后是顺应时间而采，采摘也按照老法，枝叶都在上面。最关键的，是用太阳晒青，晒青之后放上一年才压饼，也就是我在前面所说的。这些普洱在制作过程中已经发酵了，做得不多，一共也就 3 吨左右，后来基本归了合作伙伴，我这里也没有，2006 年才买了一些回来。"

他拿出一片，纸上面是木刻的丙子年老鼠嫁女图案，这也是外面俗称的由来。"当时做茶放心，现在不行了，一袋毛茶收购来，上中下三部分，要分开品尝。"叶先生说，他不在乎某些茶一时的入口不好，有些特别苦，可是那苦中带有芳香，还有浓烈的回甘，就是有根性的好茶。这种茶，苦而不涩，即使做成熟茶，也有回生之力，还会慢慢陈化，只会越来越好。可是现在那些后期扦插的无性繁殖的茶树越来越多。"我去参加西双版纳州 50 周年庆典，他们定做的庆典茶是不会错的，可是喝起来，还是有问题，苦涩，有股燥火。我问当地人，是不是用了大渡岗的烘青毛茶？他们说是啊，还告诉我，那批茶树是 20 世纪 50 年代种植的，现在已经很老了。可是我查资料知道得很清楚，那批茶不是有性繁殖，怎么都不会好啊。"

在叶先生看来，茶可以不是名牌，但是一定要天然，要真，有缺点不怕。他泡自己的"老鼠嫁女"饼给我喝，这应该是目前市面上很少的恢复古树茶制作后陈放时间最长的茶饼之一。当年收购时候，也觉得苦。"可是你现在喝喝看。"入口极其甜，而且气韵很绵长。

现在叶先生还往古茶山跑，可是跑跑也怕了，他觉得就像当年紫砂一样，大批资金进人，很快使茶变了质："价钱一涨上去，好茶也弄坏了。其实茶好真不在价钱，我现在的办法，就是走在别人的前面，去搜罗一些尚未暴涨的茶山的茶。"因为去得早，所以各种山头的茶他都有一批，勐库、班寨、景迈，价钱也不贵，普通人还能喝得起。"可是按照现在爆炒的模式，包括现在人做茶的方式，几乎把好茶都做坏了，还动员大家喝未经存放的生茶，唉，这种方法不对啊。"说到最近的普洱，连说话最平和的叶先生，也开始出现了焦虑的神态。

不过好就好在他的所求不多。"我用专业挣点小钱。"乐茶轩除了有茶出售，还教人喝茶，不过喝法简单，茶具也不复杂，和他自己使用的很相像。唯一与外界不同的教法是，在喝茶前，整个人先安静下来，最好是打坐若干分钟，这样就能体会到茶的真正味道了。窗外是繁华的中环，窗内是和叶先生学茶的忙里偷闲的香港人，茶道之一脉在这里传承，实在不容易。■

何作如：老方法做老茶

虽然何作如接触普洱茶的时间只有十几年，可是在普洱茶界，他的名声好，威望也高。有些人说，要想喝到宋聘号或者红印，就得找何作如，他是唯一舍得拿出这些价格几十万甚或上百万元的普洱老茶来请客的人。我接触下来，老先生之所以威望高，不仅因为出手大方，更在于他一直在研究普洱老茶，包括用自己的努力去恢复老普洱的做法，在这个领域，他是默默的前行者。

因为每日被贪恋茶的人包围，何作如训练了他的广东籍司机一套泡茶的技术。司机长相朴实，泡起茶来，却神态俨然，能够保证第一泡和最后一泡的茶汤无区别。他先是在深圳渐渐出名，成为"深圳第一泡"；慢慢在广东也红起来，大家开玩笑说是"广东第一泡"；现在全国各地爱茶的人都扑过来找何先生喝茶，于是玩笑升级了，被称为"国泡"。可是这天何先生对"国泡"不满。原来是前一天泡茶时候发生了状况，某一泡茶汤出来过快，从壶嘴出来的瞬间，那一段茶汤的颜色过淡，没有达到何先生的标准。他立刻说，这是水，不是茶。"国泡"不高兴了。今天何先生就自己动手泡茶，说要教育教育大家如何泡茶。他泡茶，有一套自己的章法，与众多的茶人迥然不同。

其实接触下来，何先生又活泼又好玩，可是到茶上他就一丝不苟起来，完全不放松。这从他随身携带的器物上就能看出来，如果按照细节纠缠，可以与陆羽《茶经》里的很多器物对应，却是高科技版本。

先说炉子，是德国产的电热陶瓷炉，加热迅速稳定，可以保证持续高温，而且坚固好用，"我不喜欢电磁炉，那个会影响水的结构，不保证好喝"。然后是铁壶，这是他专门从日本定做的，上面有自己的款。不过他说不是赶时髦，泡老普洱需要高温，铁壶壁厚，加热均匀，能保证壶内的水温到 100 摄氏度，不会像随手泡那样经常水不够开就自动关火。而且他自己定做的铁壶，出水特别有冲击力。"老茶如中药，需要有力的冲击，才能产生聚热效应，让老茶的效果发挥出来。"

何先生对老茶非常珍惜，每次喝茶前计算人数，然后按照自己的方式选择用多大的壶、多少克茶，在他心目中，都有系统。他是学理工科出身，在他的各种物件中，也有古人不会用到的东西：日本产的电子秤，专门用来计量每次的投茶量。每次茶量按照人头计算，不能多也不能少。有人觉得何先生经常把散落在桌面的老茶捡起来放入壶中，是因为这些茶价值昂贵，其实并非如此。他说，之所以珍惜老茶，还是惜取老物的感觉。喝茶时，我对杯底存留的茶渣略微犹豫，他立刻说，快喝掉，都是天地精华。

杯子则是民国的粉彩人物杯，比一般的闽南工夫茶杯略大，用来喝普洱，应该正好。这晚用的壶是一把老朱泥壶，何先生在泡老普洱前，会把壶身放在未盖的铁壶上加热，也就是蒸一下，之后再用热水淋壶。这里也有他的道理，别人淋壶一般是激发茶香，他却是因为老茶往往有陈味或浊气。他说，紫砂的好处是透气不透水，下面的热气一逼，茶里的浊气能瞬间消失。

按照何先生惯常的做派，走到哪里还会带几件测水的工具，测量酸碱度，测量水中固态物溶解度，如果不符合要求，他会不顾忌主人面子，叫司机去他的车里拿水。随身带水是他的习惯，经过多年的研究，他发现水与茶的配合，需要考虑到酸碱度和矿物质，最好酸碱度在 7 ～ 8 之间，而矿物质含量不能太高，否则就会妨碍茶味的释放。他说，他不喜欢很多矿泉水，包括法国的依云，因为矿物质含量不对，掩盖了茶味。我们这一天是在深圳"紫苑"喝茶，这里的老板阿诚也是他的老朋友，知道他的习惯，所以早就把他喜欢的农夫山泉带来了。不过虽然水合格，何先生还是千叮嘱万叮嘱身后负责添水的小姑娘，要注意加水的时间，他一般是一壶水泡三壶茶，水烧开一次就基本用完，不能反复烧滚。

"小小一杯茶，光拿水温来说，就和器皿、压力、水质、气候、海拔都有关系。比如在昆明泡普洱和在深圳肯定不一样。我是相信科学的，所以会随身携带这些仪器。"

万事俱备，这天的客人有 6 位。包括一位香港的气功师傅，据说他是何先生发现过少数几位不靠喝茶就能感受到老茶质量好坏的人之一，他的主要判断，是拿着老茶在手中感受。另一位是江苏某烟草公司的，完全靠闻，据说一闻就知道老茶的好坏。

这日我们喝的第一泡是"蓝印"。这是印字家族茶中的"第二号"，仅次于"红印"。何先生说，这饼茶有 60 年历史，因为存放的缘故，稍微一抖就散了，不需要用茶针戳碎。何先生说要渐入佳境，要我们从低往高里喝。所以，这味茶还没喝好，就开始期待下一泡会是什么。

他随身携带着巨大的茶筐，里面放着各式老茶。他的老茶，很多是从拍卖会上得来。一般人会觉得，随身拎着装有价值连城老茶的茶箱走来走去未免有点夸张，可他性格就是这样的"名士派"。他当年从拍卖会上买来唐琴"九霄环佩"，有一段也是带着琴走来走去的。

有个故事，台湾普洱茶的宣传者邓石海一次给人讲茶，看到何作如来了，就开玩笑说："我是普洱茶的'耶稣'，但是现在'上帝'来了。"他的意思是，他是布道者，真正拿得出茶来喝的人，才是"上帝"。现在一饼蓝印大约 320 克，价格是 28 万元，我们 6 人喝一泡需要 16 克，价格摆在那里。何先生笑着强调："我没有毛病。"这些茶都是早年收的，那时候价格便宜，要是现在的价格，"痛死我"。把老茶拿出来和大家共享一直是他的爱好。这也是他对人生的态度——好东西，放着不动，就不能算好东西。

按照他的程序，一丝不苟，泡茶开始。他先往紫砂壶里放进老茶，然后在日本铁壶上蒸腾之，这也是门技术，一般人掌握不了分寸。在日常茶具之外，他还带了沙漏。沙漏很简单，是计算时间的。所有的茶都越泡越淡，老普洱也不例外，何先生想要他的每泡茶保持均衡的口感，所以特意将前两泡茶留下当作茶引，以便给后面越泡越淡的茶做平衡。

他并不洗茶，很多人觉得老茶不够干净，可是何作如说自己做过分析，已经陈化 50 多年的老茶，茶里面的各种微生物很活跃，所谓的脏，也就是一点点陈味。他说，蒸已经将陈味散掉了，剩下的都可以入口。

每道冲茶，他的力度掌握都很有技巧：用滚水去激荡壶中的茶，因为这样才能冲开茶叶，出汤迅速。他也掌握时间和温度，前面都是 30 秒出茶汤；在时间和温度冲突的时候，他会看重温度，毕竟人是活的。每三泡茶，合在一个大公道杯里，然后再分给众人喝，而这时候，一壶里的水也正好用完。后面帮忙倒水的人要尽快添加，保证水烧开的速度，不能让壶中的茶醒太久。

开始几泡的茶汤，又浓又厚，而且充满了内敛的香。不过，何先生说，老茶最厉害的还是体感，而不仅是口腔感受。到了第七、八、九泡，每个人的身体都开始放松，有种暖意从身体内部外散。这时候，他开始延长泡茶的时间，每泡要多延续 20 秒，这样才能保证出来的茶汤还是如同开始的那样醇厚。现在老茶流行，经常有人将老茶泡到没有颜色，或者一点滋味都没有了还在泡，何先生对此不屑一顾："老茶的质感不能缺失，虽然不能光看外面的颜色，可是，那种没有颜色还在泡的，不是珍惜茶，是不懂装懂。"

满口的甜香慢慢弥漫，每个人都觉得很舒服；也有人喝何先生的茶，喝到虚浮的感觉，那是身体特别敏感的人。我们就是觉得浑身由内而外的暖热，人虽然还坐得很端正，但充满松快感，像是做完一场剧烈运动。何先生的手机里有很多朋友发给他的短消息，说的就是喝完他的茶的感觉，都和我们类似，其中不乏知名人物。他哈哈一笑，想喝可以，想拿不行。他说，前两天有大人物到深圳，喝他的茶，中间人动员他送一泡，他装没有听见。

当茶叶冲泡到二十多次的时候，何先生开始往里添加最先的一、二泡茶汤作茶引，这时候虽然靠压茶来增加茶汤厚度（也就是延长茶的浸泡时间），茶汤之淡还是不可避免，茶引适当其时。只有喝到这时候，才算明白所谓的老茶不一定是没有劲道筋骨的，只要是茶好，泡得好，最后出来的茶汤还是极其有诱惑力。

泡久的茶汤感觉很丰厚，何先生解释说，这是因为里面有茶油溶解。"蓝印"属于早期产品，当时的选材未必精良，很多是老枝老叶，但就是这种选材，造成整个茶饼多年后的厚重。现在老茶流行，假茶越来越多，何先生说笑话，说有些人拿羊皮包的普洱给他喝，说是山西过去的富户家里挖出来的。"假得不能再假，其实很简单，喝到真茶就知道什么是假的了。"只不过现在一般人喝到真老茶的机会比较少罢了。

"蓝印"泡了 28 泡，出现枣香的时候，何先生放弃了，他说，这个已经有60 年的老茶其实还可以出味，不过需要煮了，放在铁壶里，加上适量水熬煮出汤，然后把这几次煮出的汤混合，照样好喝。"打包我的剩茶，现在都成了一件抢手的事情。"他说。

何先生打开了自己的茶箱，各种老茶他都带着，并且都是古董水准的号级茶。何先生说，他觉得，茶就是要喝的：一小袋同兴号，已经成了粉末；宋聘号的老茶最多，他拿出了其中拆好的一袋，这是准备和陈云号的若干碎茶一起拼起来给我们喝的。"我喝了这么久，基本能明白各种茶叶的特征，看着碎片，就明白哪种茶会是什么味道。比如老叶多的茶，口感就甜；梗多，就有劲道；黄叶主要决定茶汤的香味。我看了我这里的两包陈云和宋聘的特点，陈云号药香浓郁，宋聘已经有80多年了，力量很大，所以我把它们两者根据比例合起来，宋聘11克，陈云7克，混合起来让你们尝尝。"

我们还是要不可避免地俗气地提到价格，宋聘号的价钱现在是100万元一饼。何先生解释，他当年买的还算便宜，15万元一公斤，所以还能请大家喝。"不过现在也少了，一年拆两饼，还不是因为价格，而是越喝越少，害怕有一天喝不到了。"

相比起前面泡"蓝印"，何先生现在的手法更谨慎。前面第一泡茶汤，这次是直接拿给我们喝了，老茶特有的滑，一下子就明显表现出来。第二泡，更是滑与甜具备，何先生非常高兴地说，快点喝，这两泡茶，加起来有百年历史了，基本上已经进入化境，任何一滴都不要浪费。表面的那些泡沫，有人管它叫"龙珠"，何先生的喝法是，先喝这些龙珠，然后再一口饮尽。"我喝到这些老茶的时候，才觉得自己的一生没有白来。"老茶喝到后面，真正产生了酣畅感，只觉得每个毛孔都在发热。

因为喝得多，何先生把他手中的老茶都按照特性分类。比如宋聘号也分了老和新，"红印"则分了有纸包装和无纸包装，他说，组合这些茶的特性，才能泡出醇厚、柔软和有特殊香味的茶汤。他总结，要喝好老普洱茶，必须有五个条件，缺一不可：有钱、有闲、有探索精神、有学识，最后，还得有哲思。最后一点最难，很多人，压根不觉得喝茶还要思考。他觉得自己虽然是学理工科的，但是骨子里有文人精神，所以才每次喝老茶都很幸福——"来找我喝茶的人络绎不绝，可我把道理讲出去，他们未必听。很多人，还是看价钱喝茶。"

他说，现在有些地方请他去做慈善活动，他泡茶给到场的人士喝，每人捐款，用作善款。"那就至少两万元一位。"在这些场合，他又会对这些价格很是认真。

如果仅仅满足于喝老茶，那么何先生有喝不完的老茶。他从前是某大品牌笔记本电脑公司创始者，笔记本电脑行销海内外，他拥有大量资产，后因为美国商务部判其倾销，他一怒之下开始打知识产权官司，最后胜诉，厂也关门了。不做生意之后，开始享受人生。偶然的机会，在香港一个老朋友那里喝到了号级普洱，那是十几年前的事，老普洱的价值被发现不久，价格尚未离谱。何先生说他立刻拿出大笔资金，在各个拍卖会和老茶行收老普洱，成为收藏号级茶和印级茶最多的茶人之一。

要喝出老茶的价值，在他看来，必要研究。首先的问题是，研究老茶为什么好喝。他不是那种听故事的人，他说，因为学理科出身，无论做什么，他总想讲出科学道理。首先拜访的是香港最早做熟茶的80多岁的卢兆栖先生。老先生告诉他，当年他们就觉得新茶不好喝，想加速陈化，拿个干净的面粉口袋装了茶，每天往上泼水。一段时间下来，茶顺滑醇厚多了。老先生还告诉他，香港很多世家都有存茶，喝了特别消滞，不过大家讲不出这是什么道理。"我后来才知道，老茶上面形成了微生物系统，包括厌氧菌、好氧菌，它们新陈代谢，产生了新的氨基酸等物质，这也是老茶有药效和口感不同的原因。不过，存茶不能超过60摄氏度，那样会让微生物消亡，这和酒的道理有点相似。"存茶是时间的事情，可是还是不清楚，怎么样才能生产出好的老茶。"要知道，第一步还是生产，好东西放一百年是好东西，但是垃圾，放一百年还是垃圾。"

喝到好的老茶，就开始往源头靠，研究产地和原料的特征。最老的号级茶是不是山头茶？包括规模化生产后，"红印"是不是山头茶？这些答案众说纷纭。老何说，要去弄清楚，是太艰难，从史料角度说，最早的号级茶已经难以查清，说法漫无边际。"我唯一的办法是从实物分析，好在我手里有东西。现在有些云南当地学者，从植物基因去研究茶，然后分析老茶是如何如何的。我和他们谈话，说你们有知识，但是没经验，他们手里连一点老茶都没有。"

何先生拆开自己的老茶做分析，在他看来，老的号级茶，按照现在很多云南做茶者的观点，都不能算讲究的茶，里面有叶、有梗，还有大枝条，与后来推崇芽茶的做法完全不同。"但也许奥秘就在这里。新中国成立后，很多云南地区的老茶号都到东南亚去了，当地没留下人，技术也丧失了很多。结果一套按照绿茶体系分类做茶的办法推广开来，芽茶为最高等级，以往的做法反而消失了。"在他看来，号级茶之所以好喝，就在于有自己的系统。"这里面也有老祖宗的智慧，他们讲究基本的植物学规律，比如'全株性'，一个茶饼里面，什么都有，芽、叶，还有根茎，这样一来，后天的微生物才能找到丰厚的基础。"他打开陈云号的老茶给我们看，里面有各种形态，叶片多，梗也多，甚至还能找到稻谷。"说明当时的茶是放在土地上晒青，而且是秋茶，和粮食一起晒，所以并非我们想象的精致。但是这种不精致，多年陈化后，带给我们的是好的感觉，要是一饼茶里光是芽头，肯定不会这么有劲道和醇厚。"

至于这些号级茶是不是同一山头，他觉得很有可能。"古人交通不便，不会弄很多地区的茶拼在一起。民国时候还打过官司，好像是把不同的茶拼配在一起，结果在四川被人告了，说是质量差。"而且，同一地区的茶，排异性弱，茶叶杀青揉捻外加晒后，细胞壁要恢复，同一山头的茶叶，恢复得快，微生物在上面发酵得也更好。如果是不同地区的茶，他觉得互相有排异性，往往微生物就少。所以，他倾向认为，当年老的号级茶，基本是同一山头的产品。不过单一山头的茶树，还有高山和低山、植物茂密与稀疏、向阳和向阴，包括大树和小树的区别。"我觉得从前的人做茶肯定很有章法，毕竟有很多代人的经验，可惜这些经验没有流传下来。"

现在他只能自己去摸索，为了能把古老的工艺弄明白，他按照自己的思路找到云南的古树去做茶。那是2003年，当时他就奔古树茶而去，"最早的号级茶肯定是古树茶，真正的广泛种植茶树开始得非常晚。我去的时候，才知道古树茶有多好、周围的植被有多么茂密、产量有多少。最近有个茶人说他在某山头弄了几万吨古树茶，真是放屁，那里的茶，一个山头只有两万多吨茶，哪里有那么些？"和一切认真的茶人一样，何先生最不喜欢的就是关于茶的编造故事。

"我去那里，先理清楚自己的思路，首先是山头茶应该怎么对待。我决定按我自己分析过的办法加工制作。比如说芽刚发出来的时候不能采摘，要过20天才采摘。那样的芽到了壮年期，一芽两叶，内蕴丰厚。摘下来后走水，我把芽和梗分开杀青，因为里面水分不一样啊，结果工厂的工人们看着我，觉得我好麻烦，他们都是用尿素袋子装茶。在他们那里，茶就是个原料，哪里有这么精细。可是一个勐库的80多岁的老茶工看到了，特别高兴地告诉我说，何先生啊，我们过去就是这么做茶的，现在的人嫌麻烦，早就不这么加工了。"何先生说，他自己加入做茶的工人中间，一边要求大家按照最传统的方式做茶，包括如何揉捻，如何团茶。"要手握成团，还要对折不断。"边说边和我们比画他是如何做茶的，爱茶爱到一定份上，才会这么投入。

　　每年他都带各种仪器上山，现代的分析和传统的手工结合，就像他泡茶的方法一样。这在他看来，是件最幸福的事情。■

何健：文人的追求

器具：从价值连城到寻常器皿

与其他几位茶道高手相比，何健和他的位于台北永康街的冶堂带有浓厚的文人趣味。

地铁未通之前，台北永康街因为远离商业区，而成为市民日常精致生活的范本。我曾经和台北的浪游人舒国治先生去永康街逛了一个下午，先去了路口的那家古老的鼎泰丰，他点菜别具一格——不加牛肉的牛头汤面、鼎泰丰自己的泡菜、清炒的台湾野菜山苏。狭窄的店面里，布满了国际游客，可是并没有因为游客多，这里就变成了一家坏店，反而更有意思了。跑堂耐心解说，狭窄极了的楼梯上的各种名家字画，就是第一个可参观的点，原来这里是当年很多文化人聚集处，喝酒喝多了，就直接绘画相赠。

永康街的文气之风，从这里就开始了。接着我们逛了一家下午四点半开门的巧克力店，各式的巧克力，也可以配茶；一家挂着林青霞大照片的照相馆，这张照片是她当年在这家留下的标准照；当然，重点是各式茶馆，因为都是古老的街巷的建筑群，很多茶馆藏在深处，有的做日本器物，有的做竹子茶具，有的卖制陶手的手工产品，有一阵子，去永康街简直是喝不动茶，一家家鳞次栉比，每家喝几杯，最后会很胀肚。

但我还是愿意去冶堂坐坐，这里出品很多与茶相关的器物，仿照宋朝水注做的茶壶，加两只冶堂款的白胎杯，放在桌面，就是一副文人小品。

冶堂现在还是租用的民居。自早年以房换紫砂壶后，何健始终没有买自己的房产，他觉得有这么一间小宅，向有心前来寻找茶和茶道的人讲讲自己的体验，就是很快乐的事情。虽然对紫砂壶非常喜爱，但是何健说自己没有收藏癖好。就连他过手的那几个至今已达上百万元的紫砂壶，现在他的空间里也已不见。茶器对于他，只是日常用品，他的冶堂有一处专门空间，用来展示台湾的茶器。里面有几十只陶瓷杯，多是各机关、学校逢年过节的纪念品，上面印着单位名称，非常寒素简陋，是每家每户都能找到的日用纪念品；还有土气包装的茶叶罐，花花绿绿的纸包已经暗淡，铁皮也已锈蚀，是对台湾早年茶叶外销时代的纪念。这些东西放进专门的木格里，充满了台湾进入民国以来茶的相关记忆，就像一个小型博物馆——绝非古董行。他说："贵重的在于历史，而不是器物。"何健从小收藏邮票，为了某些藏品常跑古董行。那时候台湾古董行流行收藏汉绿釉陶罐，在 20 世纪 80 年代末期，已经近 2 万元人民币，堪称天价。可是随着大陆大量的考古发现，这些陶罐一夜间从抢手货变成了令人捶胸顿足也无法出手的滞销品。"从此我对器物的喜爱只限于研究，而不是为了保值和收藏。"何健说。

他是台湾最早的紫砂壶研究者之一。何健至今觉得80年代就能接触紫砂壶，是他的福气。当时大陆大批的紫砂壶不能直接去台湾，涌向香港市场，紫砂一厂的大师制壶，包括顾景舟、蒋蓉等大师的壶价钱也并不昂贵。何健说他经常去香港寻宝，不为淘货，完全只是以研究的心态去观摩。"我对紫砂壶的器形和容量、功能都非常好奇。大学毕业后，我在银行工作，不长的时间就辞职了，想去念书深造，专门研究茶器，特别想进台北故宫博物院工作，顽固地认定这些东西不经手是不行的。"后来因为面对的领域过于庞杂，舍弃了瓷器研究，专门研究宜兴紫砂壶，市场则成为他最直接的课堂。

何健说，很多宜兴壶并不适合泡台湾的高山乌龙。比如他接触的一把任伯年定制的壶，是为泡绿茶准备的，壶阔而容量广，连壶嘴的设计都特殊：为了直接对嘴饮用。"我大哥告诉我，当年他看梅兰芳先生的戏，在台侧坐着，能看到梅先生中场去后台的时候，会接过底下人端来的用紫砂壶泡的茶，润润喉咙再上场，他就是直接对着壶嘴喝的。"因为功能不同，所以许多中型壶的壶盖和壶柄的设计都不尽相同，有的是为了方便手握而制造的。

何健的观察，对照大陆的紫砂壶发展史，确实很正确，清代紫砂壶兴盛，但大多为了长江流域的人们饮茶所使用，这里的茶多为绿茶、红茶，并不流行工夫泡法，所以壶大杯大，与闽南、台湾所流行的工夫茶完全是两个系统，反倒是潮汕出品的本地朱泥壶，更适合工夫茶，无论是壶的体积，还是纳茶的入口，很大很开阔，岩茶、乌龙茶都方便放进去——这必须常年观察，才能发现。

何健发现，大量的宜兴紫砂壶其实普遍不适用于乌龙茶：有的纯粹属于观赏品，有的适合独酌，有的适合众人品饮。"台湾茶因为地域性的关系，需要更精确设计的壶，这是我明白的第一个原理。"什么壶适合台湾茶？除潮汕的朱泥小壶外，宜兴壶中有无专门针对乌龙茶的设计？台北市场渐渐涌进了大批的紫砂壶，从古到今，各流派各家名壶都集中在此地，异常丰富。"我是理论派，在市场上看过壶后会回家对着书籍再研究，尤其是一些名壶。接触到一本关于紫砂壶的经典著作《阳羡砂壶图考》，作者李景康、宾虹，此书上册在 1937 年出版，里面有各方面的传世名壶的图片和考证。李景康是广东人，接触过大量紫砂传世藏品。下册内容是他自己收藏的名壶和进一步的考据材料。可是碰到抗日战争，下册一直没有机会出版，只知道最后把手稿和他自己收藏的老壶都藏在新加坡的好友宋芝芹家，宋先生知道这些紫砂壶是老古董，不过他并不爱茶道，只为老友情谊，所以壶全部存放在家里的五斗柜中。"何健说，20 世纪 80年代，台湾紫砂壶开始流行，这部书下册的部分在台湾一家出版社影印出版。何健现在还记得自己看到书时的激动："里面对壶的种类、用项，明清各流派的作品都分析得异常清楚，包括泥料的选择，基本上就是壶艺研究的权威之作。"当他得知书里提到的那些壶都在新加坡的时候，更是毫不迟疑卖掉了刚还清贷款的房子，带了土特产和满包的现金，直接飞到新加坡。他说："房子卖了以后还可以买，这些壶，流出去以后就见不到了……连进门都困难。前后去了两次，听说我想买老先生亡友的东西，老先生本来还让我看看壶，结果用脚把抽屉一踢，合上了。给我俩字：不卖。"

第三次去新加坡，何健带上了出版这本书的编辑朋友，向宋老先生诚恳地要求买上几把壶。见他来了几次，心也诚恳，最后，那幢房子变成了六把清代紫砂壶。"上手了，感觉和光看图片完全不一样，这批老壶没有保养，有些很脏，有的已经破碎，但是光研究造型，就能获得大量知识。"何健说，老夫妻把一些遗稿也给了他，他觉得追索多年，终于对紫砂壶开了窍。其中一件道光年间崔子野的梅花"子野壶"最让他惊喜。现在这把壶早已转让出去，我们只能看图册欣赏：一株老梅包裹了壶身和壶盖，仿佛是雕塑。另一把万寿荷竹紫砂大壶，虽已经开裂，裂痕遍及壶身，但是造型和做工的绵密感还是让人过眼难忘。

与这些壶的朝夕相处，使何健丰富了紫砂的知识，"知道了器物的造型变化道路，每个造型对应的是什么地区的饮茶习惯，什么造型适合饮用什么样的茶……虽然我买回不是为了收藏，但是也震动了台湾紫砂收藏界。许多从前秘而不宣的藏家会把他们收藏的壶让我过手，包括黄玉麟寿桃紫砂壶都摸了好几把。基本上把传世的紫砂壶的整体面看明白了，把以前一些主观的偏见放弃了，因此更关注壶的实用价值。"何健说，坊间的紫砂壶的收藏热流传了多年，什么贵，就什么好。但是作为茶人，"茶也好，紫砂也好，好的面有很多点在支持，并不全部归因于壶。名家壶昂贵，可也许根本不适合泡你的那泡茶，需要从不同的方面去选择，不能独沽一味贵"。

何健在紫砂壶上投入巨大，放手也快，"等我看明白了，就陆续放弃"。他说，最后一次看到自己曾过手的"子野壶"是在去年上海的一次拍卖会上，售价近千万元，不过也不后悔，"老物件能给我的养分都给我了"。偶得而散，一定得有这种心态。陆续出售紫砂壶的收入，都用来维持新开设的冶堂：冶堂1985年成立，本来是几个朋友内部聚会所在，2002年正式对外开放。

茶与利益体无关

何健对后期紫砂壶的溢价也很不喜欢，他说："完全变成市场投机，和茶没关系，和壶本身也没关系，就是利益体。我因为过手了不少壶，此时此刻深受其害，总喊我去估价。我的方式是一概不卷入，研究只有脱离利益才清晰。"他觉得不能被利益所裹挟，否则就是对自己不负责任。

他远离台湾的紫砂市场，来到大陆继续研究紫砂壶，和当时还健在的顾景舟相识了。"一把壶，要回到使用的原点上。"回到原点，就会慢慢明白，一把壶，除了使用价值，是怎么慢慢成为名壶的。"使用上，只要产地正确，泥料好，做工精致，本质就好了，根源正。成型的匠师如何在好用的基础上增加它的美感、艺术感，那是每个人自己的修为。"好的紫砂匠师会给紫砂壶生命，经过时间筛选后，优秀的使用品，自然会上升为艺术品。

虽然不卷入任何紫砂炒作的圈子，但还是特别喜爱好的紫砂作品。他转身，从抽屉里拿出一个紫砂的鸟食罐，居然也是顾景舟的作品：同心圆，倒锥形，匀静沉稳，做工一丝不苟。外表有了岁月增加的润泽，仅看器形就觉得充满了魅力。他虽认识大师，但是这鸟食罐却是从台湾市场上买的，"并不昂贵，因为大家的注意力都在壶上，对这些小东西就不太在意"。而他觉得，器物虽小，其中却蕴藏着对器物韵律的无尽追求之心。因为到访宜兴，他有机会把这个小东西拿给顾景舟看。顾景舟回忆起来，自己做过两个，是给自家八哥喂食所用。虽是小品，可是做得特别认真，而且没有任何功利心，并不打算出售。有天午睡醒来，发现鸟笼不见了，被人窃取，里面的八哥和食罐自然全部丢失，显然，偷鸟笼者知道这两件东西的价值，否则最后也不会经过漫长的路径进入台湾市场。大师知道这个东西在何健手里，哈哈一笑说，有个归宿也不错。

除了这件器物，整个冶堂别无名品名器。何健泡茶，瓷壶和紫砂都会用。"瓷壶用的人少，是因为它不像紫砂，用久了有主人使用增添的光泽，而且越老越漂亮，所以人们常说瓷壶不适合茶道。其实不然，你看我的瓷壶，不也不错？"他翻了很多古书，最终仿制了宋代点茶时所用水注的造型，制造了一种壶盖紧密的青灰釉瓷壶，雅致得很，而且很小巧，携带便利。他说，去京都时候，他和朋友把壶拿出来，在街头樱花树下泡茶喝，不少日本人上来询问。"他们对茶具很敏感，因为与茶有关的器物是他们生活的一部分。"还有造型高挑的紫砂小壶，全部是当代作品，也并非名家制造。但是严谨的工艺里包含着他的紫砂壶观念，这种定制的小壶适合泡台湾梨山茶，适合香味的聚合，而且是他自己挑选过的矿泥。"能喝出茶叶的那种高山丛林的味道，一点不做作，很开放，很有活力。这种味道是你花了很多钱、买了名壶也未必尝得到的。"这些定制出来的东西，绝对不随意。他说自己曾经设计过一个闻香杯，花了很多时间，也研究了许多器形，颇为自得。可是后来翻看某本博物馆的图册，发现自己设计的器形早在清代就出现了，于是他"呀了一声，一下子谦虚下来"。尤其是在茶的世界，他之所以仿照宋水注造型，不是因为好看，"还有出水的速度和流量，都非常合适。所以多钻研古代器皿，总能有所发现"。

他下定决心，在茶的世界，不玩虚的，不玩表象。"现在拍卖行的一把紫砂壶动不动就上千万元了，那些东西很多是炒作价格做出来的，走进去，里面是空的。喝茶人尤其忌讳那些东西，懂得品质就不太会被那些迷惑，那都是泡沫而已。而喝上一口茶，闻到自然的香气，这个好是扣人心弦的。"何健对炒作有天然的回避心理，对日益价高的老普洱、老黑茶也是这样。他的冶堂里一袋硕大的千两茶，是 60 多年前的老黑茶，现在也炒到天价，可他对价格不太关心，想弄清楚的是这批湖南老茶的发酵和制造工艺，为什么经过陈化后好喝。"拿着老茶，按照茶标上的地址找到了安化，最厉害的是，按照批次找到了那个 60 多年前做茶的老工人，都是快 90 岁的老人了。一喝，眉开眼笑，说自己终于喝到从前的老茶味道了。"实际上，稍加研究，就能够弄明白现代工艺的优缺点到底在哪里。

何健觉得，中国茶道的好处就在这里——传承做得没那么好，不尚古，而是一种开放态度：总在尝试。尝试有好有坏，但至少是宽广的，不压抑。"日本奉行的是传承，千利休发展到了极致，就像有个盖子盖在上面，他们就只剩下维护系统。"他去钻研黑茶的成败，目的还是在研究，想给现代的黑茶制作找到一些规则。

尽管现在炒茶、炒器具的人都越来越多，但是何健不觉得这能成为主流。"相比之下，咖啡和红酒还是主流的，把茶炒来炒去只是一时间的投机，只要是把茶当茶的人，都不太会去参与炒作。我做茶已经做了 20 年，可是它就没有饱和的一天，它随着时间变化而变化，有时候大众，有时候小众，不管什么阶层去爱它喜欢它，它的空间和广度都足够大。你总能挖掘自己想要的茶中真味，根本不用搅到投机人群中。"他觉得，茶和酒正好相反，酒带给人兴奋和欢乐，而茶带给人平静和内敛，让人往内看自己，可以完整构造一个真实的内在人格。"所以，一个真正的茶人无论如何不会去参加到炒茶行列中。"

🎵 茶味之涩和冶堂之格局

何健也是很早接触普洱的台湾人，不过他也从普洱炒作的风潮中抽身而出，一点也不后悔。1979 年台湾委托行从香港舶来普洱，他觉得好奇，买了一尝，全是尘土味道，并不喜欢，慢慢喝下来才有了分辨能力：自然熟化的老茶，温润而不刺激，而人工熟化的，所谓熟茶，带着闷熟的味道，霉味特别强，非常不让人喜欢。"1990 年前，普洱在台湾都是茶餐厅的饮料，根本没有人去关心它。我的好奇心一直很强，普洱好在哪里？它的自然纯净味道来自哪里？1993年，我就去昆明了，当时昆明很多人还管普洱叫紧压茶，有紧压红茶、青茶和药茶，概念都还不清晰。我就直接去了易武古茶山，那时候一斤古树茶的价格是2元钱，完全是自然的景象。"他把自己从香港和台湾搜集到的陈茶拿给当地农民喝，和他们讨论老做法和新做法的不同，就像他在黑茶产区做的事情一样。虽然农民朴实，说不清整个制造过程，他自己却总结了一套制造理论："其实就是温度、湿度和时间几者的关系。普洱是后氧化茶，它堆放和发酵时的干湿、气温都会影响到茶的本质。当地农民传统做法是自然的做法，就是让茶自己去慢慢发酵，人和环境处于质朴的关系中。一旦工业化之后，走大规模生产道路，自然就开始人工催熟，茶的异味也就开始产生。"

　　1999年后，他停止了在普洱茶上的功课。原因同样是老普洱成了利益体。香港回归后，不少港人移民，许多仓库的老板开始清仓，有很多搬运工人转身一变，他们最了解哪些仓库有老茶，哪些仓库有存货，当时香港人管他们叫"仓老鼠"，给他们几百元钱，就会带着人去找仓库觅底。何健说他也去了很多仓库，仓库底的老茶全部出清，正好台湾市场接了这个盘。这些导致了普洱老茶的价格一路飙升。"这批茶很多是老茶，包括著名的宋聘号、红印。我比众人提前尝了两年老茶，好的老茶，当年就是侨销，做工精致，自然成型，再经过时间的陈化，如果存放系统比较讲究，那真是好。我不认为刚开始老茶卖得贵，它是中国茶叶史上被低估的东西。可是后来不对了，所有人都想有一饼红印，放在家里不喝而是拿来做吹嘘，一波一波的投资客进来，每10年翻几番，现在台湾市场上一片红印十几万元，大陆朋友托我带，说是100万元也要，这也太疯狂了，买的全部是预估的价值，而不是茶本身。"他说茶就是茶，对茶尊敬就可以，不应该拿来藏，拿来拜。"拿一饼百万元的茶放在家里供奉，意义何在？对人尊敬，不代表你就要磕头；对物尊敬，不代表你要捧之。"他特别强调的是守，"这么多次风潮，看你守不守得住。守不住，你稍微动贪念，可能你自己的茶生活就会粉碎了，人被消费完了。我其实有点有意识地压抑自己，还是守住要紧"。

　　冶堂位于永康街的家常角落里，这里是台北茶道的"兵家必争之地"，有点影响力的茶道家都会在这里设有自己的空间。冶堂在这里已经十几年，可是连招牌都没有，全部气质都是内敛的。装饰设计全部是他和老妻在操持，插花、设计茶器、挑选茶类，都有他们自己的独家特征——简单、朴素，没有强烈之处。最抢眼的，也就是瓶中鲜花了——仿照宋器的白瓷花瓶中，大捧的应季花朵鲜艳夺目。他从宋明画卷中学花道，自己再稍加变化。喝茶也是简化，都是他的妻子从里面泡好，然后从自己泡茶空间走出来，拿着公道杯一杯杯倒入客人杯中，看不到泡茶过程，只能全心放在欣赏茶汤上。"喝茶还是平常心，包括泡茶也是，你看不管怎么表演，杯子还在那里，器物再多，接触到你唇舌的还是一杯，从美感上、视觉上、触觉上欣赏茶，步骤能省略一定要省略，省到不能再省，最后完全表现的是器具的功能性的时候，茶的美感就自然而然产生了。"

他最看重茶的那点涩，他说："茶的种类繁多，再怎么不同的品种、不同的产地、不同的工艺，都脱离不掉来自真味的那点涩，那是来自茶心尖的味道，也是茶最重要的味道之一。"所以茶性收敛，感官上的涩等于精神层面的含蓄。做个茶人，先收，能对社会保持清醒的认识。 ∎

李曙韵：茶与器之延伸

𝒮 当下一杯茶背后的物质体系

还记得第一次去国子监拜访李曙韵时候，当时她的堂号名为"晚香"。一步步，从嘉义到台北，她的空间不断更换名字。晚香开在北京的国子监街上，小小的二层楼，乍看不起眼，不仔细端详轻易就会走过，可是一进去，就被暗雅的气氛包裹住了。茶架上堆满了各种新旧不一的器物，甚至不少是常人眼中的无用物：一块浸满了茶渍的丝瓜巾，满是锔钉的紫砂壶盖，一张破旧的竹帘裁减下来的茶席巾，这些废弃物的重新拾取，代表着李曙韵目前这一阶段的关于茶的心境：珍惜眼前物。

那块丝瓜巾杯垫放在她的茶书的封面上，有无数人去找同样的材料，学生们都想模仿。在她看来，这种模仿没有价值。她说："茶人的眼睛是慢慢修炼出来的，先天要有对器物的敏感，加上后天在茶事上的修炼，要直接用心去感受。"在台湾，李曙韵用的器皿范围最广泛，她不使用成套的茶器，也不区分古董和一般高仿，而是仿日本民艺大师柳宗悦，走了一条不一样的路。现在，台湾设计界和文艺界有大批她的徒弟。

本来她是以实验新材料出名的，怎么到北京这么静起来？在台湾，从前李曙韵的茶席中用玻璃杯，用亚克力板作底座，甚至用包装纸箱作茶席托，都让人眼花缭乱。可是眼下这里众多的旧器皿仿佛褪尽了火。对于这个疑问，她的回答是：一阶段有一阶段的性格，这茶席是她目前心境的对照。窗外的夕阳，把一只宋杯中茶汤袅袅上升的烟气照得特别清晰。"老物聚气好，这个杯子其实不好用，有很大的泥土气，可是我放在这里看茶汤，总有一用途。"

屋里有许多是文物，也有许多是高仿。文物和非文物，在她这里，都要物尽其用。比如手上正在用的薄胎包金属边的紫砂壶就是仿品，但是胎薄，散热快，而且一下子就传遍壶体，茶汤出来也快。"比起传世的老壶，它更容易用。老壶要养许久才能使用。"她的办法是，用米汤煮老壶，放置一段时间再用。"要选择自己适用的壶，清代的老壶如果很厚，也未必好用；只要是泥料好，新壶一样可以泡出好茶。"

杯子是德化的老瓷杯，民间旧物。"我也不太会断代，基本靠自己的眼力。茶人要能做到：一看就知道是老货还是仿造货。不过，不管价值如何，买回来就要使用。买回来不用，那是收藏家，我们是茶人，茶器不是买回来堆在家里观赏的。"为什么选这个杯子？"不是因为它老，而是因为它狭长的形状和杯壁的厚度，反映茶汤的敏感度很好，和我们今天喝的老茶关系很大。今天喝了老观音、老普洱，过一会儿还要喝老安茶。这个杯形窄，茶味残留在杯底会比较多一些，而老茶的香味，需要慢慢地品鉴。"她喜欢在不同场合用各种茶杯。上次搞梅花茶会，专门定制了一批杯子，杯底刻"疏影"二字；最近做茶与古琴的配合，茶杯上画的琴谱，分外合宜。

眼下这壶茶：茶用老安茶，产自安徽祁门的芦溪乡，不同处在于，泡到三四泡时，李曙韵加进去一些老茶梗，本来老茶要慢慢醒的，她一加进去后，劲道大了许多，整壶茶立体了起来。

烧水的壶用台湾金寿堂的凤首壶，上面还有错金工艺，不是为了好看，而是这批生产的铁壶，包括她手中的这把，煮水比较软。"各种壶我都使用，用这把铁壶，是因为此壶和五台山的水配合得很好，适合把水的密度感表现出来。"水是大陆茶友推荐给她的，刚来北京时，她一直用北京西山大觉寺的水，用五台山的水后，立刻发现了这水的优点，适合绿茶，也适合黑茶，因为能表现茶的细腻程度，对茶汤敏感的人都很喜欢。李曙韵说，上次有位陌生茶友来喝茶，一喝眼泪就下来了。

公道杯也与众不同，是专门请她的朋友——日本陶艺家安藤雅信烧制的，造型与众不同，外面的釉色也有金属的光泽，但是出水口非常细小，茶汤流出稳定而细致。"我专门用他烧制的器皿办过茶会，也请他在现场观看，最后烧出来的东西特别适合我们使用。"

茶席垫是旧竹帘，茶则是用铜打造成的，闪烁着斑驳的光彩；旁边是象牙雕的茶匙，也是她搜集的民间旧物；垫茶匙的，则是从日本的古剑上拆下来的菊花纹章。这一小角落最华丽，可是整个茶席却看不出哪里有一点点突出，浑然一体，素材众多可没有喧宾夺主。

这就是李曙韵的北京茶空间。不过这只是暂时的开始，各种材料，各种场景，都还要慢慢登场。她正在试验北方人喝茶用的杯子，她说："北方人喝茶喜欢用大杯，过去我们总是用台湾地区的茶饮方式来改造他们，其实不对，应该去研究当地的茶类和习惯才对。"

喝茶之茶器

仅仅看这宗盘算，就说明李曙韵的茶道具真不是流于形式的摆设。台湾茶文化的发展，依托的是清香乌龙茶体系，渊源于潮汕工夫茶，无论是杯形还是壶形，都要求将清香乌龙茶那种独特的香味充分发挥出来，结果慢慢形成了台湾自己独特的茶道方式。但是，用台湾事茶人的方法泡很多别的地区茶，未必就适合。

李曙韵是最早意识到这点的台湾茶人之一，她年轻时从新加坡来到中国台湾上学，勤工俭学在茶艺馆当服务员。"当时的茶艺馆不是专门喝茶的地方，还得搭配销售火锅才能活下去。"当时台湾南部没有专门的喝茶场所，她开始自己学茶的第一步路，就是尝试用各种器具泡各种茶。

第一步就是去寻找泡茶中的趣味：各种比赛，得名次最后不重要了，讲究的是"挑战评审"——这慢慢成了她的口头禅。当时还是台湾清香乌龙茶的天下，她偏要拿武夷山岩茶去比赛；她选个小女孩去泡茶，拿的是日本朱漆碗，鲜明的颜色在视觉上就冲击了所有人。"碗泡就是我最先推广出来的。"

在过去，台湾茶界泡茶的器具基本沿袭了潮汕泡法——壶加杯。她是最早从审美角度开始用碗的："有一年在台北故宫博物院的至善园，院长带众人游园，我正好准备茶席，当时用碗泡普洱，旁边摆放的梅花花瓣自然而然地落下来，在碗里成了梅花普洱茶，完全是不经意，可简直有种宋朝天目碗的感觉了。"

之后，碗泡成为她和学生们的招牌之一，用茶碗开汤，用汤匙来分茶，她的办法是将碗泡法与茶叶属性结合起来。有些人觉得不适宜，可她觉得有一定道理：古代茶碗比较常用，因为散热快，不易闷熟或闷馊，冲水进入的时候，还可以观赏叶形。现在苏州地区的碧螺春还延续用大碗泡，就是民间碗泡的遗留风尚。她觉得碗泡特适合绿茶，而稍加改造的是，除了碗之外，加上茶匙——可以在席间分茶，又能代替闻香杯，闻勺底就可以，在茶席上使用增添了趣味。

她保留了一把德化的老茶匙，柄已断了一半，可是有股老德化瓷的润泽，分茶也好用。许多人觉得不该继续使用，她不听。"茶器的使用，在有趣味，不一定在合理性上。"在苏州老园林听枫阁的雅集上，她的学生用青花大碗、老银筷和德化瓷匙，泡的是龙井，碗身和茶匙的弧度是精心选择的，两者特别贴合。别人会觉得龙井用玻璃杯泡就可以了，这完全不同的泡法，使龙井的香气在第一泡就已经很浓郁，保证了出汤快、散香快。因为绿茶娇嫩，也可用瓷匙挡高温的水，水流得慢些，避免细嫩的茶叶被迅速烫熟；而备用银筷，是将泡完的茶叶挑出。

在使用紫砂壶上，别人都会强调壶使用的便利，她却反其道行之，强调不便利。在台湾，现在茶人普遍用中国清代专门为出口日本制作的茶壶，本是她和朋友们推广的，原因也是趣味，这种壶有朴素的民间日用品感。"当时具轮珠属于不入流的紫砂壶，是清代大规模出口日本的，和中国所推崇的紫砂壶的器形稳重比，这种壶显得特别寒素，价格也便宜，别的老壶要几十万台币，它则远远不到，我就是喜欢它身上那种民间风格。"

其实具轮珠泡茶并不好用，"但是好也就好在不便利上，一倒就容易洒水出来。倒水的时候要像跳水运动员一样挑高一点，一般人初次都不太会用。但是，不流利有不流利的妙，否则要我们这些茶人干什么？流利就不涩，太熟练就没意思了。有点青涩地泡茶，才是好看的"。

薄胎紫砂壶也是如此。"这些做薄胎紫砂壶的土往往被炼过，烧结的温度高，只要坚持有这两项，茶汤的犀利程度就能全部表现出来。不要去管它名家不名家，贵重不贵重。"她的学生有一位用朱泥对壶，器物小，是民国旧物，同样很薄。她很喜欢这对壶：人少的时候，可以直接用单壶点茶，人多时，可以双壶出汤；一个人的时候，另一把壶可以当公道用。

为讲究席面的干爽，台湾茶人逐渐不再淋壶，而使用"干泡法"，只在壶下垫一壶承。壶承一般不大，储水也不多，有别于过去潮汕的壶船可以放很多水。她日常使用的壶承，选用明朝的老紫砂水仙盆，找学金属设计的同学在上面打了铜盖子，洗壶的时候，下面的热水会从铜盖的缝隙里冒出轻烟，非常美观。

别人绝对摒弃的玻璃壶和杯泡茶，她也不反对用。"可以观察茶汤的表现，包括茶叶的舒展过程，为什么要放弃使用呢？"在夏天的茶席上，可以增加清凉感，她觉得也很方便。不过玻璃杯只是偶尔用，她更喜欢用民间老茶杯。她比较喜欢白胎老茶杯，大小不一可以，但是胎一定要薄，这样，茶汤发散快，较能欣赏茶汤之香。基本选择有早期潮汕的枫溪杯、景德镇的薄瓷杯和日本的古伊万里杯。这些茶杯轻薄透，适合台湾的清香乌龙和绿茶系列。喝老茶的时候，她选用德化的明清厚胎杯，握在手中可以细细闻香，也适合老茶的稳重。她还有一只上面有多处补钉的民间老茶杯，她说，因为有缺憾，所以会感到生命的不圆满。

在潮汕茶体系里有杯托系统，也叫盏托，不过很奇怪，现在不再用了，反倒是一直出口日本。李曙韵喜欢的盏托是锡的，也是从日本淘回来的。她觉得金属和瓷有种反差，甚至有点像穿高跟鞋的美人。选平实的木托，则像穿了僧鞋的老实人，摆放在茶席上，可以让整个席面生动起来。

杯子不用的时候，可以放在木头或竹制的杯笼，这等于是杯子的房屋。她比较喜欢日本专门制作的杯笼，上面往往有文人题字，这题字，是收藏的茶人的精神体现。

煮水的壶，她个人喜欢夏天用银壶，冬天用砂铫。在台湾用银壶喝茶很合适，尤其是台风天气压低的时候，银壶沸点高，可以破解沉闷。她习惯用一把壶身壶嘴一次成型的日本北村静香银壶，唇很宽、很薄，泄水很好，不疾不徐。而冬天用砂铫，可以煎水更加通透、滚开，倒水时，因为砂铫本身的重量，一使劲，水就直接冲击进壶心，可以贯穿始终。除了这两个种类，她还鼓励学生们什么都要尝试。"黄金壶都试验过，你别说，还真好喝，水变得更稠，泡出来的茶有膏状感，不过多数人用不起，我也是偶然参加一次茶会才用的。"

之所以多样尝试，她的想法是，不要轻易放弃任何可以学习的机会。"就拿同一个品牌的铁壶来说，你尝试多了，就会发现，各个壶包含的矿物质和铁成分都不太一样。不同的茶遇见不同的铁壶，结果就是不一样。"

台湾近年流行"新古董主义"，也是她和朋友们推进的结果，就是用金、银、铁壶，也不要拘泥于古董。她和学生们所用的银壶，基本上是由台湾本地制造。使用木槌锤出来的壶身，外壳很斑斓，有木把，有的用花梨，有的用紫檀，花纹各异，既可以隔热又富变化，是目前茶界的新宠。"我还爱用陶壶，煮出来的水感觉和金属壶完全不同，非常活，因为沸点不高，煮出来的水特别柔和，有活力，生气勃勃，适合泡绿茶、白茶。台湾的文山包种也合适，包括红茶等要求出汤迅速的茶种，且价格低廉，也很巧妙。唯一不用的是锡壶，泡茶真不好喝。"

不过结论还是不要拘泥定论，要多尝试。最近的尝试是，用铁壶煮水泡白毫乌龙喝，这在过去是绝对避免的。"因为台湾的白毫乌龙是夏茶，要求水轻，总觉得铁壶的水不是很合适。可是没想到，最近在北京尝试了一次，还很成功，有一种人生初次相逢的感觉。"眼前的这杯白毫乌龙，就是她刚泡出来的。一般说，原产地的茶叶适合用当地的水泡，我们在台湾北埔，喝过她的学生古武南用当地泉水泡的白毫乌龙，有股特殊的香气。可是喝到李曙韵泡的，则有一股沉着的芳香，果真是更上了一个层次。器皿上的努力，都是为了茶的芳香，这是本原的目的。

☞ 茶席之器物

最早时候，台湾茶界也采用木盘作托盘，或者采用巨大的木船木台，后来改为软质的布巾，历届泡茶比赛逐渐被改变。

李曙韵在台北故宫博物院的某次茶席体验活动上，没有用布，而是用了亚克力的材料。上面放着玻璃杯，两者都透彻，是想展现一种透明感。半个月下来，亚克力上有了茶渍的斑点，看上去有别样效果。"很多人以为我用的是大理石。我的原则就是，不要放弃任何尝试，老器物、新器物都可以混用，关键是茶人之眼的养成。"除了亚克力，她带领学生们用彩色布匹来作茶席垫，去日本交流，用宣纸作茶席垫。"我们用的是古代水墨画长卷的仪态去寻找长卷的，后来干脆就用了宣纸，而且一用再用，上面有茶渍正好，像画面。使用的时候是慢慢展开的，展览长卷就像展开画一样，有种生命被打开的感觉。"

一卷宣纸铺展或者半铺展，长度适合自己的杯盘数目就可以了，放在日本庭园的长廊下，人人都觉得是中国特有的风格。最后她还动员学生们直接把自己每次茶会的心得手写在长卷上，墨水和茶渍混合，展开就是一幅特殊作品。除了这些材料，她还使用过壁纸作茶席垫。"很挺啊，也很当代，还可以重复使用，我非常喜欢。"她最近则爱上了旧竹帘。"我对学生们说，材料无所谓贵与贱，关键是你自己要去担当，你觉得你适合用丝绸去铺陈，我也不反对，你用旧纸箱铺陈，我也很喜欢，关键是你担得起什么。"最近她在国家大剧院做茶席展示，台北的学生们纷纷来帮忙，有的学生拿自己刚买的日本西阵织丝绸腰带作茶席垫，可是越看越觉得太刺眼，最后放在茶汤里泡了许久才拿出来。"好在北京容易干，很出效果。"李曙韵哈哈地笑说，她不排斥华丽，但是那华丽得和整体茶席的风格协调。

很多茶席道具，能够自己动手的，她一定让学生们自己动手。比如茶则和茶匙，尤其是刚入门的学生。"我特别希望他们能够亲手为自己做件茶具，竹的茶则和茶匙是最容易上手的。"台湾的高山之竹在冬天生长缓慢，制造结束后不容易变形，可以精细雕琢。"我还让学生们捡过公园里掉下来的大王椰子的叶片做茶则，稍微修整，就可以做出那些线条流畅的茶则。"她的学生中有职业是医生的，手劲很大，她叫他去指导同学们修理硬度很大的茶则，可以将竹子的肌理打磨得更漂亮。她自己使用的金属茶则实际上也是学生的作品，学生们在金属片上随意锤打，形成了特殊的花纹，每个人有每个人的特征。"这是伴随着他们上茶课始终的事物，很多竹茶则用出了主人特有的感觉，有的温润，有的凝重，就像他们的性格。"

"再来不及，也可以使用硬纸做，也有一种朴实无华感。"

除了茶则，她还鼓励学生们自己制作茶包。每次来上课，学生们会带自己的茶道具。外面包这些道具的包，有的是用多年布满茶渍的茶席巾改造的；有的是用粗麻布缝成的；她最喜欢一位同学的创意，将自己家里的旧衣物改成茶包。旧茶巾、旧床罩、旧汗衫，这些茶包带有熟悉的居家感，让人有温暖感。不过，就像她一贯的态度一样，每个人可以根据自己的爱好选择茶包。有位平时就穿名牌的女学生无论如何也用不了无印良品式的布茶包，最后李曙韵鼓励她定制了路易威登专门生产的茶包，她拿上也很适合自己的风格。"奢华与否，见仁见智。"

日本茶道称为"茶人"的东西，是一个小小的茶叶罐，随身携带是为了保证每次茶会的用茶新鲜。台湾茶人们随身携带的小茶罐，是为了泡不同的茶，包括彼此斗茶和交流使用，这实际上是一件重要的道具，不宜太大，因为不便于携带，多采用金属制或者是密度高的瓷罐，避免茶和外物沾染。李曙韵说，实在没有，也可以学习潮汕老茶人用纸包茶叶，打开时，就用这纸做茶则，另有一种素洁之味。李曙韵最常用的，是一个当年泉州城内胭脂巷口的老茶叶店张泉苑外销武夷山茶叶的铝罐小包装，大概已经有 60 年的历史，这是她日常使用的一件。还有一个日本搜罗来的铁茶罐，是一种很奇特的工艺，有点像石器的感觉，只有在一席多件金属器皿的时候，她才会使用这件，会和金属茶则、茶托互相衬托出不同的质感。

在她的茶席学习体系中，唯一人人拥有且不变的，大概就是手中这块小茶巾，普通的棉麻，用在席上擦拭各种水渍。久了后，按照她的说法，就像块"老卤豆腐干"。别小看这块茶巾，门下的学生们还经常拿这小物件来比较入门先后，后来者也有把这块小茶巾使劲泡在茶水里的。"可惜不太自然。这种东西靠速成是不行的，这也是我讲给他们的道理。"

她和学生们的很多器物被收进她的茶书里，有些人以为他们是要炒这些东西。她说："哪里的话，这些东西是要用一辈子的，不能离开自己。"

✒ 茶器皿的摆放空间

有了合适的茶器皿，还需要有合适的空间来展示，从出道开始，李曙韵就很重视整体空间的营造。她总说自己出道早，从十几岁在茶艺馆打工开始，她就努力使自己成为一位"事茶者"，她不太喜欢茶道的说法，而是喜欢在自己营造出的一种自然、素朴的空间里泡茶。

2000 年以来，她和另外几位名家一起推动了茶道比赛由单纯的美女泡茶外加华丽道具转向注重个性的茶席体系。台湾也出现了各个茶流派，她和学生们的这一流派的主要特点是：注重个性，注重民艺，注重培养自己的"茶人之眼"。

也许就因为年轻，她在台湾上课的时候非常严厉。学生们都怕她，包括年纪比她大不少的学生。去台湾北埔拜访她的古武南，年纪比她大，却是拜访了若干次才被收为学生。北埔是著名的台湾茶"白毫乌龙"——也就是"东方美人"的原产地之一。古先生的茶室，非常低矮，是当年客家聚落的祖宅改造而成的，也是当地政府赞助的对外开放的茶课堂，整个空间延续了台湾客家农村的装饰风格，红红绿绿而不失其趣味。因为房顶不高，所以干脆铺设了榻榻米，上面放置着台湾的木矮桌，有地道的本地因素。院落里有几棵咖啡树，而桌上的鸟笼空无一物，原来笼子里的小鸟站到了人的肩膀上。

这块空间，基本是按照李曙韵的民艺观念延展出来的。喝茶的泉水来自山头，茶是古武南多年追随的当地老茶人姜杞礼种植出来的，茶山是天然耕作，除了除草外基本不上山，茶园维持了自然气息。之所以能找到这种好茶山，和李曙韵的教导分不开，当年她交给他的第一个任务就是研究当地茶，一研究就是七八年。"他从台北回到乡下，慢慢脱掉了自己穿惯的阿玛尼，改穿茶人的布衣，现在你看他，完全想象不出当年的样子。"整个学生班底中，在上课的时候，很多人都会穿宽袍大袖的麻布和棉布衣服，颜色均暗淡。

当年古武南几次找李曙韵学茶，总被拒绝。"她坐在那里，看上去就是个小女生，可是身上散发着一股冷冽气质，拒绝起人来是没有商量的。"到第三次，收了古武南当学生，马上就给他一个课题：去北埔研究当地的东方美人茶。怎么找茶，怎么做茶，包括当地人与茶的关系，都在里面。这个看上去似乎和泡茶无关的课题，其实是向茶的上游延伸的一个典型调查。"看上去你只是茶的消费者，当所有的消费者都在抱怨农药加多、化肥增多的时候，李曙韵叫我们不要埋怨，好茶者，应该做到每个环节无疏漏，让我们上山去找茶，从后端影响到前端。"古武南虽是北埔人，但一开始对家乡茶事并无多少了解。"从前只知道闻茶的香气，看茶的外观。"刚开始和姜杞礼接触，也碰了一鼻子灰，让他去找那些产量高、价格低廉的茶山，后来因为他的坚持，才慢慢接触到真正的天然耕作。李曙韵在台湾的时候，带着自己的学生们来这里，她说："不要去迷信那些大城市里炒过头的有机茶，要看看老茶工付出怎样的努力。"在她看来，老姜师傅这样的乡间人物才是真正的巨匠。

跟李曙韵学茶的有不少是设计师，他们来到这里的第一件事是发挥自己的设计感，用素材强调自己茶席的与众不同。可是李曙韵让他们静一静，想一想，忘掉日常生活中那些逻辑，好好习茶比什么都要紧，要喝得出茶汤的趣味，"过度修饰茶席，反而远离了茶汤的精神"。

她认为，机锋太露，越容易暴露出弱点，耽误了人的茶性养成。留余地，才是符合茶人格调的事情。茶席的机锋在哪里？在李曙韵看来，就是由器物开始，慢慢走出一条道路，忘记逻辑，忘记规则，最后的规则，是每个人的内心世界。她有几次让人难忘的茶席，全部是走的这个体系。有一次《探索·发现》栏目要到台湾拍摄一个古中国风味的茶会，找到她，希望她能做一个有表现力的茶席。她选择在剧场做茶会，学生们穿着同色系的衣服，白色袜子，周围布置的是 7 棵 50 年以上的老梅花树，用了专门的梅花茶屏，而茶席垫上也有梅花图案装饰。中间是一幅台湾老画家楚戈的画作《我是北地忍不住的春天》，画的是早春梅花。参加者不乏台湾名流，其中就包括辜振甫。

各个茶席上布置的全部是老的冻顶乌龙，只有舞蹈演员罗曼菲例外，因为疾病，她不能喝有咖啡因的饮料，于是特意为她设计了含有竹叶、藏红花和点点金箔的茶，用天目茶碗。整个茶空间因为有了这点不同，越发耐人寻味。当梅花开始掉落的时候，整个茶席结束，茶人们渐渐退场，最后舞台上是一地落花。这个演出被命名为"茶闲梅花落"。辜振甫特别喜欢梅花，在他逝世后，他的家人向李曙韵提要求，把这批茶会的所有梅花道具用在他的追思会上，李曙韵欣然同意。

每个季节有每个季节的茶席。夏天时，她在台北戏棚办"竹外一枝香"。这个台北戏棚色调灰暗朴素，完全不同于上次古典风格的场面：全部选用 6 米高的竹子，七八十棵竹子构成了竹林，和拉起的布幕组成了完全不同于自然空间的新城市空间，竹影透过布幕反射出来，而茶人就在竹林间穿梭泡茶。有人说看上去像是电影《卧虎藏龙》里的场景。这是花一年时间准备的，所有的事茶人穿黑色，全部泡杉林溪的高山乌龙——这种茶有劲道的香，可用来比喻春竹。幕布还有一个作用，有时候会让茶人与喝茶者不见面：下面摆放的全是老桌，旁边摆设着像旧时候电影院的椅子，进入这一空间来喝茶的人心情开始是紧张，慢慢凝神起来，注意到幕布后透出来的茶人的一举一动。

但是这画面还是会落到生活本身上。"绝对不是为了好看那么简单。每一步都经过了精心策划。比如谷雨茶会，我们用碗泡安吉白茶，有鲜甜的口感。冬至那天，我们用炭炉烧水，用最老的工夫泡，一壶三杯的格局，一个学生只对应三位茶客，泡的是老茶，老茶在水里慢慢地活起来。茶是本身，但是这本身不妨碍你能突破。谷雨茶会那天，正好一名学生肠胃不舒服，我给她设计了用紫米和玫瑰花熏制的台湾花草茶，搭配着玻璃茶器和镜面的席地席，有一种葡萄酒的感觉，茶与人的缘分，就是这么缘分巧合。"

在她看来，由器逐渐走入人心，才是茶席的高境界。2008 年金融危机后，很多人问他们怎么许久不做茶会，是不是也受了金融危机的影响。李曙韵最后决定在台北的华山艺文特区里借用仓库来做台湾最大的茶席，当天是对外售票的，总共有600多人分5批参加茶会。空间布置用了灰色的石棉瓦，还有枯树的枝杈满贯全场，背景音乐是拜占庭时期的钢琴作品，异常冷静。最冷的还在后面，音乐到了中间会突然停顿，本来还在说话的人们听到音乐停顿也不知所措起来，10多分钟的冷淡时间，只有茶人们移动杯盘的声音，还有轻微的喝水声。"这时候让人有异样的感觉，每个人都会静思瞬间。"许多人难以忘怀这次茶会，是因为觉得这茶会有心理治疗的作用。

由器物开始，再从器物进入茶道，这是李曙韵的基本茶学精神。

随意一个夏天的茶席

"晚香"早已经成为过去，李曙韵到北京之后，已经换了数个空间，从国子监起步，去草场地做过自己的包含茶剧场的空间，然后是孙河52号院里的"茶家十职"，现在则是又回到798艺术区，在一个小小的院落里，做了新的"茶家十职"，这次的空间设计是连着画廊，不仅仅有茶道具、茶课堂，还有当代艺术品的展厅。她在茶之路上走得很快，变得也很多，很多人批评这种变化，觉得她是为了迎合市场，她自己的解释是，到了一个地方，会接受这个地方风土的影响，北方的高远的天空，大片的白杨树林，真的感觉自己的茶桌更开阔，自然和在台北的格局不一样。

受了北方风格的影响，她开始在茶席中使用一些大壶大杯，记得在孙河有一次去看她给我展示茶席插花，她表演了两种风格的茶席花，配合插花的茶席的基本元素，是陶艺家高振宇先生的紫砂壶，体格不小，非常稳重，压在桌上，与台湾乌龙茶体系日常流行的小杯小壶差别很大。第一件长案上的插花作品，选择了一条石榴的枯枝，枯枝的弧度，是悬崖峭壁式的直线，用嫩松、芍药和它搭配，芍药本来是繁华的，衬托枯枝和松树，一下子安静下来。李曙韵说，北方的天气干燥，会让日用花材难得一些，但是选择了枯枝，有点像拔地而起的一块太湖石，做插花素材，让茶桌多了很多意蕴，并不是说永远只按照既定格式插花；另一件茶席插花作品也是用高振宇的这把壶打底，配合了粉红色釉的杯子，烧水壶则用了纯金壶，一席的繁华。"茶可以简朴，可以奢华，这个奢华有点像给茶席带了个珠宝，带点朝气。"茶席花选择了日本的倾斜的一枝白色海棠，花之外，还有茂盛的绿叶，在支脚上，放了绿色苔藓，和海棠叶形成联系，白色的海棠斜压在桌面上，有一种花下喝茶的感觉。这两个作品，都不再属于她从前被人形容为"侘寂"风格的偏于日系的作品，带有一丝北方气息的豪放，她的不停变化，真是随着地域变化而改变的。

孙河的茶空间院子外面就是高速公路，所以有大批的白杨树，春天看上去很是生机勃勃，但秋天的时候则很萧索，冬天更是一片寒气袭来。我去过她在台北的茶室，台湾的茶室植物极其丰富，庭院内外，是数不胜数的绿，与北京完全是两种风格。但李并不惋惜于北方的植物种类少，她觉得去到哪里，就应该和当时当地适应，做变化中的茶席。也许就是因为"适应"这个原因，她的茶席在大陆影响力比较大，很多人根据她的教学视频学习茶席设置，做成的茶席都有了既定范例，一条长长的茶席布，上面放一壶六杯，搭配以茶则、茶针之类。

其实这个还是属于"不变"，没有及时感受到她的变化。变化才是她的主题，哪怕在自己没有空间的情况下，她也能根据别人的空间，做出自己的风格来。有次，在朋友位于工业园区的小空间"莨室"做一个茶席讲座，李曙韵带着一个小茶箱，这里的装修风格很简单，但她说，简单也没什么不好，所以选择的器物也简单，只要能设计出符合身体泡茶的动线就行。

简单不代表没有设计。带的茶席器物，都是日本陶艺家大村刚的作品，有几个方形的陶瓷设计，本来是墙壁装饰，被用来做茶席上的搁置，可以放茶则，也可以放茶针，方形的搁置一上桌，就让整个茶桌活泼了很多。李曙韵说，几个搁置像在桌子上制造了一个小建筑物，她选择了三件器物来配合这个建筑空间，茶匙、茶则和茶针，构成了一个三角形；正好也带来三个茶杯，也成三角形的陈设。各个三角形，在桌上形成了不同的组合。

说起来复杂，但其实相比起最初的茶席设计，还是简单的。20世纪90年代开始，李曙韵在台湾开始做茶席的推广，包括在剧场，在露天的环境，海边或者山林之中，茶席上都堆放过很多东西，后来越来越简单，只求茶汤为主，没有多余之物，所有的器物都是为茶服务，符合人体动线逻辑，而且希望一次摆放到位，不是反复去堆叠。简单，就是一切从实际出发，不断随着现实去改变。

她说90年代的时候，台湾很少有好看的木桌，流行用布来覆盖桌子，当时选的最多的就是日本的腰带，卷起来比较好携带，也像中国的手卷，后面她就慢慢不用了，在别人还在隆重秀和服腰带茶席的时候，她已经放弃了这种装饰，总感觉腰带是旧物件，上面沾染了别人的气息，因为都是特别珍贵的丝绸织物，又不能清洗，当然，最主要的原因还是用起来太日本了，慢慢就淘汰掉了这种垫物。而且随着时间推移，好看的桌子越来越多，越来越需要露出木头本身的纹理。

比如眼前这个旧木桌就很美，那就不用织物去覆盖，尽量露出木头表面，用了窄竹帘去做垫子，宽不过十五厘米，非常简约。竹帘上面的主角，是大村刚的陶壶，配了三个他手作的陶瓷杯，大地色系，壶是模仿清代传到日本的具轮珠，但因为是当代作品，加进了作者的理解，直流的炮口比较粗壮，很朴拙；公道杯则是日本的清酒器片口，两者搭配，很是活泼。在日本这样的壶一般是泡绿茶，但今天是用来冲泡乌龙茶，也适合。这个陶壶并不是低温陶瓷，而是高温，茶汤不会被陶瓷质地所影响，反而会变得厚重。这天选择的是一壶三杯，一般她喜欢一壶六杯，那是她设计出来的基础款式，主人一杯，客人五杯。但是今天是冲泡乌龙茶，所以选择的杯子少，符合传统的潮汕工夫茶体系。淡茶的时候，她会选择更多的杯子，比如喝生普，喝白茶，都是大杯，略淡，因为那样入口会舒服，且体感也会舒服；浓茶则杯子少，杯子容量也小，这样才能喝到茶的浓香。

她经常和日本陶艺家合作，当下很多日本的陶瓷作者也喜欢中国茶，开始他们的器物还是为日本茶服务的，现在他们也都开始喝乌龙茶、普洱茶，熟悉中国茶性，做的器物越来越适合中国茶发挥，最典型的比如高温陶瓷的制作，不再是日本陶壶的低温烧制法。比起常年使用的紫砂壶或者白瓷壶，这些作者的陶瓷作品更活泼，多了些自己的理解，她沟通的时候，要求他们保证烧高温，另外是茶壶、茶杯内部要施釉，这样茶汤的香气就不会被内壁吸附，对高温茶也有好处。加上陶壶的厚度比较厚，也能保温，能利茶汤。

男性陶艺家喜欢金属的质感，所以这几个陶器都用了金属釉，相应来说，茶桌上就多了一些坚硬的感觉，也因为这些器物不大，特意选择了高挑的茶席插花，蓝色的玻璃瓶里，放了巨大的马醉木，和金属釉的陶瓷器物形成对比，绿叶很软，茶器很硬。我们当天所在的茑室，墙壁很古朴，所有的器物和铺陈都在用自己的语言说话。正是夏天，当天的整个色系比较清冷，冬天的时候，就会温暖一些。

用日本陶艺家的壶，似乎已经成为她的标志。其实，在中国的茶席上，李曙韵觉得紫砂壶还是王道,尤其是喝高香茶的时候,泥料的特殊透气性,包括紫砂工艺的传承,都值得反复推演。茶席上若有一把好的紫砂壶,则整个场面都好了不少,"很容易通过紫砂壶看出你的茶龄,有些人在周边花了很多钱,但壶不买好一点的,就显得整个茶席没有了精气神,有历史感的壶放在茶席上,不用说话,整个就会发光。煮水的壶,金银器我用得多,好的煮水壶煮出来的水对茶汤有帮助,这些金属能让水软化;用不起那么贵重的,潮汕出品的砂壶也一样啊,我用砂壶煮水,感觉像老奶奶在煮红豆汤。"

✐ 在日本的一次茶会

在国内参加过李曙韵的若干次茶会,但在日本陶艺家安藤雅信的工作室的一次茶会还是让我印象深刻,可能是因为参加的客人都是日本人,有两种茶文化的冲突与融合,更为有趣。

茶会被安排在安藤的工作室,位于名古屋郊区的一座小山上。这个工作室实际上是一幢古老的民居,原来位于名古屋,有一百多年历史,20年前安藤买下来,进行了整体搬迁,现在看上去已经一点不突兀,和周围的山地之上的植物群形成了稳定的关系,漫步在这里,看大片的青苔、草丛中的秀丽的林木,都觉得非常适合"茶"。安藤说,日本的茶道,必然和庭院发生关系,欣赏庭院,在庭院中洗手,然后入席,是必然的过程。"茶会在日本是一种时间艺术,大家不仅仅是来喝茶,而是共度一段时光。"所以他也很好奇,李曙韵会带着自己的学生在他的工作室做一次怎样的中国茶会。

工作室只开放了一半,安藤说,遮挡一半,开放一半,也没有什么不好,日本文化里有这样的因素。但是对于李曙韵来说,就等于更多限制了,只能在有限的空间里玩游戏。每一间狭窄的空间都有使用规则的限制,很多木板都已经一百多年,使用中要尤其注意。"我想了想,发现可以把限制变成优点,比如我认真看了看这幢老房子,虽然很古老,但不是那种戒备森严的感觉,本来属于生活空间,里面有很多老器物可以使用,老的门板可以做茶桌,老地板踏上去会很响,老墙壁要小心翼翼保护,这些限制,都可以成为氛围因素,反而会让大家去发挥自己处理细节的能力,更加小心翼翼,不那么张扬放肆,也适合茶。"

院子里的古松和青苔,恰恰可以借景入室。春天本身已经很美,他们从院子里选了一些树木的枝条，摆放在茶桌之上，日本的茶室花很讲究，有一定的规矩，中国人的茶席插花则属于文人插法，随意而讲意趣，不需要像日本的茶室花那样供在龛里，跪着观看，而是放在茶桌上，可以随意赏玩，有一种生活茶的感觉，有学生从台湾带来了枯枝，用了庭院里的小花做搭配，简单自然。

这次的茶席，都是坐着喝茶，属于日本茶道中的"立礼"，去掉了很多日本茶道上的特殊礼节，人人都有种松快之感，但是带来的茶还是很隆重地冲泡。李曙韵和学生们特意选择了凤凰单丛和台湾高山茶。李曙韵说，日本人喜欢的绿茶属于蒸青，讲究其甜，但味道并不寡淡，她去静冈县看过他们做蒸青绿茶，要揉捻多次，茶汤滋味很是厚重，他们甚至会觉得中国的很多茶很薄，尤其是绿茶。所以这次就特意带来的高香的乌龙茶，泡好之后，芳香四溢，正好安藤的工作室专门准备了新派的和果子，有专门的传统点心师和西式点心师一起操作，用高香而浓烈的中国茶，估计能够搭配。

日本系统内，抹茶所搭配的和果子都非常甜，并不是没有道理，因为抹茶需要连茶叶末也一起吃进去，所以两者对冲，整体呈现"甘"味。这次的茶会上的和果子不是单纯的传统点心，照样也有高甜度，所以李曙韵和学生们特意选择了足够的投茶量，先是出汤比较快，让茶汤淡而芳香，接着越来越浓，开始的轻盈，转变成了凝练，有一个循序渐进的过程，希望一开始不会把客人们吓跑，而是自然而然进入中国茶的浓香系统，到喝完一壶茶的时候，正好饥饿感也产生了，这时候吃点心，也恰到好处。

这次来的很多是安藤雅信工作室的老客人，来过多次，也喝过乌龙茶，李曙韵说，还是希望给他们一些新鲜的东西，不仅仅乌龙茶泡法不同，迎宾茶也不同。在茶席开始之前，她正好看到院子里很美的一树梅花，就问大家喝过腌渍的梅花茶没有，结果大家都觉得很新鲜，梅花居然还能喝？她用一位日本陶艺家的茶盅，大如碗形，里面插一枝梅花，另用数个小盖碗，里面放盐渍梅花，后冲入茶汤，每个客人打开的瞬间，她都看到他们的感动，这种纤细敏感的美，确实能轻易打动两个民族的人们，不需要刻意设计。安藤招待了五六十名客人依次参加茶会，中国茶人带来的茶会和日本古老的茶会仪式非常不一样，有自己的礼仪。看着多年友人李曙韵精心布置的茶会，他觉得李确实找到了自己的路，那就是简单而充满变化：有中国台湾的茶空间审美，有中国北方的文人趣味，还有中国茶讲究的产地文化，几者融合，构成了一条充满想象力的茶之道路。■

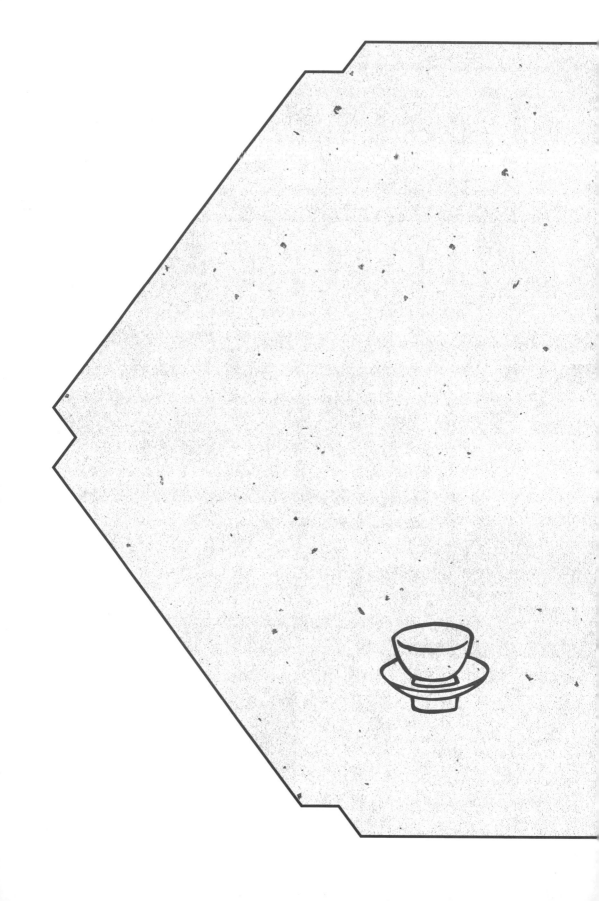

第四章

茶器

中国宫廷紫砂：工艺之美

20 世纪 90 年代以前，故宫的紫砂茶器在展品中并不起眼。由于过去"茶与茶道文化"，乃至整个饮食文化在故宫的专项研究中处于非主流地位，所以故宫古器物部门没有专门的"茶具"这一档，瓷器归瓷器档，木器归木器档，紫砂则归于陶器档，特别是紫砂器物，长期没得到重视，故宫一般将它们归类于三级文物，甚至属于非文物，近乎生活用品。

1971 年因为"备战备荒"，故宫博物院清理文物，将这些紫砂器和茶籝（装有茶具的箱笼）等器物都打包放在大箱子——也就是所谓的"战备箱"里。中间还有数次处理文物的经历，就是将一些够不上文物等级的锡罐（里面还存有老茶叶）发给故宫工作人员，让大家保留锡罐，倒掉茶叶。朱家溍先生的书里还有记载，现在想想都是非常匪夷所思的故事；一直到1997 年，因为港台的茶学研究之风传进大陆，研究员王健华将之陆续整理出来做研究，这批紫砂器物才得以呈现于世人眼前。

2000 年之后，故宫王健华将这批紫砂器与墓葬出土紫砂及流散在世界各地的紫砂进行了对比，提出了"宫廷紫砂"的概念。这是一批从风格到制作，再到气质，都与外界迥然不同的紫砂器物，其中紫砂茶壶尤其珍贵。

和一般人的想象相反，在故宫博物院成立后的漫长岁月里，紫砂壶一直默默无闻，王健华之前也是研究陶瓷的，并不专门研究紫砂壶。偶然的机会，1998年开始，她陆续将紫砂器整理出来做研究。当时故宫的紫砂壶没有一个明确细账，也没有出版过相应的专著，所以面对为数众多的紫砂器，她是先打开了外面包裹，慢慢清理干净，然后查取故宫档案，并与外界流传的器物细细比对，才慢慢确定年份和归属的。"过去老先生们比较明确的就是几把乾隆皇帝使用过的紫砂壶，非常有特点，或者刻有乾隆的御题诗歌；或者是现在失传的一些技术，比如紫砂胎彩漆描金壶。这几把清楚，但是大部分紫砂器物的种类和数量都是不清楚的。"

起头是在1998年，南京博物院有位老先生联系王健华，问她清楚不清楚北京故宫的紫砂情况，她说完全不知道，但是正在陆续整理中，但是这整理颇耗费功夫。2000年，上海举行清朝的紫砂大师陈鸣远的研讨会，让她介绍具体情况，可是那时还没完成这项工作。之后陆续出了研究论文，直到2007年，才正式出版了《故宫博物院藏：宜兴紫砂》一书。

故宫所藏紫砂，最珍贵的还是茶具。明朝开始，皇宫开始陆续收藏紫砂器物，但是并非外界通常所使用的简单的紫砂壶。王健华说，她的研究结论是，当时宫廷审美与外界审美不同，追求华丽，难以欣赏刚问世不久的紫砂壶所带来的那种朴素感，宫廷有文献直接呼之为"土缶"，觉得弥漫乡野之气，难登大雅之堂。即使是出自名家之手的器物，也需要有别样的包装才行。

故宫有件全世界仅存的时大彬所制的内胎紫砂、外为漆雕的壶，特别能说明这一点。时大彬为制壶大家，现在不少作品出土于明代墓葬，国内很多博物馆也有其作品。王健华说她四处寻访过，最近还在无锡文体局见到一把出土于甘露乡的华师伊墓的时大彬壶，名为如意纹盖三足壶，非常精美。"那时候属于紫砂的初创期，有一种质朴的美感，非常圆融自然。虽然加工精细，但可以看出手工的印迹。那种古朴美，要放在当时环境中去看，不是漂亮，而是自然本真，其实就是紫砂壶处于童年阶段的那种美，看着特别干净。"

但是，这种注重肌理美和泥土素朴感的东西，当时的宫廷一件都不收藏，整个明朝没有收藏素面素心的本色紫砂。故宫博物院现存的时大彬壶，外面髹了几十层红漆，四面开光雕刻各种锦绣花纹，正面是松荫品茶图，底和柄都是飞鹤流云图，底部髹的是黑漆，透过漆可以隐隐看到里面的"时大彬制"落款。整个器形为四方形，圆口，曲流，从弧线和设计上，看得出时大彬的功力。当时这种制作非常麻烦。"我们有漆器专家研究过，这种制造方法不晚于万历年间，每涂一层，需要在地窖里先阴干，然后再涂，所以需要一两年的制作周期，黑色的壶底漆下面仔细看，有隐藏的'时大彬制'几个字，这也是故宫所仅有的。"

壶的造型也别致，属于方壶造型，当时紫砂制作都属于拍泥片成型，可能做十个圆壶，才做一个方壶，因为不好制作。这把壶方中还带有曲线，属于别出心裁的造型，也许正是这个原因，才被宫廷收藏。

但是，另一个疑问产生了：紫砂注重透气，那么这件髹漆壶是使用还是不使用？有另一件髹漆的残壶，似乎能说明这一问题。这壶原为提梁雕漆壶，为皇太后的寿康宫所用，按照现存的一些文字证明，原本应该为一对，另一只不知所终。现存这把壶的提梁已经断了，只剩下溜肩壶身，外面的漆也掉了，露出了栗红色的细润的砂泥。按照专家的研究，这把壶应该出自明万历年间，由使用的程度来看，不该只是观赏壶，肯定使用过，而且是日常使用品。但时大彬这把壶在王健华的反复观察中，应该没有使用痕迹，可能就是当时的髹漆工艺还不过关，热水冲入之后，可能会让漆皮剥离，所以这把壶干脆就只供观赏，而没有使用。

不过宜兴本地的名家对加上漆的紫砂未必赞赏。高振宇就说，紫砂就是要透气，看到故宫里的这把壶，他非常难过，觉得是化了浓妆的壶，失去了宜兴紫砂的本色，紫砂表层的肌理之美也丧失了——这似乎代表了民间和宫廷的审美的绝对分野，真正对素面紫砂器物的欣赏，要到雍正朝才开始，和雍正个人的审美有很大关系。

值得注意的是，两把壶都属于大壶。当时宫廷使用的壶普遍偏大，包括清宫所使用的壶，南方流行的工夫茶的喝法并不为宫廷采用。而且，不存在工夫茶喝茶过程中的淋壶、浇壶等行为，宫廷觉得这个"野"，一般也就是泡好茶后再倒入茶杯中饮用，所以，这些外部有装饰的紫砂壶的外部纹彩不需要总是和热水接触，有助于其保存。

除了这两把壶，故宫博物院收藏最多的明朝紫砂是名为"宜钧"的器物。所谓"宜钧"，是当时宜兴生产的挂釉紫砂，因为当时生产技术的粗陋，素面紫砂的表层还很粗涩，为了弥补，往往再挂上当地出土的釉，釉色乳浊但是富有变化，主要有天青、天蓝还有米色、月白等颜色，和河南的钧窑有相似处。"我们去当地平角山发现了一些碎片，基本上是宜兴本地的釉，涂抹在陶上，然后烧制，按照当时的烧制条件，温度不超过 900 摄氏度，各种颜色的残片也很漂亮。"

这种紫砂材质的文房制品受到了宫廷审美的认可，流行后，开始专为宫廷烧制了一部分。"宜钧"胎体轻薄，上釉再烧制的过程中很容易破碎，所以当时就有记载，似有佳者，但不耐用。虽然如此，紫砂器物表面粗涩的特性被弥补，因此达到了皇家御用的标准。故宫博物院所收藏的很多是文房陈设器物，有仿的古汉方壶、葫芦瓶、各式笔山等，釉色为灰蓝与深蓝，外加灰绿的混合中间色。当时最流行的一种颜色是灰蓝，有一件海螺笔洗，被称为"灰中有蓝景，艳若蝴蝶花"。一直到雍正年间，这批陈设物还在使用中。

比较出名的还有几件，其中一件是天蓝鸠首壶，肩颈处有弦纹，扁球腹，颈上有人水孔，外面的天蓝釉光亮照人，很匀静。当时宜兴有欧姓造"宜钧"最出色，所以也叫"欧窑"。这把壶应该就是欧窑所造，代表了当时的最高水准，除了清宫旧藏，别处没有看到。除此以外，还有天蓝色的花囊和花插，器形仿古，非常典雅。一件灰白色的笔山，上面有明确的纪年铭，还有时大彬的款，也代表了当时的高水平。这些器物在宜兴当地都没有被发现，可能是专门烧制出来进贡宫廷的玩物。

明代的紫砂壶在宫廷很少出现，其实还是民间喝茶文化的折射。明洪武年间，散泡茶开始流行，但紫砂壶真正开始使用还是在明代中期，当时也不成熟，都是民间社会使用，从晚明开始，才逐渐流行紫砂壶泡茶法，宫廷里不出现紫砂壶也是正常现象。

🫖 从雍正开始的紫砂器物升华

明代宫廷所藏的紫砂器物，尚不能被称为"宫廷紫砂"，只能算是地方进贡的一些宫廷玩物。清朝初年，宜兴陶瓷业发展，康熙开始在宜兴定制紫砂的素胎，然后在上面画珐琅彩，画的图案都是皇帝所批准的，而画手都是宫廷画家，最后再二次烧制，这些才成为"宫廷紫砂"，只供皇帝本人享用。

当时康熙喜欢在各种器物上做珐琅彩的实验，比如金银、玻璃、瓷、锡等胎体都试验过，紫砂壶也出现了一批珐琅彩精品，但是现在基本藏在台北故宫博物院。有一系列的康熙朝的紫砂画珐琅精品，北京故宫只有一件残品。

2000年，北京故宫博物院在瓷器库翻检到一把珐琅彩的残缺紫砂壶，从壶上的花纹造型和下面的年款分析，应该是康熙中晚期所做，但是壶柄和流都已经不在了。从壶本身看，栗色砂泥很润泽光滑，上面的各色珐琅彩也已经不太鲜艳，但却是故宫博物院唯一存世的康熙珐琅彩色壶。

雍正放弃了在这么多材料上做珐琅彩的实验，基本局限于瓷器。再到乾隆，又制造了若干紫砂珐琅彩壶。不过康熙、乾隆时期的这批壶，基本也都不在北京故宫，而是被运往台北故宫博物院去了。我曾经在台北故宫博物院看见过康熙的数把珐琅彩的紫砂茶器，颜色艳丽，花样上还有许多西洋花卉图案，尚未完全形成中国花卉的风格。那还是珐琅彩尝试的阶段，在不断研制和创造中，包括颜色都有许多调配。

从雍正开始，素胎的紫砂壶开始进入宫廷。雍正的审美水准很高，他开始欣赏那些不那么华丽的东西，紫砂的肌理和泥土本身带来的美感他也可以接受了。王健华觉得雍正自己就是工艺美术学者，"能设计，能批评，而且拥有至高无上的权力，可以指挥所有的工匠为其所用，当然是绝对的美术大家。"

"没有哪年具体进入宫廷的记载，但是在清雍正六年、七年的档案谈到了宜兴壶，那时候，康熙、雍正的档案中都用的是宜兴壶或者宜兴砂壶，而不是紫砂，没有这个词。"

雍正也喜欢珐琅彩，不过他并不喜欢在紫砂上绘画，他主要的实验对象是景德镇烧制的白瓷，既有当时下令烧制的，也有前朝永乐年间的，所以诞生了大量的精品珐琅彩瓷器。但是这并不表明雍正不喜欢紫砂。翻阅《清宫造办处各作成活计清档》中的"珐琅作"记载，雍正喜欢宜兴壶的款式，甚至将之作为景德镇瓷壶的范本，要求仿造。因为宜兴壶能够根据砂土的调性和泥土的特色，烧制出比较有个性色彩的造型，比如高提梁壶、圆提梁壶、三叉提梁壶，壶嘴有的向外挣张，有的向里收，壶身也有很多变化。虽然不像道光后产生了系统的"曼生十八式"变化，但那时候，壶身的变化已经在尝试中。

因为造型的美观，雍正觉得紫砂壶的器形不仅可以用于瓷壶，也可以用于银壶。由于他挑剔的审美，他还会在官窑瓷器中稍微改变紫砂造型，并不完全照搬。比如雍正时期有把著名的柿蒂纹扁圆壶，阔口圆肩，出水的流很短，粗环柄，表面上有突起的浮雕柿蒂花纹，因为花纹周边翻卷，有一定厚度，使光洁的壶体有了圆雕的韵味。从另一方面看，这把壶还是典型的晚明器形，有民间造物的朴拙感，所以雍正叫造办处仿造时，要把水流放长些，壶身做得圆些，正好弥补壶本身的不足。

雍正多次命景德镇按照宜兴壶的方式烧制瓷壶，造办处也留下了不少记录，当时景德镇的官窑因为严格依照法度，反而不像宜兴有对待泥土的丰富造型能力。紫砂无拘束，可塑性强，与官窑相比，是有个性的艺术，所以雍正数次给时任景德镇督陶官的年希尧出样子，要求非常清晰。有的还要把木样拿到景德镇仿造，比如一把木样的菊瓣壶，上面再上各种釉色，包括珍贵的郎红，还有霁青。当时年希尧受雍正的造型法度的影响，写了本透视学的书叫《视学》。他向一些西方的宫廷画家学习了透视的尺度，把壶按照三维立体的办法分成很多部分，用几何比例去规范，每个壶都要求符合黄金比例。

受其影响，当时出现了很多新造型的官窑瓷器，有斗彩提梁壶、粉彩圆壶，还有仿钧菊瓣壶。雍正朝只有13年，可是王健华研究造办处档案发现，其中11年里，造办处的档案里都提到紫砂壶，说明雍正对当时的紫砂壶有了自己独到的欣赏和审美判断。

因为挑剔，雍正所欣赏的紫砂壶并不太多，整个雍正朝被首肯的壶只有寥寥几把，进贡上来不好的壶基本都用于赏赐了。宫廷存壶除了那把柿蒂壶，还有一把端把壶，也讲究协调，口、流、柄都高度一致。另一把扁圆壶，造型规整端庄，制作细腻。还有一把圆壶，造型也是文雅脱俗，表面上紫砂中掺杂有细密的黄砂点，可是摸起来特别细腻，这也是雍正朝几把壶的共同特点。

这几把壶，本身的砂特别精选过，200多年没有使用，表面还是很润泽。不像现在的很多壶，两三年不使用就很干涩。现在分析，很可能清代紫砂使用的是最好的陈化泥料。这种泥料，经过多年的陈腐期，氧化程度很高，所以很有黏性，烧出来没有沙眼之类。这一点，在日本参观一些老陶瓷作坊也会发现，孙子辈使用的是爷爷辈的陈化泥，但是目前在国内，因为这种泥料少，所以很多人烧紫砂会烧两三遍，反复烧成，但是宫廷紫砂就不会。"没有养壶一说，反正都是独享，自己使用，所以很多壶使用次数并不多，但都很润泽，我们推断还是泥料好。"

🍵 精美的紫砂茶叶罐

不过，虽然雍正喜欢紫砂壶的造型和素面的肌理，可他并没有落下自己的款识，说明这还不属于他专门为自己制作的物品，不像珐琅彩那样。这是不是有点矛盾？一方面喜欢，可是另一方面又不落款。王健华解释说，雍正性格敏感，审美也带有自己极端的情绪化，有可能是他觉得，在泥壶上写上自己的款不太合适。而且，雍正落款的东西并不多见，档案记载，雍正稍微看不上眼的东西都不太会落款。这也和他的成长经历有关。他在自己的潜邸雍和宫中有专门的匠人房，这些匠人，是他从全国搜罗来的。那时候尽管他还没继位，但是手里的匠人活计，不比宫里差。他把宫廷里的大气和民间的技巧都结合起来了。"雍正朝的几把紫砂也是这样。他把民间文化里精华的东西吸收进了宫廷，然后丰富和提升了宫廷文化，这就是他的独到之处。"

那么怎么断定这些壶属于雍正朝？王健华说，她是根据纹样和造型来断代的。比如有些玉器有款，属于雍正朝，这些可以推导出某些紫砂器物也属于雍正朝。纹样也是如此。紫砂砚上面有雍正朝蝙蝠、云纹和寿字独有的画法。这些砚台的紫砂含量只能达到 60%，其余的要掺澄泥，否则没法下墨，因为紫砂太吃墨，就渗进去了。

还有芦雁纹的茶叶罐，这是雍正喜欢的纹样。当时朱泥比较珍贵，也难以烧成大器物，大物容易开裂，所以雍正用其烧制了若干茶叶罐。芦雁纹是明清宫廷喜欢的装饰图案，雍正让高手来装饰，用很细的泥浆来堆绘，比一般的要内敛含蓄，更凸显紫砂的泥质感。上面四只大雁正在游戏，可是看上去又很淡雅，显得很闲适——朱泥的色彩很鲜艳，也很光润，但是并不张扬，这就是他要求的感觉。整个茶叶罐小口，长圆腹，平底，子母扣扣得很紧密，盖子上用楷书刻了"六安"二字，当时应该是地方用锡罐大量进贡茶叶，然后他再分装到小罐，便于随时取用。

这种玲珑小巧的茶叶罐是雍正的常用品，类似的还有三件，上面分别刻有"珠兰""雨前""莲心"等，应该都属于江南进贡的绿茶。雨前茶罐是六方体，六面都堆绘了花鸟纹——现代习惯，一般会选用瓷器做绿茶的茶叶罐，怕染味。可是雍正选用了透气的紫砂罐，一是因为罐小，所放茶不多，很快就能喝完；二是可能他希望茶叶在里面能保持活性；三是茶叶罐制作精巧，上面的盖密闭严实，盖里还有叠压盖，封住后不容易跑味。这些看起来不起眼的茶叶罐，其实很难制造，王健华说她跑了几次宜兴，找了若干大师想恢复重做，可就是做不出来，要不肥，要不就是整个太厚，掌握不了制作的精髓。精巧的小茶叶罐，从另一个角度说明了宫廷茶道的精致。茶叶的分门别类，包括茶器物的精心定做，从雍正开始，至乾隆到了更精美的程度。

🍵 乾隆的紫砂器和茶具

与雍正不同，乾隆喜欢的器物大多富丽堂皇。因为他喜欢茶，一生就没有放弃过茗饮，故宫里的建福宫有他专门的茶室——玉壶冰。所以他的时代，整个茗饮器物，从造型到装饰风格更是登峰造极，特别容易辨别，而且多有款识。从艺术角度看，可能不如雍正朝的耐看，可是从工艺角度，基本上都异常完美。

乾隆把各种工艺都用在紫砂壶上，比如戗金、描金、模印、雕刻、彩泥堆绘、罩漆涂衣、地漆彩绘等等。其中，紫砂胎彩漆描金的一对瓜棱执壶特别艳丽。当时乾隆在宜兴特意定制了两把瓜棱壶，盖子也是瓜形，盖及壶身都是绿地描金粉彩莲花蝙蝠杂宝纹，以金彩为主，点缀了红、黄、蓝等颜色，圈足内有"大清乾隆年制"的印章款。说明乾隆也认可这些壶属于自己时代的精品，和雍正不一样。另外还有一个原因，就是乾隆彻底解决了紫砂胎与彩漆结合的问题，而雍正时候的产品，还有漆面和紫砂剥离的。

"现在也有仿造乾隆时期这种壶的，可也完全不像。主要还是乾隆的制壶款式大方、高古、圆融，现在做不出来。泥的东西，不能过于花哨，不符合其属性，丧失了法度不行，现在的东西就有这个问题。而且当时的漆工水平很高，造办处已经解决了彩漆与砂胎的黏合问题，结地特别紧密，已经融合为一体了，经过了几百年还是光彩夺目，金碧辉煌，甚至比粉彩瓷器还要有装饰效果，所以成为乾隆最喜欢的放置在养心殿的御前用品。"

还有运用黑漆描金工艺的壶，乾隆有若干把。雍正时候这种工艺已经发展，不过雍正喜欢素面壶，并没有大肆使用，到了乾隆时期工艺成熟，彩绘非常完美。嘉庆、道光后，这种工艺失传。日本有类似的工艺，但是相比之下简陋许多。

这些富丽堂皇的壶，基本在实际品茗中不使用。因为热水会损害漆面，所以它们只是陈设品。真正使用的一些素面壶，一直到现在，还能看到里面的茶垢，说明宫廷中一直在使用它们。不过，这些素面壶也是经过精心的堆绘和刻字的，符合乾隆的审美风格。雍正时期的堆绘技术发展到这时候已经相当成熟，但是雍正似乎更喜欢泥料的颗粒感，所以这种不太多，但是当时已经可以把泥浆磨到和墨一样细腻，也不能太稀或太稠，然后让宫廷画家在壶身上作画，有松树山石图，也有文徵明的《烹茶图》，另一面则刻有乾隆所写的各种茶诗。有些壶刻好字后，再做描金工艺，制作非常麻烦。整个乾隆朝留在故宫的紫砂壶也只有 20 多把，在乾隆之后，这种工艺基本失传。

乾隆还留下了若干紫砂茶叶罐，相比雍正时期的，无论造型还是工艺，都更加富丽。光泥土就有六七种颜色，包括深姜黄和浅粉黄，上面也有乾隆的御题诗和烹茶图的堆绘。许多茶叶罐还能和茶壶配对，在造型上、刻字上和大小上都有对应关系，原来这是为了乾隆的另一件常用物——茶籯所配备的。

所谓茶籯，其实自唐开始就已经有了，是提各种茶具在野外烹茶用的提匣，明清盛行于江南文人圈。乾隆定做了许多精致的茶籯，有各种材质的，包括紫檀、黄花梨、瘿木等，也有用竹器包皮而成的。最精美的是，当时的宫廷画家，包括邹一桂、于敏中等人都专为这些茶籯画了微型的山水画裱在上面。可惜的是，由于保存不善，王健华拿到的时候，旧藏的这几个茶籯全都是散的。"这些画贴在上面都烂了，净是窟窿，后来我把它们捡齐，重新修补了。其中有名臣于敏中的小楷，邹一桂的微型山水图幅。这些提笼画都是当时的宫廷大画家作品，能为皇上画这些精致小品是莫大的荣誉。邹一桂的提笼画已经没了，圆明园里全烧了，但在这儿找到了他的提笼山水。"

茶籯外面有一个竹编的套，但都已经烂了，成碎末了。"我们找南方的竹器皿产地，找了很多人。可是任何人都编不了，拿着样子也学不会。都不知道当时是怎么编的，只是弄出个大致的样子。整个茶籯挡板都是活的，原本装什么，我们也不知道，筐里有什么就给搁进去了。"现在还有比较完整的一套，除了造型各异的紫砂茶壶和茶叶罐外，还包括有：锡里的雕刻花纹的炭盆、紫檀木海棠花式托盆、黄铜铲、锡水舀、炭夹、铜筷、茶漏等等。另外，还有乾隆特喜欢的一种竹编在外的铜骨茶炉，用于煮水，当年定制了 20 多件，放在他常去的各处，现在存有 7 件，只有一件完好。

这些茶籯基本属于乾隆，雍正的壶镶嵌不进去，由此可见乾隆的爱茶程度之深。"这些器物的存在，说明乾隆不仅仅是喝茶，其实他是在玩茶，如果说真有宫廷茶道，他就是最大的实践者。"王健华说。

乾隆之后，清朝国力开始衰退，宫廷紫砂也迅速走向下坡路，"别的宫廷使用品也是如此"。实用代替了审美，嘉庆、道光等时代的壶基本上偏小，嘉庆不喜欢紫砂，所进的壶基本比较随意。也有不少宣统年间的提梁小壶被发现，这时候，宫廷已经不太定制了，偶尔能发现极少数定制壶，不少署名的名家壶也被宫廷使用。所以，这个时候，故宫的紫砂壶从典雅富丽走向了简单实用，名家精品也只是展现民间的流行气氛而已，在王健华看来，这些已经不能算宫廷紫砂，因为已经没有单纯的宫廷风韵了。

当时不太使用紫砂杯，乾隆喜欢用瓷杯，可能是觉得瓷杯洁净，与江南文人相同。之所以用壶泡茶，是因为透气性能好，自然，与绿茶的属性也相互印证。"雍正和乾隆都将喝茶视为接近自然的方式，这也决定了他们使用的物品的属性。"王健华说。雍正时期出现了瓷盖碗，但是这些盖碗都属于个人饮茶所用，下有茶船防止烫，上面的杯盖是用来挡开茶叶的，并不是当茶壶用的，现在很多人拿着泡茶再分茶，在宫廷历史上不会出现，本身皇帝的茶也不会与人分享。

除了茶器，故宫还藏有大量的文房紫砂用品，包括笔筒、砚台、香炉、花插等，其中不乏精致的佳作，不过，这些与茶的关系比较远了。■

日本古茶具：博物馆里的茶道轨迹

日本的古代茶具，基本存放于私人美术馆和博物馆中，所以要想在日本一次性看完珍贵的茶具文物，几乎完全不可能，主要是因为私人博物馆开放时间不确定，并且也没有规律可循，全看管理者的安排。有些珍稀器具，基本不对外公开展览。但日本的众多博物馆中的古代茶具，是茶道发展道路的重要佐证，所以还是尽量去开放的博物馆参观了一批珍稀茶具，包括难得一见的曜变天目。

🍵 唐物的流传：天目碗及其国宝地位

随着村田珠光、武野绍鸥和千利休所推广的清贫主义的审美风行，具有草庵风格的简单、朴素甚至粗陋的茶器物，开始成为日本茶道的主流风尚，但是值得注意的是，并不是说唐物就彻底消失了，而是人们开始用一套不同的审美体系去挑选、欣赏和使用唐物。

在京都见到当代乐烧的继承人吉左卫门，他的先辈是为日本茶道的一代宗师千利休烧制茶碗的长次郎。千利休的茶道审美系统彻底颠覆了日本的茶学体系上的审美，侘寂风格的流行，导致昔日贵重无比的唐物逐渐丧失了踪影。那么这些唐物到哪里去了？被隐藏起来不使用了吗？我们问吉左卫门，他告诉我们，肯定没有，只要耐心找，唐物在日本茶道体系里比比皆是。拿日本现在的茶具体系来说，抹茶道中所用的大多数器物，无论是茶架、茶釜、茶罗、茶勺还是茶磨，虽然到了日本，经历了许多改革，但基本上仍没有脱离宋茶道的影响，基本和宋代所用的器物形态一致。

不少名家所用的小器物，例如茶叶罐，还有很多是古董唐物，这也是最让他们自豪的。因为抹茶道发展到晚期，尤其是德川时代，随着有实力的新阶层兴起，例如贵族武士，他们又开始注重茶会的豪华格调，搜集曾经珍惜的唐物，使唐物的价格再次上涨。不过，到了幕府时代，大批唐物又流失到了民间，所以，现在不少茶道流派高手都有一件两件天目碗。

天目碗始终在日本的茶具体系中占有重要的位置。实际上，"天目碗"这个名称不是中国古代陶瓷文献中记载的，而本就来自日本的文献，因为将宋时饮茶方式和茶种带回日本的荣西禅师就在江浙一带活动，所以有说是因为茶碗从天目山带回而命名为"天目碗"。这个说法在日本被普遍接受，但在浙江一带天目山烧窑也没留下什么记载，直到 20 世纪 90 年代才在西天目山区发现了一些窑址，其中的瓷器碎片中有黑釉瓷，而且上面有油滴、兔毫等花纹，解决了人们长期的疑问。这片区域都属于建窑系（也称建阳窑），而建窑，宋以来就以出品各种黑釉中带有兔毫和油滴的茶碗而著称。

建窑出品的黑釉茶碗，是宋人推崇的饮茶道具，宋徽宗和蔡襄都有专门的描绘。这里的黑盏的特点是口大足小，胎体厚，最厚在足底，由于胎厚烧成的温度比较高，所以坚实，但是最大的特点还是釉色，除了纯黑色，还分为兔毫斑纹釉、油滴釉、杂色釉，最珍贵的是曜变釉。前几者虽然也珍贵，但是窑工掌握了其中技术，气泡从釉中出现就会留下各种变化，有规律可循。可是曜变釉是窑变产生的，不以人的意志为转移，现在传世的三件物品，全部在日本的博物馆中，其中静嘉堂文库美术馆藏有一件，瓷器专家形容为"宝光焕发"；大阪的藤田美术馆藏有一件，被称为"可见宇宙"；京都大德寺龙光院收藏的一件，是该院传世之宝，被称为日本的"大名物"。

另外的几种，油滴、兔毫，包括传说中鹧鸪斑的天目碗，则在日本的博物馆中比较多见，包括里千家、表千家和武者小路千家几个流派的家族博物馆中也能看到。最出名的一件油滴天目碗，原来为丰臣秀吉所藏，现在为大阪市立东洋陶瓷美术馆所藏，黑釉中有大大小小的银色油滴，1953 年也被列为国宝级文物。

从南宋以来，日本就开始搜集中国的天目碗，中国国内反倒越来越少，尤其是宋抹茶道废弃后，日本更是大批进口天目碗。到了足利将军时代，天目碗中的名物都一一登记在册，曜变釉被视为世之重宝，油滴为第二重宝。因为天目碗被看重，中国其他窑口也开始生产类似建盏的器物出口，包括吉州窑、定窑等，但是他们烧制的盏都保留了自己的特色，釉色多变，有灰色、青绿色等等，也都被统一称为"天目"。日本收藏家经常说，自己手中有绿天目、黄天目，就是说的这些。

唐物天目在日本的总量还是很大的。出了博物馆，包括很多古美术店都有不少，不过随着越来越多的国人前往淘宝，导致很多古美术店要么涨价，要么在门口贴上启事，上书本店只有日本茶具，没有中国茶具——因为现在中国人并不喜欢日本茶具，国人也并不喜欢这些日本人奉为名品的天目碗，觉得购买回来并没有用处——提前写在店外招牌上，大概是为了少费口舌。

其实一般的天目碗索价不贵，几千元人民币就能买到，我曾经在几家店里看到北方窑口出品的茶盏，造型、釉色都古朴，只是没有纹饰，要是有研究古瓷器的兴趣，倒是一个好选择。

除了上述几种，还有特别珍稀地在黑釉或酱色釉上施加金银彩色的，现在东京国立博物馆藏有两件，一件是牡丹纹，一件是蝴蝶纹。这两件，不一定是建窑所产，很可能是苏东坡称赞过的"定州花瓷琢红玉"，将草茶研末，放在酱褐釉的茶盏中，颜色对比也很鲜明，是早于蔡襄的时髦喝法。不过现在这类瓷器国内同样看不见，基本流传在欧美和日本的博物馆中。

明代晚期，从中国学习了煎茶道的日本同样流行"唐物"，日本茶器的很多名称得自中国茶器物，如明朝文人著作中管茶壶叫"注春"，用以注茶；管分勺叫"分盈"，意思是量水的斤两；管茶杯叫"啜香"；"苦节君"为竹茶炉，"乌府"是盛炭的炉子。现在的日本茶道集会上，这些名称都一一保留着。所以，日本的茶器变化实际上和中国茶器的变化几乎同步，并没有太脱离中国唐宋明茶道的范围。

目击曜变天目

去日本前，最想寻访到的还是所谓的"曜变天目三绝"。黑釉建盏（日本人称天目，觉得其中的幽玄精神与日本美学相符合），在当时是文人们的新宠，由于喜爱白色茶汤，黑色建盏能够衬托出茶汤之色泽，宋徽宗的《大观茶论》中特意强调建盏之适用。出品于福建建阳水吉镇的建窑窑址很早就废弃了，现在去那里，偶尔能挖出碎片，不过，最多也就是兔毫碎片，油滴相比之下就非常珍贵了。

目前国内尚未发现完整的曜变天目碗，而号称已经能做出曜变效果的仿制品，都和真正的曜变差别很大，这也是日本的"曜变三绝碗"格外受陶瓷界重视的原因。

中国的陶瓷学者叶喆民在他的《中国陶瓷史》中说，据他所知，当下考古挖掘所发现的碎片，很多号称是曜变碎片，虽然有色彩变化，但是能不能称为曜变还难说。比如20世纪80年代重庆号称发现了曜变天目窑址，出土了一些碎片，但是按照他的观察，与真品大相径庭。之所以下这种结论，是因为他曾经目击过真实的曜变碗，知道两者的差别。

目前，著名的"曜变天目三绝"均在日本。他曾经去日本静嘉堂，将号称最光辉夺目的那只国宝碗拿在手上观赏过。这只碗由德川将军家传来，最神奇之处是能发七彩光芒，当时的静嘉堂美术馆负责人告诉他，他是第二个有这种幸运的中国人。他后来回忆说："宝光焕发，三五成群的油滴旁是一圈圈蓝绿色的光环，光华四溢。"

事实上，中国近年确实出土了真实的曜变残片。2009年在杭州上城区域出土的一件比较完整的曜变天目碗，应该为南宋宫廷器物，约有四分之一的残佚，虽然不是很完美，但是圈足完整，非常耀眼，是研究曜变的好材料，现在民间藏家之手。因出土晚于叶著作成书，因此书中没有提及。

我非常幸运地去杭州见过这位收藏者，他收藏到这件文物，并不是完全的偶然，多年以来，这位收藏家一直收藏工地上挖掘出来的文物，杭州有大量南宋皇城遗迹，所以很多文物和宋有关——这件也不例外。出自南宋皇城遗址，可惜不是完品，而是由几块碎品拼接而成，但还是"宝光焕发"，按照专家的说法，蓝莹莹的，几乎像宝石闪耀，绝非现代仿品可以比拟——现在号称有曜变的天目盏，一看就是人工添加剂的做法，类似天然钻石和锆石的区别。

自宋之后，基本上建盏的生产已经很少，尤其是明代后，废弃了点茶法，茶碗的体系也相对边缘化了，人们对曜变天目就有了种种传说，比如《五杂组》

中就描绘需要童男童女的血祭才能出现曜变天目，也有些学者以为曜变就是窑变，并没有多么神奇。

但是传到日本后情况不同，日本 14 世纪开始仿造，持续到了 17 世纪，仿造出来的多是普通的黑釉盏，没有这种珍品诞生。因目睹了曜变天目的神奇，日本文人的研究和记载倒是很多。东山文化是千利休之前的日本茶道文化，吸取了许多宋代茶文化的精髓，所用茶具很多传自中国，称为"唐物"。当时足利将军的身边人能阿弥所写的《君台观左右帐记》里面就记录，曜变天目是"建盏内无上之品，天下稀有之物也"。

东山文化为日本室町时代的文化，足利义政为八代将军，融合了武家和禅僧，来自中国的器物，也受到额外的推崇。

后来的日本学者更是进行了深入研究，有一种观点认为，只有建盏才能发生曜变。所谓曜变，是在挂有浓厚黑釉的建盏里，浮现出很多大小不同的结晶，而周围带有日晕状的光彩。并且有学者根据光彩变化，将其分为"芒变""曜变"和"芒曜"三种。还有人觉得，曜变就是"耀变"，形容其"耀眼夺目"。但也有人认为，并不只有建盏才有曜变，所以即使在研究天目比较深厚的日本，关于曜变也是观点各异。

目前三绝碗分别藏于静嘉堂文库、京都的大德寺龙光院，还有大阪的藤田美术馆。我在去日本前就开始联系静嘉堂的采访，但是去时静嘉堂美术馆处于装修状态，要到今年秋天才再次开放，所以联系没有结果。京都的大德寺则是第二选择。

根据资料，京都大德寺龙光院的天目碗，是万历年间传到日本，原来归龙光院的创建者江月宗玩所有，1606 年开始为镇院之宝，1951 年被指为国宝。内里有大量黄色的散射斑，每一个斑点都有很多结晶组成，而周围的釉散发深蓝的光芒，只比静嘉堂那只略微逊色。

但是大德寺的很多寺院属于私人所有，并没有开放的义务，到了龙光院门口，连简介也没有，常年如此，寺庙管理者断绝了与普通人的联系，只能遗憾地离开了。我们在龙光院看曜变天目的梦想也落空了。

既然大德寺的和静嘉堂的曜变天目几乎没有可能看到，那么唯一的可能性，就是大阪藤田美术馆的那只。日本私人美术馆的开放时间并不确定，而联系采访也很可能被拒绝，所以只能寄希望于偶然。

事先我们就被反复提醒，即使藤田美术馆开放，那只天目曜变碗也许也不会在展出之列，因为国宝级文物的展览机会不多。即使在日本常年生活，也不一定就有机会得见，所以我们就把期望值降低了。没有想到，正好遇上藤田美术馆60年建馆纪念，只有短短两个月，于是立刻决定从上下午安排好的采访中抽出一点点时间，从京都跑到大阪去观赏这只天目碗。

一路奔波，即使冲到藤田美术馆的时候，还是有点不相信自己能看到这只碗。展览介绍中写，此次有两件国宝文物展出，一是曜变天目碗，另一件是描绘玄奘讲经故事的画卷。除此之外，还有若干重点文物，包括江户时代的艺术家长泽芦雪绘制的《幽灵·骷髅小狗·白藏主》三联画，以及同是来自中国的白缘油滴天目碗。先在一楼看日本的玄奘画卷，树木宫殿，一一写实画出，人物的表情也异常写实，应该是描绘玄奘刚回到大唐时受邀请讲经的情形，玄奘身穿朴素的僧衣，在众人期待下走向高台。不过这不是我们的重点，迅速冲上二楼，日本的私人博物馆展览品往往不多，一、二楼的文物加起来也就30件左右，所以特别容易就发现了那只曜变天目碗。

按照事先看到的文字材料，据说这只曜变碗和我们没能看到的京都大德寺龙光院的外观非常近似，只是斑点不全相同：这只内外都有斑点，但是外壁斑点不多，不过也有更多变化莫测的趣味。内壁密布"油滴状曜变斑"，走近了玻璃柜，才看见所谓的"油滴曜变斑"是什么样子。

这只天目乍看并不起眼，碗也不大，口径12厘米多，外面黑，口沿有一圈银亮的白边，远看去，上面布满了油滴。如果站在一个位置保持不动，也许真就把它当成了油滴天目。可是一旦换角度，那些看上去是油滴的东西会突然焕发异彩。

一般的油滴为金黄色，而且比较有规律，但是，这只曜变天目的油滴并不规律，在黑色的釉底上，布满了大小不等的各种斑点，很多是圆形，然后这些圆形又挤成一团团，如果固定在一个点观看，还看不到闪烁的斑点。但是围绕着玻璃柜四周转圈，最美丽的曜变光斑出现了，本来只是黑釉的地方开始出现了幽幽的蓝色光点，像浩瀚星空。尤其是连成片的地方，则是想象中的星云团。不得不钦佩宋人的审美，也难怪日本人将之视为"一个碗中可以观看到的宇宙"，特别珍惜之。

没有想到，这么一只看起来丝毫不起眼的碗，在转动时，就开始有了最灿烂的光华——这大概就是传说中的宝光。

在解说词里写着，由于斑点间有一层很薄的干涉膜，当转动的时候，光学现象就产生了，从不同角度看，就会有不同的彩色变异——这也是人们说的曜变天目有宝光或者佛光的原因。不过，据说几只曜变天目的宝光是不一样的：静嘉堂的那只是小珠包裹体，发的是七彩光芒；龙光院的是时强时弱的蓝紫色光；而我们眼前的这只，闪烁棕色光芒，其中还有金星结晶。

光看解说词无法理解这种光芒，我们只是一圈圈地围绕着这只天目观看，那些本来不大的圆形或者椭圆形的光斑随着角度不同，会变成不同的光芒点。并不如同我们事先听说的棕色光芒，而是各种颜色的光芒都有，大概还是反射角度的原因造成，最明显的仍旧是大团大团的蓝色光斑。也许因为灿烂的颜色所产生的联想，每圈下来，都能看到那些闪烁如星辰的光斑，真感觉自己是在灿烂的星空下观看着宇宙的奥秘，当然，只能通过一个小碗那么大的孔洞去窥看——相信很多人看到这只碗，都会与我有同样的感叹。

日本的很多国宝收藏有序列，这只碗不清楚是什么时候从中国流传到日本的，不过在江户时代，已经在幕府德川将军家族中。德川家康死后，他的茶道用具传给了自己的第十一个儿子德川赖房；1918年，为藤田平太郎购买，现在归藤田美术馆所有；1953年成为国宝；1954年美术馆成立，这也是我们能看到这只国宝天目碗的原委。

为什么会有曜变？这也是很多人一直在研究的问题。

按照现在的一般结论，曜变天目碗的釉属于铁系结晶釉，烧成后比较浑厚凝重，黑里泛青，在没有发生变化时候，也就是黑色建盏，属于当年宋人崇尚客观唯心主义的理学体系的结果。宋人审美崇尚自然，摈弃了装饰，回归到最简单的古朴造型：盏简单，无修饰，造型浑厚，线条明朗，口沿很薄，利于饮用，底部圈足露出泥胎本色，与釉色形成鲜明对比。

美术馆所藏的重要文化财产，白缘油滴天目碗就是如此，这只碗其实也很美丽，厚重的黑釉上有一层很宽的白色边缘，与下面形成了鲜明对比，比较古朴，但是有曜变天目在旁边，它就只能默默隐去了。

在烧制普通黑釉天目的过程中，因为温度冷热的变化，意外出现了油滴、兔毫等美丽的变异。但曜变的形成更复杂——需要极特殊的烧制环境，根据学者研究，在建阳依山而建的龙窑中烧制，当地使用松材，火焰很高，整个窑升温快，容易维持还原焰（燃烧时生成含有一氧化碳等还原性气体的火焰，其中没有或者含有极少量的氧分子），经验丰富的窑工根据摆放的位置和控制温度，可以烧成一些窑变器物。据专家说，曜变的温度要达到1300摄氏度，只有10～20摄氏度的变化，在高温冷却的后期阶段里，烧成温度突然升高又迅速冷却，混在其中的铁结晶快速融化又冷却，周围成了薄膜，形成了"曜变"。最开始只是巧合，后来应该是努力烧制，但也就是大约十万只里面产生一只的比例而已。

常有人提到，日本的曜变天目有四只，或者说三只半，半只指的是私人收藏家大佛次郎所收藏的那件。它与前三件不完全一样，内部的光斑属于亚曜变，看上去比较像油滴，但是斑点也会随着光芒变色，所以与一般油滴并不一样，有人管它叫"半只曜变"。1953年被日本政府认定为重要文化财产。

🍵 野村美术馆：私人博物馆里的茶道痕迹

京都东山南禅寺附近的野村博物馆，是一位私人藏家的茶具藏品博物馆。外观素朴的两层小楼，收藏了野村德七先生一生积攒的几千件茶具，其中不乏若干千利休使用过的，或者亲手制作的茶具——这是日本茶道文化的另一个收藏系统：名人或者名家所使用的器物。

也许在我们看来，这博物馆里的许多名人器物，不过是普通的竹制品、有些粗糙的茶碗，以及异常简陋的花器，但在日本的茶人们看来，这些器物一是蕴涵着浓厚的日本茶道所推崇的清静、质朴美；二是，名人器物本身就代表着某种品位，由于日本近代国内少战乱，所有器物传承都有清晰的谱系，前贤所用的茶具能够流传下来，代表着一种选择标准，成为后来者的心头所好，也算是继承遗风。

野村博物馆1984年才开放，可是主人野村德七收藏的历史却太悠久了。他是明治十一年在大阪出生的人，最早靠开"两替店"起家，在大正年间，已经成为关西比较著名的财阀了。因为酷爱茶道和能乐，他从1913年就开始收藏茶具和能乐相关器物，终于成为日本收藏茶具最丰厚的几位收藏家之一。我们见到的学艺员（研究员）奥村厚子对博物馆的收藏品非常了解，刚见面，就向我们道歉，因为有几件茶具珍品尚在库中，下个月才开展，我们可能看不到了，这也是私人博物馆常见的情况。

野村德七有号名"德庵茶人"，是他的流派家元（宗族族长）所起名。野村学习的流派，是抹茶道中的薮内流，历史悠久，创始人薮内剑仲同时与千利休学茶道，那是日本草庵茶道的初创时期，他们的老师是武野绍鸥，特别关注日本本国系统的审美，拒绝了唐物，选择了大量的竹、草、木制品进入茶的世界，甘于清贫。在他看来，享受和收集奢侈的茶道具不是茶道，知足不奢才是茶道。

千利休和薮内剑仲都贯彻了他的茶道精神，薮内流最推崇的茶碗，是当时高丽制作的青瓷茶碗，粗糙不平，刻纹不整，釉色也不美，在德庵的收藏中，就有不少此类的茶碗。

除了茶碗，薮内流整个茶具系统的审美，都偏向于此。比如足利义政使用过得很薄的杉木"上杉瓢箪茶人（茶叶罐）"，据说只有 54 克重。还有南宋制作的明黄色的茶人，也非常之薄，但是并不华丽。奥村厚子解释，当时主要的唐物都集中在贵族或武士家族手中，新崛起的茶人就开始选择一些不同审美的器物，比如他们就不太收藏宋天目，觉得那是豪奢之物，没有意义。德庵最常使用的茶碗是两个：一个是 16 世纪高丽的灰色釉茶碗，非常朴素，丰臣秀吉也使用过；另一只是桃山时代的志野茶碗，白色的釉里有隐隐的红色土影子，这影子类似虎，因为德庵属虎，所以他同样非常喜欢。

而日本人奉为第一的乐烧茶碗，除了第七代的器物他没有收藏之外，历代作品他都收藏，其中一只 16 世纪的赤乐，里面夹杂了若干狮子毛似的釉色，是日本的大名物。

他 60 岁的时候，为了庆祝自己的生日，在东山脚下的碧云庄持续住了一个月。当时他已经是关西著名财阀，交游广阔，请来了国内外大约 300 名客人在这里欣赏能乐和喝茶。碧云庄现在不对外开放，我们仅仅能从野村的角落中窥看其风貌，这又是一个幽静的私人庭院，因为有大量水面，所以德庵利用水景丰富了他的茶室空间。薮内流本身就不像千家流派那样将茶室设立于幽暗处，他的若干茶室，有的是全面临水，背后是金漆屏风，对应四季风景而更换。

有茶室设计在一条船上，春天花瓣飘浮的时候，可以赏花饮茶。尤其受到注意的是，因为当时客人多为他的外国朋友，很多茶室实行立礼，壁龛处也设计了灯光，让那里的挂轴更加明亮，把古老茶室那种特殊的幽暗清除了不少，可以说德庵是一个欢迎现代因素进入茶道体系的茶人。

也许就因为这个，德庵收藏的茶具，除了特别素朴审美的，还包括一些艳丽精致的器物，尤其是茶人。日本的莳绘技术比较重视金漆和彩绘，他的很多茶人都是如此，比如丰臣秀吉使用过的高台寺的茶人，黑色上有金色的菊桐纹。还有大量的鸟羽、秋草等不同图案的茶人。他也喜欢有异国情趣的东西，比如有来自古老印度的铜锡凉水罐，上面画满了神秘图案，还有梵文字母，被他用作了水指。一个中国明代官窑的堆黄龙纹盒，是从伊达家族传来的，按照道理，此物传来时候日本还处于锁国阶段，所以来源到现在还不清晰。

不过因为德庵自己的风格比较硬朗朴素，所以他最喜欢的还是那些气质比较淳朴之物。比如被千利休的孙子证明过的千利休亲笔题写的妙字、千利休做的斑驳的龟背竹花人、本愿寺的井户茶碗。其中还有一套少见的竹筒里面装的双茶勺，是千利休的孙子千宗旦使用过的，外面题字"凡圣同居，龙蛇混杂"。奥村厚子解释，这表示了一种平等精神，意思是茶器物的使用并不用特殊区分。

但是人们对名人使用过的器物还是格外尊重，现在也成为珍稀物品——有点违背初衷。不过，这些名人使用过的器物，确实都比较有独到的审美，野村挑选的这些，都很有苍劲的风格，并不是一味地朴素，有些东西甚至很有现代画的感觉。比如一只黑织部茶碗，上面的画纹简直有现代派的感觉，原来这也是主人特意挑选的产物。

他收藏了大量日本古画，包括禅僧画家雪村周继的画，同样是当时受西方人欢迎的东方作品，也许德庵是在自己的交往中进行着审美的调整。"他一生收藏的茶具大约有万件，可是在'二战'时，存放在神户的楼官庄中的茶具在爆炸中毁掉了，非常可惜。"

☕ 唐物与千利休之后的茶具

千利休集大成的日式茶道审美形成后，以往那些尊贵的唐物的地位如何？在后来的茶道流传中起什么作用？日本茶道具有什么共性吗？这些个问题，在参观数个博物馆后都没有得到答案，包括野村美术馆也没有给出明白的答案。后来是在东京的畠山纪念馆茶道名品纪念展中才略微明白这里面的道理。

畠山纪念馆的背景同野村纪念馆类似，同样是为纪念一位爱茶成性的财阀畠山一清所建立，1964 年开馆。我们去的那天，非常惊异于它的地理位置：就在最繁华的东京涩谷附近，居然有这么大一片古老而宁静的庭院，其中有两个茶室，均是按照抹茶道的古朴素雅方式所建立，非常安详，面对着几棵 200 年的古松和一树繁盛的樱花。这里曾经接待过天皇，是日本贵族家庭的世代居所，一直到现在还保存了完好的风貌。畠山一清的世系源于天皇，这就是日本私人博物馆的独到环境。

这里有国宝级文物 6 件，重要文化财产 32 件，这次为了庆祝建馆 50 周年，特意将与茶有关的器物拿出来展览，包括茶挂、茶器物，还有大量与茶道有关的食器、花器。

一进门，就有若干珍贵的唐物。首先是挂轴，一幅南宋牧溪所绘的《烟寺晚钟图》，这是日式茶道习惯挂在壁龛上的物件，有些中国画传到日本，被根据壁龛大小，裁剪成他们喜欢的尺寸再挂，有时候一幅画变成几幅，非常可惜。不过这幅牧溪的珍品不会受到这种待遇，他是南宋僧人，在中国不是特别出名，但在日本却一直受推崇，川端康成专门为他写过文章，他所绘的《潇湘八景图》，如今在日本还剩四幅，这就是其中一幅。浓淡不定的墨成了烟云，寺院和树木隐藏在浓云中，画面中有道微光穿透云雾，这应该是黄昏最后的光芒了。虽然已经很陈旧了，但是整个画保存完整。

几位中年人，一直踞坐在前面，久久凝视。大概是这幅国宝级文物不轻易取出展览的缘故。纪念馆还藏有夏圭的《山水图》、赵昌的《林檎花图》，都属于著名的画作，在日本一般当作挂轴使用。除了这几件国宝，还有若干件也是重要文化财产，同样来自中国。比如南宋时代的青瓷茶碗，明代所绘制的花鸟纹的酒杯，还有南宋的《达摩祖师图》，大慧宗杲的墨迹，都属珍贵的茶文物。其中一套明代花草纹的盘盏，居然写着千利休喜爱之物，原来唐物虽然在千利休的茶道后受到了质疑，但是这种质疑只是针对那种奢侈化的使用唐物之风，比如千利休就对丰臣秀吉全部用黄金做成的茶室提出了批评，并非针对唐物本身。优美的、典雅的、符合日本审美系统的唐物，还是极受推崇的，就比如这幅《烟寺晚钟图》，还有前面所提到的"曜变天目碗"，在日本的地位还是独一无二的。

与此同时，日本茶道具创立了自我的审美体系。

一种是纯粹取自以往不被重视的材料的，比如竹木等物，但是在造型上保有了特殊的日式审美。比如一只朝鲜风格的割高台茶碗，属于古田织部的作品，与中国的那只青瓷茶碗并排陈列。相比之下，这只碗外釉粗糙，釉色也暗黄，但是底部的细节处理，使它一下子变得好看起来——碗足被切开，成为分裂的花瓣形状，有一种独到的设计感。

千利休所做的茶勺也是如此，普通的竹子，但是他选择了骨节特别大的一支，做成了轻巧的茶勺，有反差感，后来被丰臣秀吉所使用。武者小路千家四世家元所使用的黑乐茶碗，外观看似平淡，可是细观，那黑釉层层叠叠，看上去有雕塑感。还有远洲流的开创者小堀远洲所使用的朱漆盆，虽然就是很简单的漆器，但是那朱漆鲜艳夺目——所以名人使用之物，其实代表的是每个人的审美。

除了这种材料普通的，日本的茶道具也衍生出自己的一套豪华体系，这种体系的审美，其实与中国皇室茶具的尊贵还是很相似的。比如我们所见的纪念馆藏品中的黄金千羽鹤纹铫子，配备有四个浅浅的啜杯，每个上面都凿刻有梅花图案，华丽非常。这是一个烧水用具，可以煮茶，也可以热酒，完全不是简朴的日式茶具风格了；配套的餐具还有绘有松竹梅的碗和碟，是为在茶室喝完茶后食用料理所做。

最让我喜欢的，是一套江户时代的锦绘富士山香炉，说是绘，其实只是在白瓷上略加阴影而已，一套三个，并不小，看上去像是巨大的贝壳，上面的阴影，代表着富士山早中晚不同的日光的照射程度。这里面，既有文人的意境，又有工匠朴拙的制造方法，代表着某种独到的审美表达。

因为日本的茶会很多是在户外进行，所以还诞生了大量携带茶道具的莳绘箱。纪念馆收藏的几件珍品，基本上都是金漆打底，上面绘有菊花纹，也有龟甲花菱纹路的，都是非常灿烂的图案，可以想象这些茶道具在绿草地上的夺目效果。所以，千利休所推崇的茶道系统，在日本并没有形成彻底的统一美学样式。■

日本茶器的流变：无尽禅意

从中国输入茶道具的时代开始，"唐物"在日本就享受了尊贵的地位。从天皇饮茶的茶会，到足利议政将军所发展的书院茶，都将"唐物"放在重要位置。一直到现在，各流派的博物馆里都有大量的唐物留存展示，而宋代天目碗中的珍品，更是日本各博物馆中的"国宝"。

到了日本茶道形成期，村田珠光开始培植"和汉兼济"的风格，他提出将简朴的民具和华丽的唐物融合在一起。之后的武野绍鸥，也是千利休的先导，进一步改革了日本的茶道具：先改革茶架，更注重实用功能；还创造了椭圆形、斗笠形的各式茶釜。他还高度评价芋头状的清水罐、茄子形的小茶罐，这是和式茶具的新发展：色彩素雅，向秋色靠拢；外形更强调谦和；质地更重视手感。唐物的影响力渐渐消退。

到了千利休时代，茶会的娱乐性被彻底消除，他重视的和物之美，特别是那种朴素简约的风格，开始流行开来。他抛弃了精美的天目碗，开始用朝鲜的朴素饭碗，之后又和陶工长次郎共同创造了乐烧茶碗，以适应他的草庵茶风格。他以身边用品为茶道具——比如砍倒竹子做花插等，颠覆了崇拜唐物的价值观。

不过后来，随着抹茶道的繁文缛节被市民阶层嫌弃，煎茶道兴起后，大量唐物也获得了翻身的机会。不仅紫砂壶等器具开始进口，旧唐物的价值也越来越高，茶道具又开始回复到"和汉兼有，新旧搭配"的阶段，而且一直持续到现在。

日本现在的茶道具制造者，不仅给抹茶道制造茶碗，也给煎茶道的各个流派制造器物，其中还有模仿中国紫砂壶的器物，当然，也沾染了日本的美学追求，比如仿照紫砂壶的茶壶，还特意用上了海草做花纹，追求朴素之美。

而使用者情况也是如此，他们不仅使用古老的茶道具，对新的茶道具也积极收集，包括 LV 这样的奢侈品牌，也为日本生产专门的茶包。在京都这样古老茶道的保存地，正宗流派传人的茶空间里，既能看到很多唐物，也有华丽的当代艺术进入其中。而东京的茶道家就更不用说，他们正用来自世界各地的器物来装点自己的茶道空间。

而这些制造者和使用者的茶具体验，和中国的茶具有什么不同？其实还是冈仓天心的《茶之书》里写得比较贴切："有茶气"——很多茶具制造者，已经学茶十余年，"茶气"是自然流露的气息。

☕ 抹茶道：乐烧的哲学

京都的街巷很好地维持了方形格局，全是齐整的格子状的道路。离开表千家已经维护了 400 多年的茶室不审庵不远，就是乐烧的第十五代传人吉左卫门的居所。两幢宅子几乎可以相互观望，不禁让人想象，千利休当年是如何和吉左卫门的祖先长次郎交往的。现在，两个家族仍然保持着往来。乐烧的茶碗，无论是黑乐还是赤乐，都是日本茶道各流派，包括里千家、表千家、武者小路千家的首选。每年出产的少数陶碗，几乎都得提前预订才能得到。

吉左卫门的家同样是一座古宅，200 多年来，历代乐烧的继承者都住在这里。与日本最传统的茶室相似，同样用木、竹、草为原料建构的两层楼，院落里满是荒草。乍一看，感觉无人居住，从擦拭得锃亮的木门、精致的灯笼上才看得，这里的主人是在蓄意保持着陈旧和寒素。这也和千利休定下的茶道精神暗合。

千利休创造了"闲寂茶"的仪式，成为今日日本茶道的开山祖师，他反对再使用中国的茶道具，日本的美浓烧、濑户烧、信乐烧等简单朴素的茶道具就趁势而起。这系列的日本窑口中，最出名的就是乐烧，乐烧的创造者长次郎用自己的手艺配合千利休的茶道观点，成就了延续到今天的乐烧茶碗。

吉左卫门穿着和服坐在门口，只要拉上了纸门，就只能靠隐约透过的外界的光亮照明了，因为室内不点任何灯，只觉得黑夜一点点降临。这点规矩，也和茶室的仪式相同。只不过50多岁的吉左卫门先生不是一个传统的工匠。与其说他是工匠，不如说他是雕塑家，从小随父亲学制陶，随后去东京艺术大学学雕塑，去意大利继续学雕塑，学成再回来做茶碗。因此他说，他的茶碗与祖先的比，最大不同在于，也是一件雕塑。

与许多茶书的记载不同，他告诉我们，他的祖先长次郎并不是朝鲜人，而是有少许中国血统。长次郎的父亲是福建人，把福建的制陶技术带到了日本，不过他不是名家，就是普通的工匠，这也许是日后他能够成为千利休合作者的原因。

到底是哪种说法可信？可能也没有答案，但毫无疑问，福建、广东当年都有若干码头专门针对日本出口茶道具，比如日本普遍使用的紫砂壶具轮珠，朴素雅致，短口，出水反而直截了当，很多并不出自宜兴，而是来自福建。

千利休不看重精细华美的唐物。据记载，在他23岁演习茶道时，就不尊当时风尚，有时用前辈村田珠光喜欢的"珠光青瓷"，有时用高丽茶碗。高丽茶碗形状不规则，质地疏松，且釉色也不完整，没有花纹。

尽管乐烧的准确创建年份不确定，但是千利休一直在寻找适合自己茶道精神的茶碗，最后在天正年间，他和长次郎合作的乐烧茶碗先被用到他的茶会上。有传说，当时的长次郎还不是专门制茶碗的师傅，还兼职制瓦，这种朴素精神，应该也是千利休看重的。长次郎在千利休的指点下，按照千利休提供的器形烧成的乐烧茶碗分为红、黑两色，又叫赤乐和黑乐。这种茶碗属于软陶，碗壁特别厚实，碗底宽，碗口稍微内裹，没有任何花纹。制作时，完全用手拉胎；烧制时候，上面完全不罩任何匣钵。这个茶碗适合千利休的茶道，不仅在审美，而且在使用——茶筅可以在宽敞的碗底搅动，厚实的碗壁可以避免过烫，便于人们端着抚摸；而黑或深红的色泽，都能使抹茶的绿色茶汤鲜艳夺目。

继承到了第十五代，吉左卫门所做的黑乐茶碗现在就在我面前，厚重，却又是一只手可以承担的重量。虽然产量稀少，而且价格昂贵，但是吉左卫门奉行了茶碗的日常使用原则。他的父亲告诉他，无论是祖先烧制、现在已经成为昂贵古董的，还是他自己亲手制作、包含了自己每个创作记忆的，都不放在古董架上，而要常常拿出来作为日常使用。他告诉我们：只有日常使用，才能从茶碗中看出祖先们的生活和人生哲学，而且细微的形制、颜色差别，就是日常使用中观察到的。拿黑色来说，就有若干种不同的黑。他现在用的就是第三代乐烧的黑乐。他说："现在的社会，变化速度太快，人与人之间距离也越来越大。举办茶会的最大好处，就在于能把人带回到日常交流中。这时候，使用一只好的茶碗，能让你体会到人与自然的紧密关系。"他用的是自然的土，烧窑也用柴火，煤气、电力都不用，要保持与自然的亲近关系。

他领我们走向房后的土窑，院里杂草丛生，已有一人多高，常有野猫的影子，几棵需要合抱的大树颇能显示这里的时间感。土窑和陶土都堆积在草棚里，吉左卫门说，这也是他从小就熟悉的地方。去大学学习前，他就在这里看惯了父亲工作的样子：如何塑形，如何调整釉料。这些技术他从来没有专门学过，看看自然就看会了。1981年，他正式袭名，意味着不能违背茶道的历史，也不能违背乐烧的历史，好好背负着它们，做自己的工作。

现在，平常日子，这里是他琢磨思考的地方，从30岁开始烧制自己的乐烧茶碗，很多时候只是随机做一个出来，永远都不觉得满意。他说："不过现在倒是比较平和了，因为在每个年纪做的茶碗，都能反映那个年纪的自己的人生状态。"

现在土窑一年只烧两三次，每年的茶碗产量不超过30只，有时候只有20只，完全出于随机。他不为外界订货生产。尽管这么多年过去了，但是每次烧制的前两天，他还是会陷入突发的紧张，因为觉得自己的自我意识，要和火与自然碰撞，直到入窑，紧张才会消失："自我意识消失的瞬间，是因为火给予了器物新的生命，增添了自我的表现，自我意识和自然在那一刻会融合。"

越看祖先的作品，会越多自己的领悟。他说年轻时候，自己会被长次郎作品的美感动，制作了一些有强烈表现感的作品，有的碗没有底座，有的碗染成金银色，因为觉得那样的存在是有意义的。但过了一段，他又觉得，表现可以是强烈的，也可以是柔和的，是根本让人意识不到自己在表现的，他开始逃离设计，逃离造型，想做一些与自然同化的东西。

目前，日本和中国台湾地区的茶道流派，普遍都渴望有一只乐烧茶碗，有不少台湾客人专门到京都，徘徊于他家门口，渴望能拥有一只乐烧。因为台湾陶艺界有一种说法：日本的多数陶艺，台湾都可以模仿，独乐烧无法模仿。可是他说他爱莫能助。在他看来，乐烧不仅是一种茶道用具，更是自己不同阶段的人生体验，这种体验，不能随时随地复制、批量生产。

从最初到现在持续了15代的乐烧，在制造和审美标准上有什么变化？吉左卫门笑起来。他说，其实有一个重要标准，就是存在感，每个茶碗自人手下诞生，就有强烈的存在感。虽然茶碗都是人的作品，可是这个作品要能体现的不仅是此时此刻的人生状态，最好还有自然的秩序，宇宙的秩序。"人要和茶、和器物对话，感到茶碗在和他说什么。"他说，这也是"乐烧"存在的理由，如果仅仅是一种喝茶工具，可能早就被淘汰了。

难怪日本茶道讲究拥有了合适的茶碗后，不要轻易更新，有很多茶人甚至一辈子只用一只茶碗，并且要传给后代，他们觉得可以通过和茶碗的对话来体会人生。不过吉左卫门告诉我们：并不是所有人都以拥有一只碗为满足，他们要的很多，每个人生阶段都要更换新的，那也是一种人生状态。他并不反对。

吉左卫门说，他研究了前几代的乐烧，其中都有中国的影响，虽然不是中国的白瓷、青瓷那种系统，可是精神上有承接。直到现在，他更注重偶然性、不确定性，会有意区分于前面若干代祖先的作品。他最近的展览招贴，在京都随处可以看见，叫"暗淡的光"，同样以黑乐为主。

等暮色四合，接待我们的茶才刚刚端上来，盛茶的碗，也是刚刚观赏过的吉左卫门的作品。黑沉沉的端在手上，这时候细心打量，不整齐的黑釉上有白色的星星点点，有苍茫感，你可以想象为宇宙，也可以想象为雨后的花园的泥地。本来是偶然性的结果，现在看起来倒像是精心设计的图案——又想起了他的那句话，茶碗和人说什么，人要感受得到。

配茶碗的盛放茶果子的盘子，却是古董"唐物"——一只雕刻有暗花的白瓷盘，据说也有几百年历史，上面放着淡绿色的抹茶栗子甜点。吉左卫门告诉我们，虽然天黑，但也不必开灯，这样才能体会自然美。最后走到院落里，才有微弱的灯光，这是他怕我们在露地滑摔才特意准备的。

乐美术馆收藏了很多乐烧，位于京都市上京区油小路通一条，1978 年成立，以乐家历代的作品为主，还收藏了很多贵重的茶道工艺品、古文书等，大多已有 400 多年的历史。

吉左卫门告诉我，千利休改革了大量茶具，他的主要方式，是用生活中随意发现的器物，借用禅宗中的"本来无一物"创造了很多茶道具，例如打水用的桶拿来做点茶的清水罐；将渔民捕鱼的鱼篓做了插花的花器。

他的努力，让许多"和物"的价格超过了唐物，拿黑乐来说，现在一只茶碗的价格高达几十万日元，更不用说古董黑乐了。这也许有点违反千利休的本意。他反对大家用唐物，一方面是因个人的审美，另一方面是因为唐物昂贵而难以获得。他写过"莫等春风来，莫待春花开"的句子，"春风、春花"都是代指昂贵的唐物，劝人们不要去追寻追求不到或者很难得到的器物，可是没想到，和物的价格现在也上升到了高昂的地步。

🏺 当代神物制造者：荒川丰藏的纪念馆

名古屋完全是一座现代化的城市，很难看出历史上城市的影子，这里一直是日本陶瓷生产的中心区域，迄今为止，全日本 60% 的陶瓷生产还是集中在这里。只要坐上火车半个小时，就能找到那些处于小城镇的陶瓷作坊，规模不大，也安安静静——甚至旁边人家都听不到一般工厂的噪声，默默制造着普通家庭所需要的各种碗盏。还有些窑址选择在山林里，因为还在使用最传统的柴火烧的窑，所以需要特殊的空间。

可是像日本的"人间国宝"（由日本文部科学大臣指定的"重要无形文化财保持者"，类似于中国的"非物质文化遗产代表性传承人"）荒川丰藏那么处于遥远的山间的窑，还真是难以轻易找到，要不是可儿市的政府人员帮忙，几乎很难到达那里。可这又是计划中很渴望到访的一站。

为什么？还是归因于荒川丰藏的重要性。我过去不了解日本的陶瓷制造，尤其是茶具制造，总觉得在日本，代际传承一直进行得很好，一代代的手工业者将陶瓷技术完整地传递了下去，很多陶瓷制造者多出自世家。

可并非总是如此，以著名的美浓烧为例，在 400 多年前的桃山时代，美浓地区曾经是著名的茶具产地，生产的黄濑户、濑户黑、志野、织部（纪念当地的陶瓷大师古田织部），还有仿中国的华南三彩陶瓷，都包含了许多著名的茶碗。它们不能和京都的乐烧相比美，可也是当时流行的茶具，至今还收藏在很多博物馆里。但是到 19 世纪末的时候，这里已经没有什么著名的陶瓷作坊了，许多古代的技术失传，就连窑址也找不到了，美浓烧那种独特的气质，那时的人怎么表现都表现不出来。

而荒川丰藏，正是从神户这样的大城市来到这里，是全面复苏美浓烧的独特人物。他先是找到了当年的古窑遗址，开始重建自己的窑，烧制喜欢的茶碗和茶道具。因为整个器物的烧造都加上了他自己独特的艺术家气质，不少作品不同流俗。他在 20 世纪 50 年代被评为日本的"人间国宝"，现在，很多器物都是大收藏家的藏品。茶碗尤其是当代茶人收集的"神物"。

我们坐火车到多治见市，然后再转汽车，最后还是靠可儿市企划部的日比野慎治先生的接车，才总算到了荒川丰藏的纪念馆。老先生已经于1985年去世了，这里存放了他的900多件作品，算是收藏他作品最丰富的地方。

进门的展览柜中央，两只奇异的茶碗夺人眼目，一只已经被放在所有纪念馆人员的名片上。这是一只白色的厚釉茶碗，因为釉里存在大量空气，烧制后整个釉块斑驳起来，像是干裂的土地效果，这就是著名的志野烧的特征，上面还有两枝朴拙绘画的笋，红色釉料，古意盎然。这就是荒川丰藏最出名的作品，志野茶碗"随缘"。还有一只黑色带金彩的濑户黑，茶碗本来是传统的样式，但是传统濑户黑不用金色装饰，现在却被一片金光灿烂的树叶呈现出当代气息。两只碗，都是他的代表作，都是他给自己太太烧的茶碗，因为太太个子不高，手小，所以两只碗略微小于常碗。这也是这两只碗能保存在纪念馆的缘故——荒川丰藏生前所销售出去的碗，早就成为收藏家手中的珍藏，是不可能转让给纪念馆收藏的。

即使从今天的角度看，纪念馆还是处于荒凉的所在，位于离开可儿城区半小时车程的公路旁的小山坡上。除了纪念馆外，只有荒川丰藏当年使用过的水月窑，另外就是现在已经废弃的他的老宅，别无其他建筑。为什么当年把窑址选在这里？纪念馆的馆长齐藤元德说，其实全属偶然，要按照荒川丰藏最喜欢的"随缘"来说，选择这里也是缘分。20世纪30年代，日本文化界的奇人，也是老一代陶瓷家北大路鲁山人携弟子荒川丰藏跑到多治见市一带寻找古濑户窑的作品，可是价格昂贵，不属于他们能消费起的，两人很有些遗憾。但是来到这里，激发了他们对美浓烧的整体兴趣。

纪念馆学艺员工加藤桂子摊开地图向我介绍，多治见是传统的美浓烧产地，可是在30年代，这里已经找不到作坊了。人们想挖掘窑址，按照当年志野烧所需要的红色土壤去寻找（现存的老志野烧上面经常有红土的痕迹），尤其是当年生产黄濑户和濑户黑一带的濑户去找，可是没有收获。荒川丰藏按照自己的想法，觉得只有红土不够，还得有陶瓷残片，终于在可儿市，也就是我们现在所处的博物馆附近找到了距离今天400多年的古窑址，并且发现了大量残片。原来当年美浓烧的地点不一定在濑户，反倒是附近土壤和釉料丰富的地区，如可儿市，其中就有一块白釉残片上画着红色笋绘——这也就成为荒川丰藏的缘。

现在他的纪念馆还藏有大量的古陶瓷残片，桃山时代的美浓烧就在这里慢慢被发现，并且复活了：各种残片上有笋绘，也有像哥窑一样开片的，还有大量日本人喜欢的唐草牡丹纹的，也有日本仿造的天目茶碗。看这些残存的茶碗，充分体会到抹茶道兴盛时代日本对茶器物的要求：简朴，拙。作为陶瓷技术上可能缺陷很多，但是，却又有创作者独到的审美在里面。

荒川丰藏继承的就是这种传统的创造方式。1933年，在发现古窑3年后，他搬到了这里，开始了自己复兴美浓烧的过程：挖掘当地的土和材料配制釉料，并且很朴实地按照几百年前的风格搭造了一座半地穴式土窑。

这土窑还在，我们在加藤的带领下去参观，因为这里并不对外开放，所以上窑的山路上堆满了落叶，以及无人打扫的落花。荒川丰藏活着的时候，因为有徒弟和学生们的帮忙，才使这个几乎位于山顶的土窑能正常运转，要知道，修建在山顶，人力物力都要多支出许多。之所以修建在这里，也是遵循古法。按照荒川的考证，当时最古老的美浓烧的窑就在山顶，下面是山谷，要借助山谷吹来的自然风来加大火力，保证窑的温度高，才能烧出好的器物。站在摇摇欲坠的老窑前，正好山谷有清风吹来，想想大约80多年前这个从大城市跑来复兴古窑的年轻人，觉得很奇妙。

一路上可以看到荒川的土窑留下的残片。后人怀念他，就像他怀念古人。从1933年一直到1955年他被日本政府封为"人间国宝"，但日子过得并不宽裕，常常除了自己的作品外，还要烧制一些日用品，这也是日本陶瓷艺术家普遍面临的情况，陶艺家在日本被称为"作家"。"作家"不容易做。

荒川的产量很少，他每次烧窑，只能放置80件东西，因为是仿照桃山时代的窑的设计，空间不大，而且用柴火加热，保持温度很难，要4天时间才能烧成一窑作品。产量这么少，就需要想办法谋生，所以他不少茶碗里面都加放一些酒杯，这样就能节省空间，增加产量，尤其是志野烧，很多都是如此。

我们看到博物馆里不少这种当时烧的茶碗，因为里面放了酒杯一起烧，碗底会有痕迹，但是荒川并不在意，他说自己在古代的茶碗上也看到过这种痕迹，志野烧本来就很斑斓，现在有了痕迹，并不显眼，后来反而成为他的特点，甚至许多名茶人专门找这种茶碗，觉得有缺陷反而美丽。除了那只笋绘，纪念馆还有几只著名的志野烧，一只是上面写了《万叶集》里面的春歌一首，白色釉在红土上爆开，形成了复杂的裂痕。还有一只是秋风茶碗，是高松宫殿下使用过的。加藤告诉我，荒川在里面添加了一种叫长石的材料，所以那种斑斓的效果更明显。另一系列濑户黑也很有特点，荒川的造型，比起一般的圆形茶碗，略微有些方，显得小了些，但是拿在手里却更有质感。因为允许我们拍照，我们触摸了这些平时难以接触的"人间国宝"的作品。

抹茶道开始流行的年代，因为千利休拒绝唐物，改用简朴、造型粗拙的朝鲜茶碗，并且动员自己的泥瓦匠人做茶碗，因此形成了日本对抹茶碗的独到审美，这种影响一直延续到了今天。荒川的黄濑户，比起一般的黄釉颜色发暗，上面还有些斑点，问加藤才知道，原来是烧窑的时候柴灰落在上面造成的，形成另一种古意。而前面所见的若干濑户黑，上面很多有金彩题款，比如雪月花，这与传统濑户不太一样，但是人们也很欣赏，因为美浓烧的若干种类，都是在他手里延续了下去，有了现代精神。

尽管这些茶碗不少是给夫人使用的，但是荒川茶碗的整体气质是男性的，仅看外观就觉得沉着有力，拿在手里更是沉。日本不少著名的茶家都是男性，特别爱使用荒川的茶具。纪念馆里，还有一个石片所雕刻的灯罩，上面写着"斗出庵"，原来是一位诗人送给荒川的别号，"斗出"也就是杰出的意思。"荒川一直不肯用，直到他被评上了'人间国宝'，他才又被劝说着，给自己的住宅挂上了这个招牌。"加藤说。

荒川的斗出庵在山谷中，门外尽是竹与樱花，还有几棵枫树，坐在木头长廊上看，风光绝美。往斗出庵走的路上，有一块小碑，上面书写着"随缘"。这也是纪念他在这里发现了古窑址。每次烧窑的时候，据说荒川都会在这里上香、拜窑神，老头儿有自己的特殊习惯。可是自从他1985年去世后，这里就废弃了，主要还是因为偏僻。他有几位徒弟，现在都觉得这里太远，窑又在山顶上不太方便，所以都搬家到了便利处，像他一样能耐得寂寞的人不多。

多样性的包容体系：抹茶道的波斯风格传承者

美浓烧的另一位"人间国宝"加藤卓男2005年去世，他的作品和传承系统，与荒川有巨大差别。我们听说他的幸兵卫窑完全是一代一个风格，所以也很感兴趣，专门去看该窑的茶具制作。

幸兵卫窑保持了传统的美浓烧窑的风格，在一片长满樱花树的山坡下面，有自己家族的"穴窑"。因为是暮春，樱花已经落了一半，几乎把窑包裹起来，可是并没有打扫的意思，原来远近闻名的幸兵卫窑现在并不是经常使用，一年只使用两次，重要的作品放在这里烧制，温度可以达到1250摄氏度，在传统窑里算是使用非常方便的。加藤卓男的孙子加藤亮太郎现在还在用这个窑，他告诉我们：每次烧制成功的只有20件左右，只有特别重要的作品，才放在这里烧。

这里比起荒川的窑略微大一些，也因为家族传承的年代更久远些。1804年，幸兵卫窑的第一代就开始供应江户城的大家族所使用的餐具，他们家的陶瓷烧造风格主要受中国影响，经过几代积累，到了第五代加藤幸兵卫的时候，整个工艺已经极为复杂，烧造的青瓷、赤绘、金襕手、天目都有自己的特点，在昭和48年（1973年）被认定为岐阜县重要无形文化财产。

可是到了第六代加藤卓男的时代，整个情况为之一变。加藤在专科学校和家族内部学习陶瓷技术，不出意外的话，他应该能将祖传的陶瓷技艺发扬下去，可是在"二战"后期，他因为轰炸受了重伤，躺在床上十几年，痛苦地辗转和思考，整天看陶瓷书籍。结果非常奇异，他最后的选择是烧制15世纪在波斯地区已经失传的波斯陶瓷。这种陶瓷从9世纪兴起，到了15世纪在西亚地区丧失了传承。波斯和伊斯兰的风格，颜色艳丽，风格非常独特。1961年，他第一次去伊朗看到了真品，回国后又研究了25年，终于在1986年，完全波斯化的陶瓷开始被他创造出来。我们去他自己的作品陈列室参观，这些年来，这里迎来了不少世界各地的客人，不乏来自阿拉伯世界的人们，他们给他新的名字，如"沙漠旅行者"。可是很少有人能真正明白他的心思。

一种宝蓝色的釉被他运用得炉火纯青，这是波斯瓷的典型特征，我们看上去，只觉得鲜艳得如同珠宝，各种深浅不一的蓝，加上淡淡的金线，构成了一个完整的世界。他烧制波斯风格的瓷版画，也用来烧盘、碗等日常用具，在阿拉伯世界，都成为新的收藏品，可是他用波斯风格装饰的日本蓝釉抹茶碗，在当时却不被认同。"30多年后，现在才开始有人使用，因为日本人本来觉得这太外域，不是自己的风格。可是现在多样化的风格逐渐改变了日本茶道，即使出现这种鲜艳的茶碗，大家也不再奇怪了，而且收藏它的人越来越多。"

一般人印象中的日本抹茶道均是按照千利休的审美风格发展，仅推崇单纯的、暗淡无光的茶具审美体系。其实并非完全如此，千利休之前喜爱唐物之风既然那样流行，也并未因千利休的不喜欢而完全断绝，不少流派仍旧喜欢各样新巧、华丽的茶道具。加藤做了许多此类的茶道具，其中有一件名品——彩芥子文四方水指，形状不太标准，为梯形，上面的花纹更是鲜艳到了极端：金色底釉上，用白釉绘满了花卉纹。技术精湛，是他能够成就各种类型作品的原因。

他还擅长中国的古法唐三彩。昭和55年，因为替正仓院仿制了两件唐三彩作品，加藤卓男的名声逐渐被认可，并且在平成7年（1995年），正式被认定为"人间国宝"。看到这件正仓院的仿品，与我们常见的唐三彩的大块面施釉不太相同，那些色彩呈现出不规则的花纹，是一种比较少见的风格——美浓烧一下子有荒川和加藤两位国宝大师了，不过风格截然不同。2005年，加藤卓男去世。

也许是自己父亲这种在继承中完成自我的精神影响很大，到了第七代加藤幸兵卫，又改变了风格。幸兵卫以做当代陶瓷见长，不少作品带有浓厚的抽象味道，完全与父亲的波斯风格不一致。我们在他自己的展览室看了作品，尽管技术还是很精湛，但是风格已经与前代完全不同了。加藤亮太郎说："我们家就是如此，都按照最传统最原始的方法学习技术，可是每一代都要有自己的设计和造型，特别喜欢突出个性。"到了他这一代，因为年轻时候在表千家学茶道，后来又跟随武者小路千家的家元学习，已经学习了近20年茶道，所以养成了自己做茶具的风格——要符合茶道精神。

可是什么是茶道精神？亮太郎说，他的理解，就是让喝茶的人，感觉到拿起那碗茶时候的愉悦。所以，他放弃了父亲的当代观念，重新回到最传统的美浓烧里寻找茶的精神。他挽起袖子，做最传统的濑户黑给我们看：用传统的辘轳做转轴，一大团松软的泥料，不一会儿就成型了。他的造型，也并非完全传统的样式，更像是一件雕塑，有棱角和表情的茶碗。

"千利休的观念是，用茶碗要好喝，应该用最简单的设计，完全摒弃外物的干扰。可是在我们这个地方，既有按照千利休观念出来的濑户黑，也有不一样的古田织部制造出来的织部茶碗，后者重装饰，希望人家把碗拿到手里的时候，觉得惊讶，觉得有意思。所以，我现在做的茶碗，也是两种风格，有极为简单的，也有非常迷人的。"他做的志野烧，和我们前面所见的荒川的外观类似，却完全是两个风格，他的比较当代，小巧、轻，而荒川的比较沉重。而织部茶碗，在灰扑扑的釉面下方，有红色釉描绘的精巧花纹，比较有画面感。他还烧当代的天目碗，釉色极华丽。"茶碗和花器不同。花器可以远离人们，让人们观看，但是茶碗是让人方便喝的。所以，形状不对的茶碗我绝对不做，即使再有意思，可是也偏离了茶道精神。"

幸兵卫家的古窑，一直保存完好。"关键还是柴火的烧制过程中能出现很多变化，这些窑变，往往出乎我们意料。"他拿出自己做的濑户黑给我们看，本来纯黑的碗内，忽然有了一点蓝灰，像是一朵兰花，这种地方，他觉得是茶碗的表情，专门给懂得的人欣赏的。

🫖 中国紫砂的日本变异：常滑烧与万古烧

煎茶道大约明朝开始陆续传到日本，这时候，中国的紫砂壶成为日本喝茶者的必需品，但是因为外销量有限，所以，也是在名古屋下面的多治见市附近，开始出现了仿照中国紫砂壶的产品：常滑烧和万古烧。这些产品是否适合饮茶？他们和中国紫砂的关系如何？这也是我们考察这两地的原因。

常滑在距离多治见半个多小时路程的海边地区，一下火车，就能闻到一丝海洋的腥味，尽管海在今天已经因为填埋的缘故离开我们有一段距离了。来接我们的清水源二老先生，已经快 70 岁了，不时给我们道歉，说来接我们的车太小，乘坐不方便。他是日本经济产业部大臣指定的传统工艺师，18 岁高中毕业后就做茶具，到现在已经快满 50 年了。"我们这里做陶瓷的历史很长，已经有900 多年历史了，从平安时代就开始了，属于日本六大古窑之一。模仿中国制作紫砂壶，却非常晚，大约是明治 11 年的事情，也就是 1878 年，中国的金士恒先生来到这里，教我们用当地的朱泥去做壶。常滑烧不太使用釉，就是本来的土的颜色，有筋骨感，有人喜欢，也有人觉得不好。"

不过目前是越来越好了，"二战"后，日本人开始喜欢这种有土质感和手工痕迹的常滑烧的"急须"（一种专用于泡散茶的茶壶，多为横柄），所以常滑烧的壶开始流行。不过即使流行，这种手工业在当地也并不发达，现在当地有 50多家作坊，做茶具的仅有 10 家而已，坚持手工制作不用机器的更少，"我是因为手工的东西漂亮，才一直做了下去"。

老先生的陶号叫北条，在一个简单的老宅中，周围满是花木。他工作台旁边就是明亮的大窗户，树木的影子洒在他常年盘坐的大台子上，他喜欢在这种安静的地方工作，就连带动辘轳转动的发动机都安装得特别远，一是要宁静，二是防止震动。"60 多年前就是这个格式了，不过当年用水力，现在用电。"上小学的时候，寒暑假他都和父亲学习做陶器，所以，现在制作一把模仿紫砂壶的急须，已经是驾轻就熟的事情。

盘腿坐在自己的工作台上，老先生示范如何制作急须。壶嘴、壶身和壶把，几个部分是分工用辘轳旋转然后成型的，全部是传统手艺，包括垫在壶嘴里阻挡茶叶流出的嘴孔，也是拿陶土用手捏成，然后拿竹针扎孔再安在壶身里的。一般人喜欢用金属的，可是他不喜欢，保证壶整体是泥烧而成，这样不会有异味。

到最后成型的时候，老先生喜欢用手在饱满的壶身上稍微捏一下，或者有个指纹，或者索性让壶身瘪一小块。"我喜欢上面的手工感觉，这样让使用的人觉得，做的人是带了感情在里面的。"他是往右转辘轳，和一般人不大一样。之所以坚持全部手工，还是希望：北条的出品，不仅是商品，更是有人情的作品。

看老先生做壶，也是件静心的事情，遥远的街道上传来几声笛音，是过几天即将到来的某个节日的排练。他拿着竹刀开始削壶嘴，一边絮絮叨叨说如何做好壶嘴：竹刀不能太新，因为太硬；但是太旧也不行，一般使用两年就要更换，用这种竹刀慢慢地削好壶嘴，需要两三次才能成型，熟练的师傅，能保证倒完茶后水流退回去干净利落。最后在他手下微微翘起的壶嘴，呈现出一个好看的造型。

不过老先生讲究的不是造型，而是平衡。他说自己手下的壶，最重要的是平衡，壶把要和壶身呈 85 度角，和壶嘴构成一个整体平衡感——他拿已经做好的壶给我们示范，整个壶身虽然很轻，但是把壶把往桌上一立，壶身就在壶把支持下竖立在那里，看我们惊奇的样子，老先生很是得意。

之所以重视平衡度，还是因为这种壶的使用和中国传统的紫砂不尽相同。日本的急须多属于侧把，老先生以为是紫砂传到日本的时候，因为人们追求优雅，所以手和壶身成为一条直线，然后转动倒茶，风姿楚楚。但是也有人觉得是因为坐姿造成的，席地而坐，动作幅度不能太大。不管如何，这侧把壶的使用，必须平衡，尤其是女人们用的时候，一手拿把，另一只手摁住壶盖，滴水不能漏。他的壶，就做到了这种自然而然的美感。"我没有学过艺术，想要的就是这种传统的天然性。"他说。

除了平衡，还有外在装饰。常滑烧不太使用釉料。老先生给我们看他的壶，一种是使用海草做壶身装饰的，这也是传统手法，用带盐的海草挂在壶身一段时间后再烧，亮晶晶的盐烧到壶身外面，多了自然花纹，这也是地理上靠海的因素造成，成就了一种叫"藻挂"的装饰。还有一种黑色壶身，也不用釉，完全是草灰加在上面的结果。质朴的装饰，却使壶的气质瞬间改变。不过老先生最得意的是一种半红半黑装饰的壶身，这个需烧两次才能成功，别人都是底黑上红，他却是壶身半边黑半边红，怎么做到的？"不能说。这个很厉害，是秘密。"

他喜欢自己手下诞生的一切。用一把泥土本色的"绞出"（一种扁平的无把壶），为我们泡上等的玉露，这是他搜集来的某位茶农的获奖茶叶，温水浸泡3分钟后，再倒到自己做的小土杯里，杯子里上了白色土，烧后微微有透明感，半透明的玉露放在里面，茶汤很润泽，而茶叶更显得嫩绿。

老先生和太太两人在家做壶，两个儿子，一个在中学当老师，做当代雕塑，另一位是英俊的模特，都不肯和他学手艺。老先生有点埋怨，等他们在外面待不下去再回来吧。不过，日常生活里更多还是自豪感："我不在乎他们说我的茶具做得艺术性如何，美不美我也不在乎，最喜欢的，是客人们的茶壶盖摔坏的时候，会通过经销商找回到我这里，要我给他们补一个壶盖，说明他们用得太顺手了，舍不得丢弃，这就是我的成就。"

与老先生的常滑烧不同，万古烧虽然也起源甚早，但是现在还是奉行全手工制作的，已经不多。我们找到了三重县四日市的荒木照彦先生，他所做的万古烧，据说保持了大量古意风格。这是个小城市，陶瓷作坊也异常安静，似乎都没有生产一样。荒木先生的家里竖起了鲤鱼旗，庆祝即将到来的5月的男孩节。

荒木先生的作坊，规模比较大，一群工人正在悠闲地工作，有的使用铸模，有的使用辘轳，据说价格差别不大，重要的还是整体的成型感。他使用当地的釉料和泥土，"包括爱知、三重和可儿市的黏土，因为很细腻，所以最后烧出来的东西像瓷器"。

本来，万古烧也不使用釉料，而是使用雕刻技术。"日本传统的煎茶道人士喜欢传统壶，越用会越光滑明亮，因为是当地的紫土烧成的。"他拿一把老壶给我们看，和中国的紫砂壶有近似处，只是颜色更鲜艳。可是后来市场要求变化了，很多人喜欢朱泥，也有人喜欢各种釉料壶，所以开始有了新式样，不过所谓新式样，基本还是在日本传统审美的框架下，形状很简单，基本按照花的抽象造型，比如朝颜（牵牛花）、花梨（梨花的形状）、菊花盖和圆壶身，看来虽然学自中国的紫砂，已经完全日本化了。

同样是侧把的急须居多。荒木说，他个人喜欢喝茶，也经常在家里喝，觉得还是因为日本人喜欢坐在榻榻米上，侧把便于使用。男性使用的时候，只用一只手，显得有力量，而且注意不能晃动壶，如果人在泡茶的时候晃壶，则被视为动作粗俗，不清雅。"要做到不晃，必须要做到壶盖合适，壶把合适。"追求和北条一样，可是做法完全不同，"我们在壶的一侧刻花，转动到花出现的时候，就表示水已经滴尽了，不用再倒了。"还有就是笨方法，壶盖为了和壶身贴合，要用专门的磨石磨很久，而壶把在烧之前，是用铁丝捆上加固一段时间再烧制，这些笨拙的痕迹，最后还留在壶身上。要是论工艺，真比不上中国的紫砂，可是那简单的日式审美，让荒木的壶呈现出不一样处。

他自己喜欢不用釉的壶，但是现在万古烧做茶具的只有几家，并不太景气，所以只能各种壶都生产。可是我真喜欢他为自己的趣味生产出来的壶，加一层淡淡的白土烧成的粉引菊花壶，烧到炭化的黑色壶，还有一种可以直接放在火上烧的布满了酷似哥窑裂纹的白瓷壶。他自己选择的造型也刚硬些，有一种叫铁钵，类似托钵僧的物品，用在男性手上，特别适宜。严格说，荒木并不是清水老先生一样的作者，他做的壶也多数是商品，不过他并没有放弃自己的趣味，新设计的一批壶，看上去简直像中国古代窑口的出品：带铁边的白色的朴拙的杯子，白色的大茶壶做成了宋朝的水注形状，带有铁釉的水杯古意盎然。问他是自己的设计吗？是的。参考过什么吗？没有，就是从喝茶的需要来的。他喜欢朴素、实用的东西，多余的装饰尽量去掉。

从丰田汽车公司退回来继承家庭祖业的荒木是个简单的人，在他看来，能够把壶做好，人生就圆满了。

🍵 安藤雅信：新一代的日本陶瓷家

是不是按照传统规范操作，就是好的陶瓷作者，作品就有"茶意"？显然不是——日本的陶瓷界既有大量复古，也有创新，按照冈仓天心的说法，作品有"茶意"，和作者的修养有关，和外在的制作方法、制作技术，也许没有半点关系。

在中日两国都很出名的陶瓷作者是安藤雅信。他所制作的在日本用于喝清酒的"片口"（一种有出水口的狭长的形状的器物），经过台湾茶人的使用，现在正流行在中国的茶会中，充当了公杯的角色，许多人以拥有一个片口为荣。

我去日本前也看到过，流线型，出水口有点弯弯的，外面是金属釉或者灰釉，与日本的传统截然不同，与中国的茶具风格也不同，但是，内在的核心却都是古典安静的。

从多治见火车站出来，去安藤的艺廊"百草"。据说这条路已经被很多中国人所熟悉，来这里，就为买安藤的中号酒器片口。以至于他的助手一个劲地问我，为什么中国人专门要买这个东西？我们这里别的东西不是很漂亮很实用吗？环顾整个百草，里面陈设的安藤的设计，确实品类众多。多数人还是太慕名，只追求一个东西，而忽视了安藤设计的实质。

百草是山间一座旧式的日本庭院。询问了安藤才知道，之所以叫这个名字，不是因为这里草本植物众多，"百草"在日语里是松树的别名，他喜欢松树的安宁和吉祥感，就如此命名。四周松林并不密集，但疏朗有致，完全是古画中的宅邸。

当年从别人手中买来的时候，这里是居住的大宅，被他稍微加以改造，成为展览自己作品以及生活的空间。我后来又去过百草数次，每次的感觉，都会不同，觉得树木在慢慢滋长，青苔在自然弥漫。安藤告诉我，日本的茶道庭院，不是一个形式问题，而是一种时间的艺术，大家在山中行走，走到这个和茶有关的庭院里，赏花、喝茶、洗手，各个环节之后，再进入他的旧空间里，就能自然感觉到他的器物的气息。

安藤做陶瓷，太太做服装，两人设计的门类完全不同，气质却很类似，都有种波澜不惊的淡然，却又是生机勃勃的。他俩出版过一本漫画书，画着他们365天做的事情，每天画画、种花、做设计，也做最艰苦的和泥、修整建筑，这是一种日本很推崇的"职人"生活，按照设计师的精神去面对生活中的一切。

到了日本才知道，安藤事实上在日本也是非常有名的年轻陶瓷家，楼上楼下都有若干他们设计的生活用品，虽然设计多样化，却有种特殊的共性，那就是谷崎润一郎所强调的"暗哑"。他选择的釉料，其实也有金属釉比如银光的，不过经过了亚光处理，所有的灰、白、黑和银，包括一些隐藏的小花卉，都有一种日本人和中国人所喜欢的那种物品用旧后包浆的感觉。正是这种气质，使得那么多不同的设计，有了统一的调性。

安藤不仅做茶具、酒具和饭碗，也做各种陶瓷陈设品，产量不高，想要的话，基本上需要排队——要等主人每天耐心地生产出来。现在购买片口的人，基本要等待一年后才能拿到。"每天制作产量有限，再者，我不会因为这个卖得好就专门做这个，各种类型的设计都还要尝试。"

　　整个空间非常安静，可是那种安静并不是死寂的，还是充满了流动性——在他设计的茶室特别能看出这点。他是学习抹茶道的，所以按照旧的茶室精神，隔离出自己这间比较黑暗的房间，大约三块半榻榻米的大小，也有卷轴和花瓶的空间，不过本来该是竹或木的花器，被他换成了自己所做金属釉的小花器，在黑暗中闪烁着幽光，里面插的一朵白山茶，倒又很符合抹茶道的规定。

　　他告诉我，他并没有特意改造这里的空间，因为他喜欢这周围的树木，包括坐在长廊上可以看周围的山和植物的感觉。"这里面的氛围中有种自然长出来的东西，不一定非按照我的要求去改变，等我住久了，气氛中就带有我的感觉了。"

　　安藤特别注意这种自然生长出来的东西，包括气氛，包括器物的感觉。他是当地人，大学是学现代艺术，本来和陶瓷的关系不大。1992 年，他 34 岁，去纽约的 MOMA（现代艺术博物馆），在那里看西方人眼中的日本当代艺术。"那里收藏的都是北大路鲁山人他们的陶瓷作品，我们在国内，把他们当作手艺人，从来不觉得他们是艺术家，可是在西方视野中，东方的当代作品还是靠手工表现出来的，注重的是民艺的美丽。这时候我才明白，我过去忽视那些东西是不对的。"作为当地人，也熟练掌握种种陶瓷的技术，于是他开始做陶瓷。

　　"可是我还是不太喜欢当时陶瓷界的时髦。因为我们这里是桃山时代的陶瓷之乡，所以很多人用柴烧，用传统的土和釉，包括用辘轳，都要求复古，我拒绝使用。我喜欢不规则的造型，喜欢用电窑，因为我觉得，事物的内在比外在更重要。"

　　之所以做这种选择，是因为安藤觉得，时代变化了，作品也需要变化，单纯地去仿古是没有出路的。"我做陶瓷的时代，日本正好经济发达，对外国的理解增多了。在过去，日本是狭隘的，总是符号化一切。比如说意大利饮食，我们就以为他们只有意大利面；说到中国菜，就以为你们只有饺子和麻婆豆腐。可是从 20 世纪 80 年代开始，东西方文化交流也开始增加，日本新一代开始了解什么是真正的东方，什么是真正的西方，他们有自己的主张了。我的器物，就是做给视野开阔的年轻人的，他们需要带日本味道的设计品，但是要的不是单纯仿古的东西。"

　　安藤特意强调这个背景，他觉得是时代促进了对设计的需求。"日用品有了设计，不再仅仅是商品。我特别喜欢 17 世纪荷兰生产的一些瓷器，他们当时接触东方，很喜欢那种东方情调，于是有了一批模仿朝鲜、日本陶瓷的作品。不过，那种模仿并不是要求惟妙惟肖，而是用当时荷兰的手工艺和材料，去做属于他们自己的东西，里面自然而然有了个性，这不是故意去做出来的个性。"

他拿出自己收藏的荷兰 17 世纪的一些器物让我看，里面有锡盘，也有仿东方的瓷器。他说这些都是可以用在日常生活中的美观器物。我这时候突然明白安藤的金属釉的使用来自哪里。他也是从荷兰的古物中学回来又做成了自己风格的。他的整个系列都是如此：自然生长出来的个性。个性是艺术家自己的，有自我的人，自然会在作品中体现出他的自我。

拿起他的片口，问他知道不知道一些中国人在仿造？他笑着说知道，不过不在意。"因为日本也有很多人在仿造，我们做的是手艺，不是艺术家作品，仿造很正常，但是要仿造出个性，那还是需要时间的。"

他拿起一个片口，特意强调地让我看出水口，因为设计巧妙，加上独到的做工，倒水的时候，一滴也不会落下，完全避免了一般公道杯水流不尽的毛病。"但这还是外在的特点，内在的特点更重要。"前些天，日本一个流行电视剧里演出家庭饮酒聚会，放在桌上最显眼的器物，就是安藤的片口，女儿看到了说："爸爸，里面是你的东西。"安藤说，其实他早就看到了，当时不好意思承认。不过事后一想，很高兴："我的东西存在感很强，不因为外观好看，或者形状比较大就让人发现，它就是存在在那里。"

安藤说到自己作品的时候，没有一点谦虚的劲头，但是因为他真诚，所以，听起来也不会让人烦。

为什么存在感强？"还是学习茶的缘故。日本的茶到今天，很多时候是在做减法，减少掉不必要的东西，留下来的，都是必需的。我做的很多器物，都带上了'必需'的味道，就是说，你肯定要用到。"他说自己的东西，往往故意设计成一器多用——它绝对不会多余，也不会单一化用途，这就是必需感。"你可以用它装酒，当然也可以装茶，我觉得器物的功能就在于混合使用。"他开始也不太明白为什么中国人喜欢他的片口，慢慢了解后，很是高兴。"茶道是你们传到我们这里的，现在我们又加了一点内容，再次传回中国，循环来往，这样才能一点点地增加。"

中国台湾地区很多茶人委托他制作适合中国茶的茶具。安藤不喝中国茶，做的茶壶普遍比较高大，外观甚至有点笨拙，可是非常便于使用，同样也有种安详的气质。如果放在一个开放的茶席上，也是会让人瞩目之物——这就很好地解释了安藤的设计观念，一件好的器物，放在哪里都是好看并且好用的。

🍵 回到京都：以朝日烧为例

明代的中国茶道传入日本后，日本的煎茶道开始流行。茶器先是进口中国当时的流行茶具，比如万福寺就珍藏着隐元和尚带回的紫砂梨皮壶，茶叶罐也大量从中国传入。我们在各个煎茶道流派的茶会上，看到最珍贵的物品，往往就是明朝传人的茶叶罐。

但是，毕竟大规模进口价格高昂，所以主要的煎茶道具，不久都改在日本国内生产，比如常滑烧就专门仿照宜兴生产朱泥小壶，而我们去的京都宇治附近的朝日烧，就是以生产手持泡茶壶和茶杯著称。尤其是一套命名为"河滨清器"的茶具，因为被当今日本皇室所使用，扬名于当今日本煎茶道中。

宇治是传说中日本茶叶最好的产地之一，但高山上看不到多少茶园，原来这里的茶园奉行的是自然种植法则，茶园隐藏在高山深谷中，并不连绵成片。山下是一条汹涌的大河，按照以前的行走速度，这里和京都距离遥远，至少要一周才能走到，所以过去宇治是深山区，是贵族隐居的所在，《源氏物语》中最后的"宇治十帖"就发生在这里。

这里的环境自古优美，也是传说中荣西和尚从宋朝带回茶种的分赠地区之一，茶树的品种非常古老，春天采摘的茶叶同样最为贵重，采用的是蒸青工艺，最后成茶像绿茶，但有其独特的形状。

"朝日烧"的第十五代松林丰斋亲自出马，泡茶给我们品尝，煎茶道与抹茶道有一点相同，就是当客人来到时候，一定要拿出精致的器皿，所以，今天拿出来的，是他家最精致的一套"河滨清器"。泡的是玉露，宇治的名茶，乃当地老制茶师傅用手一根根搓成，形状为针形，与机器制成的扁形茶差别很大。他的儿子松林佑典负责讲解，松林佑典尚未成为第十六代传人，虽然他的烧瓷技术已经很熟练。但还要经过父亲的考验和兄弟们的承认才能袭名。

松林佑典说，之所以拿朝日烧来泡玉露，就因为朝日烧是已经日本化了的茶道器具，特别适合泡日本绿茶。"我们追求的日本茶味道和你们不太一样，你们要的是茶叶的香味，我们要的是茶叶的甜味。所以在日本，煎茶道的器具并非完全照搬中国的器具。"而甜的要诀，就是水温要低——这是一套低温茶器皿。一套煎茶道茶具，可以装在一个小盒中，收起来很方便。煎茶道与抹茶道之不同，按照松林先生的说法，更"民主性"，更轻松，也更接近平民百姓。

松林丰斋先让我们吃了一种叫"雪"的甜品，然后拿起朝日烧特制的"宝瓶"泡茶给我们喝。宝瓶乍看有点像中国的盖碗，但是有专门的出水口，实际上是壶和盖碗的结合。宝瓶胎不厚，也没有专门的把手，适合低水温，出水口有密集的小孔，大约有150个，这是"朝日烧"最出名的地方，别家煎茶道器具做不到这么细致。松林丰斋介绍，他们用专门的工具来扎这150个孔，每个小孔只有笔尖大小，茶叶既不会流出，而水流速度又很均匀，能够倒尽最后一滴水，俗称为"黄金滴"。这样的茶味道才好。

茶并不直接倒在杯内，还需要放在一个类似中国的分茶器，日语称为"汤冷"的容器中。松林佑典说，他专门学习过抹茶道和煎茶道，泡玉露的水温大约只有60摄氏度，而倒在汤冷中，降低到40摄氏度左右才会倒进客人的煎茶碗中，这样才能享受到最甜的茶。他们家的煎茶碗只有两个颜色，一个是河滨清器的淡绿色，还有一个是牵牛花的粉红色，牵牛花又被称为"朝颜"，特意配合他们家"朝日烧"的名称。而碗口，也模仿了牵牛花的形状，碗壁尽可能薄，是为了入口更舒适。不过，不管碗外面是什么颜色釉，里面一定是白色的，因为要衬托茶汤的颜色。

这个茶汤虽被形容为甜，但是按照中国人的口味，只觉得鲜，简直有股日本昆布的味道，实在与中国茶大异其趣。在白色的杯子里，茶汤的碧青色很是醒目。

1852年，松林家的"朝日烧"正式命名，得名来自他家后面的山峰"朝日峰"。本来整个宇治地区有很多制造瓷器的家族，但是随着时间过去，只留下他们一家。原因是他家的茶具是研究透宇治茶风格后的产品，特别适合浸泡当地茶，而宇治茶在日本又备受推崇，所以慢慢就全国闻名了。除了针孔特色外，他家的茶杯全部是手工拉坯成型，"没有机器制品的粗枝大叶感觉"。

全家雇用了4个工人，但是一年也只能生产500个杯子。烧制瓷器有专门的龙窑，上面有天皇的叔叔题字"玄空"，是因为他觉得"朝日烧"能够让人思考生活的深意，"玄"，在这里是深的意思。

🍵 混搭时代：现代茶人的杂糅个案

一个流派有一个流派的专用器具，可是一般人使用时并不遵循这样的戒律，尤其是现代茶人，经常采用混搭的风格，大日本茶道学会的中村孝则就是这样。

中村是东京的资深茶人，又因为长相帅气，所以每周要在 NHK（日本广播协会）的节目上去宣讲茶道。同时又是大日本茶道学会的茶道最高段和剑道学会的七段，所以出门表演茶道的机会特别多。他出场不仅在日本，更多是在异国，刚从挪威表演日本茶道回来——他还有一个身份是挪威日本的亲善大使，所以在旅行中推广日本茶道也是他的任务。

因为经常在旅行中推广茶道，所以中村拿出来展示的，首先是他的茶箱。茶箱在日本又叫茶游，是茶道中人必备之物。千利休时代流行方形的简朴茶箱，中村有若干个，第一个就是在路易·威登专门定做的黄色皮具的茶箱，这是一个圆筒形状的茶箱，看着十分小巧，但可以装下他的整套茶道具。中村解释，并不是他崇尚名牌，而是路易·威登有专门的定制服务，只要他拿出方案，对方就能很好地执行他的设计。

盒盖可以取下，但是还用皮带紧扣，这样的设计可以避免盖子丢失，里面放着两个茶碗，一个小的装抹茶末的罐，外加茶筅和茶筅容器，茶巾和茶巾容器。不多的器物，却足以使他在野外布置一个简单的茶会。其中一只茶碗是江户时期的朝鲜碗，而金漆的小茶叶罐则是他朋友做的，这些精巧的物品一拿出来，往往能吸引很多人。他说，最近使用这些道具，是在地中海的一次游艇聚会上。

另一套茶箱更小巧，也古朴些。外面的藤箱是江户时代藤编工艺，里面的锡制茶叶罐购自缅甸，茶碗则是他自己烧制的。中村不仅自己奉行杂糅风格，还和朋友们联合做过茶箱展览，他们选择的茶道具，茶筅筒一般选择藤编，茶勺一般用竹制，如果是怕毁坏的器物，外面用朴素的日本棉布专门制成包裹。即使点心盒也与众不同——一种竹编的小瓶专门装他们的茶点心，叫"振出"。

中村说，具体的搭配，很多时候根据自己的精神状态决定，并没有定规。他经常和一些国际品牌合作举办茶会，但是不会为了迎合而去购买时尚的道具。"在时尚的品牌活动上，我还是我，而不是他们的附庸。"他说品牌之所以找他，就因为他的个性。他告诉我们，25 年的茶道修习下来，对他而言，茶道不仅是一种仪式，或者一种空间，更多是一种打破既定世界的存在感，是颠覆人们价值观的东西。

他顺手拿来自己常用的建水，是平安时代烧制的陶器，现在已经破烂不堪。建水在日本茶道中，是作为倒茶渣污水所用之物，中国茶道里叫水方，可是这一件，却连站立都立不太稳当。不过中村说，他选择这件 1000 多年前的器物，就因为茶道世界里需要有不完美的东西，歪斜，可以使人们对自己既定的世界观产生怀疑，而茶道本是需要思考和怀疑的。

这种茶道观和茶道具的选择，可能和中村加入的大日本茶道学会有关系。大日本茶道学会是明治时期成立的，是第一个做学术研究的茶道学会，目前是日本最大的四个茶道学会之一，奉行的不是家元的代代相传，而是选举制度。中村 25 岁大学毕业，因为朋友的父亲在学会里传授茶道而加入其中，一学就是 25 年，越学越不能放弃。"25 年前，在东京的茶道世界，还是女性比较多，可是我固执地以为，茶道是男性的，是男人之物。它教给我们日常的礼仪，如怎么开门，怎么坐下，怎么站立，是武士的精神。"

他 8 岁学剑道，到现在已经 40 年，茶道和剑道这种外表看起来完全不同的东西，在他身上却逐渐融合。"表面不一样，但内在相通的地方太多了，它们都有宗教气氛。学习了之后，整个感觉都敏锐起来。许多人以为，修习茶道是对茶器、庭院、花草的感觉变了，其实不然，是观看世界、了解事情的感受都完全不同了。"他边说边为我们泡茶，与京都那些流派给人的感觉不同，中村孝则的动作非常硬朗。他从水釜中取水入茶碗的动作干脆利落，他解释，这种带有武士家风的动作，并不是他的发明，而是东京人喜欢的一种茶道风格。

不仅在东京举办茶会，中村说他还把自己去年的茶会举办到素来以保守闻名的京都。举办地点在京都御所，那天的情景他还历历在目：配花用的樱花，花树原来是醍醐寺的丰臣秀吉所栽种的，因为不能截取，所以采用了此树的花粉做无性繁殖的新树。茶会之前，配怀石料理的是香槟，而不是传统的茶汤。茶点是用玻璃纤维的盘子端上来的，每粒点心都做成珠子形状；而茶箱是用樱花树皮做的，每件器物都打破了常规。请了 100 多位客人，各个流派的茶道高手都有。其中有不少人对他这种新派的不遵循传统规则的茶会颇有微词，京都的报纸也讨论了几天，但最后还是承认，这是一次标准的日本茶道的茶会。他说："关键的原因，在于接待客人的精神是没有变的。虽然有很多批评，但是他们也感觉到了新的茶道风格的挑战。"■

韩国茶器：隐居者的世界

　　若干年前去韩国之前，唯一所见的古朝鲜茶器，是在日本的一家私人美术馆里。畠山美术馆将自己收藏多年的茶具做特展，有一只朝鲜的割高台茶碗，底足特意分开，像花瓣形状，非常古朴美丽，有一种独特的设计感。不过釉色暗黄，外表粗糙，在习惯于中国茶具之精美的我看来，并非精心的作品，倒是与日本的侘寂精神暗合。

　　后来看到日本茶道宗师千利休的传记，他的第一只茶碗，传说也和高丽古茶器有关，他喜欢的制碗师傅长次郎，传说就是高丽的陶瓷匠人，过去习惯做的也是高丽人喜欢的饭碗，被千利休招安之后，迅速开始做符合侘寂风格的茶具，也深刻影响了日本茶道具的发展——不过，这仅仅是传说，长次郎的真实身份，他的后代也难以说清楚。

　　我去韩国寻访茶具制造者，也是隐含了强烈的好奇：朝鲜茶器的系统渊源如何？何以能影响日本，并且为千利休等人作为与中国的华丽的"唐物"所能抗衡的体系？目前的茶器制造者，又在什么精神下进行创作？

朴素的自信

　　刚下飞机，还没有从旅途的劳累中休息过来，就被带到韩国当代最著名的茶器制作者金正玉的家中。因为他第二天就要去首尔办展览，时间宝贵，必须按照他的计划走。

与很多知名人物一样，金正玉的家里挂满了重要人物的照片：潘基文接过他递过去的白瓷壶；小布什捧着他做的大茶碗，露出天真的笑容；青瓦台收藏了他的茶碗，一群严肃的官员表情凝重地和一个白瓷大碗合影。相比之下，金正玉倒是很轻松的状态，他摆开自己的茶桌，上面陈设着他全套的井户茶碗，让我们尽力喝茶，在素朴的茶杯里，浅到非常淡的汤色，看上去像中国人已经泡到最后的茶底。

所谓井户茶碗，大约是高丽文化中的茶碗传奇，本来是平民所用的饭碗——再次让人想起长次郎的传说，形状未必规整，施釉更是粗糙，不求均匀与厚度，上面甚至有黑色斑点和小石斑点，经过烧制，碗座与周围的釉剥离。在当年的高丽，这种碗也就是一般的下等用具，可是自从传到日本之后，崇尚侘寂文化的千利休喜欢其朴素自然的气质，觉得与精心制造的"唐物"相比，这是一种无心的艺术方式，与禅的精神是一致的，大加推崇。井户茶碗在日本获得了至高无上的地位，反过来再影响到制造国，井户茶碗也成为一种珍品，尤其是碗底部因为厚釉发生流动变化，而产生的一种被称为"梅花釉"的釉变。

说来有趣，本来是无心之作，因为身价倍增，反而成为众人模仿的对象，如果在艺术史上，这会是一种难以解说的悖论：精致的模仿朴素，耐心的模仿粗心。可是在金正玉这里，这些都不成为问题。他家的大门口竖立着韩国政府颁发的"重要无形文化财"的标志，家里的大人物照片也是望之俨然，可是说到自己的初祖如何开始制造陶瓷的时候，只是大咧咧的一句："因为穷困吧。"

金正玉是这个陶瓷家族的第七代。与日本的陶瓷世家的严肃谨慎不同，他们家并没有多少流传了多代的祖先作品。也许和近代朝鲜多灾多难的历史有关，家族作品很难有序列传承。"据说某一代祖先的作品被日本收藏家收藏了80多件。"可具体是哪一代，他也没有弄清楚，似乎是祖父，也有可能是曾祖父。家族一直在从事制陶业，最早的制造区域就在现在的工作室附近。选择这里，不是因为这里的土壤或者原材料，就是喜欢这个区域的宽敞。"我们家制造陶瓷所用的原料非常简单，就是使用到处可见的陶土，包括草木灰，并不用选择特定的区域居住。"

手艺却完全属于家族传承。18岁，他中学毕业，从父亲金教寿那里学会了操作辘轳，现在他的陈列室里，还有一个古旧的辘轳，据说是韩国仅存的一台，看上去非常破旧，已经不便于使用，可是当年，他的先辈就是在这里做出让日本人倾慕的茶碗。

金正玉的井户茶碗现在还是被排队收藏，他选择了草木灰来上釉，加上胎土的关系，最后出来的是淡淡的粉红色。最特别的是底部，别人是梅花釉，他烧出来的收缩后的釉，是活泼泼的形状，他自己说像蝌蚪，而这种蝌蚪文形状的井户茶碗，在日本无人能够模仿得出来，也是目前在日本很受欢迎的茶道用具。

金正玉悠闲地坐在自己新造的辘轳前面，展现他的拉坯技术给我们看。在中国的景德镇，我们见过拉坯师傅的精心的态度，一丝不能出错；在观察日本制瓷世家的时候，也会看到他们对待器物的一丝不苟的姿态。可是在金正玉这里，完全不一样：他像个炫技的顽童，得意地让我看他旋转的速度，一会儿就是一个朴拙的茶碗：不太工整的圆。

这个井户茶碗的雏形，在来自追求器物之精美的国度的我看来，真是不合格。中国人的茶器挺拔俏丽，色釉均匀，绝对不追求这种所谓的器物的自然属性。按照我所了解的瓷器发展历史，无论是高丽还是李朝，韩国历史上可是没少受中国的影响，何以中国这种对瓷器精美的追求态度，在金正玉这里就没有影响？

"也是受影响的。不过我喜欢的，是中国的早期瓷器。"他告诉我。这么一说，我才恍然，他的瓷器制作，确实有中国早期瓷器的影子，他所制作的黄瓷壶和白瓷壶，安静有力，无论是造型还是釉色，都和魏晋人们所用的器形类似。这是韩国爱茶人所钟爱的储水罐，金正玉有几分骄傲地告诉我，把水放在他的水罐里，许久不坏，最多的能放上几年。

"多久？为什么？"我不能相信自己的耳朵。

"反正就是不坏。"他笑眯眯地看着我。这时候能看出韩国人与日本人的不同了，日本人不太会说这么没有根据的话，但是会强调手艺的传承，自己所使用的泥土的来源，以及自己默默工作中的思考，可是金正玉作为韩国一流的瓷器大师，却随意而自由。

他改用一整套青花瓷为我们泡自己喜欢的韩国绿茶。这种青花，在韩国被称为"青画"，是在白瓷上随意地画上鸟兽鱼纹，近乎中国早期外销瓷器的模样，但细看下来，还是不同：白瓷不追求白，而是偏黄，上面的花纹无论是虎、鱼还是蝶与花，均淡然随意，很有几分写意画的影子。

韩国的绿茶本来就淡，在青画瓷的大茶壶里泡出来，更显得清淡。

除了壶，这套瓷器还包括一个巨大的水沺，这是一个类似于公道杯的大勺杯，先把壶中茶水倒入水沺，然后再分到几个朴素的青画茶杯中。因为淡，所以茶量多，一杯里的茶水量，几乎可以装满工夫茶的三个茶杯。而韩国人喝茶，也讲究三口喝完，在他们看来，那样才能充分享受茶味之美。

不过这倒不是韩国的发明。中国明清的茶杯，并不像我们今日所见的工夫茶器那么小，应该比较大，当时中国江南地区习惯饮用绿茶，从古画上可以看到那些杯壶，均比今日所见的工夫茶具要大。从这个角度来说，这也是中国失传而在韩国保留下来的某种茶道之风。主人端上的点心，是沾满了松花粉的小面食，放在青画小盘中，这是一套完整的待客茶礼。

喝茶期间，主人一直在和我们说话，这点也与讲究侘寂的日本茶道有本质区别。

清淡的茶与清淡的点心相配，是韩国保持至今的正式茶礼。除此之外，还有用茶碗喝抹茶的，也用清淡的点心，但是抹茶在今日的韩国已经很少看见饮用者，所以大壶大杯的喝茶方式是目前韩国最主流的饮茶方式。

而金正玉的这套器物，价格不菲，需要几百万韩元，也就是数万元人民币，但并不影响销售。他所制作的茶具，一直是畅销品，需要排队订购。在韩国茶人看来，几个与茶有关的主要国家，中国的茶具过于精美，另外，杯子过小，形状也过于雕琢；而日本的茶器推崇的极端复杂的雅致也不适合韩国人；韩国人的茶品位，是简单的、去掉雕琢的——这就是他们喜爱金正玉的原因。

与日本匠人精致得不食人间烟火的工作室不同，金正玉的房间外，不远处是烧瓷器所用的土窑，堆满了各种烧好的瓷器，大堆地放着，并不珍惜，就像是中国民间一个常见的瓷器作坊。屋子外面就是大堆大堆的酱缸，里面满是自己家做的大酱，这也是韩国人一日不可离开的食品，而这些盛放大酱的酱缸，和那些随心所欲、有点粗疏的茶碗一样，都出自他自己家的窑口。这点自然大方的态度，倒真是日本民艺大师柳宗悦所提倡的态度。

窑口并不像中国龙窑一条线往高处走，而是高低起伏，按照他给我的解释，是这样的窑不会占据太多的空间，高度也降低了，他更容易控制温度。事后才知道，整个韩国的传统窑，基本没有沿用中国的龙窑，因为他们并不追求瓷器

270

那种明亮、匀静的效果，所以高温对于他们，并不是一个必要条件。

就在这样的窑口里，他烧出了不少传统的茶器，除了我们前面所见的井户茶碗，还有各种不同韩国茶人喜欢的茶器：粉青的大罐、茶碗，在灰青色的主体上自由地画上鱼和鸟的图案，朴素自然；褐色和黑色相间的天目茶碗；略略几笔颇似抽象画的立鹤图案的茶碗。这些茶碗，无一华丽和花哨，其中与中国瓷器最类似者，也就是白釉瓷罐，器物形状尽可能美观大方，与宋代器形类似，但就没有多余的装饰了。

🍵 随性而至的茶器

这种朴素，包括朴素所带来的沉稳，是韩国茶人追求的境界，一直都没有为外界所影响。无论是具体的器物使用，还是整体的气氛营造，基本上都没有受到中国和日本目前流行的精致的影响，甚至很多人就把一个硕大的电水壶放在桌上，并不讲究复古。

金正玉的个人气质也是如此，没有在日本见过的那些茶器制造者的凝练精气神，只是笑眯眯的，生活气息浓厚到了让人觉得这就是个邻家老头。他带领我们参观他的领地，他的窑、他的茶碗、他的泡菜坛、他的松树。整个工作室在遥远的郊外，处于山水之中，周围也少有人烟，可是气氛还是家常而简单的，以至于很难一下把他和大师联系起来。可是在韩国，他真就是地道的陶瓷大师了，只是韩文对大师的称呼也很家常：砂器匠。

可能因为没有出现一位追求极端侘寂精神的千利休，所以韩国茶器的制造者都有点率性。不仅仅有朴素家常的，也有华丽异常的，我们去庆尚南道的艺术家村落，一走进李德揆的"山认窑"，就被吓了一跳：满屋子金晃晃的黄金茶具，一个我认为在历史上已经消失了的茶具系统。

日本茶道最著名的故事之一，就是丰臣秀吉与千利休的黄金茶室之争。丰臣秀吉热爱中国制造的唐物，也爱一切华丽的茶道具，包括黄金茶具。他曾经给自己制造了黄金茶室，不仅四壁贴金，还使用一切黄金器物，这种华贵铺张的做派被千利休所鄙视。在千利休看来，黄金茶器是一种粗俗的器物，他的鄙视直接激怒了丰臣秀吉，也给自己带来了杀身之祸。

不过历史把天平倾向了千利休这边，他改变了整个日本的饮茶美学，侘寂

271

成为主流。黄金茶具在日本茶道历史上彻底消失，以至于我觉得这仅仅是一个传说。

中国历史上，除了皇室使用过金银器物作为茶器，以士大夫审美为主流的茶文化中很少出现黄金的影子，今天在这里看到，几乎疑心自己是错看了，也许这只是金色釉或者金彩，可是李德揆很明确地在我身边说，这些茶具上面的金色，全部是24K的黄金烧制而成，韩语"24K"的发音，与中文也很相似，我确信没有听错。

不过这满屋子黄金茶具，并非全部使用黄金制造，黄金只是其中的组成部分，是先烧好陶瓷的底坯，再将24K金的金粉粘在上面二次烧制，黄金熔点不高，所以会紧密地与陶瓷结合在一起。这种24K黄金直接烧制在瓷器上的做法并不是李德揆的独到创造——这是韩国历史上的手艺，他只不过是恢复这种手艺而已。他毕业于东亚大学应用美术学科的陶瓷专业，在大学里就对这种黄金与陶瓷结合的传统手艺很感兴趣，毕业后一直没有放弃。"很难，难就难在如何让黄金的厚度均匀，保证能紧密贴合在陶瓷的表面。得练习很多次后，才能保证不薄也不厚，非常匀净。"

日本的瓷器制造方式，很多受到高丽的影响。所以某段时间内，黄金茶具的影响可能蔓延到了日本，也影响了丰臣秀吉。众人以为俗气的黄金茶具，在李德揆的手下，这种俗气被大大地制约了，黄金在这里并不是炫耀，而是成为一种块面，或者一种线条。比如黑陶与黄金的结合，外面是全部的黑釉，只有某几个细微处，留了几道金线；某个黄釉的茶碗，一打开盖子，里面全是金釉，用来喝被韩国人称为"黄茶"的轻微发酵茶，深色的茶汤和金灿灿的颜色，形成很美的对比。最美的是一些釉彩和金粉在高温下互相交融的茶具表面，那种交融，像是抽象画，这也属于韩国陶瓷的特点，遇到釉彩的流动，制造者会觉得高兴，并不觉得是失误，因为每种流动和变化，在他们看来都是独一无二的。

但是我还是有心理障碍。总觉得茶应该是朴素的，应该是俭朴的，怎么可以用黄金做器物装饰？李德揆说他也遇见过不喜欢自己茶具的人，不多，有三个。"二十多年只有三个人说不喜欢，不算多。"其中一位老人的理由和我一样，用黄金太奢侈，不符合茶的精神。"他说完后，我仔细想过，后来觉得这不是我能解决的问题，一种器物，如果与茶不合，它可能很早就被抛弃了，之所以留下来，有它的道理。毕竟，单看这些黄金茶具，还是赞美者居多。"

这大概也是韩国茶文化与日本不同的地方：没有统一的审美标准，以自然、率性为主导，里面包含着一种更随意的因素，只要喜欢，随便怎么用都可以。与我们同行的茶道老师就喜欢用黄金茶具，在她的观念里，各种茶具都可以使用，没有禁令。她喜欢用黄金茶具泡中国的红茶，那是一种韩国茶叶浸泡不出的茶叶颜色。琥珀色，配合着金色的杯底，完全不同于中式清俭的华丽风格。"有什么不可以？"茶道老师对我们的反对大为困惑。在韩国的饮茶体系里，确实没有"奢""俭"之分。更多的器物是服务场景与场合的。

黄金茶具，在若干年后的中国，终于开始有了仿效者。有人喜欢用里面贴金箔的杯子，有人喜欢在陶瓷杯子外部施加黄金釉，但是，这些黄金茶具在我看来，倒都没有韩国的大方自然，也许是两国对黄金的感受不同？

其实即使是黄金茶具，也不一定要突出豪奢的那一面。日本的古典园林里常有金漆屏风，往往在昏暗的房间内，暗沉的金色和周围的风景也能构成调和。包括近年有学者研究丰臣秀吉的黄金茶室，也并非明晃晃的一片，而是参差交映，形成某种对照——在朴素的茶席上，用到一件黄金茶具，倒也是某种程度的点睛之笔。

🍵 自然：茶的精神

到底何为韩国的茶具的精神？说实在的，这问题很困扰我。陆羽的俭、千利休的侘寂，似乎都不能简单地囊括韩国的茶具世界。也许是因为韩国的茶具，恰恰也夹杂在两国之间？因此没有那么突出的个性？

一直到了密阳，见到了陶艺家金昌郁，这问题还是没有解决，只是再次涌现出来。密阳是个小城，距离海边不远，阳光和海风，加上极少量的人口，令这里的安静成为一种商品，能够起到抚慰人心的作用。韩国有部在国际影展上得奖的电影《密阳》，讲述一名失去亲人的女子选择到这座小城隐居的故事。而金昌郁 15 年前选择在这里居住，并且建立自己的"密阳窑"，同样属于隐居在这里。不过金昌郁选择这里的理由并不是安静，而是因为这里有大量的稻谷，可以为自己的密阳窑积攒原料。

金昌郁的密阳窑距离市区有几十公里，周围没有人家。整个密阳虽然还有一些做茶具的艺术家，但是平时见面机会也不多。因为在韩国，每个艺术家做陶瓷的状态都是独立的。我问金昌郁多久和朋友见次面，他说说不定，也许一年。

他的小屋子距离最近的邻居家也有十几分钟的车程。房屋是自给自足的体系，旁边有窑，有堆积如山的柴火，有专门制造陶土坯的工作室，也有堆积他从山上挖下来的泥土的地方——这是一个陶瓷的流水线，与众不同的是，整个流水线只有他一名工人。每个流程都是自己负责，甚至妻子也不会进入他的陶瓷王国，最多作为销售的助手帮帮忙，相比起中国的大型套瓷工厂，简直简陋到了不堪，即使是与日本的窑口相比，这样只有一个人的窑口，也很少见——日本至少有师傅带着几个徒弟一起干活。

就是这种绝对的寂静，成为金昌郁做茶具的大背景。我这才想起来，不管是国家级的"砂器匠"金正玉，还是做黄金茶具的李德撰，其实也都处于离群索居的状态，似乎只有在这种状态中，茶道具的生产才有可能。

后来发现，深藏山里的孤独窑口，是韩国不少陶艺家的首要选择，他们远离人群，似乎这是他们的宿命。

窗外还有金昌郁早年的作品。在做茶具之前，他做过陶瓷雕塑。他在日本读研究生的学习方向也是雕塑。那是些陶瓷做材料的抽象作品，有的很张扬，有的却很像自然生成的山石，中间有凹槽，里面积蓄了雨水。他告诉我，越到做雕塑的后几年，越觉得，自己喜欢的是自然的东西。"到密阳，看到河流里的石头的形状，突然很感动，做了那些雕塑，陶瓷本来就是泥土，这样可以和自然更接近。"接触到茶具后，觉得茶具比雕塑更接近自然，那个才是他要做的，于是开始放弃了早年的工作，开始学习做茶具。

"怎么会更自然？"我反驳他。在我看来，许多杯子、壶，包括韩国流行的水洉，都是需要繁杂的技术才能制造出来的，那些造型，需要很多揣摩。我没想到，这句话就是进入他的茶具系统的钥匙，他很高兴地拿自己做的一些不规则的器物给我看。从来没有见过这么多自由的茶具，有垫在杯子下面的瓷垫，却被他做成鹅卵石的不规则形状；有瓷壶下面的壶承，不同于中国和日本的壶承基本上是盘或者碟的形状，他的壶承同样看上去像从外面随意捡回来的石头，而且釉色也近乎石块，或者是褐色，或者是黑色，都不是常见的釉色。原来这些釉色和胎土，全都是就地取材——胎土是取自附近的山地，而釉色，很多是附近植物烧成的草木灰，原来他很早就不使用化学釉料。他说："烧陶瓷的都知道，化学釉料在烧制过程中，很多会对人体有害，自己都不喜欢，何必要推广给大家呢？”所以这么多年来，他的茶具，基本上只有寥寥可数的几个颜色，全部来自草木灰或者附近的矿石料。

也是传统的窑口，才会有这样的问题，事实上很多密封窑已经没有这样的问题了。但韩国陶艺家的老实本分是一体的，包括窑。

怎么形成缤纷的色彩？毕竟单靠草木灰和矿石颜色还是单调，他这里有一种石绿色的小瓷壶，像是石头上微有青苔的感觉，非常让人感动，原来是靠两次上釉，先上一层矿石，再上草木灰，这种组合的游戏，玩起来排列无穷。

这种做法，回到了至简，甚至比韩国历史上推崇的朴素还要简单。金昌郁常年在郊外烧陶瓷，人变得话很少，他日常相处的，也就是密阳的自然风光。“看到河里的鸭子和鹅，就把他们画在瓷器上，那釉料，也是矿物。”看他在花器和茶器上所画的画，非常简单，简直就是儿童画，这些器物的造型和颜色，也都尽可能简化。

问题是，要完全摆脱茶具的限制几乎不可能，比如壶，比如茶杯，千百年来人们已经给了它们既定的形式。金昌郁给我看他做的茶壶，他还是在尽力地模仿自然。“但自然是一件多么困难的事情。”尤其是茶壶，功能性强，壶盖要和壶身做到严丝合缝，这在一般的手艺人那里不是一个问题，因为他们做的就是功能性，可是在金昌郁这里却很困难，不是他做不到，而是这对喜欢自由的他来说是种限制。

他的一把瓷壶，外面并不圆融，而是红色斑斓的釉滴，上面还有浅浮雕的佛像，凹凸不平，看上去有几分摩崖石刻的感觉，可是壶盖与壶嘴的连接却严丝合缝。这一系列的壶，他做了很多，每把壶都是一种功课。历史上的陶瓷对他影响很大，可是他却几乎不做仿古器物。一种白色的茶杯，和我以往见过的割高台茶碗类似，都是透明釉，表面粗糙，但是内里光滑细致，是那种传统抹茶碗的缩小版，适合喝现在的茶。“我做的是意态上的相似，要是真模仿，也就没意思了。”

历史上朝鲜的青画瓷，他也有制作。不过在这里，青画是作为一种破碎的存在——在每个茶杯和茶壶上，镶嵌一小块破碎的青画瓷片。“小时做陶瓷，烧坏的很多，总觉得可惜，在那个时代，烧坏了就是废品，就丢弃了。现在自己做，想把这种坏变成不舍，变成不丢弃，于是采用了镶嵌进去的办法，让破碎也能再使用。"仍然是一种朴素的造型，虽然有古典陶瓷的影子，可是已经是当代艺术了。

朴拙到这步，很难说是一种造型设计了，而是整个心理问题。由于经年居住在山区，金昌郁不仅仅是外表气质很朴素，像个山区的老农民，而内心也安静和简单起来。有人邀请他来中国办展览，他立刻很发愁，怎么去？到那里怎么办？像个没有出过远门的老农，一副紧张的模样。

这种强大的朴素必然是心理的。在国内见过很多烧柴窑者，总要强调自己的返璞归真，可是在金昌郁这里，不存在这个问题。对于他而言，一切都是自然而然的，他根本不用特意强调自己是柴窑，在这个偏僻的角落里，柴是不成问题的，他自己在山上砍树，而不追求产量则是他能够支持下来的原因。"大概两年会烧两次窑。"每次需要一两吨的柴火，这也是待在密阳的好处，因为生态好，当地对砍柴限制不多。"有时候也特别累，因为没有人帮忙，所有的事情都需要一个人完成。"

他和他的瓷器构成了一个完整的小世界。从砍树挖泥，到生火烧窑。

这些朴素的壶与杯，每日用来喝他自己喜欢的茶。韩国茶并不追求高香，味道反而成为前提。而那种味道，并不浓烈，甚至可以用淡来形容，这时候，就知道金昌郁的茶杯的好处了：虽然不工整，也不华丽，但是和那茶一样，都充满了山野之气。配的点心，则是自己做的年糕和栗羊羹，同样是山野的传统食品，更觉得这一桌茶，充满了自然的气息。

🏺 隐居者与自然的可能性

这种对自然状态的追求，金昌郁并不是特例。从前看陶瓷，总觉得韩日是一种体系，其实虽然是同一体系，但还真是不同种类。日本的瓷器虽然也追求自然和枯寂，但是那种自然还是追求的结果，需要种种细致的努力；而韩国瓷器，对自然的追求更大方，有种"该怎么着就怎么着"的感觉。

虽然都在密阳，从金昌郁的密阳窑到宋承和的"土也窑"，还是有翻山越岭的艰难。宋承和的窑甚至比金昌郁的更加偏远，这也是烧窑者必须承担的一点，只有如此，烧窑所带来的灰尘、烟火等污染，才不会有人投诉。宋承和告诉我，自从居住到了远离人群的郊外，他就很少碰到邻居的投诉了。

韩式的木屋也需要脱鞋爬进去。这是一间最简单的韩式茶屋，没有特定的规则和装潢，屋子也有条幅，不过没有像日式茶空间那样镶嵌在壁龛里。我们懒洋洋地坐在地上，门半开着，开始喝茶。先喝他最喜欢的抹茶。所有的茶碗都是他自己烧的，无光泽，色系单纯，在釉色的选择上，他比金昌郁走得更远，他只用草木灰来搭配泥土本来的颜色，这样一来，每个碗自然就有不同的釉色，一只灰色带有绿斑点的，另一只是泥土色的，异常的朴素。这就是他喜欢的泥土色。"因为茶是来源于土壤的，所以我觉得茶具也应该是泥土的颜色。"

瞬间有种似曾相识的感觉，问题是我绝对是第一次来这里，想了想，像是韩国电影《春夏秋冬又一春》里的那座荒野寺院的感觉。

早在30年前，宋承和还是一名大学生的时候，就开始迷恋上了喝茶。他那时学习的是工科，和陶瓷一点关系都没有，却觉得陶瓷最能和茶一起，展现一个迷人的世界。"毕业了就开始四处巡访，学习了近10年，终于在近20年前开始自己烧陶瓷。我爱抹茶，所以先从抹茶开始。"

韩国与日本类似，都从中国的唐宋学到了喝抹茶的方法。从新罗时代开始，就有朴素的抹茶碗开始流传。在最初，也许饭碗曾经被当作了茶碗，但是很快，就有了单独的茶碗体系，可是无论是他所见过的古董还是日式的抹茶碗，都不被他所欣赏。"日本的，太美丽了。那种美丽是可以脱离茶单独存在的，我不喜欢。而韩国的一些古董，都在博物馆里，我不知道它们与茶配合的效果，所以说不出来。至于中国的天目碗，我特别地尊敬，可是现在烧的我不喜欢了，我也看不明白。"

他喜欢的茶碗，还是最素朴，并且必然与茶结合在一起的。说起来很好笑的一个比喻，茶碗与茶，就是男人和女人的婚姻。说来奇怪，刚才看起来并不突出的几个茶碗，因为抹茶的碧绿颜色的衬托，一下子生动起来：一只灰底有绿色斑点的茶碗，被衬托得特别明亮，而另外一只黄色偏青的茶碗，和碧绿的抹茶一起，构成了另外一种颜色的和谐。

茶碗并不太大，不需要像日本抹茶一样双手郑重地捧着。宋承和解释，他喜欢能够一手掌握的茶碗，一只手端给客人，客人也可以随意地接过来，修饰不多，不精致，但是美。这才是韩国传统的茶的精神，随意中感受到茶的安静和美——而不是日本茶道有规矩和仪式的。很多日本人订购他的茶碗，而且他每年要去日本办两次展览。"虽然我所做的和日本的茶碗不完全相同，可是他们喜欢，也许茶的世界需要这种开阔吧。"

他也要去纽约。虽然僻处深山，但是展览时候还是要去外界，不过这也是一种比较好的与外界交流的方式，隐居，但是又不与世隔绝。

"不需要太复杂的东西。我觉得这才是韩国。我从来不强迫自己去做更现代或者更极端的东西。茶，不需要那些外在的文化。"这是宋承和理解的韩国的茶，虽然自中国传来，但是已经脱离了中国，甚至也脱离了时代，外界流行什么和茶没什么关系。

除了抹茶碗，他还烧很多茶壶和茶杯。抹茶是一日只能喝一次的东西，所以得做一些适合现在韩国茶的器物，同样是没有什么花样：没有描画，没有复杂的形态，很多东西，是窑火赋予的。比如不同的茶杯放在窑中不同的位置，则有了不同的颜色。"这个最喜欢，因为个人不能控制。"一个人烧窑，同样是每半年烧一次，有时候累得坚持不下去，体力透支。那个时候最困难，可是熬过去又好了，因为"渴望看到烧好的成品啊"。各种同样放置草木灰的瓷器，因为不同的温度和位置，会出现各种微妙的变化，对于他，这种变化太美了。正如茶叶在热水中的变化一样，会有不同的感觉出来。

从前我不太理解柴窑。很多中国台湾地区的柴窑烧制者告诉我，柴窑烧出来的东西温润，好看，用起来舒服。但是在这几个韩国人身上，从来没有给我强调这几点理由，在他们看来，柴窑就是天经地义的事情。尽管艰苦、劳累，可是这同时是一种高度的享乐——自己的观念只有通过这种变化多端的燃烧方式才可以实现。

所以，柴窑其实是一整套的生活方式，从自己动手砍柴开始的生活方式。

宋承和一年四季用自己的杯子喝不同的茶，草木灰给了那些杯子不同的颜色。春天的时候，他用土白色的碗喝绿茶，夏天则是碧绿的抹茶，秋天会喝红茶，冬天则用褐色的土碗喝中国的普洱茶。他在这个偏远的角落已经待了12年，一年年这么过去，取土、烧窑、出窑，端详自己每一年的成果，在他看来，其实就是一种心境的修炼。

我们把茶碗挪到屋外的木廊上。后来我买了一个最喜欢的草木灰釉的茶碗，一直放在我家桌上，下面有自然的几笔铲花，应该是如中国定窑的手法，拿竹枝在碗底随意刻画而来，上面覆盖了薄薄一层草木灰釉，拿来做建水或者装点心，都非常美。

院落里有狗、有鸡，也有杂草，随意而杂乱。与日式庭院的雅致截然不同，可是又那么的舒服。宋承和突然说，他觉得，最高的茶境界还是自然——他所做的茶器，可真不希望留在博物馆里，而是始终在人们的使用中，那样才能不间断地和自然沟通，如果坏了，就埋在院落里，让瓷器重新化成泥土，重新回到自然。这几个自然斑驳的茶器，被他这么一说，突然有了更大的意义——我开始慢慢理解他的话，重新去梳理茶、土地、瓷器和自然的关系，对这种宏大的命题，有了一个具体的观察对象。▉

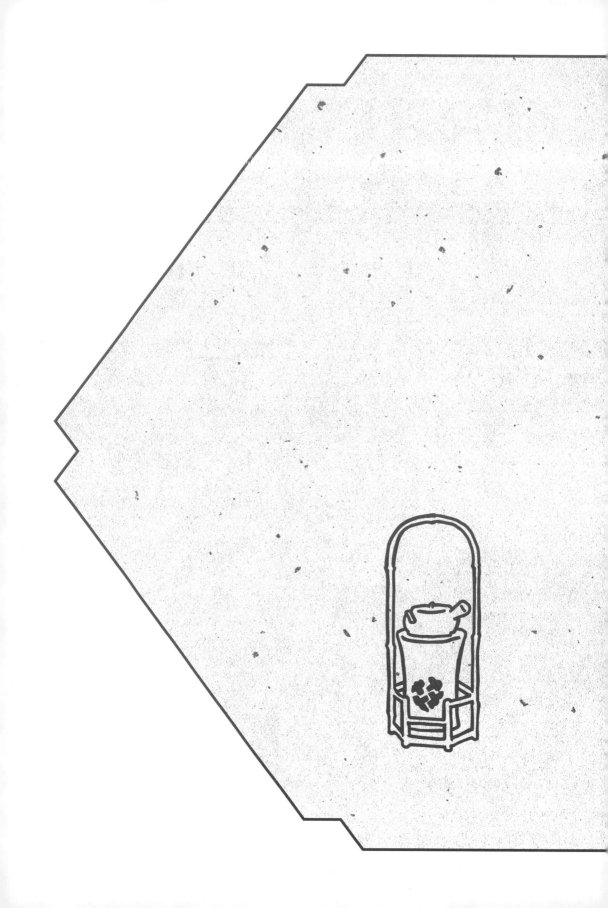

第五章

茶宝与茶会

清香斋和二号院：山水意境

认识解致璋老师已经十年有余，感觉她一直没有怎么改变过，温文尔雅，落落大方，说话也极其谨慎，始终说自己和学生们只是在玩游戏，这游戏，就是冲泡台湾乌龙茶。这么简约的说法，其实很难涵盖她的创作力。她一直在台北默默耕耘，偶尔带领学生们四处举办年度茶会，虽然不张扬，但是也影响着越来越多的人，无论观念还是审美。她特别反对茶席展演这个概念，在她看来，茶席与周围环境的关系很重要，怎么可能周围如此杂乱无章，但是品茶者却能安然坐下享受呢？所以，她拒绝茶席表演，要求每一次的茶会要有优美的环境。她是最早将环境与茶席结合起来的茶人，每年一度的户外园林里的茶会，是当地茶人期待的盛会，她将客人们带入周围的园林意境，享受古中国传递下来的茶之乐趣。

现在她新创作的茶空间"二号院"颇有新意。在这里举办茶会、招待客人，每一次都追求变化，就像一个当代艺术作品，感觉是关于茶的当下尝试。而且，在茶席的布置上她也不断变化，学生们现在能布置出各种桌面的茶席，充满了当代美感。

这是一位看似不变，其实变化很大的当代茶人。

身边园林

  清静雅致的环境最适合品茶，这并非解致璋的原创，而是深埋的文化基因。她喜欢引用郑板桥在"别峰庵"的对联"室雅何须大，花香不在多"来说明清静雅致的喝茶环境。这副通俗的对子，一般人止于挂在门上，她却一直努力将之付诸实践。

  她选择了一幢外表异常普通的公寓房子的四楼作为自己的"清香斋"。此前的清香斋是对外公开的茶院，位置也不在这里。2003年"非典"暴发时期，因过于劳累，她终止了对外公开的茶课堂"清香书院"。"当时太累了，终日有媒体采访。台风过境，整个书院都泡在雨水里，可是门外还是有日本媒体在等着拍摄，我那时候唯一的愿望就是睡个好觉。"

  进得清香斋，才能发现奥妙：之所以她选择安家在这里，纯粹为了美丽的阳台景致。台北街心公园不少，解致璋的房子正对着一个小巧的街心公园，高大的树木正在其阳台外。台北的气候，一年四季，花季几乎不间断。她还在阳台上种植了不少与外面花卉相配的植物。"有朋友比我幸福，住在山边，他们又很善于借景，整个窗框的设计就将青山框在其中，无论晴雨，无论晨夕，都有无穷尽的变化。"其实她这里也设计巧妙，凭空增添了许多景观。"拆掉了一些墙，整个空间做得比较开阔。每天早晨，阳光会将公园里高大树木的影子投在窗户上，然后是阳台上竹叶的影子，接着是几盆花的花影，为室内带来大片婆娑的清影。这时候，可以在地板上，也可以在书桌上摆设几件简单茶具，开始品茶了。"她家的地板是原来房主人的老木地板，有40多年历史的台湾桧木。不少买了房子的人都觉得旧，拆除了，她选择了保留，在地板上涂了一层淡墨汁，然后上蜡。施工前，工人从没见过这般古怪的涂料，反复问她，确定吗？她很确定。现在地板又光亮又有墨香味道，阳光将植物影子涂抹在上面，像是每天在作画。

  台北的茶空间很多，大家都会不自觉地添加植物作装饰。解致璋有何特别之处？不同处就在于她一直努力在家中制造园林景观。这种观念来源于她早期的经历。她原是中国文化大学美术系毕业，当时学美术的学生可以跟江兆申、曾绍杰等名家学习。学校离台北故宫博物院很近，可经常去临摹，六七十年代的台北故宫故宫博物院清静无人，坐在《溪山行旅图》前一天也少人打扰。大量的国画看下来，会情不自禁地学习画家们在画中经营的理想生活，改造自己的环境。

　　不过，对她影响较大的还是清朝皇族正红旗之后毓鋆老师。老先生到台湾后旧习惯不改，穿长衫，留白胡子，夏天也穿着整齐的纱衣，习惯戴各式古玉，主要给她讲述四书五经和《春秋繁露》，以及大量关于生活美学的古代著作。从那时起，她就对贯穿文人美学的生活方式很是向往，毕业后做了春之艺廊和艺术书房的策划总监，那是台湾当时唯一多元化的展览空间，一度做到亚洲最大，档期非常密集，每月两三次展览。展出油画之外，还有大量的古玉、陶瓷、雕塑、家具，另包括花艺、编织展览，范围非常广，也使她掌握了大量相关知识。当时展览变动快，每卖掉一件东西必须调整空间，"慢慢掌握了空间概念，每变化一次就要调整，协调与否至关重要，明白了空间的生命是怎么回事"。

　　她所营造的空间，首先遵循的是"园林"概念。她说："我觉得很多中国画的空间可以借鉴，即使是空白处，也充满了韵律。你看园林里的素壁，往往成为主要的画面，因为上面有影子，有青苔，也就有了画意。"她喜欢陈从周提出的以少胜多、有不尽之意的那种园林佳境，运用园林美学，就可以用窗景、阳台空间来小中见大。居住在城市里的人如果从窗户望出去，有远山，有公园，甚至只有一棵老树的枯枝，都可以引进自己家中，因为有珍贵的绿意。要是窗外视野杂乱无章，那就用竹帘、木窗、卷帘等装饰遮蔽。她的清香斋就有一窗无甚景观，她的办法是用细竹帘遮挡，外面放了一盆兰花，旁边放小灯，兰花的影子时刻投射在帘上，成为天然之画。家中的家具不宜太多，在于精致，且要和植物形成自己的关系。解致璋自己就选择了几件落落大方的明式家具作为基础，与家具相互搭配的花木则很精彩。因为早年学绘画，所以在植物的品种外，她特别注意造型，包括花器的造型，一定要搭配出相对应的空间感。

　　解致璋追求的是"以有限的面积，创造无限的空间"。这天的茶席，长长的条案上重点布置了两块植物区域，左手一块是用三件朴素的花器装着的植物，器皿和植物体积都很庞大：木桶里装着丁香花；竹篮原本是菜篮，现在放着一盆春兰；透明的玻璃瓶中则是一种台湾人叫蕾丝花的小花朵，正在盛开，慢慢有细小的花瓣掉落在桌上。这些花卉草木，都是她从花卉市场上很便宜买回来的，因为养得精心，现在长势很好。花器则是标准的生活用品，花盆边缘还有大量青苔。将青苔引入家居，应该是她最先开始的。"最早从墙角拆下一点点，或者在路边拣回家，拿回来后每天浇灌，越来越绿。"桌子的右侧，放置方形木盘，盘中堆积着小盆植物。纯粹以造型选择：有点有线有面，点是一小枝桂花，从街边小摊买来，线是一小盆枯枝，而面则是多肉植物。所有植物都不到台币百元。插桂花的是一小小陶瓶，用柴窑烧制，釉面是淡红中微带淡紫色，在无花的季节取其色彩。

这就是解致璋营造的"案上山水"。她举宋代画家郭熙的画论《林泉高致》的观点："山水有可行者，有可望者，有可游者，有可居者。"她自己觉得"可望"最重要，行和游都要望。在喝茶的时候，视觉尤其是处于休闲状态，望出去，处处都是精心造景，则茶席成功了一大半。

室外园林中的茶会

不过，能走到真山水之间的时候，还是一定要走出去。台湾的茶会近年流行出门巡游，或选址公园，或选址山林，解致璋是带头者。这里不可回避日本茶会的影响。日本的茶会多举办于春夏秋冬四季的庭院，会根据室外植物而确定茶会的主题。解致璋她们举办的早期茶会，也会学习日本，但完全根据中国茶的特点进行了改造，例如不完全席地，而是添置矮凳。日本茶会讲究寂静无声，她们则会配置专门的音乐。

她向我回忆在日本高山寺举办的茶会，那里正好我也去过，是传说中日本的荣西禅师从中国取得茶种之后，日本最先种植茶树的寺院之一。大片森林中，寺庙小巧地位于山谷中，她们的茶会选择了寺庙对面山谷中的一间小巧的旅馆"井水亭"。旅馆虽然小，却有大的庭院，茶席就设立于中心的亭中。客人们都穿和服，而她和学生穿着专门设计的中式礼服。因为泡的是台湾清香乌龙，所以烧水方式和泡法都和日本有很大区别。解致璋坦承，她们开始害怕和日本茶席雷同，可是由于茶不一样，所有的后续程序也就都有了不同：茶具不同，水温不同，茶香不同，仪式也不同。她们不要求鸦雀无声，而是可以自由发问。"要是客人不讲话，那是他太享受茶香了，而不是我们定的规矩。"茶会结束，所有人往高山寺方向走，去赏茶花。那是早春三月，樱花未开，但那些百年老树上的茶花未凋，人群慢慢离开时，旅馆中的学生吹起了笛子，"那一刻真恍惚，不知道自己是在什么时代"。

解致璋认为，茶会的最高境界，就是让客人们感觉在画中游。茶席摆放在地上也罢，桌面也罢，不一定有严明约束。"许多人说茶席摆在地面就是学日本，其实你看明代文人画中，很多文人山居出游，杯和壶都放在山石上，寻找一处意境悠远的地方享受山光水色，还可以品茶，这是宋明文人的日常生活。空间不该受到桌面的局限，自由变化的乐趣才大，应该随处都可以喝茶。"所以，她的"即生即灭"茶会也在"食养山房"的户外。这里是台北郊区的一大片山林之地，茶会凌晨3点半开始迎宾，起初还担心来得人不多，可应邀而来的茶人全部半夜上山，没有晚到的。到4点静坐，山林中，先是鸟叫，然后是晨曦慢慢降临；5点，伴随着晨光，开始泡茶。主题是"曙光初露，茶烟轻扬落花风"。正是不凉不热的9月天，茶人先是享受台湾乌龙茶那独特的花果香，在静坐的铺垫下，很多人觉得没有喝过这么好喝的茶，"五感都开了"。有趣的是，第二天、第三天，还陆续有人自己上山泡茶，想重新找回那美好的感受，可后来和她抱怨：怎么都没有和你一起上山那天有趣。为什么叫"即生即灭"？听起来微有悲哀意。解致璋解释，她自己修行佛教，总觉得再美好的东西瞬间也会消失。那茶会，办完就拆了，什么都没有了；林中的花，谢了也就没了；最关键的是茶汤之香，也是当下的美，瞬间即逝。"喝茶的时候，心要在那里，否则就错过了美。"

她把茶会与宋明文人画紧密联系在一起，所以，经常会带学生们到苏州和杭州学习，也去日本京都。因为在她心目中，光看书去体会园林是没有作用的，必须去游玩，"养出她们的眼睛和格局"，才能领会园林的好处，常常去一个园子，一待就是一天。学生们很多有绘画的爱好，就让她们慢慢画，画得好与不好不重要，关键是能体会园林的乐趣。在苏州艺圃举行茶会时正好是秋天，红叶初显，她要求学生们要有在园林做一天主人的感觉。茶席放在水榭中，远远传来评弹声，刚开始大家还在说话，逐渐声音轻下来，开始静听评弹。等茶泡到三四泡，演员慢慢从亭子走到水榭中，原来是苏州最著名的评弹演员盛小云。这时候，茶和音乐带来的感受融为一体，"音乐不是茶的背景，茶也不是音乐的背景"，双方是这个空间里的共存之物。

在上海也是如此。茶席放在一个现代重建的园林里，解致璋不是特别满意这个地方，但是好在季节，桂花盛开。茶席在室内，喝完第一道茶，客人们走出阁楼去临水的走廊吃点心的时候，惊喜才开始：一个吹笛人站在走廊尽头，正在慢悠悠地吹奏。从台湾带去的茶点本来蒙了布，大家从走廊进入时，谁都不知道这些是点心，现在掀开了盖头，这些新鲜、原味、清淡的点心才露出真容，下面垫着大荷叶，不大份，正好填补刚才一壶乌龙茶所带来的轻微饥饿感。"品茶前和品茶中都不吃点心，怕点心的甜味破坏了乌龙茶天然的清香，但是品茶后，如果离正餐时间长，味蕾都被茶打开了，很敏锐，正好吃一点细致的点心。"准备点心的习惯，解致璋也学自明人书籍和绘画。在古画的茶室中常备有专门的点心盘，供主人所需，茶性助消化，空腹喝茶会伤及胃部，所以她一般都会准备清淡的点心。

室外茶会，还有一点要注意天气。在灵隐寺办茶会，主办方要求一连 6 天，而且几乎都在敞开的大殿之外，深受天气影响。"开始去考察地点的时候，正好是晚上，灵隐寺清静无人，觉得怎么这么美，于是很愉快地答应了。"第二天才发现，白天人流如织，完全无法耐心准备，只有晚上临时的准备时间；而且当时已是 10 月底，昼夜温差大，白天最热时接近 30 摄氏度，晚上骤凉，泡茶的平衡度成为难题。"我那时唯一企求的是不要下雨，因为我们的设计是每人席坐地上，旁边是一盏灯，老天保佑，真的 6 天没有下雨。"解致璋笑得像个孩子，虽然是 50 多岁的人了，但是她有一种天真活泼的神态，笑容很灿烂。茶会主题来自白居易的诗意："坐酌泠泠水，看煎瑟瑟尘。无由持一碗，寄与爱茶人。"虽然唐人的饮茶方式和现代人区别很大，但是解致璋觉得，诗人晶莹的感怀应该和现代人没什么差别，她想要的就是那种意境。暮色四合，游客散尽，开始在佛前先供茶，然后是第一席茶；等法师开示结束、笛子演奏完，第二席茶开始，这席的茶味略重，以便大家回味。寒夜要做到天气冷暖和水温冷暖的协调，她说："我们一直在寻找最佳的平衡点。"

案头山水与器物的协调

在台北，我去了清香斋若干次。清香斋原本叫"清香书院"，是一幢沿街的书院，对外营业。以往清香书院每天有无数客人，且 95% 是日本客人，他们喜欢中国茶文化，包括各种日本媒体会来报道。"开始以为每天烧水泡茶是件特别简单的事情，可是被来拜访的人弄得太累了。"后来就开设了这间藏于普通民宅的"清香斋"，不对外公开，只有来上课的学生才能入内。

来上课的学生纷纷做茶席展示。一名台北做和纸的百年老店的女老板也是解致璋的学生，她用和纸、竹笼和竹子盆景以及几瓶花卉摆出了节日茶席，看上去很是喜庆和雅致。这是一种难得的意境。不过解致璋立马说，这个花是在花市第一个摊子上买的吧？"在第一个摊子和绕了几圈花市所买来的花，区别还是很大的"，要多花心思，配色、花形，包括如何与今日之茶汤形成色彩上的协调，都需要自然随意，但这种自然又是从不自然中出发的。席面上植物的摆设一定不能和茶汤形成冲突，而是要互相辉映。也许是因为早年设计过舞台的原因，解致璋强调总体环境，包括各种茶空间陈设、器具，都是舞台的组成部分，是布景，是美术空间。主角是谁？是茶汤，而且它是唯一的主角。

她亲自设计的茶席改日登场。这时候细致打量空间的植物造景搭配，细节极其讲究，即使是取水洗杯的水槽旁也有植物布局，一树老梅的枯枝放在瓶中，旁边是昏黄的灯光。而桌面更是缤纷多彩，白色的细小蕾丝花微有飘落，她笑说，有点像"春城无处不飞花"。但因为与杯子相距甚远，干扰不到杯和壶的空间，这点也是她特别讲究的。"茶席之花一定要陈设，茶席以茶汤为中心，但是开始泡茶前的新鲜活力，来自花。"日本茶道普遍插花，但是依照季节有严格规定，比如冬季只是茶花，而且只能一朵。解致璋觉得，台湾茶道的好处是约束少，不少意境从古代书画中来，所以她会根据不同季节选择花束，主要是体现节气变换，"即使是将落之花也有其特别的美感"。在不同城市寻找花材，更让她愉悦。"每个城市的花市都是最好的课堂。"找到花材后，会根据已有的盆栽、水景、石苔做出调整。"与花人插花有很大不同，茶人插花一定要在茶席预定的地方进行，这样，花枝的高度、线条、方向才不会干扰到泡茶。不能为了花好看，结果造成你泡茶的时候舒展不开。"至于插花的花器，她已经给我们上了一课，竹篮、玻璃瓶等日常器皿都可以。"我特别喜欢用祖母用过的旧物件来插花，特别有味道。"花摆放的方向也有讲究，如果有客人，则最好面朝向客人，如果是自己泡茶自娱，则面对自己。

如何搭配"案上山水"和茶具？本来布置茶席的时候，主人就该"胸有成竹"，解致璋今天的茶席，以高低错落的绿色观叶植物为主，配备的杯子是清一色的晓芳窑。乳白色的单色杯，下面是明黄的杯托，给整个茶席的绿色增添了色彩。但解致璋使用晓芳窑，不完全是为色彩，更是为了喝茶的享受。晓芳窑在台湾今日已经身价不菲，但解致璋是从晓芳窑还不广为人知的时候就开始使用，所以和晓芳窑的主人建立了深厚的关系，甚至分茶器（公道杯）都是在她的建议下改进的。"用久了，知道这种器皿的好。"她的阿姨是美国某大学的化学生物学教授，始终不相信杯子能带来不同的茶汤感受，觉得她在胡说，后来坐在她家盲品，两个外观近似的杯子，茶汤同时倒入，香气和口感截然不同，阿姨才说，这个倒值得做做研究。"晓芳窑的主人蔡晓芳先生在世界各地寻找材料，对杯形和釉料钻研了很多年，所以确实有他的长处，他所做的茶器很适合饮茶。"她的学生在国货公司买了漂亮的"十二花神杯"，用到茶席上也很美观，可是一旦喝茶，茶汤寡淡又有异味，她们分析出来，应该是釉料的问题。

不过，所有的茶具都有它的局限性，但是又带来了可能性。晓芳窑不能替你解决问题，只能茶主人自己解决。"配茶具，首先要想到喝什么茶。如何把茶泡得好喝，是茶主人最核心的课题。"今天选择大量的绿色植物，是为了泡台湾清香乌龙的代表作——文山包种。包种发酵轻微，今天这泡带有浓郁的青苹果香，所以解致璋选择了无香的蕾丝花在案头，又选择了内壁素净的晓芳窑白瓷杯。她告诉我们，茶杯的力量足以改变茶汤的风味。

整个茶席，除了杯、壶等必需品，杂物很少。有些人的茶席是铺陈繁杂的，但是她选择了至简，包括烧水的壶都只用了陶壶。"许多人喜欢用铁壶，觉得古朴耐看，煮的水有甜味；也有人用银壶，味道软甜。这两种壶我都喜欢，但是今天泡台湾本地茶，突出的是本地风味，所以我用价格便宜的陶壶。这壶烧出的水质远比玻璃壶和电壶好喝，更关键的是，陶壶的质地和案上这些布满青苔的花器是互相协调的。"因为注重搭配，所以茶则和茶匙都用竹器，而且都是使用了很久的，有一种经历了时间的光泽。茶匙下面垫了一小块山石作为茶匙搁，选择石头，是想让其色彩和质感融合进整个茶席。在整个茶空间里，没有一点是特别突出的，放置紫砂壶盖的盖承是一块台湾玉，小巧精致，但是颜色也很素朴，并不突出。"小物件也要融入背景，不能突出。"买来的时候也很便宜，台币 1000 元左右而已。随着她的学生增多，现在越来越多的茶人开始模仿，这种玉盖承已经被炒高了价格。

🍵 在山水中方泡出一壶好茶

前两日喝解致璋的学生泡的茶，会觉得文山包种真是好喝。喝了五泡后，整个杯体都渗透了芳香，而且是递进变化式的香气。五泡之后，再好的清香乌龙茶，她和学生们也停止不泡了，是因为想带给人最好的品茶状态，这也是她所定立的规矩。

为什么？在大陆，一般人讲茶，包括清香乌龙，都会强调茶的耐泡，甚至多达三四十泡，但是在她看来，好的乌龙，就是仅仅五泡。第一泡，端起茶杯，先闻杯面的香气，然后小口啜饮；随即是第二泡，第三泡，每泡都有变化的香气和滋味。最后，好茶的杯底香会凝聚在里面，杯子凉了也会在，称为冷香，和刚开始的暖香对应。她注意的是，茶宜常饮而不宜多饮。喝得精致，远比喝得多重要。她是从明清文人的书籍中慢慢体会到这泡茶的程序的。《茶解》是明末文人罗廪写的茶书，他强调饮茶之缓慢，而清代的梁章钜则强调茶的活性。解致璋说，上品的清香乌龙确实带有活性，香味和滋味都带有浓厚绵密的变化，慢慢下咽后，是一缕气韵，只有心情轻松、愉悦，才能品得出来，所以她再次强调，一定要有令人舒服的环境，才能敏锐地体会到茶香。

此日，由她自己泡茶给我们喝。除了主茶席外，尚有一处色泽鲜明的次茶席，用层叠鲜艳的麻布搭配，上面摆满了各种蕨类植物，铁线蕨生长得非常茂盛。这是一桌让人充满活力的茶席，橙色布和孔雀蓝麻布配出了鲜活的色彩，上面除了植物外，还有两杯偏大口杯的绿茶已经泡好。台湾最早玩色彩搭配茶席的就是解致璋，原来她怕我们没吃早饭，所以在这个茶席上先喝了杯台湾出产的绿茶，搭配她从台湾老字号买回来的小点心。台湾绿茶限于产地，缺乏浓郁的香型，但是解掉刚吃的猪油小点心的腻，却是绝配。

喝完绿茶，进入主茶席，同样是文山包种。她和学生们所使用的这些包种价格并不贵，茶商是她耐心地在包种产地找到的一对夫妇，两人遵循了做包种的古老工艺，做出来的茶叶自然就有了鲜明的层次变化。她和学生们买了茶叶编好年份产地号后，会在泡之前的半个月甚至一个月就拆开，包扎好放在口袋里，让茶和空气微有接触，慢慢苏醒。将茶取出时，会用小茶罐装茶。为什么用陶制的小茶罐？还是为了整体的茶器与环境的配合。一席绿意繁茂的茶席，不能用过于闪亮的金属喧宾夺主。在做这些事情的时候，她的手势又轻柔，又美丽，恍惚是手在表演。解致璋笑着说，老了，手不漂亮了，但是她的手形极其准确，倒茶，倒水，都犹如鸟在飞舞。在她看来，茶席上的手势差别非常重要，整个环境如舞台，虽然茶汤是主角，但是每个配角都不能出差错。

温壶温杯，她的动作也很轻缓，并不强调其快速，而是自然而然。快速将茶汤冲入之后，又快速倒出，这是她所发明的温润泡法，目的也是让茶苏醒，而并非洗茶。这个茶的茶底干净，不太需要洗，但是温润一下却至关重要，因为茶香可以在第一杯就清晰有力地表达出来。即使是不太好的老茶，有点发酸，通过温润泡，让水一进去就满溢出来，也能减少不少杂味。

这是去年的春茶，第一泡，是淡雅的兰花香；第二泡，杯底香味渐渐浓厚，成为浑厚的果实香味，细细分辨，原来是一种苹果刚熟的香味；再往后，是越来越重的花果混合香。

每次倒完壶中的水，会用茶匙翻动杯子里的叶底，这样才能让茶叶散热均匀，并且接触到每一滴热水，不会有茶叶老是压在壶底，每个部分都能发挥得非常出色。解致璋告诉我，明清茶人特别强调茶的"活"，听起来玄妙，其实并没有那么玄：茶汤鲜爽很容易达到，如果泡茶者精心，饮茶者耐心，则茶汤的那缕饱满而幽然的气韵，自然而然能被席间的客人感觉到。

水的温度和天气的温度要达到最佳平衡点，不过这是主人自己慢慢掌握的分寸。我们只在享受茶面的香和杯底的香。她说，夏天她会添加闻香杯，因为周围温度高，整个杯底香不太能显现出来，但是现在温度不高，杯底有股甜熟的香味，与第一道的清香又完全不同。"我不用过滤茶的滤网，第一，茶底干净，第二，滤网会破坏香气。"

她的整个动作流畅自然。和学生们相处，很多时候她就是在调整她们的动作，要求她们更流畅，更敏捷，只有快得起来，才能做到慢得下来，最后会越来越质朴，做很多减法。所有动作最后围绕的是茶汤，这是最好的主角。不过主角的生成远不是一朝一夕的事，除了研究茶叶量、水温、时间这几个常规要素，茶叶水准、水、自己的口味和客人口味的协调，都会影响一杯茶汤的风味。经常做对比功夫，闲下来就练习，茶已经成为解致璋和学生们的日常功课，这种练习，让人能沉浸在日常生活的喜悦中，难怪她的学生们一跟随她就是十多年。

就算在室内空间，解致璋也会努力用窗景、阳台植物改变茶席所在的空间，包括设置案头山水来增加趣味，在她看来，这是喝茶必不可少的一步。茶席之上，所有的杯盘碗盏和席上的植物要构成一定关系。除此之外，不仅有形式，还有专门配的音乐，但是音乐又不干扰茶，双方互为关系。"以有限的面积，创造无限的空间。"

当代作品"二号院"

　　解致璋老师近年的大陆之行多了一些，我参加了她的数次大陆茶会，在苏州的古老园林、杭州净慈寺，包括上海的养云安缦酒店，都是根据环境去布置茶会，尽·席宾主之欢。很多人参加了一次茶会后，会上瘾，念念不忘，期待下一次的机会。我也不例外，但也不能催促她多办几次，因为每次的物力、人力投人都很大，不是随便就能做成的。在这种情况下，台北的"二号院"应运而生，我最早是在朋友圈看到"二号院"的新计划，知道解老师带领学生们又做了一个茶空间，等于是清香斋的新版本，就简单地叫了"二号院"。直到我有机会去台北拜访才见到二号院的真身，确实与常见的茶空间不同，在某种程度上，这里更像一个关于茶的当代艺术作品。所有的茶人只是这里的艺术家，在这里经历一次次茶会的诞生及消散，顿时让我想到她的"即生即灭"的茶会。

　　这是位于台北中正区杭州南路一段的一幢老旧的房子，尽管外观做了装饰，但还是容易被人掠过。高耸的竹篱笆并不想彰显什么，而是尽力遮挡住了里面的内容，只有进去，才能发现内里的巧妙：无论建筑、园林，包括在内部生长的茶席，都与常见的空间迥异。

　　解老师说，最初想延展再做一个空间，是为了给跟随自己已经十多年的学生们一个新空间，当成培养学生计划的一部分。本来的清香斋位置不够宽敞，同学们要做喝茶有关的练习也没有地方，所以决定做个空间"大家一起玩"，同学们也能百尺竿头更进一步。以往的茶会场地全部是外人的空间，来去匆匆，有了自己的场地，可随意练习，而且每年给客人办茶会的机会也多了很多。"过去办一次茶会，能来的人只能占到想来的人的几分之一。"二号院落成之后，茶会机会增多了，一年办一次大型茶会变成了一个月能有四场的小茶会，同学们有了施展的舞台。很多只听说过清香斋，但无缘拜访的客人们，也可以通过茶会的参与，来接触这里。

　　最初，当地文化局请解老师去看房子，有个日式的老房子，木结构，受历史法规保护，不能动里面的格局，需要修旧如旧。解老师觉得进去之后太受拘束，就像穿着和服去做茶饮一样，没有变化性。于是接着找。台北电力系统有一座房子，据说很破烂，有建筑师来看过，都不想要，说烂房子不能使用了。解老师去看了一次，真是破，完全不能和眼前的二号院挂上钩，屋顶见天，瓦掉了不少，里面的木头地板一踏上就能踩个洞，旁边的走廊上盖满了违章建筑，玻璃也都碎了，但是有一个好处——非常安静，而且有很大的院落，于是就开始投标，争取拿下来。

改造的时候，甚至没有请设计师，解老师说都是她自己画图。我大为吃惊：眼前的二号院，进入竹篱笆之后，已经有了真容，非常复杂的组合，长廊、半亭、复廊、庭院，一应俱全。她笑着说，我胆子有点大，因为做茶空间，自己知道每处地方的用途，自己画图最靠谱，经过精密计算，每一个实用空间的平面尺寸都算出来，然后就照着做了。

墙壁破旧，需要支撑，所以打了很厚的 H 型钢，"吃掉"了一些地面。他们对每一块地面都斤斤计较，害怕不够用，加上喜欢的东西很多：比如增加了长廊，增加了半亭，就更加需要每一块面积都不浪费。解老师说自己和学生们是苏州园林的爱好者，过去常年带着学生们去园林学习，这座建筑虽然现代，但也参考了很多园林的概念。很多概念是印在脑海里的，也不用特别去查询，从后面进入，外面就是长廊，是为了让动线变长，大家的心情也能沉淀下来，还有功能考虑：长廊和里面的一小段走廊相对，里面的这个走廊就是园林里的"复廊"，廊内一墙隔开两条走道，"我们这个特别小，特别短，自得其乐做了。复廊的顶头是办公室、衣帽间和水房，设计很集中。"

大门进来处有半亭，虽然和长廊一样，都是最普通的水泥石灰建筑，可是因为树木种得讲究，加上阳光特别好，几乎觉得是走在画中，果然是参考了明人绘画。解老师说，她日常揣摩文徵明他们画的茶寮、茶亭，那是她心目中最理想的茶室，尤其是明代绘画中不少茶室就是半亭，一边连接户外，一边连接主体房屋。只不过画里那些半亭可能在当代的台北并不适用，冬天冷，夏天热。现在他们就加上了玻璃和空调，可以一年四季在里面喝茶，最适合三两人，叙旧、读书，喝喝茶，整体就是休憩空间。现在的这个半亭也是喝茶的地方，还可以在夏天纳凉，解老师说这是她关于中国建筑的浅薄知识的应用，因为喜欢，在使用的时候这些信息就自然跳出来了，建筑师事务所把她的绘图变成了标准建筑图。

园林也增色不少，整个院子的氛围，更多还是仰仗植物。中式传统园林里植物和建筑往往是互相弥补的感觉，明代人的茶室外少不了梅花、芭蕉，还有竹林，这里的植物也是极其优雅，把院落整体气氛烘托得婀娜起来。但并不是传统的江南园林的植物，而是"在地"的选择，都是本地的树种。"开始我们也用了大树，可是没有成功，种不活。后来想想，我们也不想要欧式庭院，也不想要日式庭院，也没有条件造一个苏州园林，就是要自然的，本地的，结果就在山上找了很多树，都是本地树种，只不过选择的时候注意了色彩，就是开花植物都要白色花卉。院子里绿意浓浓，不用色彩缤纷，缤纷的都在室内，我们室内茶席花，是随时随地更换的，滚动流淌出来，就像一幅手卷慢慢展开。"

院子里除了直接种在土壤里的植物，还有不少植物种植在大盆里，因为室内可能养不好这种大棵的植物，到茶会的时候再把它们搬进室内。每次茶会，室内空间都要靠植物和茶席重新装饰一新，随时随地变化——这种概念，其实才是二号院的核心。

本来二号院是冲着训练学生们做茶席去的。解老师一向要求学生们做训练时要发挥自己的灵感：好的茶席没有标准，但是有水准，没经验的客人觉得好看，但也有很多客人本身做艺术相关行业，比如设计师、艺术家，他们虽然不是学茶者，可是鉴赏力好，这时候就需要每个人都精益求精，永远求更好。就拿茶席上的花来说，可能就需要找几天。第一天去还不行，还要求第二天、第三天反复寻找。去二号院的第一天，台风天刚结束，解老师为了迎接我也让学生布置了茶席，但是她自己还是不满意的，又邀请我再来了一次，让学生们再布置一次请我做客。"茶席可能不是喝茶必须，但是它是美感的训练，没有兴趣不玩也可以，但对我和学生们来说，布置一个有美感的茶席，邀请朋友们来做客，是最有意思的事情。"

二号院内部其实非常简单，就放了四张桌子和若干凳子。四张桌子，有三张是布置茶席做茶会所用。四壁雪白，唯一的装饰就是落地长窗，把窗外无边的绿色引进屋子里，四周都是绿色植物，这样一来，空间里的主体真的就是几张准备做茶席的桌子了——桌子也奇妙，长桌、圆桌、矮桌各一，还有一张两片门板拼成的桌子，专门放置茶会所需要的点心。之所以桌子造型不同，其实就是为了让学生们练习布置不同的茶席，比如很少见的圆桌该怎么布置。这些家具也不名贵，有一条长椅还是印尼的公交车站的，都很随性，但是就让空间更加有趣起来。

过两天再来，学生们正在准备布置空间。第一步其实也简单，就是将外面的植物引入室内，搬运布置一番，一下子让室内有了不同的气质，不再是空荡荡的素朴空间，而变得鲜活了起来。长窗让户外的阳光充分照进室内，内外的景色沟通，让你忘记了这是个简素空间。而茶席的布置，一点点去堆叠花、器物，一点点地泡茶，也类似于生长，让空荡荡的桌子变魔术一样成了招待客人的温柔乡。我多次去过解老师的茶会，虽然没有从开头就看到茶席的生成，也觉得很有趣味。第一张长茶桌和第一次相比多了些花材布置到更多的空间，整个空间像个繁花似锦的花园。第二张圆茶桌我最有兴趣，非常少见，而且这个是小圆桌，要想有层次又不复杂就很难。学生用纸板和竹子茶席先破掉了圆茶桌的平面，让茶桌立体起来，然后在上面放了茶花，整个桌子有主题，有密度，我们围绕桌子坐着，也不干扰主人的泡茶动线。第三桌是坐在小竹椅上的矮桌茶席，学生用了梨花和兰花，都是自己家里栽种的，高低错落，我们试着坐下，如在花树之下，而且每个人的座位都有花可看，但是又不为花所扰。

一天的时间，在三个不同的茶席上喝了三泡茶，一点不觉得繁杂，而觉得极为享受，这就是解致璋老师和学生们的待客之道，让人留恋。然后是收拾，一点点撤掉茶席，搬走植物，整个空间由风光旖旎变成了四壁白墙，顿时明白了她提出的"即生即灭"的概念，那是她若干年前在山上做的一次茶会的主题。

提起了这个概念，解老师说那次茶会有几位法师参加，他们觉得应该叫"不生不灭"，其实还是一个意思。生和灭相通，正好和此时的场景一样，从布置出一个舒适空间到四面空白，甚至茶汤也是这样，静下来认真喝，从开始的浓香到最后的回味散去，"也有细腻地对'即生即灭'解读的意思，一点不抽象。"只不过这个无常并不是悲哀的，也可以是开心喜乐，在于用什么态度去把握刹那的流变。解老师说，我希望茶会是喜悦的，但又是流动的，今年来和明年来，接收到的东西肯定是不一样的。

只有懂得无常，才能迎接每一次的变化，这样的解释，让我对几年前的"即生即灭"的概念更加理解，也更能体会到当下在二号院的愉悦感。空间如果是一个气场，那么这个空间里凝练了解老师和学生们的生命里对茶的不舍，对美的热爱。

🍵 点心席——茶席的进一步拓展

解老师的茶会最让一般客人印象深刻的还有"点心席"，也就是两道茶之间要吃点心，也是因为茶之特性，害怕不常饮茶的人难以接受，肠胃不适。现在解老师的学生们点心席越做越复杂，已经和茶席共同构成了茶会的部分。点心席好玩，因为点心可以异想天开，品种更多样。

这次茶会上布置点心席的，也是解老师多年的学生林碧莲和陈秀鸾，一人负责点心，一人负责花材，点心席上也要有花，买花插花已经是这里永恒不变的主题了。

林碧莲说，这次的点心席在制作之前想到的就是季节感，今天想表达的是郑板桥的《山中雪后》，第一句就是"晨起开门雪满山"，后面写到了雪景、梅花，结束是"一种清孤不等闲"。因为是深秋，所以想用点心席的铺陈展现这个意境，两张宽阔的大门板上先铺下红白黑的和纸，压过了一半桌面，但是有没有全部展开，和茶席上的布面一样，作用就是增添桌子上的色彩。然后在上面放置金属架子和不同材质的盘子，有金属，有竹木，也有陶瓷、玻璃，都是准备放点心的，自由而活泼。"有点像古人玩拼图。"

"点心席上的插花，也是季节决定的，因为没有买到梅花，早上只买到了一大枝木瓜海棠，小小的花苞很像梅花，所以用它代替。展现冬日场景，茶席是主角，点心席不能抢镜，但也要和茶席有呼应。"一席点心，也有花映衬，这时候比较理解解老师所说的"游戏"二字——花材没有事先规划，不设限定，不像茶席那么讲究，但也要和大体的主题相关，买了木瓜海棠，一方面是代替梅花，另一方面是因为枝条姿态优雅，有线条感。点心是口味多种，颜色多变，陈秀鸾买花也求变，买了各个品种的花卉装饰，可以自由发挥，不用考虑茶汤颜色，也不用特别拘束。"缤纷就好，但有一点，不要和茶席上的主花重复，这个我们事先会沟通。"买花的时候，心目中已经大致想好了席面上的颜色，所以花器也大致想好了，主花用什么花器，辅助花用什么。今天的主花偏红，所以用了白菊花来配合，也包括绿色的绣球，清淡，总体上还是要突出大批黄色的点心。"心里是大致有个构图出来的，两个人虽然没有商量，但彼此是默契的，主要根据颜色来做支撑。"

点心实际上是各种色彩都有的，台湾一年四季水果多，选择的水果要和茶席颜色相关，所以有红色的番茄和绿色葡萄，但这个只是外观，重要的还是口味，哪种水果当季，又不影响茶汤的口感，就选哪个。水果之外，点心需要准备甜咸两种口味，甜点是酸性，正好配合乌龙茶的碱性体系，不过有人不喜欢甜食，胃有点敏感，所以有两三样咸点心可以调和。很多点心是自己制作的，银耳汤、绿豆糕都是学生们手作，有些难做的点心是从私人工作室买来，都是常年去试出来的，大约有二三十家可以轮流备选，要求就是不影响茶汤。为什么这么复杂？还是强调待客之心，要客人能感受得到背后的用心。每次点心不一样，也是和泡茶的同学们商量好，知道他们泡什么茶，配以不同的风味。不过一般不会用肉类、海鲜类点心，因为太抢茶味，过辣或葱蒜味道等香料味很重的也只能淘汰，还是选择爽口的点心。

林碧莲说，点心席的最大成功就是热闹缤纷，让大家看到就想吃，还没有吃到就向往，茶席就会严谨许多。

一个点心席已经如此繁杂，那么在二号院里的不同茶席和前些年看到的有什么不同？先说主桌。一张长方形桌子看着不出奇，解老师的学生梁娟说，还是每次都追求变化，自己给自己压力。这次的茶席生成的出发点在于一块很简单的格子布。当时买了这块紫灰色的格子布，觉得很难用，过去大家都是偏于古典色彩的茶席，一般不会有人用格子来做茶席的基础，但就一直在心里逼着自己，想做个现代感的茶席。

强烈的格子布上面铺了竹帘，然后是各种金属架压在上面，形成鲜明的对比，两种材质构成了桌子的现代基调，这时候就开始想上面的花了。正好是秋天，多了很多不一样的花，比如大捧有红色果实的植物，放在黄色的大瓷瓶里；金属架上，有透明的玻璃瓶，放大朵的西洋牡丹；有宽叶片的兰花，放在黑色土陶瓶里；还有很多小花材，随处点缀，有些是花市买的，有些其实是自己种的，都是自己熟悉的植物。梁娟说，平时会看很多西洋绘画，觉得花材在茶席上也可以没有比例没有约束："植物很有空间感，四处伸展，在茶席上会让环境立体，客人们从各个角度看，也觉得非常不一样，细节也很丰富。"这时候觉得，整个茶席的风格很像马蒂斯的画，有点野，有点绚丽。

梁娟说，她想做个"秘密花园"，正好二号院外面都是绿意浓浓，那就把外景当绿叶，内部是缤纷的花朵，中国茶的意境，也可以是华丽、饱满的。植物布置完了，开始在花草之间点满小蜡烛，"一是能让人安静，二是蜡烛有温度，能让人感觉到温暖的气氛。"接着布置自己的茶具，每一样都是有用的。"只有能用到的东西，才能鲜活而有生命力。"煮水壶放在茶席下方，一是为了不干扰，让茶席清爽，二是没有大块面，不抢茶席。绿色段泥的紫砂壶，泡台湾早期的清香乌龙，锡制的小茶叶罐，一切都自然小巧，也和大丛大丛的花卉形成对话关系。这个秘密花园的茶席是今天二号院的主角。

梁娟说，茶也是植物，花材也是植物，大家堆叠在一起，不是累加，而是彼此补充，让客人觉得到了自然环境，是多元的中国文化的一部分，而不是仅仅是寂，还有禅。

另一个圆桌茶席呢？也是考验学生功力的。圆桌小，也很少见，必须在方寸之间让人舒服。跟随解老师学茶多年的张瑞纯先用灰中带有银丝的茶巾放在桌上当基础，然后掏出四个金属架子，先架上包有钢板和纸纸板，米白色，处理过，不太吸水，上面再放黑色陶瓷板，做层叠效果，陶瓷板上放了一个黑色小陶瓶，里面有纤细的兰花。这些陶瓷作品是同一个陶艺家做的柴烧作品，所以气质相似，不会抢镜，而且比较耐看；然后在灰布茶席相应的位置放上一大瓶茶花，花枝垂下，小圆桌一下子就变得立体起来。"调子不能太平，需要整体丰富，但是又不能太烦琐，桌子太小。"插茶花的花器是不规则的，多边形，灰绿色，也是一位陶艺家的作品，他自己喜欢插花，审美也很好。瑞纯说，这里的很多器物是她常年使用的，所以摆放之中有一种熟悉感。茶席上使用的茶则、茶针都是她先生做的，多年来一直使用，属于家中旧物，好在质感都有。圆桌太小，不能藏拙，所以每样东西都需要耐看，她的很多茶席物品属于艺术家作品，风格鲜明，紫砂壶是老器，壶承是漆器，使用久了，被磨得很自然。"我喜欢利落的感觉，不喜欢太繁复，也不琐碎，让自己难以活动开。这些东西放在这里，不能彼此打架。"六只描着茶花的小杯，和今天的主花——一大束茶花相对应。圆桌的难度就在于四面都坐着客人，不能仅某一面好看，需要从哪个角度看上去都好看，无论比例还是气质，"茶席上的每一样东西气质也要干净，但又不能都很突出，要彼此协调。"空间小的圆桌，要做到密中有疏，自然需要多年的训练。

整个二号院都有好阳光，大概是因为玻璃窗比较大，植物的光影落在茶桌之上，整个空间弥漫着自然之气，但是这些自然并不是山野之间任意生长的自然，而是经过人收纳、整理、创造出来的一种审美下的自然，说起来，也和茶这种植物相似——同样是山野之物，被采集，被制作，再经过人的耐心冲泡，成为温润的茶汤。

尽管在自己的"案上山水"上做了这么多努力，可是解老师还是说，任何茶桌上，都没有流程，你可以这么摆，也可以那么摆，你只要有心中有客人，有善业，有茶，一切都能迎刃而解。■

紫藤庐：无何有之乡

　　紫藤庐的主人周渝管自己的茶室叫"无何有之乡"，表明这里什么都没有，又好像什么都有。这间位于台北市中心的老茶室有着悠久的历史，虽然是1981年才正式开张，但此前许久，这里就已经是台湾茶界的圣地。这里不仅是茶界人士的集散地，台湾的艺术家、学者和作家们也都以此为集散地。有人说，这是周渝的"老灵魂"在召集台湾的文脉。

📱 绝对不仅仅是间茶室

　　最早的紫藤庐属于日式建筑，经过周渝的改造，这里的一树一木都散发出台湾的本土气质。就像他的茶道摆脱了日本茶道一样——他发明了"正静清圆"的茶学体系，这是周渝自己的中国茶道。每年冬天，周渝都在这里开讲关于茶学思想的课程，报名者络绎不绝。台湾茶界里，周渝是如此与众不同，什么复杂的仪式和烦琐的道具，在他这里都看不到，但是细细一看，他的茶道又无所不包，只是表面朴拙而已。

　　把喝茶变成有文化性的品茶活动，这是紫藤庐的发明。早年台湾只有酒廊和咖啡厅，1975年，他就把自己的家改造成了一间文化沙龙。台湾的舞蹈家林丽珍回忆说，是周渝把她们这些无处可去的贫穷的波希米亚人都收留了进来。她还记得，那时候，她在茶室中央跳舞，周围人喝着用大锅煮的老普洱，茶具用得也很朴素，清朝的老碗，只不过舀茶和奉茶的人的动作特别干净。在林丽珍的印象中，周渝是一个创造者，他不是把音乐和茶简单结合在一起，而是给音乐和茶一个共同的空间。"最终使我们能面对当下的忧虑，做到超然物外。"林丽珍的"无垢"舞蹈剧场在台湾是与"云门舞集"齐名的剧团，看过现场的我，被那种古老的、松弛的动作迷住了，现在想想，这些动作，其实和紫藤庐的气质也是一体的，都是冈仓天心所谓的"茶气"，一种东方的韵律和节奏。

王心心的南管，台湾的古琴雅集、昆曲雅集，包括很多新生艺术家的演出都放在这里。喝茶人会以不同的形式围坐在演出者周围，有时候是一桌桌地泡；有时候是自酌，空间和人形成了一种新的可以互动的关系。

这其实是台湾喝茶历史上的一个转折点。

紫藤庐甚至有自己专门的音乐作品，是1988年大陆作曲家周成龙为其所作的民乐作品。早些时候，紫藤庐没有自己的音乐，为了展现自然的空间，这里常放的是巴洛克音乐和巴赫，也有些中国民乐，当时台湾没什么民乐唱片，很多老唱片都被听残了，只能反复地听。周渝把一张风景明信片寄给大陆朋友的时候，上面写的一段关于紫藤庐的介绍被上海作曲家周成龙看见，他对紫藤庐非常好奇，于是两人有机会在上海会面。周成龙向周渝询问情况。周渝说，来客们平时都喜欢在藤荫满屋的桌子旁坐着，虽在屋中，但中国茶有一特点，喝一口茶就感觉云雾山川都在眼前。周成龙就因此写了埙和阮咸对话的《紫藤光影》，还有箜篌、编钟和筚篥合作的《云山如梦》，专门请来民乐高手演奏，成为紫藤庐独有的音乐。

1975年，周渝的父亲、台大教授周德伟先生去美国定居，把位于市中心的紫藤庐留给了幼子周渝。周德伟一生清贫，留给子女的东西不多，周渝将父亲留给自己的一幅齐白石的画卖了，支持了台湾第一个"独立剧团"，院子稍加整顿，就成为台湾首个小剧场。晚上，不少剧团成员无地可去，就住在这幢日据时期留下的两层小楼中。1981年，他正式把这幢楼改成茶馆，提出"自然精神的再发现，人文精神的再创造"，是所谓的人文茶馆。"知识分子什么都忧，忧国忧民忧天下，到我这个地方，茶是解药，可以暂时休息会儿，治疗他们的忧愁。"不过这话半带玩笑，他要展示的是自己认知的茶文化。"这样的提法特别自然而然。"周渝回忆，父亲周德伟是"五四一代"，不过后来他反思五四运动，觉得太抛弃中国的文化传统了，写了不少文章论及中国传统文化。他在和父亲的交流中逐渐形成关于茶文化的概念。他觉得，茶文化是以汉文化的天人哲学为基础逐渐形成的，既包含了《易经》的阴阳思想，也包括了老庄的自然哲学，紫藤庐绝对不仅是一间茶馆，希望能对外传递这种东方的哲学。

具体的音乐和空间，包括茶具，在周渝心态中都应该是这种东方哲学的体现。他拿出两套紫藤庐20世纪80年代定做的茶具，是30年前蔡晓芳的作品，由周渝自己设计造型和色釉。一套是灰绿色，简洁的造型，一个碗状的公道杯配几个小杯，异常沉稳，被称为"紫藤组"。另一套称为"大朴组"，走古朴路线，灰白色，带有一种自然而宁静的气质。这种造型是在后来晓芳窑的精美瓷器造型中所看不到的。"这种瓷器能带给人共通的感觉，很多陌生人走进来，瞬间，你看他们的面容，就被这里的一切所打动。"打动他们的除了这些器皿，还有大量细节，它们构成了整体的环境。

院里有三棵巨大的紫藤树，可是看上去真不止三棵。在日据时期种植的紫藤因为根系发达，不时从这里或者那里探出头来。台大生物系的教授来检测过树龄，发现这几棵树已经有60年左右的历史，应该算是最早引进台湾的紫藤。紫藤庐周围都是高楼大厦，只有这个院落经过力争保留了下来。门是木头的，从前是日式的庭院，处处是人工的精致。周渝按照自己的观念改造了这个庭院，青苔满布的饲料斗里，现在是游鱼；一些农村常用的瓮和坛子里，随意插着大束的花朵；高大的紫藤树下，是上面隐现着青苔的石桌面。最让人轻松的布置是，一层的落地窗户全部可以打开，坐在室内室外，其实是没有间隔的，院内石板和屋里的老木板结合得非常自然。无论屋子内外，穿透老树的阳光和凉风随时都可以洒落在人身上。

不过周渝告诉我，看似随意的环境布置其实没那么简单，他只是追求"拙"的境界。在插花和布置的过程中，他会要求这里的工作人员去和环境、花对话。这是周渝的一份理想，就是工作人员抱着艺术家的态度去生活。他们在整理环境的时候，无论老瓮、古物、石头还是盆栽，包括藤椅，都先尊重这些物的语言，深深注视他们，就会有一种对话发生，透露如何放置他们。"说是在对话，其实是反观内心。自己去摸索，比如我插花，就有一种疏狂的态度。环境不是设计出来的，是心灵对话对出来的，我经常要求我这里的茶人们要用心去和环境对话。"说到底还是顺应自然的道家思想，这才有了异常自然而舒展的空间。

我去台北每次都会去紫藤庐，与外界新鲜变动的各种空间相比，发现紫藤庐有一点很特别，那就是不变：无论员工换了多少，但是所插的花、端上来的茶器，包括杯中的迎宾茶，都有种安静的气息。空间久了，慢慢有了自己的气场。

"来这里不管是懂不懂茶的人，身体会放松，可以踏实地随便坐下，身体放松才能带来身体解放，进一步带来心灵的放松。"周渝说，这30年来台湾有很多逐步深入茶的爱茶者，他们气质和面容都很宁静，会把自然引入家中，在自己家中与石、花、茶、土对话，但是与此同时，他们会与社会文明产生鸿沟，走出家门面对喧嚣世界的时候会不安。他感觉这其实是东方文明面对现代挑战时的不安。所以，他希望自己的茶空间是一个"自然和人文的双重道场"，也希望台湾有更多这样的茶空间，这里体现的不是权威性，而是开放的美学场所、创造场所。

因为探究茶的本性，所以这里还有一年一次的祭天仪式。"过去普通人哪里能祭天啊？这是皇帝的专利，所以我这里其实是祭自然。"这也是周渝追求的茶文化的延伸。他觉得，早从周朝开始，中国人就与自然形成了和谐相处的法则，之后生长出来的茶文化就是其中的一部分。"不是完全顺从自然不做一点变动，而是要和自然作很深的相处、互动和对话，人类是自然的部分。"而在茶山中自然生长的古茶树就是这种关系的一个代表，茶人理所当然应该敬天地。"不是鬼神信仰，而是敬天地的一种仪式。"周渝说。他是主祭——手里捧着精心泡制的茶汤，后面的茶人们捧着蜡烛，院落的中央生了篝火。茶汤洒地三次，一祭天，二祭地，三祭万物生灵。他说，之所以搞这个仪式，就是希望人们重新重视和自然的关系，不要以破坏自然的代价获得自己想要的茶。"希望参加的茶人们能明白什么是好茶，不要光是需索无度地要产量。"

去了紫藤庐数次之后，能够明白大家对这里的钟爱来自哪里——还是静气。事实上，紫藤庐的发展和台湾的社会经济发展还是同步的，首先经过了若干年的经济高潮期，接着又是若干年的经济低迷，人们开始从外转内，探索内心的幽邃之处，茶无疑是一个载体。紫藤庐的各种关于茶道的探索，正符合了这一节奏。

紫藤庐的茶道

对茶有思索，所以钻研茶。周渝和他的朋友们尝试过标准的抹茶制作，并非照搬日本的抹茶道，而是完全依中国的古法操作。找到福建出产的青斗石的石磨，这是明治年代出口日本的老物件，被他们买了回来。将冻顶茶慢慢烤黄，烤制过程中香味至今让他难忘："如雾汹涌，是一种特别奥妙的事情。难怪宋朝文士那么爱亲自参与到茶道过程中。"之后将烤过的茶磨成粉末，然后用专门器具将茶粉与热水搅打出泡沫。"这些事情，接触了之后才发觉除了艺术的美感，还有巨大的感官享受。"他说，打出来的泡沫特厚，上面有天然花纹，越厚的沫香气越浓。沫散尽了，香气也就没有了。他们尝试了多道，放置不同的时间段，古诗中写的不见水痕的茶道确实最佳，"满口香，满口的茶味道。真有两腋生风的感受"。

在他看来，复古不是他所追求的茶道，多年习茶下来，他发明了自己"正静清圆"的茶道。"是我个人对传统文化、自然美学的体会实践，在闽南茶道的基础上发展出来的具有人格蕴涵的茶道。和日本的茶道'和敬清寂'相去甚远，我觉得这是很中国的茶道。"

周渝自己泡古树普洱的时候，动作很干净。一把老银壶，一个破旧的民间大碗，方正的布巾上放着晚明的简陋紫砂壶具轮珠，还有三个朴素的茶杯。这次是福建德化老工匠做的茶杯，取其民间风格，釉色是不白净的黄白色，德化泥土软所导致的厚胎也没有去刻意回避，反倒有种特殊的美感。紫藤庐自创了很多茶器，都是找民间手艺人加工的，器形古朴。有的是日本回流之物，价格不贵，但是都很适合泡出一壶好茶。周渝说，刚被日本茶道影响的时候，他也觉得很震撼，觉得里面的系统庞杂，需要认真领会。可是慢慢觉得，台湾茶道有自己的体系，不应该照搬日本："就拿'寂'来说，他们要的是寂灭，是佛教思想，我这里没有这个东西。"

先说"正"。要泡壶好茶，先准备妥当器具，后面的发展才会好，所以一开始就是"正"字。怎么开始？在桌面放一块方巾，周瑜管这个叫"素方"，很多素方是他员工用台湾土布裁剪而成的。"方"代表中国人讲究的天圆地方，也代表一种正。慢慢铺陈开方巾，把精神集中在眼下，过去的经验也就慢慢涌现出来。他的感受是集中的"正"会使自己对周边器物充满感觉和灵感，一切都很真实，每个器物的特点全部会涌现出来。"我研究日本茶道，发现他们为什么要有那些繁杂的程序和动作？就是作为一位茶人，要带领客人们进入茶器、茶空间和茶所营造的环境里。这样的带领，只有自己正才能做到。"

外在的东西要内在化，所谓"静"，肯定是由动到静，由正到静，每个人都可以做到，只要你专心泡茶，自然就进去了。他觉得，泡茶是一种入静的方便法门，并不需要专门面壁之类，很多茶空间大书特书"静"字，他觉得那反倒是一种约束。"享受一壶代表天地的茶，多么幸福。我个人的感受是，如果是很好的茶，有气，香还没到，气就到了，进入身体浑身舒服，这也是我们中国的文化特征。"

至于"清"，是饮用好茶后的事情。他提倡喝茶入口的时候有三种方式，在眼神上，第一是闭目。闭目可以产生幻想，苏东坡说从来佳茗似佳人，他的理解不同："好的铁观音很雄壮，令人想到大丈夫、沙场老将，但是闭目是品茗一法。"第二是眼神下垂，垂帘，集中在茶上，这样比较能体会茶味。第三种方式是将眼神投向无限远的地方，这时候，也许一泡好茶所带来的茶乡风光就会展现在眼前。他自己特别喜欢这种方式，劝大家喝到好茶也可以试验。

"正"是比较紧的第一步，是为了宁静；喝了茶，身体清了，精神也松快了，这时候茶友互相沟通，大家共同有机会享受这泡茶。"茶太奥妙了，无论是达官贵人还是贩夫走卒，坐到一起享受茶，会有共同的领会。"这种沟通，周渝就称之为"圆"——无论地位和职业，坐到茶桌旁，就茶而沟通，茶让人放松。"有时候沟通不了，但这是性格使然，这时候不要互相压制，而是讲究尊重和适可而止，沟通就很好。就像古时候射箭比赛，比赛之后要互相行礼，我提倡的茶道最后就是'圆'，互相尊重。"

这四个字，周渝想了20多年，从前用过"正静深远"四字，过了五六年，换成了现在的几个字，自己尤其满意的是"正而圆"，就是讲究方中有圆，不像日本茶道那么严肃，"它们的宗教性强，而我们更注重茶与日常生活的关系，不要距离那么远"。

周渝自己就按照这四个字去泡茶，他烧水的老银壶已经有了年头，水上升的温度很快。"泡古树普洱尤其讲究水温，台湾气压低，所以水温的控制有自己的讲究。不过我觉得，茶道不能光讲究这些技术化的东西，这些东西可以很简单，你说白了就是烧水和煮茶两件事。就像老庄强调由技而艺，由艺入道，我希望大家能从茶中体会人与自然的关系，学到人与人相处的快乐。"所以，周渝的茶课程以哲学为主，他说："我很不愿意茶课沦为阔人的消遣，它应该是我们这个时代去学习研究中国文化精神的一种方便法门。"他最近举办的茶课讲座，开篇题目就是"茶汤世界中的生与死"，题目很大，却是茶界在眼下的问题：如何喝到真正的好茶？这个"生与死"，是他考察云南古树茶园得到的启示——"茶要有活性，这就需要我们尊重自然，尊重生态，不能让土壤死亡。否则一切都没有价值了。"

在茶中追寻人与自然的关系

周渝是最早去云南寻找普洱茶的台湾茶人之一。最早时，台湾从香港进普洱茶，他喝到老普洱非常兴奋："我是最早倡导用身体喝茶的人，好茶喝下去，浑身疏通，而且有轻身的功效。老茶尤其有这种功效。当年香港进来很多老茶，有的喝下去，那种活泼和活性让人非常舒服，我就很迷恋普洱。为什么它有这么好？我就去了云南。"那是90年代的云南，古树普洱尚未流行。但是新方式生产的普洱正在消灭从前的制作方法。"刚去那边，就发现了很多破坏自然生态的行为，使用除草剂、化肥的事情时有发生。其实以云南的树种和生态环境来说，这是完全不必要的做法，之后我就一年去几次，反复推销我的观念，让他们不要使用化肥和除草剂。"

在他看来，这不仅是质量问题，而是关系到中国茶文化能否沿袭的问题。

周渝说他早年在台湾做茶，早已顽固地形成了自己的这套思路。台湾的很多茶行委托他去配备一些类似早年老茶味道的茶饼，因为他们觉得新的原料做出来的味道不对，他直接安排若干天去考察茶山。"为什么我爱茶？茶和其他农产品不同，它是中国的天人观念下的传统农业的最典型代表。老茶园不是纯粹未被触动的自然，云南那些茶园是在几百年前，或者一千年前开垦出来的，先民专门选种栽培。这种古园中，树与树之间有很大的距离，中间有很多杂树，像樟树或肉桂，包括大量野草，我觉得这是'放野'的古茶园。"他分析，这是历代政权想"以茶兴边"的一项政策，所以会有这么多藏在深山的财富。云南的土壤肥沃，先民们已经摸索出一套放养茶树的办法，这些茶做原料的茶叶，最多可以冲二三十泡，是后来施化肥的茶园不具备的品质，这也是后期普洱即使经过存放质量也不如早期的理由。周渝觉得，人类要生存，本来就要改造自然，那种纯粹让茶树自然生长的茶园不存在，但是要做到道家的"先天而天弗远"，就要找到和自然尊重相处、互动的法则，就能做到《易经》里说的"与天地合其德"。在台湾一些茶园栽培专家的帮助下，他找到一些方法去告诉云南当地的茶农，"你们可以和虫子分账，不要用除草剂，虫子多你就让它多，到时候这些虫和草都可以成为肥料，你等到秋天再去砍草，茶园完全可以依靠自然肥料，这样就是互相尊重，深入研究下去，其实这种方法很科学。"

随着茶叶原料的涨价，许多高山上原本不用除草剂的地方也开始用了，有一个纪录片拍摄到周渝痛心疾首地和当地茶农交谈。他本是个平和的人，在这个问题上却异常激动，还批评一些从台湾、广东去的收茶人、种茶人弄坏了风气："他们把灌木茶和乔木茶完全弄混了。台湾是灌木茶，才会想到用除草剂，你们这里自然条件这么优秀，而且是乔木茶，还是恢复自己的传统耕作吧。你看那些茶园，放了除草剂，雨水就把大量的土壤冲走了，肥力也弱了很多，这样种出来的古树茶，甚至连人工育种的台地茶都不如。你们赚了几年钱，这片茶园就荒废了，觉得值得吗？"

最终，他放弃了年复一年的劝说，有几年甚至不再去云南了。"现在喝普洱的多，但是他们弄不明白，这么好喝是自然生态的原因。他们要得更多。人类的贪婪，可能最终会把先民留下来的自然古茶园破坏殆尽，那是多么可怕的一件事情。"他是个容易动感情的人，去一次西双版纳都会难过许久，"我觉得那些老茶树在冲我悲鸣，一点都不愉悦了。它们心情不好，那些三四百年的老树被砍、被过度采摘，能高兴吗？"周渝把他七八年前监造的仿制红印普洱拿出来冲泡，这是一种符合他想象和要求的茶饼，香气浓厚，耐泡，价格也便宜。最引人注目的优点是茶气非常有劲道。可是他说，自己喝起来并不是很愉快，世界上恢复自然生态的农耕法已经成为潮流了，为什么云南反其道而行之？这是目前他最痛苦的事。按照新法做出来的古树普洱失去了特点，沦为平庸的茶。

周渝说，早期做台湾茶道比赛评委的时候，对当时茶汤流行讲究的"香、甘、滑、重"四字，他第一个起来反对，觉得这几个字把茶圈死了，反而不利于茶的发展，茶中所带有的大自然气息，没这么简单就被圈住，这是他一步步从精神领域去研究茶的动因。他说："用天人合一的观念去喝茶看茶，包括寻访茶园，你就会发现我们现在有多少误区。"现在的道路能不能改变，最终能不能走下去，这是他现在每天呼吁的问题。

台北最年轻的文保建筑

　　媒体人陈文茜是周渝的好朋友，30年前就开始在紫藤庐喝茶。她觉得，周渝是那种天然就有一颗老灵魂的人，所以很早就能把紫藤庐做成迥异于外界茶空间的地方，是"台北老灵魂"的集聚地。

　　不过周渝觉得不完全如此。他说，这块空间的基因更多来自自由主义的父亲。他的父亲周德伟早年是哈耶克的学生，1937年写了博士论文后就回到祖国，一直反对计划经济和政府对经济的过度管束。到台湾后任台湾大学教授，和殷海光、夏道平、张佛泉等学者都很熟悉。1950年起，台湾的自由主义学者每隔两周会在他家聚会，当时这里还不叫"紫藤庐"。父亲的书斋叫"尊德性斋"，这房子是日据时期的高级住宅，"财政部"配备给了周德伟，这里迅速成了学者的乐园。但是自由主义的学者们当时对老先生并不钦佩。"我父亲爱讲中国哲学，他们觉得他是玄学鬼。"周渝回忆，父亲学的是西方自由主义，但是他爱讲从孔子到司马迁的传统，与殷海光的学生们是互相抵触的。"殷海光不发言，不赞成也不反对，学生们常露出不服的样子。"

　　随着台湾自由主义思潮被压制，特务开始监视这里，聚会自然消失了，不过还是有很多名人来往。他记得白崇禧就经常来下棋、吃饭，基本不说话。周渝的哥哥上了台大经济系后，李敖、陈鼓应他们也常来。晚年父亲一直在翻译哈耶克的著作《自由的宪章》，60万字，他希望能逐步引进西方的自由主义。1975年退休后，他去了美国生活，兄弟姐妹也全部出国，这所老宅就只剩了周渝。

　　现在周德伟先生的照片还放在茶室中间的壁架上，旁边是周渝每日插的鲜花。父亲走后，他一半的收入都放在维持此地的运转上。开始是不对外开放的"波希米亚时代"，穷艺术家们挤满了这个空间，周渝说自己真正接触到茶就是在这个时期。

　　1981年，他正式命名这里为"紫藤庐"，用自己对茶道的见解去改变这处空间。一开张，这里立刻就成为茶界的"圣地"。那时候他也不过30岁，可是一泡茶，那种认真专注的神态就吸引了绝大多数人。陈文茜说，这里要不是周渝在主持，早就不会是这种风貌了。当时台湾茶界还没有清晰的关于茶道的观念，周渝也很简单，他说自己主持这么一块茶空间，不是要建立什么茶道规范，而就是借助茶，延续中国文化的生命和活力。"现在回头看他的说法，还是觉得很有道理，他确实就是用自己的身心去创造茶文化，去四处寻找他认为最好的茶，他是一位创造者。"陈文茜评价。

因为这里总有各种异见分子的聚会，所以当局屡次要求收回房产，说这里本来属于公家。但事实上，房子在台风中损害多次，都是周家自己在维修，包括现在两层楼的格局也是周家的创造，所以宅子保住了，但是院落还是要被收回查封。1997 年，台湾闹得轰轰烈烈的"紫藤庐收回事件"就这样开始了。法院先是把院落用木板封闭，然后把日式房舍的部分也封存起来。"其实这里已经是台湾几代人的共同记忆了，所以朋友们出主意，叫来媒体拍摄，然后是丁乃竺和胡茵梦两位亲自砸开了封闭的木板。我们声称，封闭这里违反古迹保护法，因为我们已经把这里申请为古迹保护建筑了。"他们在一周时间内赶出了图文并茂的申请文件，很快获得了台北市的批准。在各方利益妥协下，龙应台任职台北市文化局长的时候，宣布这里属于市文化局，委托周渝和专门的基金会管理，承载了几代人文化记忆的空间才保留下来，并具备了更多的公共性。

在某种程度上，这里成为台湾的一个"闲适"空间的代表，李安拍电影《饮食男女》，吃饭是在热闹的家里，但是喝茶，则是在僻静的紫藤庐，这里有某种避世的气息。"不过紫藤庐出名，靠的不是这段历史。许多不知道任何这里历史的人，走进来也会觉得很舒展，颇能抖落尘俗，进入一种人文和自然交织的境界。"这就是周渝按照天人哲学多年维系的结果，茶道在这种空间里，自然上升为一种艺术。

📱 尾声：紫藤庐之外

大概也是年纪见长，周渝渐渐开始创造自己随身携带的茶之境界，而且越来越随意。我去到他在阳明山上的别墅——说是别墅，其实也就是山上的老房子，当年的一些职工宿舍。房子整间布置成了茶室，我们坐在榻榻米上的矮垫上，直接面对窗外山谷里冉冉上升的雾气，这次喝的是老乌龙，面前是低矮的旧茶几，还是简单的紫砂壶，放在宋代耀州瓷的大碗里，一个硕大的碗形公道杯，几个德化老古瓷，是一个追古意的茶席，几乎看不到新器物。

老乌龙的流行也有一段了，很多人喜欢浓墨重彩，泡出它每一道的不同，但是周渝不一样，他也重视水温，但是没有逼这泡茶，而是让它一点一点地释放，开始有隐约的中药香味，慢慢地，梅子香出现了，很多人觉得是酸，但其实保存好的老茶，是避开了酸，直接进入香的状态的，然后是逐渐的余韵。这次最让我觉得有意思的，是周渝在七八泡之后，直接把茶倒进了另外一把稍大的紫砂壶，然后倒入水，把这把壶放在电饭煲的上面去蒸茶，一般人舍不得老茶，会有一道煮茶作为尾声，但是周渝采用蒸的办法，他说更加凝练，果然好喝——这道蒸出来的茶汤，味道甚至超过了前面几泡，又醇厚，又有复杂的香味，不由心里暗想，这才是玩茶。

也是惜茶。

周渝说自己越来越珍惜茶，这倒真是超越了物质本身的精神力量。在北京的一次讲座上，我给他做嘉宾。听众非常踊跃，一直提问，当然最后还是好奇周老师的茶喝起来什么样，周渝温和地笑着，说每个人都有，我还在想，这样得要多少人泡茶？可最后每个人拿到茶的场景，还是很出乎我的意料：桌上摆满了一排排的茶碗，在特制的青瓷大茶碗里，每个里面放了一片茶叶，加上滚水，茶缓缓地释放，茶汤浅淡，但绝对又不仅仅就是淡茶。周渝解释，这是他最近找到的一种喝茶方式：一叶茶。选择了深山朝阳的山坡上的一棵老茶树的青叶制成的茶，他自己很喜欢，觉得里面满是气韵——其实到某个人生阶段，怎么喝茶，喝什么茶也许不再重要，重要的是，人能够真正地理解茶，和茶成为挚友。■

食养山房：静之徐清

"来台湾，一定要去食养山房。""去食养山房，一定要提前一个月订位。"

去食养山房提前一个月订位并不是虚张声势。现在台湾有了不少模仿它的餐厅，大陆也开始出现，尤其是长三角一带的上海、杭州都有，将环境审美放在重要的位置，也提供茶和昂贵的套餐，但是与食养山房相比，总觉得缺了一块。后来醒悟，那些空间，茶更像一个道具，可是在食养，茶是主角，也是主人。

食养山房的主人林炳辉对我说，订座位，还是因为空间有限，想来的人太多，二是所有的食材及茶都需要精心准备，有时候他材料准备不充分，宁愿让位置空着关门谢客。自从食养出名之后，无论大陆还是台湾，邀请他去开辟新空间的人越来越多。林炳辉说他开始也曾经兴致勃勃地去考察环境，看山势，考察合作伙伴，可是越来越发现自己并没有三头六臂，很难遥控别的空间。"空间带有浓郁的主人气息，开得多了，就是商业连锁，没有意思，只能自己做自己的一个。"

建筑如何在自然间生长

2011 年，我第一次去食养，这已经是食养山房的第三个地址了，选址越来

315

越近荒野。虽然路远，可台北近年所有重要的茶席都选择在这里举行。从台北市去新北市汐止山的道路实在漫长，车开出台北市区，还得在山道上盘旋数小时才到，会有人来到这里饮茶吃饭吗？答案是毋庸置疑的，只是平常的中午，邻近食养山房的停车坪上已经堆满数十辆车，会有专人询问你的订单号后才开放车道。顺着倾斜成45度角的山谷一直向下行驶，就会看到青灰色的食养山房的铁门，非常不起眼，若不是门前大盆的黄菊，真会有些令人失望。

走进去才发现："不起眼"正是这里的基调。建筑隐藏于自然山水中，自然的空间里人为制造的细节甚少。这是主人林炳辉所追求的"道法自然"的心得。食养山房的第三个地址之所以选择此地，就因为这里没被过度开发，属于被遗忘的角落。这里曾经是台湾岛从西往东翻越中央山脉的古道，从此地出发步行数小时，就可翻过山脉看到台湾东部的太平洋。但自古道废弃后，山谷就基本被遗忘在荒野之中了。林炳辉说，看了很多地方，最后选中了最荒凉的此地，是因为自己不再想要庭院，想要所谓"美的空间"，而只想要一块"干净"的地方。

何谓干净？就是尽量少人的干预。通往这里的道路曾经爆发过山洪，导致此地越发清静无人，作为使用者的他也最大限度地保持了这里自然的风貌。整个建筑不像是后来修建在这里的，倒像和这里的植物一样，是慢慢长出来的。即使是最主要的餐厅建筑群，也是利用从前农民旧有的石头房子改造，灰黑色的石头墙有几十年甚至上百年的历史了。他借用旧有建筑，用灰色的铁架构搭造了一点新空间而已，而这一造又花费了数年时间，所以毫无一般建筑的簇新感觉。他爱陈从周的造园观念："园之佳者，如诗之绝句，词之小令，皆以少胜多，有不尽之意，寥寥几句，弦外之音犹绕梁间。"所以，多处地点，只稍微点睛，多留自然景致，少做人为干预。一般人总觉得进到食养山房，处处精致，应该是仿效了日式庭院，可是林炳辉自己最清楚，和日式庭院相距很远。他说："那里处处人为干预，和我们中国园林的基本观念就不一致。我是尽量把自然精致的地方加以利用而已。"

走进山谷，树木上爬满了青苔，谷底的流水缓慢地从身边流淌，上面的石桥是当年古道的存留物，过桥之后，大片的芦苇在秋天的阳光里漂浮，下面有若干圆形大石，正是林炳辉所谓的点睛一笔。每年六七月份的傍晚，他最喜欢坐在这里。他告诉我们，若是夏天来就好了，天黑的时候，大群大群的萤火虫会从腐败的芦苇草丛中飞舞而出，然后顺着河谷飞满整个空间。现在台北的都市人已经看不到这种情景了，初次来这里，他们甚至会以为这些萤火虫是他养殖的。"其实萤火虫是娇贵的，根本不可能养殖成活。"古人总以为萤火虫是腐草化生，《礼记》里说"季夏之月……腐草为萤"，那虽然是古人的误解，但是也说明只有自然交替的临水边的草木群落，才会有大批的萤火虫。所以，他的山道维修延续了原来的道路格局，不铺石头道路，不除草，树林草丛都尽量保持原貌，只顺着河流勉强建造了一条人行步道而已。几乎像走进宫崎骏所描绘的山林世界里，这里对自然的干预已经简化到了一定地步。

房屋建造也是如此，基本不会为了房屋去干预自然。主餐厅是原来就存在的石头屋子，他的办法很巧妙，原来的屋子不变，只在外面加宽了长廊，整个就餐空间就多了一倍，然后将屋顶也利用起来，做成了二楼的就餐区域。全部建筑材料都延续了当地的风格，使用石头、钢铁、竹子，素到特征缺乏。从前的石墙没有改造，只是做了消毒，他添加的装饰就是旧家具和烛台，外加陶瓶里插的鲜花。一有客人，烛台立刻点燃："别小看蜡烛光，它是最好的装饰品之一。"用光线去雕琢空间，是他早年的设计师本能在起作用。

"很难说这里是经过规划建造的，我做事情很少有规划，当初第二代食养的客人们越来越多，我想舍弃那个地方，觉得那里不再是一个平价空间，普通人在那里寻找的是消费感，不再是我主张的与自然亲近的感觉，于是想把食养彻底关门。"可是朋友们劝止了他，说可以找新的地方，总能找到他所需要的那种简朴自然的区域，并且四处替他打听适合他的地点。结果有人替他发掘了位于新北乡下的山谷。因为老的爱好者最知道他心中的盘算："一看就很喜欢。确实也没有什么规划，无论是空间还是风格，一切以贴近自然为本意。"

越少着意，越将自然风光显露出来。顺着满是蕨类植物的小路往下走，就是食养山房专门的茶空间——临着溪流的一幢木石结构的平房。这里是不对外开放的，只有一个用途：是主人和朋友们喝茶所在；早上员工们也会来这里，和林炳辉做个早课，念诵佛经，喝个清茶，有助于修行。整幢房屋隐藏于树丛中，外面的一间进门厅摆设着明式的桌椅，可是香炉等器物又是仿宋的器形。林炳辉说，作为现代人是有福的，可以把唐的美学、宋的美学，包括明的美学都吸收到自己身上，所以他不拘泥于某种固定形态。

中国古建筑的留存虽然比不上日本，但是在一些古寺的角落还是偶尔能看出一些唐、宋的影子。虽然只是浮面的，可是一瞬间常让人感觉到时间的凝固，他就竭尽全力把这些影子带给人的印象，再转换到他的茶空间来。他不是照搬古建筑，而是在意境上模仿。走进房间，有一道6米多长的木制长窗，这道长窗完全是因窗外自然风景所设计，所以就自然而然地成了屋里的长卷，也成为最耀眼的装饰物：有丛竹，有荷花，还有虬结苍劲的老树和各式疯长的蕨类。因为完全是自然风光，所以还会随季节变化而变化。林炳辉指着窗外的老树说，再过几日樱花就会开。

整个屋子铺设简单，房屋中央有一大盆老枫树，下面为了增添色彩，种植了大捧的嫩黄色的文心兰，与窗外的丛竹呼应。整个空间是通透的，与长卷对应的，对面门户全部是落地玻璃，可以随时全部拆掉。拆除的时候，可以直接席地坐在外面的木头长廊上，外面的溪流芦苇丛就和里面的空间成为一体。而玻璃合起来，又可以阻挡风雨。他说自己这屋子有点仿照明人的山居茶室，陈设极简，除盆花外，只有一条矮几，保持了基本的饮茶需要，是写意风格的现实存在。

文心兰几乎成了食养的标志，越来越多的模仿食养的空间，都用黑色的陶罐去养大把黄色的文心兰，但是林炳辉强调，其实这个黄色的文心兰和整个空间的色系有关。食养的大量空间，用锈铁做骨架，又用纱做过滤，一股暗色调中突出了黄色的花，"显得很贵气，很光明，如果是白色的空间插就显不出来，所以是食养特意选出来的互补色系的花"。

食养的茶意

整个茶空间是三进的大茶室，可以容纳几十人。进门处的琴屋，包括最里面的小的茶席空间，构成了一个三叠的套盒，中间用玻璃加卷帘隔离开，是一种男性清冷的气质，和我们之前观察的几位女性茶人所做的空间不尽相同。

30年前，林炳辉放弃了当时做得还不错的设计师工作，回到乡村开办了自己的民宿。那就是早期的食养山房，对于他自己也是启蒙：原来人们可以放弃城市生存，按照自己的美学和人文概念重新建设自己的生活。当时这样的追求还很稀缺，不过也确实启发了不少周围的朋友放弃台北的生活，回到自己家乡的土地上开办民宿，或者种蔬菜、管理茶园，按照自己的方式去生活。直到五六年前，台北提倡文化创意产业，才把他作为范例推广出来。不过在圈内人心目中，林炳辉的茶空间早就成为他们生活中不可缺少的组成部分了。

"最大的原因，我这里不完全是一个营业场所，甚至营业都是后来慢慢才被催促产生的。开始这里只针对朋友，他们把我的山中小屋当成了聚会地点，天天上山喝茶。喝完茶，肚子饿了，要吃饭，自然我就去准备饭菜，都说特别好吃。后来陌生朋友越来越多，准备不过来了。我心脏不好，对于我而言，准备材料是件压力特别大的事情，慢慢地都得提前几天预订好。朋友们都劝我对外营业，可是生意一好，我就觉得工作无趣味了，就是为了赚钱，没有人生的乐趣，所以就关了第一期、第二期的食养山房。"

前面两期食养山房的整体风格与现在的不完全一致，偏中式庭院些。"现在这个是现在的心境，更偏向自然随意；那两个，也是当时的心境的外化。"相同处就是始终保留了他所想要的"茶意"。到了第三期食养山房，许多具体事情已经不用他管理了。"食养"积攒了一批忠心耿耿的追随者，在这里工作了多年：一开始是大学生来打工，慢慢喜欢上这里的生活，每日喝茶、诵经，食物清淡，位置又在"隔断红尘三十里"的山中，他们觉得这不仅是一份工作，而是一种生活方式。他们把林炳辉的观念延续下去。比如预约制度，知道有多少人约，才去准备多少材料，"就是为了维护食材的新鲜"。

林炳辉要做的是维持整个空间的"茶气"。"茶气"始终是食养山房的追求，为什么"食养"爱搬家？就因为"看到一件喜欢的东西，人人就簇拥过来。不否认人人都追求和自然亲近，结果导致的问题是，那里的空间充满了躁动，完全安静不下来"。

他想要的空间，是做减法。在他的观念中，一个茶空间应该是茶的"道场"，让人不仅能享受茶叶的口感，最好是五感都开，也能闻到花香，能看到溪水，所以隐藏在山谷中的这个茶屋的建造最花时间和精力——"肯定不是在屋子里摆一桌茶席那么简单，要慢慢从营造环境开始。"他从资料和自己的人文修养中调集出中国文化里美好的东西，"和日本的茶室也有很大的不同，那里是很利落的，不能轻举妄动的，但是这里有生活，有人情的温度，有生命的宽广度"。环境营造出来，习惯来的人都换了声音和说话方式，"渐渐来这里的，都不再喜欢穿华服，他们会很自然地挑选那些朴素的布衣来这里喝茶"。这和他对茶的观念是一致的。"从喜欢茶的生活开始，而且是平凡简单的茶。我个人性格不喜欢搞昂贵茶那套，我这里绝对没有什么得奖的茶，例如 100 万台币的那种茶。不是说那些茶不好。有个比喻，茶是我交往得很好的朋友，好不容易交到这么一个好友，你拿他去赚钱总不太合适。"茶是一辈子的好朋友，他不打算使其商业化。

之所以现在台湾有影响力的茶席活动都放在这里，就因为，这里饱含着一种被精心设置过的自然与人的关系。

在中国禅宗文化中，"喝茶去"是一种生活禅，在这里，不该有拘谨和约束，只有自然。安静，不是必须做的事情，是因为喝茶所造成的越来越单纯的状态；整间茶室，不是摆给任何人看的，而是慢慢生成的。"不那么突兀。"这生成的空间，需要坐下来才能慢慢体会。林炳辉自己的茶席在我们刚进的茶屋的最里端，这块独立空间里放了一张长案，地上虽是榻榻米，但是设计的坐垫都可以靠和坐卧，而不是日式的必须盘坐的那种，坐下很舒适。

案左端用白色的泡菜坛插了大捧的梅树枯枝，另一端是用台湾瓦栅做的烛台。"这种瓦片拆老房子的时候拆下来很多，人们都当垃圾扔了，我看合适我的空间，就捡回来在上面放蜡烛。"屋里的竹帘也是同一观念——本来是安徽当地做宣纸淘汰下来的旧竹帘，在他这里一帘多用：有的和玻璃粘在一起做了隔断，有的则直接做了卷帘，说是废弃物，没有人相信，以为是他专门定做的。竹帘其实是重要的过滤因素，当作了窗纱。纱在那里的时候，会有安静和纯粹的气氛，窗外的画面也会更加细致，这些旧物被他用活了，现在也有人用来做屏风，很东方的意境，"材料可以变成一种符号。"

"所以说茶空间是慢慢养成的，我这里的东西是慢慢添加的，哪件好，哪件不好，是时间选出来的。"窗外，是几块随意摆放的大石头，上面的青苔也是时间的馈赠。

喝的茶也都和空间暗合。开始喝的是一味台湾老人茶，用一棵树龄 200 年以上的老茶树做的。"做工特别简单，甚至比包种还简单。台湾最早流行老人茶，就是街头巷尾几位老人家用潮汕工夫茶的泡法在那里慢悠悠喝茶聊天，我觉得也是一种境界。后来慢慢流行比赛，金奖茶出来了，生意机会也就都来了。我不是反对这个，只是和我自己性格不合。"喝茶的间歇，会上一些冷水浸泡出来的冻顶乌龙，这也是林炳辉等一帮朋友玩出来的冷泡法，茶叶的浸取时间延长，有股清晰的香甜口感。

席上所有东西，确实都是慢慢添加的，一把朱泥小壶，几名员工手制的陶瓷杯。"我管这个叫'自然茶席'，包括梅花的枯枝也不是现在添加的，放了很长时间了，等樱花开放，再插两枝樱花。"现在泡的是一泡放了30年的北浦乌龙茶，当年就是普通价格，随着时间推移，整个茶的层次、干净程度都慢慢地显现出来。

甚至他所推崇的菜肴，都是靠时间而成的，比如他们这里最经典的莲花汤，在莲子、藕和蘑菇炖成的浓汤端上来的瞬间，把一朵夏天采摘的干莲花放进去，那花会在热气蒸腾下缓慢开放。配一口冷泡的高山乌龙，据说最为可口。

📱 在食养喝茶

去过食养之后，我就和林先生成了朋友，多次拜访，一次是参加解致璋老师的茶会。解老师很多在台湾的茶会活动会放在食养山房，印象最深的是她说的黎明茶会，凌晨四点上山，大家在天还没亮的状态下，顺着烛光走到座位前，人也没有完全清醒，等着热茶驱散了睡意，天也在不知不觉中亮了，先是味觉，然后是五感渐次打开，是件非常享受的事情。

食养最好的地方，是很多空间不属于纯粹的室内空间，而是半室内半室外，所以能听到鸟鸣，闻到植物的青气，等到天亮了，整个人也舒展起来。解老师说，凡是在台湾的茶会，她一般会选择在食养山房举办。

我们参加的这次茶会是在下午，被解老师和学生们弄得书卷气十足，每个案上都布置了茶席，花团锦簇，解老师的女学生居多，所以茶席上缤纷多彩，配合食养的漫山绿意，显得非常像明人的茶寮世界。和我同桌的是台湾的瓷器作者蔡晓芳，大家在茶桌上喝茶聊天，氛围很是愉快。几年之间，食养的变化也很大，有一阵子下面的餐饮空间要改造，又有一阵子上面做了专门的茶空间，喝茶的区域大了很多。汽车可以开到山顶，有很多客人逐渐放弃了来这里吃饭，而仅仅是品茶，也有很多人先喝茶然后吃饭，在山林之间消耗一整天。越来越多的人愿意为享受山林草木之间的一口茶汤而花费这么久的时间，说明台湾社会上的饮食风气的转变，大家逐渐从满足的"食"，到了更清淡的"饮"，也是"闲适"被放大的效果。

而林炳辉也越来越把心思放在茶上，邀请我们去食养，就是直接去山顶上的饮茶空间。山顶的空间更是隐秘，车停在路边，完全看不到任何建筑物，顺着林中小路往里走，路过一片小池塘，到了新的院落，要走过长长的转折的回廊，先到一个半露天的茶室打坐休息，再进入饮茶空间。

这里完全用自然光，晚上的时候，脚下点了近百盏小蜡烛，感觉一下子进入了秘境。最先进入的打坐的茶室"临溪"属于半露天的露台，直接面对山谷树木，各种自然的气息扑面而来，最突出的是一股桧木的香味，这是台湾的代表性树种。不过空间内香气这么浓，是精油挥发的结果，自然界的草木香味并没有这么强。炳辉说，在这个空间，不仅要有视觉，还要有听觉和嗅觉。桧木是本地树种，据说会让人放松很快，闻到这个味道，又看到大片的森林，自然能感觉到这里的安静。室内放着蒲团，静坐下来，能看到阳光下的小溪，加上空气中负氧离子多，很自然就能静坐下来。这里的很多空间都和自然能对应上。因为外面的山林是在不断变化中的，所以空间也能找到不同的角度去对应自然，有的是面对山谷，有的是面对一片竹林，有的是一片花田。"空间感不是说进来怎么样，而是适度地营造环境，山林这么好的地方，不就是你天然要利用的外部环境？"

林炳辉说自己认识这座山也花了很多年时间，就像认识一个朋友，只有熟悉，才能懂得。不再像一个都市人，走到山林有一种陌生感，现在他走进来已经十多年，很熟悉附近的山林里的种种力量，十年之久的磨合，太明白这里的一切了。"喜欢才会留下来，才能在这里慢慢地生活，我现在已经不想下山了。不仅仅因为空气、视野和环境，还因为这里和我没有距离感了，我已经完全熟悉这里的光线变化、气候变化和季节变化，它能给我很多抚慰。有人是都市动物，有人则不是，我觉得我就不是。但我没有办法根据每个人的感受去安排，只能按照我的感受去安排人进来的路线，用我的经验，第一步，带大家走到小池塘，然后带大家走过长廊到'临溪'这里。很多人也喜欢这种安排。"

林炳辉的茶空间，和十年前的食养风格其实区别不大，首先在建筑材料上，"都是普通的建材，你看看，和你当时看到的很像，锈铁、竹帘、文心兰，但是比例和色彩我们考虑很周到，基本上是按照一定的美术经验去设计的，绝对不是混乱的堆放，或者因陋就简的呈现。"和十年前区别大的，是整个建筑物多了很多间茶室，顺着长廊行走，不时就能看到与窗外环境对应的茶室——毕竟不再是从前的餐饮空间，这里处处强调茶之乐趣。"就是要有泡茶气氛，比如这个窗户，外面对着一棵百年香樟树，那就让人觉得，嗯，这里很有意思；这里外面是溪流和竹林，通过我们的长窗都能收进眼底，那这里就是大家俗称的打卡好地方。我的窗户变成了视窗，变成了画框，你坐在这样的窗子前面，自然觉得自己坐下会享受，这样的生活有质感，我不觉得大家都喜欢拍照的地方就不好，它一定是有某种好的，都觉得在这里自己就能和自然衔接了，就能和茶衔接了，空间做到一定的地步，就有了灵动的人文气息，自然感染了人。"

这里没有任何字画，不像传统空间一定是用字画来做符号化的表达。林炳辉的意思是，字画的信号性太强，这里没有"文字相"，进来的人不会收到暗示，而是自己去感受，自由行动。"字画收藏和悬挂非常用心思，还要和季节对应，所以一定要特别收藏丰富，我没有那么丰富，索性不挂了，这样不勉强。"果然，没有字画，只有自然景致的空间，能感觉到当代和安静。林炳辉说，让情绪在里面游走，你不用跟着别人固定的表达去思考这个茶室的意义。大窗户把外面的景观延伸进来，这样每个茶室都有了自己的情绪表达。"特别简单，客人们一定有自己的喜好，其实他们是在和空间对话，有的一说话就对上了，有的就是接不上话。我其实是给了各个茶室符号性的东西，就看合适不合适，你能不能做这个空间的主人，越是熟悉，越能对空间的语言、线条、色彩有所把握，就能坐下来，坐下来，情绪空间就都出现了。"

刚上楼梯的地方，正对着就是大窗户，后面的山色扑面而来，在这块地方，林炳辉放了一个古老的青花茶席。最中间是一把青花瓷的茶壶，应该是民国的老物件，其实他觉得青花难用。"它本身很强势，如何让它朴素、优雅，就变成了功课，我后来发现，就是不要这一席很正式，而是随意。"下面垫的是白色的板子，旁边放了几个民间的青花瓷杯，这里经常泡的是简单的花草茶，可以在这里泡一壶放着，边看书边喝，不用特别正式喝茶，谁来了，都可以喝一杯，"所谓的随喜喝茶"。来的人都有因缘，日本茶道用"和"，一团和气是对的，加上"静"字。"茶空间一定是有静静的态度，所以这里面对的是大片的绿色窗户，但是案上又有几盆花，很多人会把这处理成玄关，只能观看，不能坐下，但是我就喜欢这里能坐下，不是一个只能看不能享受的空间，不是一个景观，而是你随时都能坐下来。"搭配青花壶的瓷杯，看着简单，其实也是搭配了很久的。林炳辉说，器皿就是要观察很长时间，你觉得它质感合适，还要累积很久，今天换一下，明天再换一下，最后搭配起来感觉很好，才能长期使用。"很短时间内搞定，那个会很生硬，可能真的要过几年的沉淀，茶席上的一切才像长在那里一样。对应的关系也好，器皿的使用也好，这里面也有因缘际会，物与物的关系就像人与人的关系。"

瓷杯下面是银质的茶杯托，公道杯也是银釉，也都是耐心寻找到的。青花比较贵气，银收敛了那种贵气，平衡了它。有时候器物与器物之间，就是不期而遇，你不小心把它们碰到一起，没想到很和谐。旁边的插花也是取其形状，很长的花柄与桌面构成了几何图案。林炳辉说，每次都不一样，做起来完全不能重复，没有固定的结构和图案："你就体验当时插花的喜悦就好了。"垫在下面的白色板子并不是这一席所独有，而是几乎每间茶室都有的东西，现代材料，干净有力量，也切分了桌面空间，这其实是食养山房的某种茶席特点——与一般的茶席迥异，带有明显的建筑师气质和男性气息。林炳辉说，这也是根据环境来的，一般地方的茶席都会有专门的茶席布，要不就是宣纸，可是好像都太固定了，他也想放掉那个习惯，因为总觉得太俗套，而且和这个空间也未必协调，食养的气度出不来，就只能放着。后来做好了锈铁的骨架，做好了长形的朴素的茶桌，就觉得好像这里可以不用那么花哨，不用加进来很多元素，正好那时候看到了墙壁上的建筑材料，正规名字叫"矽酸钙板"，很有质感，并不轻浮，所以就用了这个来做茶席的点睛之笔。可能之前或者之后都不会想到用建筑材料去布置一个茶席，这个就是偶然的机会，放上去之后，直觉上是对的，还真不是蓄意设计出来的，这真的就是到了关头，这个概念就出现的。

板子的白度，让整个茶席变得明亮了不少，可以补光，整个空间是暗色系，有了白板做基调，利落感出现了，且很像一块白色的画布，所有的茶壶、茶杯，各种尚未被归纳好的茶道具，都是用在上面作画的材料。林炳辉说，此后这块不起眼的白板已成了食养的茶的符号，干净利落。"美的感觉都是灵光一闪，绝非蓄谋已久。茶席做了那么多年，大家都太约定俗成了，我也没有蓄意要创新，但就是在那个阶段，走出来这么一个不一样的茶席，这个我还是很自豪的。"

这里的很多茶道具是员工的作品。比如方形的陶盘，就是从前学陶艺的员工做的，林炳辉招收他进来，他表示还愿意烧窑，就在这里安排了一个电窑，做很多小东西，还模仿很多老器物。"就像临摹书法，越做越好了。"这位同事现在已经出家，但很多作品还留在这里，每个人来了，走了，因缘际会，都会给食养增添一些东西。我将这位员工烧的方形陶盘放在白色的茶席背板上，两种颜色、两种材质一对比，瞬间觉得很有冲击力。

空间其实最重要的主人，林炳辉和员工们的"山林个性"，本身就很具备冈仓天心所说的"茶气"，越发觉得新的食养空间很能安静地坐下喝茶。林炳辉说，这里的一切都能体现他们的日常追求，包括吃饭的饭碗都是自己烧制的，这里面有男性的审美，也有优雅的气氛，好像是一个山中的老人家喜欢的场合，"就像古画上山里的樵夫，大家都觉得可以对着闲坐一下的。"

长廊和缘廊的作用

顺着长廊走，在隐蔽的角落能看到一个小茶室，因为正好藏在某个拐角处，很容易被误解为办公场地之类，可是仔细看，又是标准的茶空间，仅可容纳两人的地方。角落里有书法屏风，榻榻米上放着一张小案，桌上也是放着白色的垫板，一套简单的茶具。这是林炳辉躲客人的所在。他笑笑，这个空间仅可坐两三人，所以只能是最熟悉的客人进入，空间越小，喝茶越专注，进来像个小书斋，有一些书和细节，凝聚力很好，是平时自己静心的地方——"一般人不会走到这里，如果在别的地方，客人总要找到你，要和你聊天，这里是可以躲的。食养的要求，就是走到哪里都能坐下来喝茶。所以整个空间里没有废弃的地方。"

空间不同，喝茶的心情不同。有时候想阳光灿烂，有时候想封闭凝聚，所以这里有各种变化，林炳辉喜欢这个背对阳光的空间，瞬间可以凝神。"我的基本设置，就是无论谁都能在这里找到自己喝茶的所在，一开始就是长廊，里面点了蜡烛，很有神，走过去的时候，你可以酝酿出不同的情绪，走进和自己日常空间完全不同的环境里。长廊是串联物，串联起一串茶室，边游走，心情边变化。不像餐厅会尽量简单，这里我是蓄意做的复杂，尤其是每个空间都和外面的山景接近，有做复杂的可能性。山是气象万千的，有变化、有气势，我这里已经做了十年，已经和周围的环境有了岁月结合，每一个地方都不那么生硬了，成熟、有生活感，这就是我的想法，不能满足每个客人，但可以让和我有同样感觉的客人欣赏到。走过长廊，看着每间茶室外面，还有缘廊，就是屋檐下面的宽阔廊道，这个都不用我给客人们做介绍，他们自己都会亲近，大自然替我照顾大家，和长廊一样，是另外一种情绪空间，而且会帮你调整节奏。"

很多人觉得缘廊的设计源自日本，其实这也是古中国的设计。南方北方都可以有，很多北方寺院其实也有。"下雪的时候，很多人觉得会冷，但其实窗外的美景往往会让人忘记寒冷，缘廊就是照顾空间和人的关系的设计。我经常会不由自主走到外面，什么都不做，就是发呆，因为四季给你很多。就拿各种自然界的声音来说，我经常比喻大自然给了我们食养乐团，你听听就迷住了。有时候坐在茶室里，看到外面的晚霞，看到天空的云，特别想出去，怎么办？就打开茶室的门，走到缘廊去坐着，我们的缘廊是隔断的，每间都有自己的空间。"

这个季节，缘廊外面就是大片的万寿菊的田野，是某位和尚师傅在这里种植的，坐在缘廊上，能近距离地闻到菊花的清香。有客人反对说户外都是绿的比较好看，林炳辉说，有新鲜才好看啊，过一阵子，菊花斑驳了，又不一样了。一般的茶室是与外界隔绝的，没有机会感觉到外面的转换，他们在山里这么多年了，能感受这种自然变化，当然希望偶尔来到的客人也能感受这一变化。"这还真不是设计的产物，就是自己感受的产物。我们太喜欢自然能带来的复杂性了。"

一边说话，一边感受外面的光线和空气的流动，我觉得，这应该是"半自然茶室"，确实是视觉、听觉和嗅觉都能被高度激发的茶空间，但又并不是置身荒野喝茶，毕竟茶室是文明社会的安慰。

食养也继续供应餐食，并没有完全变成茶的空间。林炳辉笑着和我说，我告诉你，中国人喝茶喜欢免费，但吃饭他们觉得就应该付钱，所以有餐厅在这里，才能养活我这么大的一片茶的空间。■

台北茶室巡游：多元意趣

明代虽然是中国茶文化的一个复兴期，但事实上，很少人家有专门的茶室空间，哪怕是著名的文人，也最多是在书房里喝茶，或者在门外建有茶寮，茅草屋顶，植物葱茏，有专门的茶童负责泡茶诸般杂务，主人并不用自己动手。再就是郊外的亭台空间，文徵明的茶画上多次出现这样的空间，与茶寮类似，好处是泉水近在咫尺，可以充分享受"活水"的乐趣。

专门的茶空间的兴起，反倒是当下的事情，同样兴起于台湾。当最早的街头茶馆逐渐成为谈话吃饭之地，一些爱茶人开始动起了专门的茶空间的念头，未必需要特定的地点，或改造自己的家庭，或街边的小商铺，也有在山里找到空地做铺陈的，这些茶空间的共同点是以茶为绝对主角，一切的设计、创意和运营，都围绕茶展开，别的只能是配角。

但因为茶空间的主人不同，也造成了各式各样的茶空间的形象和气质。但无论如何变革，这些空间的院落、植物、布局、茶器具，都透露出浓浓的中国气息，说到底，文人气弥漫了台湾茶空间，这也是整个中国茶空间的根脉。

"永和宅"和小慢：家里的茶空间

蔡永和先生曾是摄影师，也是因拍摄的茶事多了，开始学茶，也开始自己做茶空间，最后把自己家兼摄影工作室变成了一个四处可以喝茶的空间——一般的家庭再怎样改造，也很难成为茶空间，但蔡永和硬做到了，还是靠了精心：四处陈设，无一不与茶有关；各处空间，处处有茶；客厅、厨房和书房处处改造为喝茶之地，也是设计得非常精致。

进门就是普通的住家楼，甚至到了门口，都感觉不到一点茶室的氛围，敲开门的瞬间，还是居家样貌。也是我不够敏锐，没有感受到处处是茶的那种氛围。本质是因为这里毕竟是一处居家茶空间，与对外营业的茶室区别甚远，但细心打量，才认知到整个区域是标准的茶空间，分为了五处喝茶的所在，主人希望行走坐卧到处有茶，这里实现了他的理想。

这处闹市中的民宅本是他的摄影工作室，大约四十岁的时候，他放弃了摄影，开始喝茶，最近几年才有把这里改造成茶空间的念头，因为自己对茶的体验，还有自我要求，都觉得需要一处空间居所来适合自己的茶汤。他明确感觉到，不是哪里有茶喝就是茶室，这也是他对外界越来越多的流水线化的茶空间不满足的一个阶段。

因为是自己的房间，就先从角落动手。最早的空间里有个储藏室，他将之清理出来，先摆上一叠榻榻米，四周极暗，只有顶部的微光，这里面特别适合自己喝茶，面对四周的寂静，背后放置了一架屏风，是用台湾的老房子的门板改造而成，一下子，小屋子就与外面的客厅分开了，简单的隔离，将这里变成了独立的空间。

空间局促，倒也有好处，在里面喝茶只容两人，必须促膝而坐，需要彼此有默契，对茶汤有一致的追求，对话题有共同兴趣，坐下来的只能是交心的朋友。但毕竟太小，这样就需要改造外面的空间了。从前吃饭的饭桌所在的厨房区域，变成了茶桌为主的空间，厨房就地改造变成了水房，这里不再是烟火气的饭厅，而是靠绿色植物、精致茶具和每日的布置，变成了一处对着窗外喝茶的地方。小茶室太静，这里更松散，尤其是冬天或者阳光好的时候，他喜欢坐在这里，如果是秋冬的夜间，则还是窝在小茶室里，本身就不透风，加上烧火的电炉，更增加了暖意。

随即是客厅，招待朋友的地方最适合做成茶室。蔡永和说，真不是一开始就设计成这样，而是根据自己的需求慢慢酝酿，所有的生活素材，要能支持自己的理想才动手。一个朋友开玩笑说客厅也可以做茶室，他就把自己看书听音乐的闲散客厅腾挪了出来，先做平面图，找设计师帮着参考，这个角落也是突出幽微气质。朋友走进来，并不是多么明亮的空间，先在沙发上休息，有音乐传来，随手泡的茶端来，瞬间静下来，但玄关的土墙、佛造像和巨大的白色插花会提醒你，这里并不是一处普通的客厅。

随后他发现了自己的痴迷，面对茶，他想拥有更多的空间，甚至整个空间都是可随性喝茶的所在，于是进行了更大范围地改造，把本来水房对面的书房做成了茶书房。何谓茶书房？最本质的改变，就是书桌变成茶桌，背后的书架变成了茶道具和老茶的陈列架，这里属于座席，不想在榻榻米上盘腿的人在这里可以舒展开，讲究的茶会在这里冲泡，感觉茶桌是个讲究的所在。茶书房里面还别有洞天，又建造了一个两叠半榻榻米的茶室，是整个外部茶空间的延展，又开始席地而坐，在桌子旁坐久的朋友，喝完了还想再喝，就去这里放松一下，可以伸腿，可以蜷缩。这里喝的茶，一般是老茶，比较安神，头顶上有聚光灯，脚旁有小茶桌，整个人像在电影镜头里。

怎么一下子做了五处茶室？蔡永和说其实演进线路很长，他现在也觉得不可思议，不过很是满足，房间里到处可以喝茶，朋友来不来也无所谓，反正自己也是随处可坐，随处可喝，自己在改造中终于明白，用茶空间的思维去看所有空间，当然是处处可茶，不同生活形态下的茶，没必要说只保持一个角落喝茶。

从空间做好到现在，几年时间过去，他一点不后悔。自己喜欢茶，那就把可能的每个角落都变成讲究喝茶的地方，茶本来在他生活里已经占据了大半的空间，现在更是这样了。"无由持一碗，寄与爱茶人。"是古人理想，在他这里是通用。

这里并不对外营业，在他这个年纪，明白了要满足自己生命的真实需求，那就努力去做，自己预算不够，但喜欢精致空间，那就拿自己的老房子做实验，招呼自己的朋友一起动手。好在有很多朋友是设计师，平面图他们出了。找来的油漆工说不会做简陋的墙，因为做惯了豪宅，那他就自己刷墙，反而有更自然的效果，太太也和他一起做，工人看不过去，指导了他一些关键点。"我觉得这不是金钱买来的装修，而是投入自己的很多感情在里面，心甘情愿去做，做出来的不完美也可以接受。"

大半的空间没有做大的变动，只有进门的土墙是新增的。这道土墙做在这里，改变了整个空间，很多曾经来过老房子的朋友再来时都觉得不认识了。也是因为这道墙改变了空间视野和行走动线，本来的角落都变成了喝茶空间。蔡永和说，这是老天的回馈，知道他的热爱，所以给他一个小魔术。土墙用了阳明山的土，因为怕太红，所以掺杂了石灰、稻壳和茶叶渣，选择了漆作的模式，做了苎麻背层，然后把这些零碎材料挂上去。其实也没人细教，就是朋友说了几句操作办法，他们就边想象着边制作了，亲力亲为，让整个空间的质感不一样，因为自己动手时候思考很多，做出来很多不可预期的效果。

旧家具是另一个改造茶空间的好武器。蔡永和说中国人讲究包浆，讲究皮壳，这里的橱柜桌椅都有这样的皮壳，被时间淘洗过，所以天然安静，有一种陪伴的气息。他平时拍的茶室、茶会的照片都很安静，他解释自己也没有特别准备，但就是有这种气息，大概也和自己不接商业摄影只拍自己喜欢的东西有关。"我享受安静，时间停止的感觉。摄影本身就是凝固时间，无所作为，所以我希望我的空间也是这样。"

这些审美的形成，都考验他的直觉。回到摄影，哪个瞬间能打动人，就是靠直觉，所以五个空间的成型，都是直觉的产物，并没有精心构思，反复修改，但就是符合他的生活节奏，进去都非常舒适。有的空间，一年进不去几次，但并不是冷落这一块，而是这几次特别重要，进去就感受到浓郁的幸福感。"茶让我直觉更好了。"

茶室的光线也得益于他多年的摄影工作。他发现，并不用购买多昂贵的器物，设计多独特的角度，有时候，选择好点的灯泡，改变灯光的颜色，整间屋子的气质就会改变，光影带给房间更多的层次，比如往天花板一个角落投光，反射回来的光就会让屋子更柔美。蔡永和觉得，还是茶链接出来的感情，茶制造想象力，我们喝的时候总是联想到自然，光线也是，有时候随便的改动，会让屋子有趣很多。"你在这生活，自然就知道每个角落的存在，那就尽心改造每一个角落，我阅读，就让每个角落充满了书，我喝茶，那就让每个角落充满了茶气。"

来过的朋友们还喜欢这里的另一点是，总面积不大，但是走到哪里都有不同的景致，简直是移步换景。从过道走，里面有很深幽的角落，是一间茶室，从茶室往外看，是一张画一样的桌子和茶盘，小空间做到这样，蔡永和说，和房间里的盆栽有很大关系，处处是物，但也处处是绿意，生机都在。茶室家具再好，光线再美，也需要自然。太太擅长盆栽，所有的植物盆栽经过她的手，就能让房间变得充满生意，房间里没有机会做庭院，那么用简单的盆栽来陪伴自己生活，相比起鲜花，盆栽更能长久地陪伴。

茶到底是什么？对蔡永和而言，茶是生命的细致刻度，一直在细化生命，深化感受，所以这个空间，无论视觉、味觉，乃至听觉，都在完成这一使命，整个茶空间充满了生命的暗处的喜悦，这个只有茶主人亲自动手，才能有这样的感受。

这些藏于闹市的茶空间，某种程度可能是台北的街巷规划造成的。老社区有人气，亦无大拆迁计划，变得静止的环境适合深度开发，住久了的社区居民就开始利用自己的房间，也有用父母遗留的房间开始做茶空间的，小慢的茶室就是这样。外面是著名的师大夜市，是各种小吃的集散地，到了晚上更是人潮汹涌，但因为靠近了师大，毕竟文气重，所有又有众多的书店、咖啡馆和茶空间，小慢的茶空间就隐在最普通的四层住宅楼里，一楼是父母留给她的老宅，带一个狭小的庭院，被她改造成进门的小花园；四楼是她后来添置的物业，位于顶楼，带有很大的屋顶露台，同样被她栽培了绿色植被，或者说，是一个有丛林感的屋顶花园，作为顶楼茶室的户外景观——由此可见小慢是个有行动力的人。

小慢五十多岁，花白头发，气质优雅，过去有一段曾在日本做茶课程，她的空间整体来说介于中式与日式之间，重视植物，重视氛围感。一楼做成茶馆，也就是谁都可以来的空间，四楼楼顶的加盖的小房间以及草地都属于不对外开放的空间，只是自己喝茶，也偶尔招待一些客人，平日基本就她一个人，茶室外还有一个露天浴缸，可以边泡澡边听着外面的鸟叫声。"就像旅途中栖息的小站。"

两个空间接近的好处是随时可以下楼工作，上楼休息，按照她自己的说法，能量的补充很方便。当年四楼的邻居要卖房的时候，她第一个找上去，很快拿下来。平日里几分钟可以从楼下到楼上，从公共空间转换为独处空间，是很多人求之不得的梦。

小慢之所以学茶，还是源自童年记忆，那时候奶奶喝茶，总会分给她一杯，喝茶的记忆一直留存。出国留学回来，参加一场茶会，茶汤瞬间唤醒了整个记忆，原来茶一直在身边。接着就是自己学茶、做空间的过程。到了四十岁之后，她又想通了一件事，应该把自己对茶的观念分享出去，正好父母的老房子在手中，小时候的记忆都锁定在这里，这地方又是典型的闹中取静，于是就拿来实现想法。入口的小庭院被她种上了各种茂盛的植物，日本的茶室之外都有"露地"，这块小庭院恍惚是一楼茶馆的露地，进门的墙被她做成了传统的土墙，和蔡先生的土墙相似，都使用自然材质去舒缓外界的紧张气氛。

房间的墙壁和天花板都用了大量的实木包裹，有东南亚的柚木，也有大量台湾本地桧木，散发出隐约的木材香味。小慢很得意这点，木头材质散发出来的味道让人感觉进入森林之中。我问她有没有受到东南亚国家热爱木头装修墙面的影响，她说有，因为喜欢旅行，异地旅行的印象会拿来用，印尼的自然材质、中国的古典风貌包括日本的静谧庭院，她都喜欢，都拿来主义。日本东大有位建筑史学者藤森照信来过这里，他说小慢的空间不是中国风也不印度尼西亚风，更不是日本风，就是她自己的风格，她自己的趣味。

一楼的很多家具是旧家具，暗沉的风格，加上来的客人说话都轻言细语，包括很多单独的气质清洁的女性在默默饮茶，顿时觉得是昭和年代的电影场景。小慢为了让空间安静，四处搜集老家具、老门板，包括老玻璃，本来横向的推拉窗，被她用老的木框和玻璃改造成了往外的推窗，近乎中国江南老房子的传统设计，户外的绿意涌进来，老玻璃折射出来的光线很柔和，和新玻璃不太一样。

茶是自然之产物，泥土里生长，让人松弛，让人舒展，小慢觉得那就不适合和不锈钢、塑料之类的材质搭配，所以她尽量在屋子里避免了这些元素，选择了老木头，就是为了要和茶搭配。屋子里黑白灰的地砖，是当年母亲从花莲找来的大理石地砖，拼接得很精心，就保留下来，开始也觉得是不是太花，后来想，都是朴素的颜色，应该能融合。房间的设计师就是她自己，不会画图，那就每天来几次，和工人们商量，乃至一块木头的厚度都几经考量。

室内家具都是可以移动的，因为想要空间的多样性，一开始就没有固定的设计，没有任何固定在墙上的柜子，家具可以搬来搬去，包括吧台都是可长可短，这样空间就可以有趣一些，这一切都是为了空间有温度。"很多新的仿古家具还是能看出来现代感，但是真正的老物件还是很有温度的，和现在的家具不一样，我喜欢这个感觉。"

整个一楼的公共空间，就是追寻小时候的茶的记忆。那时候奶奶经常和她在院子里喝茶，她还记得父亲在家里做了小鱼塘，也有小花园，有阳光照进来。现在她的改造还是要这些调性，里面有温暖，有爱，"父母亲当年给我的爱，我希望能有更多人感受到这种日常的爱。这个地方拿来做开放空间很合适。父母喜欢带我去山里玩，我记得在山上住过几年，所以这里定下的基调就是自然，屋顶的桧木是拆的别人家的老楼梯，纹路细腻，质感明显；地板是柚木，土墙是石灰混合了稻壳稻草。这些自然材质的一大好处，是会自动调节屋子里的温度和湿度，冬暖夏凉。"

屋子里一大亮点是巨大的吧台，小慢将之命名为"茶吧"，类似于酒吧的吧台用途。这也确实是她的空间的一大特点，吧台后的她可以根据客人的性格特点提供一份漂亮的茶和茶点，"这个要建立在很深的茶学基础上，要有美学素养，要有茶的知识，他点什么茶，你可以搭配出一套茶具，配上不同的茶点，这个很考验我，是和茶汤一样深的学问"。

所有的吧台茶具都是手工制作，木盒、铁打出的盘子，根据不同的茶汤气质来搭配茶器物，或者根据客人的属性来调整，客人比较阳刚，小慢则做个对冲，配柔和的茶具，让客人感觉温柔的力量。这种搭配看似随意，但小慢在里面融入了很多个人风格，属于用现代手工提升喝茶之境界，贴近客人的心。给我在茶吧上做的茶，是用传统的朱泥壶浸泡台湾海拔 1700 米左右的野放茶，这种野放茶林里也有小绿蝉，他们大量繁殖，爬过叶子表面，会留下奇特的香气，"东方美人"的来由就是如此，只是这款茶他们叫"贵妃茶"，是她觉得这种香味馥郁的茶汤我会喜欢。这款茶需要用 95 度左右的水冲击，投茶量会少一点，大约 5 克，配合的茶点则是自制的果子干，也是淡淡甜香，与茶搭配不显冲突。这时候大致能明白，小慢所谓的茶美学浸润的"茶吧"是怎么回事。

除了茶吧，一楼的空间还做了几个展柜，一小块空间留给了展览。这里不仅仅做茶具展，还有服装、艺术品和餐具，只要气氛和这里的自然之气能搭配上的，就可以展览。选择的展览物品不太精致和明亮，比较低调，有手工感。"比例完美不是优点，我们这里选择的都是不完美的。"上次这里展出了一位日本匠人手工打出的铁片和铜片，每个都不一样，可以做茶匙，也可以作为摆件存在。现在这里在展览村上跃的壶，作者在日本很知名，他本身是个爱喝茶的陶艺工作者，做出来的茶具适合泡茶，无论出水还是里面的孔，有很多细节的考量，但外部又很有现代感，银色的，鼓鼓的，像胖胖的气球。这次展览的壶，一共只有四把，每把都有细微的差别，表明其手工属性。

这时候，我终于找到了楼下这个茶馆的气质，一种类似小津安二郎电影里的家庭的气息，看来小慢是摸准了自己所想要的茶空间的脉搏。

楼上的私人空间，最出彩的显然是屋顶花园，不仅仅有草坪，还有树。小慢说当时做庭院运了很多土上来，但更难改造的是排水系统，这个系统做了半年才做完，因为要不断测试，害怕浇花的水会引起楼房渗水，最后防水做了十几道，确保不会漏水。又找了几棵根系不太深的大树，经常修剪，就像对待大型盆景，害怕根太深影响屋顶结构，树根都限制在一定的地盘里。因为有树，早上会有无数的鸟过来，她统计过，有二三十种。一整扇玻璃窗做了观景窗，打开后也是进出的门，随时可以迈出去。有次做屋顶茶会，小慢邀请了弦乐团，他们在树下演奏，大家坐在屋子里喝茶，窗户是内外的最佳链接，户外又是花园，又是舞台。

楼上的日用茶具，也都是朋友们手做的陶器，很少有光洁明亮的细瓷，不精致而有暖意，这样在她看来，不让人紧张，而是让人放松。早上在楼上，她会自己泡茶，用陶壶、陶杯，面对窗外的鸟叫，因为这里坐北朝南，整日光影会一直变动，各种阴晴圆缺尽收眼底，喝到中午，她才下楼工作。冬天还会起炭炉，大玻璃窗可以打开一条缝，也不会有煤气中毒的危险。

画廊里的茶空间

食养山房的林炳辉先生带我们去山下喝茶，说这个地方我一定会喜欢，确实喜欢。古老的城市街心公园伊通公园对面一幢平常的三层楼，也是不会特别注意的小楼，但却是台北最早的当代艺术空间——伊通公园画廊。画廊主人是一对姐弟，从完全不懂茶到现在画廊里处处是流动的茶室，花了三十年时间。

如一切老城市空间，画廊附近的街区陈旧而有活力，各种小摊、奶茶店、便利店，画廊楼下就是一家有二十年历史的面条店，但还是没有画廊历史长。画廊主人刘小姐告诉我，他们租下这个空间做画廊已有三十多年，价格一直没有暴涨，也就没有搬家，这就是在城市角落普通老街区的幸运。

画廊分为两层楼，还有屋顶露台，从露台往下看，是老街区的灯红酒绿。屋子里也是光怪陆离，一层楼是装置展，台湾特色的槟榔摊，用照片与钢铁架构组成，一把嶙峋的荔枝木做的长椅，让人不敢落座，但真的坐上去还挺舒服。这里的艺术家并不单一，有的是建筑师，有的是做水墨的，有的完全是玩票的艺评人，所以作品也多样化。墙上有大幅的摄影、新水墨，即使是一面隔离墙也被利用起来，挂有各种小巧的画作，而喝茶的地方也像这些艺术品一样流动，有时候在这个角落，有时候在屋顶天台，还有一个藏在门后的小空间，就叫"好窄"，是专门的茶室。

　　喝茶是个漫长的故事，讲起来很长。三十年前，刘小姐和自己的弟弟喜欢到处逛画廊，也喜欢各种古董，那时候就喜欢喝茶。有一天弟弟说，我要买一只茶壶，但是你不要骂我。为什么要骂你？因为很贵，当时需要一万多台币，那个时代是笔大款项，而且还是个没有盖子的茶壶，盖早已经不在了。刘小姐一听就更加好奇，没有盖子还这么贵？就和弟弟一起去看，结果真的漂亮，自己也挑选了一只茶壶，价格更昂贵，就这样两人开始收藏自己的茶道具。有牙医朋友也喜欢喝茶，告诉他们自己的壶也都是古董，拿出来给他们看，其中一只二十多万的茶壶，和他们那只一万多、缺损盖子的茶壶非常相像，这样她们更高兴了。牙医朋友拿自己昂贵的茶出来喝，说这个茶壶不能轻易动用的，也就是这样开始，周围的朋友约在一起喝茶的机会越来越多了。

　　正好他们的艺术空间开张，当时台湾的装置艺术刚起步，没有专门的空间，他们的空间就做这个平台。半夜三更，所有人都在里面谈艺术，困了就喝茶，三十年前的喝茶氛围，刘小姐描述为"浪漫"，每个人拿自己的东西来，有的拿茶，有的拿茶具，还有很多人带红酒和酒具，几乎夜夜都是茶酒会。当时台湾茶各种讲究已经兴起，大家特别爱研究和比较。慢慢地，画廊就分成几块，喝茶的在二楼大厅，喝酒的上三楼，很多爱喝茶的艺术家和他们兄妹聚集在大厅里喝，一边喝一边聊展览，最后都觉得这里的氛围特别适合茶。虽然是当代艺术空间，也很少有画廊设专门的茶室，但在这里，因为喝茶历史久，大家也喝得精，每个人带来的茶具都像艺术品，都值得玩味，而且不同的茶搭配不同的"作者陶瓷"，整个空间越来越"有茶气"，也就是喝茶氛围。聚拢来喝茶的人越来越多，最后很多艺术家、策展人即使不做展览，也会说，你最近有什么有意思的茶，我们来喝一杯，找上门来聊天。渐渐地，这里成了专业茶室——只不过是流动的。

　　因为要布展，那就把桌子搬到另一个角落，茶具和盆栽都跟着走；展品换了地方，那茶桌赶紧过去占一块地方。这样有一个好处：随着展览的不同，每次空间的调性也不太一样，各种茶具，包括盆栽，就能跟着调性换一批，尽得风流。比如最近二楼的摄影展是关于植物的，大幅大幅的彩色照片，她就在中央的位置放了茶桌，四周都是绿色，连盆栽都不用准备。几乎每个礼拜都会有专门的茶活动，也不叫茶会，就是艺术家来吹牛，大家认真喝，也经常闹出来笑话：你这个2700，这么便宜，那我来一筐，哦，2700是海拔，不是价格啊；你这个是乌来的，乌来山不是没有茶叶吗？拿过来看看，结果是艺术家乌来收藏的茶。

一开始大家喝台湾茶居多，慢慢地什么茶都喝，武夷岩茶、普洱茶，越喝越丰富，也因为茶，聚拢来的艺术家也越来越多。很多艺术家比他们还喜欢喝茶，茶具比她还多。越聊越多，展览也越来越丰富。喝多了，开始知道山系水系不同的台湾茶的特点：阿里山的茶霸气，大禹岭的茶柔和；有时候工作很累，头疼起来，喝一泡茶，立刻缓解；海拔高的茶，气息往上走，能瞬间缓解疲乏。

艺术家喝不喝茶，爱不爱茶，看不出来，但接触下来就会发现，基本还是喜欢喝茶的居多，也有很多神人，例如什么节气喝什么茶，还有什么茶一定要这种泡法的。刘小姐觉得茶一点也不古典，而是非常当下，如此多样化的表达，完全不拘泥于一种形式，当然是很现代。最早来他们这里喝茶的当代艺术家，有的已经从五十多岁到了八十多岁，还是每周坚持来喝茶。

除了这些公共空间，本来二楼有个几平方米大的小库房，现在做成了一间私人小茶室，几个人想安静说话，就藏在里面，把门一关，就是另外一个天地。每个人进来都说"好窄"，所以这里慢慢也叫"好窄"。后面是大片玻璃窗，种满了绿色植物，内外通畅，虽然空间小，但喝茶并不觉得闷，有时候好茶的香气流动，正是因为空间窄小，所有人都能闻到，也自有一点感动。

年轻的时候到处找茶喝，现在年纪大了，变成固定在自己的空间喝茶，不管外面怎么变化，这里的喝茶氛围倒是固定了下来，安静，自由，有种凝神感，最多去几个固定的朋友那里喝，一个是收藏很多茶的设计师那里，随便挑选不同年份的茶；一个是去食养山房，是因为环境清幽，林先生有很多老茶；喝多了，熟悉的人之间有很高的契合度，一个眼神就知道今天这茶什么水准，要不要继续喝下去，都不是那么固定。流动的茶席，自然有流动的风度在。

🔖 年轻人的街边茶室

永康街的兴衰我都曾见过。最早的时候，永康街还是少数人的秘密，这里人并不多，去逛茶室，只有何健的冶堂、路口的鼎泰丰老店才是吸引人的目的地；没几年茶业复兴，去台北淘茶具买茶的人增多，结果永康街处处是茶室，一条小路上有七八家，实在是兴盛极了。在这样的兴旺场面下，喝茶成了显学，懂的不懂的，真喝茶的和假装爱喝茶的，都聚集在那里，我反而不那么愿意去永康街了。

这种空间起来快，衰落也快，一旦没有那么多游客，迅速就关门倒闭，永康街的茶空间起起落落几乎不能引起人们的注意了。

没想到巧巧的茶空间开在永康街，此时的永康街因为游客稀少，茶馆又关了不少。我认识巧巧很久，知道她学茶，但从来不是那种传统规矩里的茶人，背名牌包，穿时装，茶器物也时常出新，有次在她手中看到状如马卡龙小点心的茶盒，原来是她和艺术家的合作，所以对她新开的空间也有兴趣，一到台北就找了过去。

老实说，如果不是知道地点，完全会错过这间茶室，外表没有传统茶室的标志，也不像台北遍地都是的手摇茶那么醒目花哨，就是一扇厚重的木门，外加一块大玻璃的落地窗。门很沉重，需要慢慢推开。巧巧说，自己喜欢很大的门，所以开始设计的时候就拒绝了轻巧的木门，需要点力气才能推开，但因为旁边就是大扇玻璃，所以不觉得门很压抑，反而都用大，破了传统的商店门样式。这就是她喜欢的老欧洲的调调，推开门，恍如进入深夜小酒馆，她本来就觉得，茶酒都是生活的一部分，都是日常享受，所以不觉得有什么不妥。进去了，又是一面墙，墙上再开了一扇玻璃窗，可以看到客人们喝茶，但是只能隐约看到，"我故意挡住了店里的桌椅，包括客人们带进来的包包，以及喝茶的桌面。上面会堆满东西，不太好看。"这层设计，隐约带了点茶意，与咖啡馆的一览无遗不同，更含蓄。

进门向外看，玻璃窗的好处不言自明，外面是永康街的街心公园，高大的树丛，自然带来了光阴斑驳，门口的街道虽然是小巷，可是并不窄，周围的邻人们放了几辆摩托车，让窗景也活泼起来。进门处吊了一些金属支架，上面放着她喜欢的各种茶具：蛋糕形的小茶壶，马卡龙颜色的茶杯，戴着两个兔子耳朵的茶仓……缤纷多样，像个精品店，也像个时髦的展览空间，与一般茶空间的古旧气息完全不同。巧巧不喜欢旧货店的感觉，蓄意要做得明亮，整体空间的色彩就是白、灰还有金色，衬出紫砂壶的端庄典雅，可又不是高不可攀、不可触摸之感，一种非常当下的设计。

她最近和本地陶艺家定制了蛋糕茶具系列，现在进门处以及地下展厅展览的都是这一系列，在她的概念里，茶具可以生活化，跳脱出"贵重"之感，带兔子耳朵的小盖碗很粉嫩，惹得人想去摸摸。这一系列，她突出了"野餐"的概念，茶叶装在小蛋糕模样的茶仓里，如果把这些器物放在草坪上，很吸引人。"很多妈妈们是喜欢的，她们去野外也可以泡茶，这个小茶仓也可以放糖，放日常首饰，是我们最受欢迎的产品之一。"

　　是不同年纪带来的这种不同，还是对时下流行设计的敏感对应？巧巧自己是学习传统茶道的，经常很认真地泡茶，最开始也穿着长袍，房间里也都是老家具，慢慢地，尤其和朋友们喝茶的时候，发现很多朋友并不喜欢这种调子。在开始设计自己的空间之前，她就设想，我要的是和我朋友们可以分享茶的地方，那样，这里就会像客厅，也像随时可以去的咖啡厅，分享自己喝茶方式的场地，可以非常自我。

　　就是因为这种自我的诉求，所以这里的风格可以说是杂糅。进门的茶台是放在一块大石头上的原木，人们可以在这里喝茶、试茶，有点像咖啡馆，也有点像酒吧，和小慢的 TEA 吧异曲同工，只是更随意一些；背后是巨大的粉红色画板，上面有她自己的画，也张贴着有她收藏的小艺术品，摄影作品、时装画都有，经常变化，以至于邻居还以为这里经常换老板。"其实没有，我就很享受变化，就像茶具，也不完全是紫砂，什么都有，你看这些卡通感觉的茶壶。"

　　巧巧并没有专门学习过画画，但是喜欢几何图形，那么就用某种喜欢的色调来做几何图形的底子，基本自己动手，这样做最大的好处是可以变化房间的色彩，有时候用灰色系的画，有时候用米色系，根据自己的心情改变，这样反而便宜又多变，夏天可以画西瓜和游泳圈，冬天则是粉色的北极熊，但因为整体房间是大地色调，比较沉稳，所以房间并不乱，墙上的花哨，反而是色彩的变异，圣诞节的时候加点香槟金，就是派对时候大家觉得高雅的颜色——并不需要太卖力，说白了，还是一种轻松的劲头。

　　这么说有点像小女孩玩茶，但实际上并不是。巧巧受过严格的茶道训练，她知道如何泡好一壶茶，重要的是她想追求的茶生活不一样，"我想让茶具有多样性"。一个金属釉料的茶仓，可以是一个茶仓，也可以是一件雕塑；一个类似河豚的装饰物，仔细看原来是茶壶，"有点河豚生气的感觉，我很喜欢，喝茶的时候反而心平气和"。

正因为相对多样性，所以这里可以做多种用途，圣诞节开派对，可以把茶台用来做调酒，还有大量的花式茶供应；夏天很热，则找 DJ 放音乐，也有专门的冷泡茶教学，包括主客的穿着也像海滩派对那样随意。地下室做的夏日冰茶会就是这样，放着法国音乐，墙壁上都是海底世界的冷蓝光投影，主要是希望来的人发现茶是可以多样化、生活化的。你可以用马克杯喝茶，也可以用小壶安静泡茶。包括她做展览的茶具，总强调的不是多么昂贵，也不需要给茶具包浆，而是找来很多有创意比较精致的茶具，分门别类，这个适合红茶，那个适合台湾高山茶，购买的时候就已经心里有数。"真不是随意地玩，而是精致地玩，像我们这里茶单上也有气泡饮，用果汁乌龙茶兑气泡水，但是这个茶，比起外面的手摇茶要好很多，我很多朋友一喝就会问，你这个茶很好，在哪里买？什么品种？虽然是调饮，好原料做出来的东西还是完全不一样，就和喝酒一样。你不会永远喝低端的酒，一定会有进阶，喝茶也如此，从手摇茶进阶到稍微好一点的茶，太自然了。我就想让我的店呈现我对生活的热情，对品质的爱。"

这里还做过花园茶派对，放置了十张茶席，每张茶席除了泡茶的茶人之外，还有一位茶农，一位艺术家，茶人专心泡茶，茶农可以讲茶的工艺，艺术家则讲茶具的釉料、造型，年轻人来随便问什么，不需要特别庄重的感觉。艺术家感觉也很好，他直接面对顾客，知道他们喜欢或者不喜欢一个东西的道理。大家都不是干坐着，周围设置了很多干花，像是一个想象中的花园，这是巧巧喜欢的热闹。"理想中的茶室，就像欧洲的小酒馆，可以坐着喝，也可以走动着喝，不用特别讲究规则，但是整体品质要好，大家要热爱，只有热爱，整个茶室的气氛才能出来。"

她自己的常设座位在吧台的后面，可以看到窗外，也可以看到房间全景，最主要的可以泡茶，"我闲不下来，就想一直忙在这里泡茶"。客人们可以试茶，不用马上买，茶就是一种种地喝，喝到喜欢的再下单；至于整个房间，则是做旧一点的皮沙发，老款的椅子，植物倒是不多，因为她觉得应该认真喝茶，怕花香干扰到茶香，从这点来说，巧巧对于喝茶是认真的。她设计给顾客的茶桌都可以翻开，里面放着小火炉，可以随时烧开热水，盖子紧凑，里面有磁铁开关。她自己布置的茶席，则藏在开放外间的隔间里，本来以为是一面墙的木门慢慢打开，露出一间古典茶室，满屋子的旧家具和老茶器，隔着玻璃，也能看到户外的绿色植物，满墙的绿扑进来，瞬间安静下来，原来这最早是给母亲用的，后来被她作为自己练习茶的地方，有时候外面太闹了，在里面可以躲清静。

她做了一个沉稳的茶席，为了让茶席活泼点，在黑色的茶巾角落上，放置了一颗柠檬；壶承远看很简单，近看上面的花纹像火花；茶杯有细小的花边，从高处看，像一朵朵初开的莲花，偏于豆沙色，匀杯则是淡淡的粉色。巧巧不喜欢太鲜艳的颜色，外空间清淡，里空间暗沉，都是相对中性的颜色，因为周围茶具很多，茶席上的茶道具到都比较简单，古老小巧的锡茶仓，里面最多放两泡茶，也可带着旅行；两把规矩的紫砂壶，都是耐看型。据说出来的茶汤感觉不太一样，还可以混合，"自己的茶席，其实没有好看不好看一说，就看是不是像你，是不是属于你的气质"，再看巧巧，也穿着米色外套，咖啡色裙子，一色的半新不旧，但细看，质地极佳。

"有时候在外面做茶席，会适应顾客需求，比如给珠宝商做，就比较晶莹，在上海外滩做，做了一个未来感的太空茶席。我会按照空间需求去做自己的茶席，不太会一成不变。但我喜欢的茶汤比较一致，属于香甜型，也比较柔美，所以我用紫砂壶多，觉得紫砂壶可以表现出茶汤的这一部分。"

她每天都泡茶，因为一样的器物一样的水也会有不一样的感觉，也希望自己的空间能吸引到更多的年轻人。巧巧说，自己有老师，但其实自己更是自己的茶老师，每天的练习，每天的兴趣，都是最好的老师，"从你喜欢的点入手，比如你喜欢乌龙茶里的某个点，香味，产地，变化，那就从这个点挖进去，不要别人告诉你，这个茶很好，这个茶很贵，那样永远在听故事。你告诉我多贵，但我不喜欢喝，那不是一点价值也没有吗？包括茶具也是，这个是大师的，那个是传世的，但如果不是你的，你就不用惦记。从最简单的东西开始玩起，没有一开始就能学完全的，想一步登天，那永远是做梦，这条路太漫长了，你要慢慢喝茶，慢慢学习茶席，学习茶空间。关键的永远是，自己要什么，自己为什么要喝这杯茶。"

从这番话，觉得巧巧的茶室是个明白的茶室，空间真是年轻人的空间。

回到明人茶寮

台北的茶空间，其实最有趣的还是其多样性，既有各种带有家庭气息的茶空间，也有画廊里的流动茶房；既有巧巧这样的新空间，也有模仿明朝文人茶寮十分地道的茶空间。阳明山脚下，王介宏先生带我们去看他的"涤烦茶寮"，茶寮旁边就是蓝铁皮的修车厂，还有贩卖卤肉饭的小食肆，他理想中复构明代吴门画派的茶寮就夹在两者中间，枯竹做的围栏和门，与周围环境非常不协调，但因为他坦然的态度，你又觉得，可以就这样。

远处是苍翠逼人的阳明山，空气中的湿润扑面而来。

王介宏喜欢传统文化，爱到十足，也就开始模仿着做自己的茶空间，我们看到的竹子做的篱笆和柴门，其实是模仿他看到的金农画作中的"柴扉"。用不规则的树枝拼成柴门和篱笆，结构自然，朴素大方，他使用了台湾本地的贵竹，搜集了竹子的尾梢，一点点拼凑成篱笆，找来的设计师以做室内为主，室外交给了王介宏。他一点点指挥工人，但是工人也不会编这样的竹篱笆，最后就是按照他自己的想法，做出了不规则的竹篱笆和竹门，不规则中也有工整在内，大约是属于自然之美。

推开竹门，一股野气扑面而来，外面的世界被关在了门外，里面静谧又自然，顿时明白王介宏脸上那种自得的表情。院子里也生长了很多本地贵竹，近乎自然生长，主人说，植物群落故意不像苏州园林及日本茶庭那样做的规整，而是让院子自然，萧瑟，尤其注意不要打扫得格外干净，竹叶飘落在地面上，堆积得很厚。客人来的时候，会略加打扫，但还是保持自然风貌。

园子在租下来的时候，本来也是荒废了很久的，里面只有一幢铁皮屋，堆放了很多工具。这里本来是一个喜爱园艺的朋友堆放工具的房间，外面的园子则有些盆景。拿下里的时候，王介宏希望推开门就和外面的嘈杂世界截然分开，所以特意做了高篱笆，保留了园子里的大樟树，还开凿了小鱼塘。这个园子从租下来到现在已有十年，十年之中，植物自然生长，竹篱笆上开始爬满牵牛花，竹林越来越茂密，野趣不是做出来的，是长出来的。

"我喜欢萧瑟感。"他说，这个风格，和日本的茶空间精心修剪的庭院区别很大，步行道上不仅堆积了竹叶，还有蕨类，兰草，石头缝隙里更多是冒出来的各种不知名的野草，他每次只是稍微整理，客人进来没那么杂乱，还能感觉到野趣之美。

2015年，一次严重的台风袭击台湾，那晚风速有十二级，园子整个垮塌，里面建的茶寮也是半垮。王介宏说，打开门，心凉了。精心做的竹门、芦苇帘，包括房间的隔扇尽皆东倒西歪，路已经看不到，竹子毁了一半，像是被炸弹轰炸过一样。"花了那么多心思来做这里，自己常躲在里面喝茶，朋友们也常来常往，这里就是自己和心灵对话的居所，实在舍不得就这么废弃。"

于是他找来建筑师，重新按照当初的设计建造了一遍，园子也认真梳理了植被，之前已经有点茂盛的竹林稀疏了不少，但是也帮助他明白了一个道理：要在得失之间重新找到平衡点，之后在这里喝茶，心情也不太一样了。

王介宏过去收藏古玩居多，对宋代明代的文人生活充满了向往。茶寮设计的阶段，他就寻找大量吴门画派的资料做参考，书斋和茶空间是吴门画派里经常出现的建构，这样的地方，是文人雅集的好去处，所以他设计的茶空间，特意放大了茶寮，在庭院设计里，也选择了中国文人画的意境来构建，于是有了"萧瑟"主题。"从门外进来，我希望客人们有心情的转折，这个转折是我的设计。"进门的步道，找了很多不规则的石块，但是铺得很平整，迂回着走在上面，看着竹林下面的兰草湖石，远处有他铺设的小池塘，和大自然的山景有类似之处，等于"市中山居"，一点点还原山的景象，这就是第一个转折，把自己的心从外界的杂乱中疏离出来。

从园子一路走来，到了茶室门口，进门处就是芦苇帘，同样稀稀落落，不规则中有工整，也是整个园子的调性，自然，美感存在于虚实之间，很喜欢中间那卷半垂的门帘，微微低头，但不是日本茶室那种需要弯腰欠身才能爬进去的门洞，又不是很多当代茶空间的豪华大门，虚实之间人，心情又宁静了一些。

这些不整洁的院落，这些半自然的感觉，并不是靠着完全无为自然而然的呈现，王介宏每次都要在人来之前打扫，重新整理，重新铺陈，他解释说，烦琐的准备让人有心清静下来的过程，打扫庭院，准备茶水之时，心性也在平稳，整个空间会呈现出"当时的美感"，每次一边打扫，一边设计今天的茶的呈现，包括光影的设计，相聚时候，如果都是程式化的准备，那喜悦也会少很多。

芦苇帘后，是从前的铁皮屋所在地，现在却被新材料重新构造，他追求的是文徵明他们的茶寮格调，但不妨碍他使用新型材料。比如隔扇门，他不希望是日式的木栅隔扇，也不希望是江南的木质隔扇，那样太沉重，没有朝气，最后用了亚克力，中间需要木结构的地方，用了本岛的台湾桧木，微微散发着香气，这是他理解的当代的木隔扇，阳光透过茶屋周围的树木洒在隔扇上，隔扇成了承载树影的画面，透着被风摇晃的树影，若隐若现，这个变换的光影成了茶寮的一大特点。

茶空间的构造中常常被人忽略的是水，很多人就是买来桶装水，或者自己净化水，但是这个茶寮得天独厚，从阳明山上引下山泉水漏进屋檐下的大缸里，客人来之前提取最上面的一层净化使用。因为屋子里的主要功能是"文人四艺"——插花，焚香，挂画和喝茶，所以备水的过程并不在客人眼中，特意放在了隐蔽之所在。水房在屋外长廊的角落里，准备茶点心和清洗茶道具都在这儿，包括客人存的茶叶，也都放在隐蔽之处。进去房间之后，清淡至极，屋子里的茶叶罐和收藏的很多茶家具都放在了隐蔽的二层。按照王介宏的理想，这里不应该呈现出商品空间的样貌——和很多茶空间把商品突出做主角的方式背道而驰。

进门后，全是素净的白，四面墙几乎没有破坏，经过他提醒，才发现没有插座，是蓄意的。和备水一样，备炭也是这里的基本功，山泉水需要炭火煮饮，当水比较软嫩的时候，才可以开始喝茶。同样的，炭火也是在屋檐下完成准备，在外面烧到七八成拿进屋子里，一是没有烟气，二是火力正旺，看不见的地方有通风窗散发烟气，炭烧到八九分，他开始用羽扇去扇风，让火到十分，这时候的水，照他的说法，是活火新泉，水质软滑甜，这样的水适合用来煎茶。

因为要煎茶，所以准备的炉具是铜质铺首炉。因为收藏古董，他有很多超越市场常见之物的茶道具，这炉子我完全不懂，但看着古朴自然。茶叶是福建建阳山野之中的野小白，属于群体种菜茶，制法也是半晾半晒，很清雅，也有传说，这就是过去宋代贡茶苑的茶树品种，我曾经在福州的茶人那里喝过，当时没有觉得特别，不知道是今天活火煮出来的泉水确实清甜还是王先生的茶好，这次的野小白茶汤，只见清甜，活跃，在口腔里各处发散着自己的味道。

过了几日，在王先生的台北城里的茶空间喝茶，这次是将野小白磨成细粉。用福建的青石磨反复研磨了三遍，开始打抹茶，他非常熟练地用茶筅击打茶汤，一会儿，茶碗表面上开始"乳雾汹涌"，表面全是白色的小泡沫，喝起来却是非常顺滑，这时候明白福建人说野小白"水路细"是什么意思了，是人喉极为清晰，一小口一小口地咽着，非常满足。

茶是这样，但是涤烦茶寮里不仅有茶事，还有别的雅事，所谓书斋里的"四艺"，尚包括闻香、插花和挂画，属于整体的文人茶寮景象，因为他收藏丰富，做起这些来也比较简单。一般客人来之前，他打扫庭院，太太负责插花，从院落外整理到房间内。现在是秋冬季节，选择的也是时令花材，因为要凸显视觉上的美感，选择了大型花材，一株梨花。这株梨花是台湾本地树种，在他们这里已经许久，先是盛开，然后是结果，果实落后，叶子慢慢出来，我们看到了叶子半落的树枝状态，枯枝同样很美，光把影子落在茶席上，也落在地板上。

香案是一块巨大的木抱石，本来是一块页岩，和一棵大树纠缠在一起，正好长出"腿"来，就做了茶空间的香案。别人本来不愿意卖给他，被他死磨硬泡买到了，这块石头正好和外面的太湖石形成呼应关系，上面放着简单的香具，也是提前备好了香，让屋子沉浸在淡淡的芳香之中。挂画也不是简单的书法之类，尤其是俗见的"禅茶一味"，在这里更看不到，用的是"菊花湖石图"，正好和季节对应，王介宏说，他想要的是明人的生活美感，茶道具也是用的明代人的大壶大杯，从喝茶仪式中让客人感受到生活的美感，是他最着力的，无论是哪种冲泡方法。

今天拿出来的茶道具并不多，明人喝茶的煎茶法，本身就是种简朴大方的饮茶方式。他说自己非常注意"茶之方法"。泡岩茶，则用工夫茶法，完全是另外一套道具；泡普洱，则选择带有唐风的民窑茶具，包括不同季节所选用的茶具都不一样，慢慢形成了自己的茶之法则。整个茶寮，最多能坐五六个人，常常就是一席，只有最熟悉的朋友才被接引到这里来，他也用自己最好的办法来泡茶，最重要的是能安住心性，坐下来的人，慢慢会跟着他的节奏走，不知不觉两三个小时过去了，这里足够清雅，足够沉浸下去，只能看到户外光影的流动，室内的时间仿佛凝固了。

涤烦茶寮已经开设近十年，在这里，他尝试了宋点茶、明煎茶，还有很多工夫茶的实践，实际是他安顿心性的空间。

布置一个茶空间，找到了自己的愉悦和宁静，这也是他遵照古人说法悟出的自己的饮茶之法，古人和我们一样，布置喜欢的空间，让自己和朋友不被打扰，是一块净土。王介宏在这里学习、分享和记录自己的体验，他自己总结，身在红尘，心在山林，一种清静的修行。很多朋友来喝茶之后，心心念念说还要再来，可是各种原因都让他们在红尘中繁忙，再来成了空想，王介宏说，好在有那些瞬间的真诚相待，也算是一种随时可以念起的"一期一会"。■

和敬清寂的京都茶室

　　当下中国正是茶室复兴的年代，更多体现的是明代茶室闲散、雅致、悠游的风格，但是在日本，经历了一代代传统观念规范，大大小小的茶室都体现出日本茶道"和敬清寂"的气息，哪怕是完全当代的设计，这是好还是不好？归根到底，不存在高下，而是一种独特的气质笼罩了日本茶室，千利休制定的"寂"，成为一种默默的、独到的气息，能够让我们在瞬间辨别出来，哪个茶室属于中国，哪个属于日本。

经典茶室：不审庵的庭园

　　如果不是表千家的家元的允许，我们是不可能进入不审庵的，这里不对公众开放。表千家的家元和自己的家人，包括 20 多个从小就随同学习的内弟子，是这里常年的管理者和使用者；客人们，只有重要节日或纪念日，才会被邀请进来喝茶，一年也不过数次而已。

　　虽然日本各个私人住宅，包括园林、庙宇之中茶室众多，但完全符合古典标准的，并没有那么多。不审庵是表千家私家茶室，始于千利休，由自己的后裔继承，所以在符合传统上做到了十足。这就让人对不审庵更加期待。

　　京都大大小小的寺庙到处都是，据说不审庵就在宝镜寺对面，而宝镜寺是有数位天皇之女出家的庙宇，由此可见，这一区域，层叠都是历史。可是到了宝镜寺，还是看不到不审庵，原来是特意没有标明路线，害怕众多游人涌来拍照——仅是拍摄1913年复建的大门，就已经让表千家的主人们不胜其扰，所以索性不设路牌。能见到，是茶道爱好者们的缘分，毕竟茶室是按照禅宗思想修建，天生就有宗教性。

早在进入前，就有一名内弟子等在大门外，他是我们今天的导览者。这名刚刚20多岁的弟子已经奉行严格的表千家的茶道规则，表情非常平淡。表千家是利休所传流派中最为正统的，奉行的是"闲寂"风格。我们在大门外就换上木屐，与内里的几道门相比，大门算得上豪华高大，这是1913年复建时候由某贵族家捐赠的，把整个茶庭都遮挡起来。事实上，这也是现代社会才有的大门，以往的茶庭之门，多为木扉或竹门，矮小而疏漏，目的就是表示茶庭的自然风格。不仅门要小巧，就是茶庭内部，也要遵循自然之道。日本人认为，大自然的美是超脱凡世的，所以整个茶庭内部要有静寂美，不能有太多的石头，不能有蓄意栽种的花木，石头都必须是实用目的，或是一条导引大家进入的道路，或是著名的"蹲踞"，也就是洗手的地方，用石块打造成的石水钵，还有唯一的园内小品：石灯，这是给晚归的客人指路用的。

去的时候虽是冬天，可是庭园绿意甚浓，除了按照中国山水画里的飞白方式留下的石头步行路，四面全是苔藓和草地，再就是浓密的树木，要不就是孤独站立，要不就是一丛丛。内弟子说，这些都不是有意造景，而是按照自然规律生长的。"茶庭最希望让人们想到的是人迹罕至的高山地区，那里是人的灵魂与自然交流的地方。"庭园里除了允许种植梅花，没有过多的花树，因为害怕色彩过于斑斓，使得客人们心绪无法平静。后来在京都去了若干庭园，才发现这里的茶庭是最与众不同的，规则也最多。别的庭园色彩、植被、景观等相比之下都要丰富许多。

走了一段，才到"中潜"——茶庭分为内庭和外庭，中潜就是内外之间一道竹木结构的门。不审庵是完全按照千利休的茶学思想构造的庭园，千利休用竹、木、草、纸等构造茶庭，这道空悬在路中的门，看上去摇摇欲坠，却是主人和客人见面的第一个所在，主人会对客人示意，但是双方不对话。门中间是空的，大约是个方形的洞。有人说是要求客人从这里爬进去，以强化对自己的认识，因为弯腰才能进去，所以人们会更谦卑。但是内弟子告诉我，有几种进

346

人方式，贵族、客人和平民都是不一样的。在这里不一定需要爬才能过去，只要稍微低头就可以了，不过，"谦卑的心态，是我们希望每位客人自进入茶庭就开始有的"。内弟子介绍，不审庵是日本茶道庭园的集大成者，400 多年前千利休在这里规划了这个庭园，后面的庭园只是根据他的思想作相应的模仿而已。比如"中潜"附近，有一条用白色石子和沙子铺成的溪流，上面有石桥，这点枯山水似的装点，是为了让人们进一步体会大自然。内弟子说，园里的松林、月光、春天到来时候的草木气息，都可以帮助茶人感悟，进入淡泊的境界。

进入内露地，最显眼的是树丛中的石头蹲踞，这也是千利休的发明。不审庵里和千利休有关的器物不少，例如放在石水钵旁的竹子筒，就是他的作品，客人可以用此舀水洗手。400 多年何以不坏？原来并不是经常摆放在这里，只有特殊时候，才从储藏室里拿出来。茶会的礼节自进入内露地之后就开始了。蹲着洗手，然后被让进茶室，这个过程，有转换身心的意思，意思是你马上要进入一个宁静、没有喧嚣的世界。顺着脚下的各种飞石，我们走进茶室中。石头越来越小，每一块石头还有专门名称，比如"关守石"，见到这块石头，意思是你不能再走，是界限的标志，你只能沿着指定道路走。而最出名的是进入茶室前的"沓脱石"，比一般的石头大而高，一般人都以为只是垫脚用，内弟子告诉我，这块石头的存在，一是为了调和整体景观，也就是让石头和茶室结合起来，另一方面，意味着主人正式接待客人的开始，客人的鞋子都要放在这上面。我们踩着木屐，在非常滑的道路上战战兢兢地走，很早就想脱下来了，但是，且慢，最后一道进入茶室的关卡——"躏口"，就在面前。躏口的长宽都只有 60厘米，必须以两手支持，慢慢以膝盖进入茶室。这也是千利休的发明——表明外界和内部的不同，所有的傲慢、污秽都放在外面，进入其中，所有人都是平等的，无论是贵族、平民，还是下人，必须放弃所有的特殊性。武士所带的刀也要挂在外面的"刀挂棚"上。

这个躏口非常难爬，难怪电影《千利休》的第一个镜头，就是描绘满面怒气的丰臣秀吉爬进来的场景——他当年爬的正是这个躏口。说来奇怪，一进躏口，安静气息扑面而来，迎面就是已经摆设齐整的插花和挂画，正对着进出口，整个壁龛就像一幅图画。

茶室又小又阴暗，唯一的光线就是从外面射入的光，要花一会儿时间，习惯了黑暗后才能看清插的花。正好是冬天，竹子做的花器中插了一朵尚带露水的白色茶花，这是内弟子们每天更换的。他告诉我们，虽然外面的花卉品种不少，但是茶道的插花和花道插花有很大区别，茶道大师的责任在于选择花朵，由花朵去讲自身的故事，所以他们不会炫耀技巧，也不会在花卉品种上做更多的变革，春天用山樱花，夏天可能用百合。我们到的季节只有茶花，再过一段时间，等山樱的花苞出来，会用山樱枝条和茶花配合。花放在壁龛里面，上面是挂轴，写得非常简单的"天然"二字，是利休的手笔。挂轴并不固定，甚至每次茶会都会更换。随着季节、茶会主题和客人的不同，会选择各种挂轴。不过各个流派的挂轴都甚多，有名家的字迹，有茶人的手笔，也有许多来自中国的古画，选择余地非常大。我们在里千家的博物馆里就看到了千利休和当时名人的书信都被做成了挂轴，包括和丰臣秀吉的往来书信。每换一幅不同主题的挂轴，都能引发客人们不同的情绪。

当眼睛适应了室内黑暗，才发现茶室的光线并没有想象中那么暗淡。千利休改变了老师武野绍鸥的设计，由坐南朝北改为了坐北朝南。在茶室内坐下，只要稍微拉开纸门的缝隙，就能看到由外界射入的阳光，整个室内的装潢、茶具，包括时间的变化都看得清楚。内弟子说，他们最喜欢在茶室里等待四季的变化，春天来的时候，会感觉天渐渐明亮起来，包括树叶的新绿也能透过缝隙传递进来，师傅的家人会带回大把的鲜花，他们看师傅用不同的花器插花。印象深刻的是，虽然任何器皿都只插一朵，但是都能显示出不同凡响的美。师傅总是告诉他们，他都是用最好的状态去对待客人，因为很多客人一生也许只能见一次，所以要让客人享受到茶道的美丽，这是日本茶道典型的"一期一会"思想。

不审庵的建筑追求返璞归真，所有材料都很简单，尽量保持原始状态，比如一道门上方的门框是用一根弯曲的树做成的，这棵树是传说中某位官员的奉献，弯曲的角度十分优美，绝非随意选择。恰恰是这种处处精致的朴素，构成了日本审美的两面性，一方面是蓄意的素朴，一方面为了维护这种素朴，要花费巨大的维修费用——很难从当代建筑的角度去评判，但这恰恰也是日本本土文化的迷人之处。几百年，这棵树和这道门就保存着这种形态。墙是薄土墙，坐下时候都不能使劲靠，因为内弟子说，有人把墙撞坏过。有一面墙上贴着的都是一二百年前他们家族的书信，看着信件的内容，客人们有时候也会很感动。

天花板都是竹编的。内弟子介绍，最复杂的一面用了三种竹子，不过我们看起来没有什么差别，但是他们辨别得很清楚：有一面天花板用的是比较珍贵的竹子，下面是尊贵客人坐的，例如僧侣，一般客人不会坐那里，家人们尤其不允许靠近。门框、天花板和支撑的柱子，基本都保持本来的材料的厚度和大小，而且不用钉子去固定，目的就在于把自然带进室内。这种结构何以支持了四百年，依然在风雨中屹立？只能说家族精细的维修制度起了重要作用。

主茶室是小间，本来按照榻榻米的大小可以分成四叠半或者六叠的茶室，到了千利休这里，设计出了两叠的小间，且几乎与外隔绝，所以喝茶变成一件需要凝神的事情，一切娱乐都被抛弃在外了。主人位于前叠，客人位于其他叠，天花板也低，双方都处于严肃的状态中，几乎不会站起来活动。每块空间几乎都定好了用途，饱含着各种意味。进入房间后，除了主人搬物进入外，没有多余的动作，据说这样的空间，特别能刺激主客去领会茶中的真意。

不审庵有一间茶室空间，用专门的木柱围成一个结构，上面的天花板是活动的，内弟子打开天花板，光线顿时明亮起来。原来这个空间是专门用来赏月的。他教导我们坐下来，靠着木柱，透过头顶的树影，可以看到一片天空。据说这是整个京都看月亮最好的地点之一，可以看到残月和云朵，所以这个地方就叫"残月亭"，外面的匾额是幕府某个将军所题，这里也是他最喜欢的地方。

"这里已经接近三十年没有大规模使用了。"内弟子说，上一次大规模使用是纪念茶室成立 400 年的时候。但是逢年过节，有家族的小规模活动。例如每年 11 月上旬，会有茶叶的开罐仪式，家族会把当年宇治做好的茶叶打开罐子，全家人在一起围观家长将其磨成粉末。9 月 13 日，初秋时候，会拿出四代家元用过的特别茶碗"葵御纹茶碗"，供家族集体欣赏。元旦的时候，有喝"大福茶"的仪式，就是把炒米和茶叶混合在一起饮用，那时候是大家长亲自泡茶，家人要负责烧火。元旦后，专门有弟子来负责把炭灰收集起来，放在专门的灰罐里，再封存到架上，一点细节可以看出这里的精细程度：连烧完的炉膛都会有专人抹灰，把灰尘塑造成整齐的形状——这也是不少学茶弟子的必修课，整理炉膛的炭灰，一学就是几年。

炉膛的空间很大，在地上挖出了一个洞，上面放"水釜"。据说千利休当年都是在这里点好了茶，再拿进去给客人们饮用的。上面还有根铁链，可以吊各种锅，内弟子说，这也是有 400 年历史的铁链。当年这里要准备怀石料理，客人们来喝茶，是连饭菜一起享用的。日本的茶道研究者熊仓功夫教授告诉我们，千利休还规定了饭菜数量，常常只有一汤二菜，记载中二汤四菜只有一次，相比起别人家的怀石料理的豪华，他的是以接近料理本质的模式。"有一次，别人请他喝茶，吃完了柚子还有鱼糕，他就不快地走了，觉得不符合'侘'的精神。"

不过，千利休的茶会不像传说中带给人那么多规矩和紧张，更多的还是有趣。熊仓功夫教授告诉我们，利休常带给人的是意外，是对既定规矩的挑战，但是都符合他自己的"侘"的精神。比如有一次，他请人去欣赏他的花道，但是只有一件美丽的装饰有仙鹤之嘴的紫铜花瓶，里面装有水，却没有花，因为他觉得，光花瓶之美已经够了，再不需要别的装点。还有把睡莲的一半沉在水里的"水边垂之花"等等，民间流传着不少他的布置茶室的例子，都说明他是个严肃而有趣的人。

还有研究者发现，利休的茶室空间设计并不是无本之源。日本民间有一种庆祝丰收的"居笼祭"，就是把人放在房间里，避免外出，也避免和声光接触，那样可以清理自己身心，这也说明了日本的茶室精神和日本民间文化的深刻关系。

📱 寺院里的茶室：天然清净

与著名的金阁寺不同，大德寺在京都并不是旅游者的必到之处，所以也落得清静。但是这里是日本著名的禅宗文化中心，与茶文化渊源很深，早年战乱后，是一休大师主持重新修建的。这里的黄梅院是千利休为丰臣秀吉设计的庭院。大德寺的对外联络人员告诉我们，虽然通称"大德寺"，但是实际上各个院落分布着小的寺庙，整个大德寺共有 22 座小寺庙，都有自己的负责人，开放不开放并不能落实，我们只能抱着尝试的心态到访。

位于大片松林中的大德寺果然清幽，但是结果不妙：整个寺庙的十几个院中，只有四个开放，且开放的寺庙也是各自决定开放时间，幸亏黄梅院在这一年春天特意开放两个月。

进门就觉得风景非常美。一排排横向排列的红枫树构成了进门处庭院的基础，树下种满了各种草花，既不像中国园林那种一棵树独秀的点缀景观，也不像日本一般庭院以枯山水为主打，排列得非常整齐，几乎是西方园林设计，但是无论如何一看又属于东方，大概又是冈仓天心所说的"茶气"在起作用。秋天时，这里的红枫是京都最有名的景观之一。丰臣秀吉在这里举办了织田家族的葬礼，整个营造花费了巨大的时间，特意让千利休营造庭院，进门处只是千利休的小手笔而已。

里院和外院用一条木廊结合。走在木廊上，两边是千利休设计的枯山水，白色的碎石成为木廊两侧的海浪，拍打着木廊。石头和木的结合，这是标准的千利休时代诞生的日本本土审美，也是很有"茶意"的美。设计的时候，千利休66岁，两人的关系还没有破裂。这一处是日本少有的池泉式的枯山水"直中庭"，一侧以青苔和灌木为主，间或有一两棵大树，青苔之中很多蕨类植物，每一枝显然都挑选过，不追求齐整，追求的是品类和形态，随着地面高低起伏，更构成了一种山水画的意境。据说这处枯山水，融合了点石、理水、选取植物，还有耙制的技巧，砂石被梳理成水流，水流又都汇向了千利休喜欢的葫芦形水池。据说千利休喜欢葫芦，因为葫芦长成什么形状都是自然所安排，又与世俗的人们对葫芦的喜欢不违背。另一侧枯山水更简单，叫"破头庭"，意思是"打破既有印象，重新审视世界"，中间的一块石头，据说代表菩萨。

走过长廊，才能看到千利休着力设计的大庭院：阔大的四方庭院，同样是纵横交错的树木，但枫树外夹杂了很多不同品种的花树，硕大的茶花，华美的樱花，还有层层叠叠的草本花卉，虽然树种繁多，可是纹丝不乱，烘托出一种岁月悠长的气氛。坐在长廊上观看，只觉得这种风景简直能溢出光彩来，可惜，严禁拍照。而且这片露地也完全不让行走。我们坐的长廊正对着这些美妙的花木，中国的园林讲究参差和遮掩，这里完全不遮挡，所有的植物全部出落在你面前，反倒更有种张力，让你去细细端详，细细思考，是什么让当年的设计师种下巨大的茶树？这一棵和那一棵之间，为什么有这样的距离？越是暴露无遗，越考验审美。工作人员介绍，千利休自己设计的茶室就在后面，当年他喝茶时，会依据风景的不同，把各个隔扇打开，就可以让风景进入茶室。只有在这里，才能领会到千利休关于茶与生活丰富的审美系统。其实不仅是枯寂的，也有生命的起伏在里面，这个庭院比起现在流传的千家流派的一些茶室庭院丰富了许多，那些"露地"没有花朵，只能见到各种深浅不同的绿色植物的组合，以松树为主，显示的是生命的清寂。

从露地往里走，还有一处更简陋的茶室，也不开放，是武野绍鸥修建的，这两处紧闭的茶室却没有让黄梅院失去茶的气息，茶气正从似有似无处来。大德寺各个院落均有茶室，每月18日，这里都会举办纪念千利休的茶会。许多茶室即使在茶室风格多样化的京都也都显得别具一格，比如说有一间表千家第四代家元建造的安胜轩，完全是与一般茶室的进出结构相反，由宽入窄，可是也别有趣味。

隈研吾的奇思异想

京都的茶室基本是封闭的，只有专门的学习者可以进去；现在日本公开的茶空间，则基本都带有了现代场所的意味，敞亮、廉价、随意进出。我专门去了三得利在京都新开的茶馆，没有茶主人，也没有专门的泡茶者，自己花一点钱，可以领取一份绿茶，配备有简单的日式茶具，在"宝瓶"里泡完后倒在杯子里饮用，和中国的紫砂壶泡茶类似了，唯一惊艳的是整个窗户对着一处精心打造的庭院，植被密集，在京都的成片矮房之中忽然有这么大而明亮的庭院，也是卖点，在中国早就成为"网红"景点了。

如何协调经典和现实？日本设计师隈研吾的方式是，既将茶室的特点发展出来，又采用完全新式的建筑材料和摆放空间。在东京大学他的工作室里，我们请隈研吾谈他的茶室构思。之前看过他设计的几个非常古怪的茶室，有的是在白色的气泡状物体里，有的是用中国的普洱茶砖做成，在我看来，这些茶室的实验性远大于实用性。

可是隈研吾不这么认为，他觉得现在即使是京都最传统的茶室，其实也很现代："日本的国土很小，加上大部分地区被森林占据，所以很多地方空间都不大。但茶室有趣，就在于它很小，又封闭、阴暗，但不是私密空间，里面是可以交流的地方。而且，它有两面性，虽然封闭，但是和自然关系密切，随时可以拉开和纸的门，感受外面的自然魅力，就算不拉开门，打开天窗，外面的光线、天空、白云、树影还是都可以感受到，这就是它的多变性。从这个角度，我觉得日本茶室非常现代。"

从 1986 年开始，隈研吾就开始设计现代的茶室，他还记得第一个是用瓦楞纸板做成的，那时候工作室刚刚开张，用这种工业化材料做茶室的思维之后贯穿了他的始终："在我看来，茶室不应该只是东方的建筑，它实际上是打破东西方界限的，都是提供人们与自然交接的机会的，所以我用的材料没有什么限制，大多是普通建筑不会用的材料。比如你们'长城脚下的公社'，我设计的那间也可以用作茶室，用的是竹子，地面和墙壁都是。在上海做展览，我用的是茶砖，一种带有古老香味的建筑材料。包括瓦楞纸，都是薄而轻的材料，都和最初人们使用木、竹、纸相通的，并非说我现在的茶室是速朽的，只能说它方便改建和移动。"在他看来，最初千利休的茶室诞生，也是针对当时的奢侈建筑的反叛，是带有批判性思维的。"他所用的自然材料，也代表那间茶室随时可以拆除，并不是永恒的。现在之所以维护得好，只说明人们希望纪念他。"所以，他觉得自己的设计，倒是和千利休有相通之处：可以拆，可以移动，也很容易盖起来，这也是他最近用气球状充气材料做茶室的原因："虽然看起来是个白气球，但外面用特殊材料，并不容易破。开始人们进去会有点兴奋，有点紧张，但是很快，只要一点点时间就会安静下来，因为材料隔绝了外面的喧嚣，他就可以坐下来慢慢喝茶。不是那种吓你一跳就没内容的东西。你去过不审庵，从你的角度看来，二者是不是有相通之点？"他觉得，他和千利休的茶室本质相同：都追求两面性——封闭和开放，而且特别容易使用，至于用什么材料，那只是表面化的问题。"因为你看到的东西，和你感受到的东西是两个内容，我想要的是人们使用我的建筑时的感受。"

隈研吾针对的现状是，现在的年轻人对古老的茶道越来越没有兴趣，但是他们对美学、艺术的兴趣还是很浓厚。他说："我希望用我自己的理解，使他们进入茶的空间，进而对茶道感兴趣，现代人回复到使用千利休的茶室不太可能，但是，千利休所追求的宁静、反思的精神世界，是可以做到的。" ▪

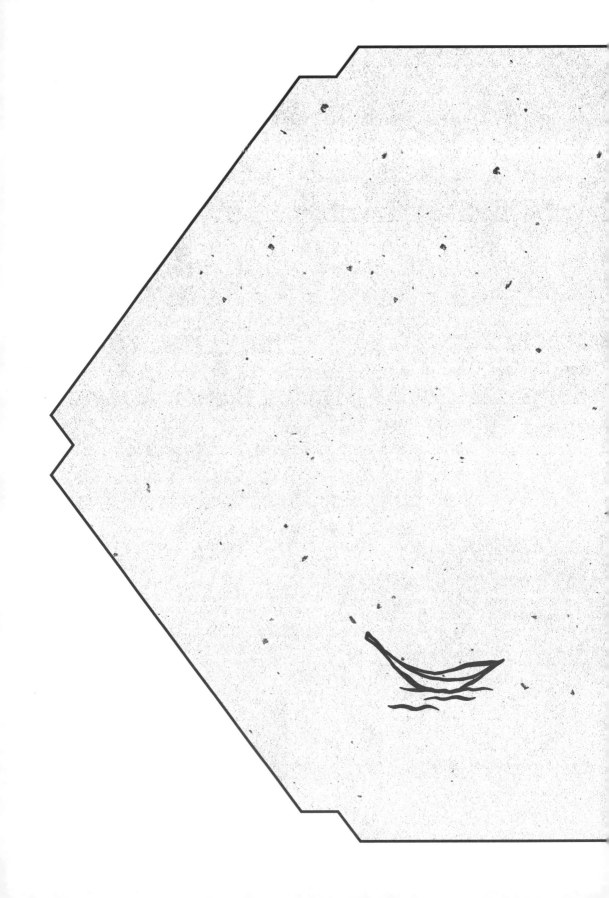

第六章

茶道之旅

京都抹茶道：探询千家流派

　　尽管日本早期茶的发展历史尚无定论，但是京都毫无疑问留存了最多关于抹茶的历史遗迹，无论是传说中日本最早的茶园之一的高山寺茶园，还是以从中国宋朝带回抹茶道的荣西禅师为开山鼻祖的建仁寺，都保留了大量关于宋茶道的遗存。而日本茶道的集大成者千利休也活动在京都，他的遗迹比比皆是，他的茶道故事现在还是茶会时反复谈论的话题；利休去世后，他的子孙和弟子们在几百年来形成了很多流派，而由他的三个孙辈创造的表千家、里千家和武者小路千家流派，现在还在日本的抹茶道流派中占据着最重要的位置。

　　日本茶道流派，基本可以分为抹茶道和煎茶道，不了解的人会以为两者之间有延续关系，其实并无。抹茶道的创始者基本归为千利休，但其实在其之前，日本已经有多位与茶有关的美学贡献者，千利休只不过是集大成者，他去世后，抹茶道形成了各个流派；煎茶道则属于明末清初的中国茶形式流传到日本的流变，更轻松自如，流派更多至数百，数量远超抹茶道的流派。

　　抹茶道的饮茶形式，无疑和中国宋代的饮茶方式有千丝万缕的关系，但又加上了日本文化的限制、规范和整合，因此不能简单地说这就是宋茶的品饮方式；而煎茶道也一样，明代的文人茶传到日本，迅速日本化，也不能说就是明朝的品茶方式。

🦋 宋茶道之影：高山寺的茶园

日本的荣西和尚在日本茶界的地位甚高，因为传说日本的茶叶是他从中国带去的。

12世纪末，在荣西禅师引进茶树之前，整个日本虽然有喝茶的风气，但是完全依靠茶叶进口。静冈文化艺术大学的校长熊仓功夫是日本最著名的茶史专家，他告诉我，他专门去中国浙江的天台山考证过荣西将茶树带回日本的传说的真实性，结论是，传说是真实无误的。荣西去中国前，日本对喝茶已经不太热衷了，但是荣西复兴了这一文化。熊仓功夫考证，1162年，荣西从福冈出发，在中国的宁波登陆，抵达不久，认识了同在中国留学的僧人重源，二人结伴前往天台山。当时天台山有在石梁上向罗汉献茶的仪式，目睹这一仪式，使荣西对茶的钟情度更高了。之后荣西又数次去天台山。1191年，他带回若干珍贵的树种，除了茶树，应该还有菩提树。

引进的茶有部分种在了福冈的背振山，还有部分献给了拇尾山上高山寺的明惠上人，开始了京都种植茶的历史。现在京都附近的宇治之茶据说也全部是从高山寺扦插的。荣西在带回茶种的同时，还写书记载了茶的饮用方式和保健功效，规定得十分详尽。熊仓功夫举例："食后饮茶的习俗，在你们中国已经没有了，可是日本遵守得十分严格。"

想起了《红楼梦》里黛玉初进贾府，喝茶顺序也非常有讲究，看来在清代，食与茶的先后，还是被重点强调的，应该是随着清朝的灭亡，很多古老的习俗也渐渐消失，不再那么重要。日本的饮食大家，陶艺家北大路鲁山人民国时候来中国找美食，结果也很失望，觉得满街都是油腻不堪的食物。他认为，根据瓷器的精致，可以判断出来中国明朝的饮食系统非常发达——看来日本文化界普遍有这个想法，那就是觉得中国当代的饮食系统，包括茶饮系统，都不够精致。

我把对抹茶道考察的第一站，放在了荣西和尚曾经送过茶叶的拇尾山。这里距离京都十分遥远，到了那里才觉得，此行十分值得。与京都市区内那些游客众多的寺庙比，高山寺像世外之地，从公路通往寺庙的道路两边全是参天古树，树上爬满了地衣和苔藓，简直像是宫崎骏漫画电影里的场景，这才明白，这些画面的构成，并不是空穴来风。据说，只有空气特别好的地区，植被才如此丰茂，古树才能被完全包裹上绿色皮肤。高山寺的僧人田村裕行端上茶点的时候，我还在细细地打量窗外的植被，远近高低都是树木，正对着我们的一大片山坡，据说前段时间还是漫山遍野的红叶。

高山寺的茶点，是寺庙里国宝级的鸟兽人物戏画里动物图案的红豆饼，吃完后，一名女子端着抹茶碗出现，她并没有转碗的动作，这在日本抹茶道中十分少见。田村裕行告诉我们，并不值得奇怪，转茶碗的动作是千利休的发明，而在他之前的茶道，都没有这个动作。

寺庙里点的是淡茶，也就是不那么浓稠如胶状的抹茶，不过香气很浓郁。这里的茶是高山寺茶园的出品，喝完才知道，享受这口茶非常不易。原来古茶园处于自然生长状态，没有茶农日常照料，一年只有 10 公斤的产量，号称是日本最独特的茶，全部被日本最著名的茶道高手分享：比如表千家、里千家的家元，东京的茶人，还有寺庙的高僧，完全不在市场上出售。

"茶园总共大概有 1200 平方米的面积，我们所做的就是把古茶园围起来，防止动物进去破坏。"外面有块石碑，上书"日本最古老之茶园"，是我们一眼就能看懂的汉字，走近就能闻到茶树特有的清新气息。高山寺只有田村裕行和方丈两名僧人，他们想照顾茶园都无从照顾，因此，一项风俗形成了：每年 6 次，每次 20 人，相传从高山寺获得茶种的宇治茶农们会来这里，义务帮忙采摘茶叶和制茶，因为他们相信，只要本山的茶好了，自家的茶也会好。这个风俗据说已经流传了近千年，明惠上人的《茶之十德》里都有记载。因为这里比较冷，茶园无法扩大，上人特意选择了气候相对温和的宇治作为茶园的扩大栽培区。

高山寺虽然只有两名僧人，但却负有重要的责任。我们所在的石水院，属于日本国宝级文化遗产，保留了镰仓时代的寺庙建筑特色，1994 年被列为世界文化遗产。除了建筑，这里还有 2000 多件重要文物，"许多都和你们中国有关"。原来这里保存了大量宋代传来的"唐物"，包括传说中荣西禅师从中国带回的茶叶筒、最古老的日本茶壶柿形壶等。那个茶叶筒里还有些抹茶的粉末，专家研究过，说是距今已有 800 多年。只有经过专门的文物部门许可，才能看到这些文物的实物，我们只能翻看一些图片。那柿形壶棕色中带有些淡黄色的花纹，看上去十分简陋，田村裕行说，这些文物，在日本已经算作"超国宝"。

来到这里研究文物的多是学者，而他和方丈本身也都是学者出家。方丈是位女士，已经 80 多岁，她的父亲是日本研究德国哲学著称的学者，她以前是大学教授。田村裕行本来在东京做建筑师，40 多岁的时候出家，他说，之所以选择这里，就是因为高山寺穷，所以很清静，可以研究些古书。

真是出尘的所在。

这里出产好茶，但是茶道却没有特别之处。田村裕行说，也许是因为僧人稀少，他和方丈虽然爱喝茶，却不特别讲究，现在很多时候是喝简单的煎茶，而不是更古老的抹茶。

但每年 11 月 8 日，全京都著名的寺庙僧侣会都来到这里，有专门的"献茶仪式"。他们会披上袈裟，戴上紫色的绶带，感谢和纪念荣西上人从中国带回茶树。这是整个高山寺人最多的时候。

是不是因为最早从寺庙传播，所以日本特别流行"禅茶一味"？田村裕行说，有这方面的原因，在京都的建仁寺，荣西禅师的祖庭，那里的禅茶更有说法。

中国的茶室，很多特别流行挂着"禅茶一味"的书法作品，在日本也有这种说法，这倒是真值得去弄清楚，这种说法的来源何在。

🖋 禅茶一味：建仁寺的茶道

建仁寺的方丈云林院宗硕告诉我们，他们奉行的是标准的荣西禅师传下来的茶道，作为临济宗的总寺院，这里的开山祖师是荣西。荣西在日本被称为茶祖，他所传下来的茶道，被认为是完全照搬了宋朝的点茶道，相比之下，京都别地茶道都不及这里的传统。

方丈穿着重大仪式时所需的服装，为我们表演自古以来的点茶方式。说是表演，其实也是每日的功课。他每天上午 11 点到下午 3 点都会在茶室度过，这是他最习惯的修行方式。"禅宗和茶道一起传来，这两者都是我的修行方式。"他是一位表情庄重的中年人，日本僧侣的鲜艳服装在身，更显得像是画里才有的人物，不应出现在现实中。

建仁寺有专门的草庵式茶室东阳坊，这是按照千利休创造的茶道修建的二帖台目席构造成的，1587 年，丰臣秀吉的北野大茶会举行，东阳坊的长盛，当时也是千利休的学生，在这里主持过茶席，所以现在还有不少茶人会来这里喝茶。这里常年的主持者，是里千家的一位中年妇女吉武宗芳，她的动作非常平淡，却是严格按照里千家要求的"和敬清寂"的态度。我们的点茶仪式也在这里，与各个千家派流传下来的专门茶室比，这个寺庙里的茶室更像禅堂，有香器，有佛像，空气中弥漫着檀香，这是在其他茶室没有的。方丈说，香，在他们的仪式中是必需的，因为同样是配合修行的道具。

方丈的点茶仪式需要宗芳的配合，首先慢慢端出来茶具：350年前的若干天目碗用大圆盆端进来，每个都配有相应的厚重的盏托，与我们在古画上看到的宋代器皿极其相似。这也是与其他流派不同的地方；不使用瓷盘放甜食，而是专门的方形木制食品盒，据说这也是从天目山传来的形制。宗芳用手托天目盏及盏托，内已倒入抹茶粉，等待方丈点茶。

方丈左手持水注（但是建仁寺将之称为"净瓶"），右手拿茶筅，身上穿着齐整的法衣，包括肩上的紫色绶带，整个人显得庄严，可是动作非常迅捷。他一边倒水，一边用茶筅快速地搅动茶碗中的茶末，瞬间，那碗浓绿的抹茶已经点好，随甜食一起端到客人面前。这种点茶方式代代相传。"和古代没有什么大区别。"方丈说，"我每日要点茶多次，但是初心是一致的，就是要为客人点一杯好茶。这点心思，是日本茶道始终贯通的思想。你看到了利休时代，包括之后一期一会的茶学思想，本质是如一的，都讲究以茶待客的虔诚心态。"

本质一样，就不怕外界有那么多变化："观音还有33种化身呢，所以茶道到现在发展了800年，有变化是好的。利休的茶道，和我们禅宗有相似的地方，比如在露地上先洗手，放下世俗的机心，再比如进到茶室的人人平等。这些都是禅宗思想的外化。"

而古老的禅宗茶室，没有那些露地和精巧的构思，但也有自己的办法促进修行。例如方丈自己使用的那间，他每天都会按照严格的六道程序准备泡茶，意味着"六波罗蜜"：先在室内喷水，意思是"布施"；然后是烧水，风炉用香木，同时洁净自己的身体，意思是"持戒"；准备花，花代表慈悲，因为生命都会消逝，这是"忍辱"；然后点燃线香，使自己集中精神，这是"精进"；接着吃饭，准备著名的怀石料理，意味着"禅定"；最后是点灯，意味着"智慧"。这一切都齐整的时候，才可以泡茶。"每日按照这种程序，茶室因此成为重要的修行空间，我的弟子们进入茶室，都是为了禅宗修行，在里面，没有高低之分，我们都是平等的。"

这种近乎日常生活的修行，方丈说对自己的帮助很大。"经常能回到原点去思考问题。普通人开汽车的时候，都会常用到刹车装置，茶室和茶道就是我的刹车装置，能够让我随时调整自己的人生。"

许多中国僧侣来过这里，他都会为其点茶，告诉他们，这就是古老的中国传来的茶道。

🦅 表千家的收敛和里千家的开放

日本人经常讲一个故事来说明表千家和里千家的区别。一对双胞胎姐妹，分别选择了表千家和里千家学习茶道，结果学习了表千家的变得格外沉默寡言，非常内敛；学习了里千家的则变得活泼大方。

表千家、里千家和武者小路千家都来自千利休的草庵茶道，各人继承的东西差别不大，不过经过了400多年变化，每个流派的风格还延续了当年的吗？它们之间有何不同？就算是研究日本茶道的学者，往往也只能用上面的故事来讲述其细微的差别。

我们先去了表千家的茶室，时至今日，千家流派都已经公司化了，没有专门的接待处。表千家有公关人员，甚至所在大楼的外观上也与一般企业没有什么区别。走进去才发现区别——公司人员在鞠躬的时候，是特别郑重的礼节，让到茶室中，拿上用和纸捧着的点心，低头垂目，避免眼光和我们接触。而随即端上的抹茶，按照这一流派的规矩，里面只有薄薄的泡沫，转动茶碗两下之后，又不说一句话地退出。我们按照规矩，先吃那块栗羹，然后饮茶，同样没有发出声音。主客不交一语，只有点头微笑，安静的气氛。

按照茶学专家的表述，表千家是当年为贵族阶层服务，继承了礼仪传统，比较封闭。但是接待我们的内弟子否认了这种说法。他说之所以规矩众多，是因为希望能通过这些传承下来的规矩，去体会千利休的"茶性"。

表千家的礼法甚严谨，大家长，也就是"家元"，规定内弟子出来接受采访，但是却不能提到内弟子的名字，也不能拍照，他只是谦卑的存在，是代表家元在表达。这位弟子将近50岁，穿整齐的和服，外在是暗蓝，只有动作起来，才能看到闪烁着蓝色光芒的丝绸腰带，一举一动，同样尽量地不发出声音。

他告诉我们，25岁的时候，偶然来京都参加了一次茶会，"非常感动"，觉得自己喜欢茶道，随即放弃了东京生活，来到京都，毫不犹豫就进了表千家当内弟子，一晃就是30年。"也没想到轻易就坚持下来了。内弟子和师傅及师傅的家人生活在一起，刚进门时候，每天工作就是打扫茶庭、烧水、做泡茶的准备工作，完全雷同地过了十几年，和外面是两个世界。直到我也开始收弟子，才发现逐渐习惯了这种安静生活，不烧水的早上反而不习惯了。再往后，到外界只觉得喧嚣，觉得茶道是自己的基业，不可以再离开了。"江户时代，表千家尚不收外人做徒弟，后来渐渐开放，才允许外人进人。但招收要求严格，数目非常少，到现在为止，也只有 30 人左右。

"但是这并不表示表千家封闭。"内弟子说，种种规矩，只表明表千家流派尊重礼法。他们在师傅家进进出出，会经常看到保存下来的千利休的器物，包括乐烧茶碗，千利休用过的茶筅，千利休的书信，看到这些器物，就会刺激自己的心理迅速进入茶人的状态。他们使用的课本，是 50 年前的印刷品，课本内容，全部是千利休的讲话，是后人一点点记录下来的，没有任意添加和发挥。"这并非守旧，在这个时代，茶道所面对的是整个社会，我们不可能封闭。关键是看到这些旧物，能体会到利休的'性'，心里面会一下子充满了尊崇感。即使不在这里，回到自己的家，我也会严格按照师傅交代的方式去接待客人，保存那种'清寂'的茶性，保证客人的饮茶时间能够过得开心。"

他说最难掌握的，就是千利休的"清寂"，"和""敬"还比较容易做到。现在社会的选择过于庞杂，他说师傅教育他的，就是通过日常的茶道修行，去发现作为日本人那点本来的"性"，也是一代代深藏着没有变化的部分。"在京都的 25 年，总觉得这就是我人生的目的。"

相比之下，里千家所有人的状态明显轻松了许多。里千家的今日庵就靠近表千家的不审庵，同样是重要文化遗产，也都是京都最古老的茶庭，同样不对外开放。不过里千家的变通方式是，在自己的公司大楼外设置了新的茶庭，供来学习的人们观赏，只要稍微打开和纸的门缝，就有浓绿透进来。

明治五年（1872 年），里千家就改进了坐地喝茶的习俗，增加了矮凳，采用了坐礼。并且第十一代家元增添了茶箱，便于旅行使用，所以里千家不仅在日本国内，即使在海外也拥有最多的学员。他们的公关部长高岛学告诉我，在海外 12 个国家，他们有 19 所专门的派驻机构，其中也包括中国。天津商业大学就有专门的里千家茶道课程，现在全世界有大约数百万人学习过里千家的茶道课程。展示给我的一张图片显示着他们的外交活动能力：15 代家元千玄室正在用小的暖水瓶点茶，给邓小平饮用。出访世界各国是他们的常事。

"不过我们还是非常传统的日本茶道。"里千家的正教授仓斗宗觉告诉我。这位教授16岁进里千家，今年已经66岁，目睹了里千家的成长过程。尽管里千家已经完全可以用"跨国企业"来形容，不过他还是觉得："我们不是革新派，只是各种流派的点茶方式不完全一样罢了。我们对茶的基本理解，是完全一样的。"

明治五年，京都举办第一次世界博览会，为了迎接海外的客人，里千家在自家的茶室添了坐凳，主人也可以坐在凳上点茶，称为"立礼"。"你总不能让所有的贵宾都和我们日本人一样跪在地上吧？我们稍微做了调整。但是你很快会发现，'立礼'和坐在地面上点茶是完全一致的。就像十一代家元发明的茶箱，学习茶道者可以根据自己的爱好，随意装箱，比较随心所欲，许多人因此觉得我们是离经叛道。但是你仔细研究了就会知道，里千家的规定还是严格的，一点也不松弛。"

仓斗宗觉说，里千家的这些变化，正好发生在日本剧烈变动的时期，幕府末期到明治初期，不过里千家还是对茶道有许多明确规定。"规定不是束缚，只不过是合理化你的茶道学习。"为了说明自己的流派特点，仓斗宗觉准备了一场传统的茶道来招待我们。两名弟子充当主人，一位主泡，一位充当伴东，均穿着深蓝色和服，缓慢地走入茶室，郑重行礼，就连前行的路线都是规定好的，不能稍微有所差池。

这间茶室正对茶庭，比较明亮，挂轴是一幅书法，"松无古今色"，下面放置着茶棚，主人的各式茶具都放在上面：首先是著名的黑乐茶碗，然后是茶叶筒、茶筅、水勺、放污水的建水，还有一把鹅毛扇，扇子是用来除灰尘的，并非给风炉扇火。"扇灰尘，是要保持每一点细致的礼节。"

我和仓斗宗觉教授并排坐在主人的对面，客人不能轻易离开座位，这也是一种礼貌。

两名弟子的动作非常轻缓，不时抬头观看我的表情，后来才知道是他们在关注点茶的浓淡和水温的时候，需要根据客人的表情变化，满足客人的一切需求。主人的点茶动作极其缓慢，并不是因为有人观看，凝神点茶，是茶道精神之一。他用茶筅的时候，动作幅度稍大，泡沫因此多了一些，这也是该流派的特点。点完茶，由充当伴东的弟子恭敬地端上来，这时候仓斗宗觉用右手拿起茶碗，顺时针转动茶碗两次，对伴东点头说："请允许我先用。"喝完茶，再拿起碗观赏，这方才是一场完整的里千家茶道仪式。

然后端上的是我的茶，同样要对主人说："请允许我先用。"几家流派都点的是淡抹茶，据说浓茶如同胶状，并不经常饮用；而淡抹茶，从寺庙到千家流派，都很相像。

"你坐在这里，感觉和坐在地面上没有不同吧？"仓斗宗觉问。这是里千家最关心的问题，他们以为，虽然形式略微不同，他们所尊奉的茶的精神，没有丝毫改变，"和敬清寂"都在。"'和'，不仅是主客的和，还包括我们和这室外的自然，包括泡茶的方式的和谐。我看您刚刚也拿起茶碗在观赏，这说明我们和茶道具也是和谐的。""敬"，则是尊敬。"主人对每位客人，都有尊敬之心，我们的花是精心插的，茶室是精心打扫的，可是不止于此。冈仓天心也说过，感谢之心是最重要的，我们给您奉茶，不是希望您对我们感谢，而是感谢茶，而是对种植的人，收获它的人，包括努力制作它的，刚才烧开水的人，都存在那份感激之心。感谢所有人的劳动之后，这时候您就能通过这碗茶，品尝到感激之心了。"

仓斗宗觉说，他学茶道50年了，可是还是觉得，自己有许多不明白的地方，"总觉得还是有很多地方需要自己觉悟，可是，茶道之路有时候也很简单，你就享受这一刻的茶就行了"。客人的满足，会让主人从内心获得满足感，至于"清寂"，内心的纯洁和坚定，不是一时的功课，而是一代接一代对茶的理解，"不管茶怎么变，理解茶还是最主要的功课"。

🍃 "一期一会"的老松茶店

里千家的茶果子，是糯米粉搓成的红色梅花，专门配合冬日的天气。不过京都最出名的茶果子是老松家的，重要的茶会活动基本上都会订他家的茶果子。老松的主人太田达邀请我们去参加他的茶会。他是远洲流的徒弟，相比之下，茶室的宗教意味不那么浓，而更重视"闲寂的美丽"。

茶室所在弘道馆是100多年前江户时代的儒学家皆川其园所创办的学院所在，与传统的禅宗茶室只有绿树不同，这里花木众多，因此色彩缤纷。太田达正在给一群来自附近中学的教师们举办茶道课，他有意将和纸做的门微微拉开，让院落里的景色透露进来一些，而茶室的空间相比之下也比较疏朗，是所谓的"广间"，就连壁龛空间都比较大。这些教师们今天品尝的是传统的红心荞麦饼就淡抹茶，是根据日期挑选出来的。

这一日是日本历史事件"忠臣藏"的纪念日，太田达选取的挂轴是忠臣藏的主角之一——大石凳之助写的字，为了纪念忠臣们的忠心，挂轴下面放的茶花也是红色的，"和荞麦饼里面樱花红心馅都是对照的"。这果子外皮粗，但是馅心细腻，颜色和质感都对比鲜明。这就是老松的特色，他很少做固定的茶点，根据茶会的内容决定茶点的内容。

客人们用的茶碗也是五花八门的：有贝克汉姆来日本时用过的，有大石凳之助喜欢的一个歌舞伎三建武郎使用过的，还有英国著名的陶艺家伯纳德·利奇的孙子所做的茶碗，每个人拿到特定的茶碗都会兴高采烈。

太田达说，事实上他并不是追求新异才让茶点、茶碗变来变去，这也符合日本茶道里"一期一会"的精神。每次茶会，可能都是一生中与对方唯一的一次见面，"一辈子可能就只有一次啊"。要让客人们记着，主人一定要打点精神。

"最早我们家的茶果子店在上七轩，在京都的今出川通附近，那里是日本最早的花街，很多歌舞伎都会挑选我们家的果子，尤其是她们去表演前。因为果子特别美丽，慢慢出名了，许多京都人结婚或者举行重大仪式都会来我们家挑选点心，包括皇室也选用我家的点心。但是我们并没有因为某一品种畅销就固定下来，到现在为止，各种各样的茶果子已经有一万多种了。"

太田达拿出一本他家古老的果子的图谱。最早的京都的茶果子，其实也和中国的宋朝有关。他们做过相关考证，宋代茶会，会用各种米面团做成花朵形状，分别有梅枝、桂芯等等，不染色，上面装饰有小的红色花瓣，这些果子先后传播到新罗、日本等地，"被禅宗的临济宗所采纳，于是开始发展"。他的话让我想起了建仁寺的茶果，那里也是临济宗的祖庭，一问，果然，京都许多寺庙茶室特制茶果子是从这里订的。

老松家开始做茶果子，材料用荞麦粉、米粉和大麦粉的都有。大米在日本是"自然之物"，做成的果子可以敬神，所以后来米浆做的果子占据了主流地位。"茶道是人与人通过茶，通过整个茶室空间联系在一起的关系，所以我特别在意每一次的不同。最基本的不同，首先是大环境，不同的季节，人的感应会有很大区别。我马上要做的一月份的干茶果，是红白梅花，配的是绿叶。"

12个月都有自己的干茶果，主要是配薄抹茶，他们家有几百种不同种类的木模。做好的干茶果要放在不同的碟子里，映衬其色彩：四月是樱花饼，九月是用黑糖和葛粉做的葛果，十一月是红叶饼，十二月是素荞麦饼。这些果实追求的是与季节的对应，让你看到茶果子的瞬间，就能感知季节的变化。

相比起干茶果，更多变的是他们推出的随意变化的湿茶果，松风、飞云、栗馒头、一夜酒、香梅煎，千变万化。最出名的是用夏天的柑子做的夏柑果，这是京都的水果之王，每年上市大约有半个月的时间，所以那半个月是老松的夏柑果专供月，他不会用不当季的水果去做茶果子。光是这些名字，是无法想象这些茶果的复杂多变的，只有亲眼见到才知道。可是要尝遍老松家的茶果子，实在太难。太田达说，他觉得自己是个创造者，能够为一个茶会准备一种符合意境的茶果，那就是他最得意的时刻。

安藤忠雄的茶会上，他根据安藤的建筑特点，用栗子做了方、圆和三角形的湿果子。最近一次在东京举行的纪念冈仓天心的茶会，因为冈仓天心特别喜欢莫扎特，所以拿《魔笛》里的鸟的形状做了茶果的主题。"冈仓天心说过，我们独有的特质左右了我们感知的模式，所以，虽然我就是个做茶果的，但是果子也有力量，可以通过一个小小的果子，表达自己想表达的一切。"

太田达自己是工学博士，另有职业是京都女子大学的教师，做茶果子，使他的世界异常丰富。他说："京都的茶道，就是由我们永不停止的想象创造出来的。"

小巷深处的武者小路千家

随京都细尾家族的子弟细尾真孝，我们走进武者小路千家的茶室。20 多岁的细尾真孝是细尾家西阵织的第十二代传人。所谓西阵织，是一种保存于京都的传统丝绸工艺技术，专门用来做和服、腰带等精细产品。

这两年，他们与国际品牌合作居多，常常把自己的织物用于大品牌的细节，包括装饰大品牌的展览空间也会借助西阵织，在这样的场合，细尾常常被要求对日本文化做出阐述。他说，他就因为觉得自己茫然无知，才转头学习茶道。"这时候才知道自己过去错过了那么多东西。"他提着灯笼，在一间小神社的门口等我们。老师家在小巷里，害怕我们找不到，他很早就等着。在穿着木屐、和服的他的带领下，感觉时光在倒流。

他的老师是武者小路千家的理事芳野宗春先生，一个表情非常平淡的 50 多岁的中年人，日本的茶道教师，至少要到这个岁数才能收学生。从芳野的爷爷开始就学习武者小路千家的茶道，当年的教室也在这里，这幢京都的老宅已经有200 多年了，黑暗中，只看到院落里的松树和石头灯，仿佛是个规模缩小的茶庭。

他自己家风不改，仍然学习和传授茶道。从20岁学习到了50岁，本来想象他的房间也是极其传统的茶室风格，可是，茶室中有许多我们没有见过的茶器皿：典型的东南亚风格的陶罐，旁边却又点缀着西洋化的花瓶，茶食装在鲜艳的玻璃盘子里，与别的流派的日式的朴素风格也不尽相同。

他告诉我们，这正是武者小路流派的特点。他们从一开始就不排斥朝鲜、欧洲和东南亚的器皿，所以在人人保守的年代，他们的茶室中常有一些新奇之物。现在的家元很年轻，茶道还会和当代艺术结合在一起，他们的水罐和茶碗，拿出来的瞬间，常会让人耳目一新。

"武者小路千家的章法一直是变化的，不只有传承，还要有些革新的风格，所以我们的动作更简单，更流畅。你比如其他流派，拿木勺舀水，一定要把手扭曲到一定角度，我可能就按照身体最自然的姿势去舀水。动作更流畅一些。表面只是动作不同，其实这时候心里想的东西也不完全一样：我们构思动作，主要是回复自然，自然的动作就美丽，而不是考虑是不是遵循了传统。"

细尾真孝随着老师一遍遍做动作，但是始终很别扭，手不知道该如何才能顺畅。原因是很久没有练习了。虽然武者小路千家不要求动作的传统，但是，动作的规范却很重要。芳野先生的办法，不是教给他如何做，或者指出他哪里错误，而是自己示范，一遍遍不厌其烦地做着。说来也奇怪，两人的动作，表面相差不大，可是老师做起来，就有一种行云流水的感觉，很流畅，有一种独到的感觉，无处不觉得舒展。

"我不硬性教人做动作，因为怎么做动作，实际上反映的是操作者心理上的原因，这些是需要他自己去体会的。"

很多人会来茶室寻求安慰。为什么？"并不是我们叫他们放松下来，他们就放松了。而是在体验茶道的过程中，他们自己发现了安宁。我虽然是老师，但是我的方式是不教任何人怎么做，要他们自己去体会。"每个人有自己的问题，通过茶道，观照内心，这是芳野的爷爷教育他的话。

什么最重要？"发现一杯茶，向往一杯茶。这时候你的自我都打开了，你就能慢慢进入茶道的世界了。"在几个流派中，武者小路千家目前学习的人数最少，但是芳野老师丝毫不以为意，"重要的不是人数，而是基业，让学习茶道的人们感觉到，这世界上还有与外界喧嚣不同的静寂的世界。只要他感受到了，我们的基业就长存了。"■

京都煎茶道：中日循环往复的交流

国内有一种典型的茶界现象，是区隔、划分和辨明：哪些茶现象、茶文化包括茶道具属于日本？哪些属于中国？事实上，中日茶文化的分野从来不是这么分明，双方永远在相互影响，共同发展。就拿煎茶道来说，源于中国明代饮茶方式的煎茶道，明末清初的时候逐步发展，在之后的日本发展成了完备的体系，又在过去的30年中深刻影响了中国台湾地区茶人，使得茶道的流传范围更广泛。

观看煎茶道的发展轨迹，可以发现一个有趣的现象：中日茶道就是这样互相轮换角色，使得茶道一直绵延继续。

小川流：煎茶道的雅致

与抹茶道深处于露地（日式茶道庭院的称谓）的茶室比，煎茶道的茶室就没有那么多神秘性了。我们去的第一个煎茶道空间，是煎茶道里最早创建流派的小川流的"三清庵"。这是一幢位于京都郊野的三层楼木结构空间，处处明亮干净，走楼梯上去，就到了足有10个榻榻米大的茶室。显眼的是主人泡茶的手前座，还有那瓶艳丽的迎接我们的清明插花，是这个时节正好盛开的白色梨花和合欢花科丝丝缕缕的花朵的组合。

与阴暗狭窄的抹茶道空间比，这里更现代，更日常——可是，也少了第一次进入抹茶道空间时，黑暗中隐隐约约看到竹花入里插着白山茶的惊奇感，那种更具备日本文化所特有的荫翳之美的力量，而煎茶道显然更现代，更自然。窗外的景致也与抹茶道的露地不同，是明式园林的雅致，高低起伏，有布满青苔的石阶，有来自朝鲜的石灯塔，还有一树硕大山茶，落在草地的红色山茶花瓣并不清扫，与抹茶道刻意保持纯粹的深浅不同的纯绿色庭院不一样。

小川流本来的茶道场所，在京都御院附近，20年前却搬到了这里。这里本来有一家破旧的古庵，叫"古肠庵"，小川流当代的家元（宗族宗长）将这里清理、复建，建设了三层的"后乐堂"。他之所以不像一般的京都人喜欢居住在古老的城市中心，而是搬到离开城市有十几分钟的郊区，是因为这里有口清澈的古井，现在小川流饮水都取自这里。我按照中国人的习惯去询问："甜吗？""一点也不。我们要注意水的清澈无味。"因为创始人是医生，小川流更注重茶的功能。

这点和抹茶道不强调茶本身，而注重茶道的"和敬清寂"很不一样，煎茶道更注重茶的味道体验。

其实背后还是茶道观念的不一样。小川流现任家元的儿子小川可乐先生是位年轻人，穿着完备的和服，可动作还是很自如，笑起来也哈哈哈的，没有传统茶道中人的严肃和静寂。他说，他们不叫"道"叫"流"——只表示自己是在自由地享受茶，享受茶的真味，而不是"传道"。小川流的创始者，18世纪出生的小川可进，当时只是发挥了煎茶的品质，觉得茶叶是人间至味，他创造一种独特的煎茶法，与市面上流行的大壶泡茶不完全相同。

因为从前是御典医，所以他创造的方法特别符合卫生保健，迅速在当时的贵族和文人阶层流行开来。他自己也放弃了医生职位，50岁时建立了自己的煎茶门派，"可是他真没有想到，自己这个门派会一直流传下来，并且发展到现在这么大"。小川可乐说。他觉得煎茶道的使命感没有那么宏大，更崇尚的是享受，也把一期一会的精神发挥到了极致：客人来了，慢慢享用这杯茶吧，也许我们一世，就只有这短暂的春天里的这个瞬间，看户外的茶花一朵朵地落在草坪上的景象。

回到茶室内，今天的泡茶法被称为"清明"，是特意为我们准备的。在日本，清明时节有踏青，做诗文、和歌的传统，不像中国以祭祀祖先为主。这时候，天气已经逐渐回暖，而小川流的一大特点，就是茶量和泡法都和外界的天气、温度、湿润程度有呼应。所以，今天准备的器具和茶泡饮法又带点中国味道，这种煎茶方式可作为神前献茶，更加特殊，是小川流 30 多道煎茶法中相对独特的一种。

专门为我们煎茶的是位身着和服的中年妇女，她是在小川流中学习已经十余年的"上级"，有自己的呼吸法，以及"功法"——泡饮还需要专门的呼吸法？

"需要。你看看就明白了。"

都坐在榻榻米上，看我坐得别扭，主人再次强调，可以随意坐。"喝茶就是要享受茶，不能被茶拘束住了。"于是索性叉开腿坐。主人显然处于轻松状态，随意说笑，告诉我们她去过中国，观摩过中国的工夫茶。整个场面非如传统抹茶道，任何人都不轻易开口。

她所坐的地方，叫手前座，是主人专用的泡茶座位，现在已经布置好了各种茶具。虽然主人强调，煎茶道的茶具和工夫茶源流一致，可是显然日本的精细精神发挥了作用，各种器物极其周到，甚至到了烦琐的地步，可是细心讲究下来，又有自己的功能。

主人身边的竹制茶棚就有两件，一件正对我们的，下边一层放置了京烧的水注，文采华丽，有春天的樱花和几片淡竹叶。上面一层，则是放茶叶的茶盒，还有供量取、放置茶叶所用的茶则。

旁边的茶架，则放置了更多器物。潮州烧制的白泥三峰炉，专门用来烧热上面的白泥汤瓶里的井水；泡茶所用的紫砂壶是家族所传，来自清代中国，已经使用得异常润泽了，他们称之为茶瓶。下面所垫的自然就是茶瓶承，与中国台湾地区所用的壶承截然不同，是专为小川流的煎茶手法制造的，竹子制成，上面垫了白布。旁边是锡银合金的建水，是专门用来盛放废水的。煎茶道的器物，讲究井然有序，因此又多了许多"置物"，放舀勺的，放壶盖的，也有放茶瓶盖的。

主人的正前面，是一排日本的手艺人清风与平制作的煎茶碗，其实就是我们的茶盅，可是明显要比工夫茶杯大些。下面垫的锡托，来自中国广东省潮州，也是传承有代之物。三个茶碗的下方，是一块光洁的上面刻有诗歌的木托。

虽然使用的器具中有许多名物，可是小川可乐却觉得，整个小川流所用的器物，并不强调贵重，而是强调使用的舒适和方便。"很多茶具是易耗品，我们不需要它一直使用，而是要用得好，所以小川流用东西，强调是'和汉新古'都使用，用得好就行。"小川可乐拿着自己手中白色的粉引煎茶碗举例说，你看这种茶碗属于素烧，很简单好用，但是也很轻易就坏了，所以我们不讲究古董。

虽然不讲究古董茶具，可是由于日本文化中惜物精神在起作用，所以小川流还是留传了大量的器物：明清的中国茶具，日本大家所做的茶壶、茶则、建水等物。还有些中国已经很少见到的茶具：比如一件古老的藤编的装木炭的炉子，装整个茶具系统的藤篮，包括火夹、炭网篮等物。中国已经很少再使用炭火烧水，但在日本仍顽固地保留下来，炭属于重要的茶道具，每年元旦等节日，还会用炭摆成文字和图案，放在茶室里，称为"炭饰"。

虽然有这么多讲究，小川可乐还是强调：抹茶道的道具包括饮茶的茶室环境、外界环境都极其精致化和烦琐，是大城市里生活的人的华丽状态；而他们的煎茶道，基本上就很简单，是一个乡下的普通人，处于隐士状态。他说："我们做减法，减到最后，留下的都是必需的。"

吃茶法：小川流的九滴和松月流的两杯

我们坐在主人对面，观看每一个细致动作——虽然有说有笑，可是她的动作却没有省略分毫。先拿起杯子，细致地用面前菊花纹的水注里的清凉的水洗杯子，这与中国现在流行的热水烫杯完全不同。然后用茶巾小心擦干，转杯的动作也是两下，和日本传统的抹茶道转碗类似。一套程式化动作背后，是某种敬客的心态。

杯子准备好，开始泡茶，这一日泡的是京都附近的茶叶产地宇治的玉露。她倒的分量，哪怕在喝茶比较重口的我看来，还是非常多，几乎有三分之一壶的量。这可是绿茶，可却是主人经过详细考虑的结果——外界的天气微寒，又有点干燥，所以她觉得需要用这么多的量。而倒茶的手法，则是一手拿茶人，一手拿茶则，转动着倒茶，中国台湾的茶人很多也是如此倒茶，这一动作，显然受了他们的影响。

我们长期以及习惯于粗手粗脚的倒茶人壶，所以，中国台湾茶人在近些年里，学会了这样雅致的纳茶法，但谁最先这么学习，却已经很难有考证。

茶则里的茶再人紫砂茶瓶，然后将热水倒人。虽然是大壶，茶量也不少，可是主人倒水却是非常小心，动作缓慢沉静，此刻她的状态非常凝重，仿佛是做着重大事情，刚才的轻松气氛变成了一种清静之气。虽然坐在对面，我也看得出，整个泡茶的水，大概也就只能刚刚没过茶叶，所以主人的动作，越发小心翼翼。

水人茶瓶后，主人两手放在腿侧，突然往后一退，大约10秒后再往前拿起茶壶来。原来这就是小川流的标准动作"进退"。经过10年训练的茶人才可以做这个动作，实际上是把自己体内的气息带给茶。听起来很神秘，很可能是因为小川流的创始人是医生，而他又酷爱太极拳的缘故，所以小川流的茶人手上，确实有不少动作让人联想起武术。

这时候，她把茶瓶在茶瓶承上一滑一倾斜，茶瓶的茶汤流到一侧，茶就泡好了，她将之均匀、缓慢地滴到三个杯中，手势竖起，非常美观。看得到壶嘴的茶汤一滴滴地进入杯里，可直到旁边的伴当把茶端到我们面前的时候，才发现茶多么少：每个杯子里的茶汤，甚至连杯底都不能盖满，简直像刚喝完的杯底。

主人含笑说，请用茶。

原来真的只有九滴茶。在到小川流之前，听说过不少煎茶道流派讲究的是"吃"茶，而不是喝茶：一字之差，迥然不同。吃就是一小口，是享受，是节制和控制。小川可乐说，最重要的就是这点，严格控制茶汤总量，因为这种做法在他们看来更卫生，也更有合理性。"就是把茶汤当成药，吃进去。"他们把这当作了养生系统的一部分。

整个杯子都有玉露的又甘又苦的味道，还是最强调其鲜。主人问我，是不是习惯？我并不习惯，可是在过程中，特别珍惜那点浓厚之极的茶汤的润喉感。因为浓，所以产生了需要白水的感觉。可是跟着上来的，是小川流的清明和果子，用刚递到手中的竹刀切开，这里面有红豆和咸渍的八重樱的樱花瓣，很饱满，吃下去才发现，刚才的浓厚的茶味还在，把茶果子的甜美衬托得更好了。

小川流虽然通过天气的不同而控制茶汤的总量，但是绝对不会太多，即使是非常干燥的季节，整个茶汤也还是九滴，只不过茶水滴大一些，能够盖满杯底而已。

这时候，第二杯茶又端了上来，还是九滴。这杯解决了刚才和果子的甜，嘴里弥漫茶的浓味。主人还是用了"进退"的动作来泡茶，她说，刚才的水控制得很好，没有完全漫过茶叶，这也是茶叶可以泡第二次的关键。她轻微地转动壶身，让热水漫过底部。这时候才发现，她的动作不仅是有力，还很有气功的感觉，泡茶很有章法。

为什么这样做？小川可乐说因为要突出茶的真味，需要力量来运转整个壶和水的动作，有点像咖啡萃取法，这样做，取出来的也是茶的精华。"我们这一流派注重泡茶者的呼吸，十几年泡下来，整个人泡一轮茶身体会舒服。"小川可乐说，小川流有30多种泡各类茶的方法，"听起来很繁杂，其实很简单，因为我们简化了一切不需要的动作，舍得做减法。最后要的还是自由。"

两杯后，我们的茶会也结束了。煎茶道的各个流派，基本就是两杯茶，最多也就再加一道——按照中国人的标准，实在都不能解渴。

不仅不能解渴，还会让初次接触的人产生错觉，到哪一步了？就是我们忙着拍照的摄影记者刚看到自己面前的那杯茶的时候，以为这是别人喝剩的杯底茶。

小川可乐说煎茶道并不是一味求解渴，他们奉为宗师的唐代人卢仝就说过每碗茶的重要性。"可是他诗歌里写的是七碗。"但是小川不解释，他不愿意纠缠这个问题，医生出身的祖上定下的规矩一定要遵守。小川流只是说自己的泡茶法传承有序，得到了茶的真正味道。

我们这一席退下来时，主人收拾杯子和炭炉，而伴当拿着精致的小炭炉送上来新炭，注意保持水的温度，一切准备洁净，以迎接第二席客人。客人是京都的三位主妇们，也是煎茶道的爱好者，为了参加茶会，大家穿了自己喜欢的和服，漂亮的藕色、浅绿和米黄搭配在一起，主人又开始就大家和服的颜色谈笑起来。而当她说出"现在我给您倒杯茶"的时候，整个茶会顿时就安静下来。

煎茶道的主人要负责整个茶会的轻松气氛，但又不能喧闹。这位学习了很久的女主人很是合格，可以用"静如处子，动如脱兔"来形容她。

小川可乐觉得煎茶道的哲学和抹茶道不尽相同，煎茶道就是要突出茶，突出人与自然，与周围环境的关系。煎茶道源起于明代的中国文人的杯壶泡茶法，当时明人流行的茶文化重视茶之真味，重视周围环境，最好能在园林里举行，而这一切传到日本后，都有自己的传承系统。小川先生说，与自然的关系，是他们最看重的因素之一，前些年有机会在京都著名的离宫举行过一次茶会，那是他印象最深刻的一次茶会。

离宫是不许外人入内的，因为小川流和冷泉家（天皇的仓库保管家族）关系友善，当年小川流的某位祖先因为年幼无法继承流派，是冷泉家帮助他们维系了流派的传承，所以双方属于世代之交。为了感谢冷泉家，小川流特意在离宫举办了茶会，这里已经近40年没有举办任何茶会了。整个离宫草木繁盛，时值暮春，樱花花瓣飘散在半空中，地上也有刚落下尚未清扫的白山茶的花瓣。他们特别喜欢这种煎茶道所重视的文人味道，因为完全是明人的感觉。

"人不多，只有数人参加，但是整个茶会进行了半天，先是饮茶，然后大家在纸笺上写诗歌，非常愉快。"

因为现在还使用炭炉，所以在野外喝茶完全没有任何问题，加上茶篮、炭篮一应俱全，所以野外茶会是各家煎茶道流派乐意进行的。我们在全日本煎茶道联合会参加松月流的茶会特别感到这点——日本的煎茶道各个流派，习惯自带一切，迅速布置一个雅致的茶空间，来展现他们自己门派的风格。这天是4月16日，每月的这一天，煎茶道联合会都会选择位于宇治乡下的黄檗山万福寺来纪念他们的祖师——"卖茶翁"，这里有专门的祭祀处，结束后，会有一个流派来举办茶会。

松月流的家元渡边宗敬是位戴眼镜的中年人，非常像身边常见的某位中学老师。请来的僧侣用日语诵着《心经》，一位老僧人用苍老而有力的声音领头长吟，其他僧侣唱和，因为是歌咏形式，听起来有点像日本的和歌。渡边和他的弟子们穿着素服，披着黑纱，献上茶和果子，然后焚香，整个仪式并没有想象中那么规矩严肃，而就像是家庭的一次普通的祭祀仪式。

后来和日本的茶人们聊天，他们说这种感觉很对，在他们心目中，煎茶道的祖师卖茶翁并不让人觉得威严，反倒是轻松愉悦，就像身边之人。

现任全日本煎茶道学会理事长的二条雅庄告诉我：虽然他们也觉得千利休很伟大，但是许多日本的茶道思想是千利休之前就存在的，比如待客之道，比如茶引起的闲情雅趣，再比如千利休之后出现的"一期一会"的思想。他们煎茶道把这些思想都继承下来了。卖茶翁推行的是简朴的煎茶道，最后，总的奉行法则是"自然"，所以仪式也就自然没那么肃穆。

松月流是大阪的煎茶道流派，如果说，最早的煎茶道流派，成立于江户时代的小川流、花月庵流还有比较多过去的仪式影子的话，那么松月流就更轻松了，他们推崇的就是闲和雅，所有道具都从大阪带来，主人一上午就构建了一个理想的闲雅空间。

整个茶会的有声轩门户洞开，廊下坐着一排茶客，院落门前的樱花快要开败了，却不妨碍人们赏春。主人先请大家看院中落花，再看他在壁龛里陈设的一个蓝色梅瓶中的插花：樱花和几朵兰花构成了艳丽复杂的图案，旁边是蓝色的卖茶翁的瓷塑像。主人说，要是卖茶翁还活着，就能和我们一起看樱花了，这是万福寺的樱花啊，他肯定喜欢。

挂物上写着"云开月出现"，是日本黄檗宗的第二代祖师木庵所书写，煎茶道不强调自己和宗教，包括禅宗的关系，但是这句话里的意境是他们所追求的。

因为是春天的半户外茶会，所以主人特别注意器物选择，茶杯是花红，每个杯子底部有朵小小的樱花瓣；果子器物虽然五彩斑斓，但是果子有名目：柳绿。这是大阪一家和果子老店的产物，外皮做成柳叶形状，包裹内里的豆沙馅儿，因为追求春天的效果，那外皮是半透明的绿，配半透的绿茶，是主人要的审美效果。

男主人谈笑风生的时候，一旁坐的女主人已经不声响开始工作了。今天她用日本的永乐师傅所做的白瓷唐草花纹茶瓶泡茶，外界的说笑与她似乎没有关系，一点动作都不省略，细心地在那里擦杯、倒茶。而茶，也并非日本最传统的玉露或煎茶，而是产自爱知县的一种半发酵的绿茶，按照中国人的理解，这应该属于乌龙茶系列了，倒过茶的杯底闻起来，也确实带有花蜜的香味。可是日本煎茶道的人士却顽固地管这叫绿茶，且价格昂贵。

这杯茶比起小川流的九滴是要饱满得多，可也就是浅浅半杯。茶之后是和果子，然后是第二杯茶，口腔里的甜味被冲淡，泛起淡淡的茶香。茶会就此结束。"这样才叫品茶啊。"二条雅庄先生告诉我，他说煎茶道最重的是自然地享受那杯好茶，这样的"半野立"（户外茶会）是颇能够享受茶带给人的雅趣的。

他同时也是煎茶道流派二条流的家元，他们的流派有口号是"和，敬，清，雅"。"我们要的不是寂，而是与日常的美如何相处。"参加茶会的茶人们要羡慕雅致生活，把喝茶当成一种学习和享受。

仿佛是为他的话做注解，参加完茶会的人并不散去，纷纷涌向了茶具。主人耐心地介绍：茶巾盒用的是青花人物画盒；盖置用的是象牙；茶合则是红色的斑竹，我们叫湘妃竹的；茶托是日本仿照中国制造的木瓜流纹透，一一都要讲清楚来历和传承。除此之外，见手席附近的另一席上放置着异常精致的笔墨和一些文房小用品，这是主人搜集了许久的成果。不少文房用品上还镶嵌了珠宝，只能观看，不能动手，只有家元级别的才可以动手拿起细观——这也是仿照明人意趣，泡茶后，观赏器物，并且扩散到文房用品。

黄檗寺在煎茶道历史上的作用

按照一般的说法，明朝末年，福建的隐元和尚到日本开创了黄檗宗，并且从中国带来了煎茶道。二条雅庄补充说，隐元的到来，不仅是带来一种喝茶方法的变革，主要还是带来了观念革新。

当时贵族和武士还严格奉行抹茶道，但已经局限于一定的阶层之中，整个贵族文化正在没落。隐元带来了壶泡法，这种方法简单轻松，无论是茶室还是茶具，规定不那么严格，什么人都可以照做，而传统的抹茶道则相对严苛、烦琐。煎茶道之所以流行，就因为背后"闲"的思想，开始只是在商人和文人中流行，到了江户时代后期，武士阶层也开始流行煎茶道了。

"一开始就和抹茶道不一样，因为我们追求的是闲，是美。"虽然也有壁龛和插花，但是这种插花一般要求效果是繁盛。坐在我们旁边的光辉流家元佐佐木云柳庵竹山拿出他们茶会的插花图片给我看，非常灿烂，其中一次茶会，是在瀑布下进行的，插花放置在船上，小船横陈在那里，成为茶会背景，非常有舞台效果，茶和花都是主角。"各个茶会的主人可以决定自己茶会的主题，非常自由。"他还办过一个只有男人参与的茶会，主题是清秋，花则用大把的菊花和松枝，放置在竹篮里。

因为煎茶道普遍成型的年代，茶叶还是昂贵之物，因此有珍惜茶叶的风气，泡茶都有一定的章法，也因此有了众多自创的泡茶技术。比如二条雅庄说，他们流派就有20多种泡茶法，基本学习时间是两年，核心的要求是，把茶最好的味道引出来。

但是，为什么隐元带来了煎茶道？他是禅宗黄檗宗的高僧，按照日本文化的背景来说，禅茶的联系一直紧密，可是煎茶道却那么入世，并无宗教成分呢？而且为什么宗师是曾经出家黄檗寺后来又还俗的月海（卖茶翁），而不是隐元呢？

这些问题只能在黄檗寺的大本山万福寺才能解答。万福寺和全日本茶道煎茶协会比邻，与一般寺庙不同，可能是由于隐元禅师在明末来到日本，距离现在的时间并不特别久远的缘故，整个寺庙都带有些中国寺庙的影子，并不像一般的日本寺庙，分成众多小院落。

在大殿前，有栽满了古松树的大片场地，异常清静，地面落满了松塔，还有很厚的草坪。每年 5 月份的第 3 个周末，会有 28 个流派的煎茶道中人来到这里，专门在户外举办全国的煎茶道大会，那时候，外人可以买票来参加，选择其中 3 个流派品尝。万福寺的教学部长中岛知彦接待我们，他告诉我们，这时候来是了解日本煎茶道的好机会，可以观看各个流派的特色，巨大的场地上随意陈设着茶席，松树正好遮挡了阳光，如果下雨，可以在长廊里举办，那时候来的人特别多。

"不过，我们万福寺并不特别强调和茶道的关系。我是研究过隐元禅师的经历的，他是明末由郑成功派船送到日本来的，见过日本上层人物，包括当时的天皇和幕府德川将军，但是他的主要任务是弘扬佛法，传来的是正宗的禅门法则，创立了黄檗宗，和临济宗、曹洞宗成为日本禅宗的三大宗。"中岛知彦的教学部本来就负有研究之责，他的说法都相对准确。

隐元不仅自己来日本，还有跟随来的弟子，所以他们不仅带来了佛法，还带来了一些文化影响，包括明末的建筑、雕塑等，也有日常的饮食习惯、饮茶习惯等。

当时日本还是抹茶道占据主流的时代，不过在许多中下阶层中，烦琐的抹茶道未必受欢迎，明朝的泡茶法很可能已经流行于长崎等唐人聚集的区域。隐元的地位甚高，死前受到天皇的加封，所以他所喜欢的简单泡茶法，很可能不仅影响了下层人士，也影响到了上层。

中岛说，寺庙里现存的隐元的茶道具遗物，有一件比较大的紫砂土茶瓶，可以放在炉上烹煮，这是当年隐元用来煮茶的，可是属于珍贵之物，外人没有机会见到。

"煮茶？不是泡茶？"中岛再次确认。想来可能隐元是福建人，当地茶风可能隐约包含了若干古风，再加上所喝的不是绿茶，可能是半发酵的乌龙，所以真有可能是特殊的喝茶方法，那么，为什么号称煎茶道是隐元带来的？

"并不完全如此。"出生在佐贺县的月海禅师——也就是后来的卖茶翁也在这里出家。按照学者研究，他在年纪幼小尚未出家时，就受到过万福寺禅师的招待，看到过他们煮茶泡茶。中国僧侣用武夷茶招待了他，还提到福建的秀美山川，茶树繁多，这些观念和煮泡方式都影响过他。他 29 岁时候再次回到万福寺出家，寺庙的禅风显然对他有很大的吸引力。他精研佛法，与此同时，受到黄檗宗很多观念的影响。比如他觉得需要自己劳动换食物，不应该去依附权贵，更不应该崇尚所谓的古老茶道，用这种老的茶道去追逐世俗的名利，与古人所说的茶道有天壤之别。

在能够放下寺庙事务之后，月海还俗，此时他已值暮年，在京都许多地方都出现了他的身影，他挑着茶担，一边卖茶，一边说法。"可能是因为煮茶在街头不太方便，他大力推广的是泡茶法，当时讲究一切随缘，可以一文钱喝，也可以花千金买茶。他主要的目的，是弘扬茶的素朴、本真的精神，要求市面上人放弃烦琐的抹茶，来喝相对而言更简便的煎茶。"很多画像中，卖茶翁头发散乱，颇为疯癫，他自己写过诗歌，描绘自己又老又瞎又疯，这些画像应该是根据这首自述诗歌来的。他的目的，就是想让大家放下桎梏，走上自由享用茶的道路——他的点茶方式轻松自由，可以想象这种形象对于严格的抹茶道的冲击。于是，江户末期，不少京都的文人开始欣赏卖茶翁的行为，并且迅速推广他的泡茶方式，煎茶道就逐渐成为一时风尚。

听起来有点像茶界的济公。

"但是他已经还俗，所以我们不认为万福寺是煎茶道的祖庭。"中岛说，不过卖茶翁专门的祭祀处还是保留在庙里，按照中岛的看法，煎茶道这种普及的茶带给人们的是不区分、平等心。卖茶翁去掉了繁文缛节，让茶的价值充分体现：种茶，倒茶，喝茶的满足感，这也是符合禅宗概念的。卖茶翁的祭祀地点，就在我们所见的全日本煎茶道协会的祭祀处，樱花树下，一处小小的木制的房间，外面写着"禅茶"二字，里面有他的塑像。每月 16 日，煎茶道协会的人会来纪念他，而每隔 5 年的 7 月 16 日，也就是他诞生的纪念日，会有与卖茶翁有关系的人，一些他的亲传弟子的后代，在这里举行盛大的纪念活动。

"不过他不严肃，没有固定严格的章法，所以这也造成了煎茶道现在这么多流派。"中岛说，因为章法不多，崇尚自由，所以现在万福寺里也没有固定的饮茶法。"只是我们在正规典礼上，不会使用抹茶，肯定是煎茶，也算是对这位老禅师的纪念。"在他看来，卖茶翁废除饮茶的繁文缛节，回复到茶味本身的做法，和禅宗精神一致，都属于平等心。

在卖茶翁的祭祀处附近，还有一块石碑，上书茶具冢，也是万福寺所立。这里是各地茶人把自己所用的旧茶具埋葬的地方，"用旧了不能随便丢弃，也算是对陪伴自己许久的茶具的珍惜吧"。这倒非常有意思，其实也是卖茶翁的禅意的继承。老翁临去世前，因为不喜欢抹茶道追求名物、贩卖高价的精神，也担心自己死后茶具被商人炒卖，所以除了几件茶具送给好朋友外，剩下的全部焚烧埋葬了。

现在的煎茶道似乎没有很好地继承卖茶翁那种简朴、自由的精神，整个仪式，包括茶具还是有烦琐、精致化的嫌疑，归根结底，日本文化的影响力最大，惜物，重审美，重待客之礼，包括"一期一会"的极端审美精神都给了茶道很多影响。其实不仅卖茶瓮，包括千利休都是素朴的，可是他们的茶道具，都是现代博物馆的最昂贵的文物之一。

虽然黄檗万福寺没有大规模宣扬自己的茶道，但是另一道随着隐元禅师传过来的饮食文化——"普茶料理"，却是万福寺的招牌，也是日本四大料理之一。这是一种净素的日本寺庙料理，号称从中国料理发展而来，使用的食材均为精心准备的素料，包括笋、蘑菇、昆布山药等，但最特殊的地方，是由专门修行的寺庙师傅烹饪，因为最初的目的是供佛，所以特别精心，号称有"五官的享受"，不仅利身，更利于心。

万福寺常年供应这道料理，最便宜的便当也要3000多日元。我就只是远观了一眼，便当也很精心：包括笋羹、胡麻豆腐、浸菜和腌菜，还包括天妇罗。中岛知彦介绍说，最主要的特点就是香，比起日本料理普遍重视的新鲜和食物本味，他们基本使用胡麻油料理，这大概是其中隐藏的中国特色吧。

这样的料理，在中岛看来，也隐约有茶道的影子，用各种方法，突出食物的本来的好味道，"配茶格外好吃"。

🖋 茶中真味从何而来：茶叶老店一保堂

其实，无论是日本茶道中的抹茶道，还是煎茶道的诸流派，信奉的都是泡一杯真正的好茶，只不过抹茶道的"和敬清寂"的茶道观念中，喝到好茶的物质性被掩盖了，但是不妨碍各流派的家元也去选择最好的茶叶，来做自己家的各种典礼。

何谓好茶？在日本的茶道标准中，就是引出茶的真味，而真味的一大基础，来自日本对茶叶味觉的追求。

京都的百年老茶铺一保堂，是京都和日本的茶人们喜欢选择茶叶的地方，而他们的茶叶普遍来自附近的传统茶叶产地，宇治的大津川和宇治川两岸，本地生产，本地采购，然后再本地调和，是标准的传统老店的样式。老店那种讲究细节的风气，一直贯彻到每一点工作里。我们去给茶叶店拍照，他们一定要把陈设的鲜木瓜花撤开，因为这花是 4 月开放，等照片出现在读者面前的时候，可能这花已经不当季了，所以他们不愿意让读者误会一保堂。大清早，店员选择各种当季的花卉插花，是一保堂的习惯，大捧大捧的花卉，经过精心搭配，放在柜台的角落，放在院落里，也放在茶桌上。

一保堂附设了茶室，叫"嘉木"，按照古老的京都的风貌装修，工作人员石田步按照他们固定的泡茶法泡煎茶让我饮用，尝试一下他们自家茶的风味。

果然如万福寺的中岛知彦所说，日本的煎茶道流派众多，一保堂也有自己的泡茶法，被称为"一保堂流"。现在泡煎茶，用 80 摄氏度的水，倒入装有 10 克茶的专门泡煎茶的"清水烧急须"中，泡大约两分钟，不轻易摇晃，避免茶有浑浊味道，然后倒在两个杯子里，一般最后几滴都被称为黄金，所以要均匀地滴到两个杯子里。一喝，非常有厚度的鲜甜，也就是一保堂所喜欢的浓味，隐隐约约有玉露的感觉，但是又传出一点涩味，原来这是一保堂煎茶种类中的第一等级的茶，也叫"嘉木"。石田步告诉我，他们追求的是茶味的平衡，甜和涩都有，才是茶的真味，"而外观，是轻盈透彻的，不能浑"。

先说说日本的茶叶分类。日本绿茶产量最大，总量中 90% 属于绿茶，但是分类系统极其庞杂，依照制作办法和茶叶生长的位置，细分很多品类，香气、口感和味道千差万别，而喝的场合及方法也就因此千差万别起来。

先说最高等级的玉露，据说很少茶田可以生产玉露，茶树必须要在良好的土壤和空气里，在发芽前 20 天，茶农会用稻草罩住茶叶顶端，也有使用大棚遮挡阳光的，要保证茶树在没有阳光的状态下发出芽来，这才能制成玉露。之后是蒸青揉制，基本上没有涩味，有日本茶人追求的强烈的甘和鲜。

抹茶的栽培法和玉露一样，也是要在茶叶生长发芽期间，将之遮挡，采摘下来后，要将茎去掉，然后用传统石磨将之磨成细粉。许多点心店也喜欢制造抹茶糕点，不过，用的是不是最精致的传统要求的抹茶，就不一定了。因为一般的粉茶，也很容易同抹茶弄混。

等过了前一批芽头的采摘，再采摘的茶叶，就是煎茶了，这是日本绿茶中最主要的产品，一般也是芽头，蒸青后揉捻成松针的形状，冲泡后微带涩味，但还是清爽的，回甘也长。一保堂的石田步就很自豪于他们第一等的煎茶嘉木带有浓厚的回甘，涩味不多，很多人误以为是玉露茶。

再之后就是番茶，番茶比一般的茶叶大，春季采摘的叶片太大也会去做番茶；夏秋采摘的茶叶，再怎么细嫩，也只能做番茶。一般杀青后再烘干，根据采摘的月份前后，又分成一番、二番和三番，京都人往往喜欢依照不同的季节，往里面加炒米，做成玄米茶。或者在元旦时候做大福茶，因为采摘的月份晚，所以茶叶里的内质不丰厚，所含的咖啡因少，日本人喜欢，觉得不影响睡眠。

相比中国，日本的茶类少了很多，但他们又在绿茶上做足了文章。一保堂做茶很严格，石田步拿出他们拍摄的玉露的茶树照片给我看。茶树发芽前20天，乌黑的顶棚已经搭好，要保证芽头鲜嫩，最好的玉露的颜色是很深带光泽的绿色，因为遮光率高，所以颜色深。但是泡出来又是透明的茶汤。陡然就想起了宋徽宗在福建所做的茶，不仅是最嫩的芽头，还要保证里面能抽出明亮的茶心——这种精神很难说没有影响到日本的绿茶制作。

1717年，近江商人渡边伊兵在京都的皇宫御所附近建立起自己的商铺，专门出售茶叶和陶器，因为离皇宫近，很多公家人员出来采购，后来有位山阶官建议："你们家茶叶很好，不要卖陶瓷了，专门卖茶叶好了。"这是1846年的事情。结果一保堂正式成立了，到现在已经有几百年的历史，但规模还是不大，主要是京都人来这里满足日常需要，也有慕名而来的外地游客，除了老店，只有东京一家连锁店，不少百年老店都有波澜不惊的处世态度。

虽然是百年老店，一保堂却没有自己固定的茶田，他们告诉我，是因为随着日照、土壤和山坡角度不同，茶田的质量会有很大不同。随着种植的年份变化，茶田质量也会变化，这一两年这块田质量好，下一两年未必，所以他们干脆轮换，找到很好的中间茶叶经纪人去挑选农民，谁家的茶叶符合一保堂质量就收购谁家的，不固定签约。

这批茶叶经纪人基本上是多年为一保堂收购的茶叶的，有的甚至一生从事的职业就是这个，他们非常有经验，能保证收到符合一保堂标准的茶叶。但是这个标准和中国的茶叶标准分类不太一样，有机茶未必很贵，手工不手工也不重要，关键还是茶味。石田步强调，还是那种传递了几百年的老味道，要浓厚甘甜，玉露中少涩味，但是煎茶中可以出现，不过这种涩味，是协调的，并不是一味地涩，而是茶叶中自然泛出的味道。

等级的分类，有些是中国茶完全不考虑的，比如日照。拿玉露来说，即使是茶叶的名胜产地宇治，产量也非常少，依照日光照射的程度严格分了等级，基本上100%不见阳光的，为最高等级，最差的也80%不见阳光。一保堂的玉露，最高等级的叫"天下一"，一小罐296克，3万日元。然后是"一保园""甘露""麟凤"等，足有十几个等级。

抹茶分成两大类，最高等级都是"云门之昔"。两大类质量价钱完全一样，就是名字不一样，原来是表千家和里千家两家家元所起的名字。表千家的人在茶道用茶时候，会买自己家的，里千家也如此，由此可见一保堂和日本茶道千丝万缕的联系。

便宜一些的煎茶和番茶是京都人的日常用茶。销量最大，就像一保堂和自己的茶叶中间人建立了长期的信任关系一样，京都人也和一保堂建立了长期的信任关系。他们买煎茶回去后，往往会按照一保堂的办法，用80摄氏度的热水，浸泡一分钟后拿出来饮用，而番茶则是秋冬喝的茶叶，泡出来会有红亮的光泽，异常漂亮。

在日本，绿茶基本属于低温泡法，最精致的玉露要求水温更低，常常只有60摄氏度，甚至有40摄氏度的。最精致的泡法是用冰块——在炎热的夏天，用大块的冰压在玉露上，慢慢融化的冰水浸出玉露香甜的茶汤，然后一滴滴搜集到水晶酒杯中，用以搭配夏天特制的料理。■

在韩国，古朴茶道亲历记

茶道究竟为何物？这是这几年最困惑我的问题。

20世纪90年代的中国大陆茶圈一直流行着一句话：中国的茶，是茶艺；日本的茶，是茶道；韩国则是茶礼。这种似是而非的话非常有市场，弄得人人说起来，都好像懂了，但何为茶礼？何为茶道？就我们最近的茶艺又是什么？是花里胡哨舞弄杯盏？似乎都不对，莫非我们的喝茶体系里，没有一套完整的礼仪？前两年我去日本，去中国台湾，寻找古老的器物，寻找留存的仪式，也寻找那些对茶有感悟和有理解的人，可是还是没有得到最终的答案。

陆羽在唐朝写下《茶经》，影响一直延续到今天，并且早在当年就逐渐扩散到高丽、日本，最终成形了东亚文化中的茶之文化。事实上，茶在中国、日本和韩国，表现方式非常不一样，我研究考察了日本留存的抹茶道和煎茶道，那些完整的规矩和仪式，还有自治的美学系统，给初接触到茶道的人们留下了极其深刻的印象，但可能去了韩国，会对整个的东亚茶学体系理解地更深刻一些。

称韩国重茶礼，也就是极其有礼貌地对待茶，在我脑海里只是虚像，真的细细观察之后，觉得茶之礼仪只是最表面的东西，韩国真正的茶的精神，在每个仪式的背后。

简单、高古、自然，基本上可以概括出韩国茶道的精髓，以至于回国后再次想起，都会产生想法——这种质朴简单的茶道，其实倒可以补充中国当下极为刻板的喝茶仪式。

初识韩国茶道：大壶与大盏

在韩国，第一次喝茶，是在瓷器大师金正玉的家里，用的是他自己制作的传统而昂贵的茶具，茶味淡薄，没有觉得好，反倒使我对韩国茶有了距离感，怎么这么不好喝呢？至少，对于习惯了中国茶的我们来说，并不是一种特别的享受。反倒是满大街的咖啡馆更让人舒服，我们到的城市叫大邱，只是一个不大的城市，可是随便一条街道，就有四五处咖啡馆，咖啡比茶更主流。

郑贞子老师请我们喝茶。她在韩国已经学习了25年的茶道，有自己的茶空间"茶礼斋"，是座建于1970年的木质老房子，房梁上写着封顶的日期，特别传统的一招，好像中国农村还有这种习俗，可是整个房子未必精致，尤其是看多了日本的茶空间后会这么觉得，近年中国的茶空间也精致，纹丝不乱，不管茶具茶汤如何，布局一定是齐整的。可是在郑贞子这里，一切都在随意状态，茶具是放在架子上的，烧水用的是电水壶，即使是面对我们的茶桌，也没有特别的精致美丽。

郑老师为我们请来了80多岁的河五明先生，他是韩国茶学的资深前辈，滔滔不绝地告诉我们韩国茶的历史，它和中国、日本茶的不同，以及韩国茶历史上的大人物。最重要的，韩国茶是一种"心的茶"，在韩国的茶人看来，茶是心的艺术，不是简单的视觉和感官，而是整个身体去领受茶的好处。

我们听起来有些费劲。因为80多岁的老先生不太注意我们听不听得明白，只是自己讲了下去。在大邱，有个著名的古迹"慕明斋"，明代中国人杜师忠来到这里后，客死异乡，他的子孙为了纪念他，面朝中国的方向为他建了这座古老的家庙。木质老房子里，挂着一幅朝鲜的将军李舜臣给他的诗，后两句是："城南他夜月，今日一壶情。"按照河五明的说法，这说的就是朋友之间的一壶茶。"为什么是茶，不是酒？"老先生容不得我的询问，接着讲了下去，韩国茶虽然也从中国传入，但是他们与日本不同，"韩国没有好的抹茶，所以我们不喝抹茶，我们和你们一样，喝炒青。"这种炒青，按照老先生的描绘，是清新的，能带给人婴儿身上的味道，淡淡的，刺激着人的五感，享受到这个味道，就明白了韩国茶的真谛。

越听越糊涂。且喝茶，郑老师转瞬已经为我们准备好了茶桌，刚才的杂乱稍有缓解，桌面上整洁了不少。她先给我们泡黄茶，所谓黄茶并非是中国茶分类中的黄茶类，而是稍微发酵过的韩国茶，春天的绿茶尚未上市，所以，喝一点微香的黄茶，适合今天半寒的天气。

微深的茶汤倒进上面画有仙鹤的立鹤杯，这种朴素的茶杯是韩国的纹样，灰色的釉面上，寥寥几笔抽象的白色仙鹤，杯子边缘微有破损，用金漆补过，看上去有种温暖的家常感，而配合这杯茶的，是郑老师昨晚自己做的两种茶点，糖花生和枣泥核桃糕，都不算太甜，和清淡的茶汤相得益彰。

多年后，在台北故宫博物院南院，看到了高丽青瓷的展览，才发现郑贞子拿给我的普通茶杯，还真是继承了整个高丽瓷的风格：以青绿灰的底釉为主，上面或者用白釉绘画，或者镶嵌以白色的碎瓷片，几乎和螺钿工艺有相似之处了，但还是朴素自然，不像中国瓷器那么惊艳，也不想日本瓷器那么古拙——倒也符合中日韩文化交流的一般路径，韩国的大方疏朗，永远夹在中日之间。

改变，永远是在不经意间发生的。黄茶入口，整个人舒展起来，杯子不算大，但是比中国工夫茶杯略大。韩国茶的最典型特征，是用茶壶泡茶后，并不直接倒进杯子里，而是倒入一个类似公道杯的水汩中，再进行分茶，这水汩也比一般的公道杯大，这样一来，整个茶汤的温度就自然不高。但是似乎郑老师并不追求温度的高，就是简简单单地在那里泡茶，这种黄茶的茶汤，按照河五明先生的说法，是要让我们的身体安静下来的。因为杯子不小，所以不可能一口喝完杯中茶，按照韩国的要求，似乎三口喝完第一杯，最为礼貌。

黄茶之后，改喝中国的红茶。韩国自己的茶产区并不大，局限在南部海边，而且只生产绿茶。所以韩国很早就接受各种中国茶，红茶、普洱茶，但是绿茶，他们还是喜欢自己的，觉得清淡、可口。我已经觉得中国绿茶清淡了，那么韩国茶得淡到什么地步？郑老师用金色釉的茶杯来配合红茶，觉得颜色相衬。本来中国的红茶是浓郁的口感，可是在她这里，因为控制了投茶量和温度，整个茶汤变了样子，倒是能喝出红茶的某种鲜爽来。"好喝最重要。"河五明先生笑眯眯地看着我。在习惯了一国的口感后，很难说这种茶好喝，但是室内的气氛很是舒服，我们都松散地坐在地上，韩国传统民居习惯如此，背后是华丽的屏风，室内堆积着郑老师从各处搜集来的茶器物，她喜欢的东西，和最传统的韩国茶器不太一样，虽然也朴素，但是都在朴素中有点精致。白色水罐微有棱角，一套青画的茶杯，不是那么闲闲几笔，而是有韩国特殊的某种图案，据说是春天的时候人们最喜欢的某种花卉。

这些茶壶、茶杯都产自韩国。尽管历史上有韩国瓷器极为贵重的传说，据说历史上日本和韩国的战争中，战利品一定包括瓷器，但是现在似乎韩国人没有那么重视瓷器了。河五明告诉我，在韩国，喝到好喝的茶是最重要的，要是过于注重形式感，则丧失了茶的真正意义。

"我们要的是茶的味道。"老先生一再强调，在韩国的茶道体验里，要注意的不是严格管控自己身体的形态，也不是不能说话的拘谨仪式，只需要感受每道茶带给你不一样的身体感受："你一定要调集自己的所有器官去感受茶，茶是多么好的东西，是自然给我们的礼物。"这些话，乍听起来可能空洞，不过在未来的若干天里，逐渐发现，老先生说的不是空话。

与日本类似，茶最先传入韩国，也基本没有遗漏僧侣这条途径。无论是新罗时期，还是高丽时期，茶都是最先进入佛教寺庙，再随着佛教的流行而推广到民间的，高丽王朝的历代国王都是以佛教徒自居，为了积累佛教功德，很多会亲自制作抹茶。

跟随着郑贞子老师和她的学生们去通度寺。这是一座位于韩国庆尚南道的古老寺庙，始建于高句丽时期，公元646年，时值唐朝初年，尽管也在历代的战火中有所毁损，但是基本的架构还在，那些类似唐代的复杂斗拱看得让人心生敬畏，一座座并不巍峨的殿宇，掩映在满树开败的樱花中。韩国人并不像中国人那样去用新的鲜艳色彩维修，也不像日本寺庙刻意做到极度的精致，就是任其朴素下去，反倒有种自己的风格。

这是韩国的三大寺庙之一，郑贞子老师带我们来这里，一是她们要按照古代的礼仪，给神佛上茶，这是她和弟子们每月的功课，另外就是带我们见这里的性坡老和尚，也是这里的方丈，据说他特别爱茶。

我们先到了一处无人看管的偏殿，这里属于新修建的小殿，大概本身也是给佛门弟子们做活动所用，里面有近3000座几乎一样的雕刻佛像，下面是粗麻地毯，据说也是佛弟子的功德，编织了7个月才完成。我们一起光脚坐在地毯上，看郑老师和她的弟子们给佛供茶，其实和我们前几天看郑老师的茶礼也没有什么大的区别：先把茶壶中的水倒入水盂，然后再精心倒进几个辰砂釉色的茶杯，然后端着杯子走到佛案前，与别的东西一起供奉。但是动作比起平日里，显而易见地更轻柔、更庄重，郑老师纠正学生们的动作，要求她们在佛前需要有一丝尊敬。

每年最正式的以茶供佛，就在4月，需要用六种供神之物，包括茶、花、香、水果、年糕和蜡烛，所用的茶，就是当年新下来的绿茶。我们这次来供奉，时间稍微早了点，算是一次演习，但是学员们也够认真。郑老师的学生，多数是家境很好的中年妇女，她们来寺庙献茶，穿的多是套装，和我们一样不够舒展地在巨大的地毯上挪来挪去，显然没有经常来这里。郑老师告诉我们，外衣只是表面东西，这种献茶，其实磨炼的是心性，因为需要比平时更多的凝神和注意力。

看学生们先把热水倒进一个瓷壶，再倒进茶水壶，比平日倒茶直接从瓶中取水多一道工序，显然，这献给佛的茶，不能轻松对待。最后倒在杯中的茶，只是在神坛上放一小会儿，归根到底还是给人喝，我们需要三口喝完自己的杯中茶，每一口茶都有意义：第一口给神，第二口算是给泡茶者的感谢，第三口茶则是感谢自己。这杯茶一定要三口喝完，虽然韩国茶杯较中国茶杯大，但是因为杯中绿茶很淡，所以喝完并不算难。第二杯，则可以随意喝茶了，即使在佛前，喝茶也不需要安静，郑老师带着学生和我一起讨论茶的色、香，她们很好奇中国的绿茶那么浓，我们怎么喝得下去，我只能说，韩国的绿茶太淡薄，反而不是我们习惯的口感。我非常奇怪为什么茶树到了韩国出来这种奇怪的茶汤，我们在地毯上坐着、交流着，在她们看来，现在是享受茶的时间，刚才在佛前敬茶的凝神状态已经没有了。

这种"茶谈"，其实是韩国爱喝茶的人特别享受的时刻。"不需要安静啊，无论是在茶室还是在佛殿里，供茶之后就是轻松的时间，我们可以喝茶吃点心，边喝边谈，寺庙的师傅们也是如此，这也是修行的一种方法。"这种轻松随意式的"茶谈"，完全与日本茶道迥异，也与中国的禅茶修行特别不同，以至于见到性坡老和尚，我的第一个问题，就是问这个规矩的由来。

性坡老和尚虽然在韩国宗教界地位很高，可是从外表一点看不出来，就是个穿着僧衣的笑眯眯的老和尚，因为经常去中国，也能说中国话。一对福建来的普通的中年夫妇也来拜访，原来是性坡老和尚在中国认识的做漆活的师傅，为感谢他们的照料，专门请他们来韩国玩的。两人说性坡老和尚身体好，都80岁了可是走路极快，我才知道他的年纪，外表一点看不出来。

老和尚告诉我，韩国的茶道，最初确实在寺庙中最为流行。新罗高丽时期，寺庙里喝茶甚为流行，形成了一定的规矩，并且普及到了民间；到了本朝开始，因为要压抑中国对朝鲜的影响，无论是佛教还是茶道，都受到了冲击，民间开始废弃了茶道，但是寺庙里还留存了古老的饮茶方式，而且边喝边聊的习惯也一直没有变化。"应该说话。喝茶是开心的事情，戒律越少，心情越愉快，开心才能悟道。"老和尚说话非常利落，他背后是自己整个一生对韩国和中国文化的领悟。"我十多岁出家，经历了日据时期，也经历了朝鲜战争，一直到现在，我个人是喜欢中国和韩国的文化的。日本文化里有太多的武士道精神，这可能是他们在喝茶的时候禁止说话的理由，我们没有这种文化。"

老和尚喝茶，用最普通的瓷壶，但是分茶的水泏颇为特殊，表面看上去是瓷器，但是又有点像漆器，一半是釉，一半是漆，让人摸不着头脑，老和尚说："我做的。""您做的？"答案是"对"。这屋子里许多器物都是老和尚自己做的，包括我们正在喝的茶，是老和尚从中国云南勐海自己加工回来的野生红茶。他拿自己拍的照片给我们看，80岁的老者，站在野生老茶树的树干上，满脸的兴奋之情。这是他在当地人带领下爬了几个小时山路的结果。他最喜欢云南的普洱茶，觉得有中药的某种特征，能使人通畅顺达，之所以兴奋，也是因为看到了他心目中最好的茶树。我不禁大为惊奇，老人对茶以及和茶有关的一切都是身体力行。

"韩国的土质好。"他告诉我，因为喜欢做茶器，所以他走了韩国很多地方，发现韩国的土壤烧成的器物有朴素的感觉，不像中国的那么华丽，但是他喜欢，有茶所要求的朴素色泽。"很多青山南道的土，我只加透明釉烧成，效果就特别好。"他觉得这也是韩国茶碗能在日本流行的原因。"我们的土比他们的火山土要好。"

老和尚在国内各地搜来土壤，烧成自己的茶具，我手中的茶杯是黑色的，配深红色的云南茶，显得特别触目，老和尚说，我这个杯子，实际上应该和韩国的清淡的绿茶配合，那样才自然，也显得自由。而且用几个月之后，喝起茶来会越来越好喝，因为他做的杯子都上釉不多，陶土有空隙，等茶汤完整地渗入这些空隙，那杯子就熟了。听起来和中国的紫砂壶原理类似。"韩国的茶道，一直比较朴素自然，没有规矩限制，可能是因为韩国始终有自己的产茶区，虽然不多，但是一般平民也能喝到，所以就没有那么多等级观念和规则。"

郑老师和她的学生们，各自用着老和尚的杯子，一直在兴高采烈地交谈者。老和尚说，这是他最喜欢的喝茶方式，所有人在一起喝茶，每个人想要的东西不同，有时候会突然安静下来，也很好，说明茶喝到心里去了。

老和尚去过中国多次，都有不同的目的。他去中央美术学院和天津美术学院上过课，也去过敦煌，中国的山水是他喜欢的，他画了很多山水画，也在各国办过展览，普遍的评价是山水画中有特别空灵的感觉，是一种修行人手中的笔墨。不过最近去中国已经不为学画了，原来他迷上了漆器。从70多岁开始，他给自己找了一个新的门类去钻研。他打开自己工作室的门，招呼我们进去，这间隐藏在茶室后面的硕大空间一面全是玻璃窗，借外面的自然光线照亮室内，走到门口，我就被那些反射面极好的漆器所打动了，地面全是漆，刷成黑色，走上去犹如行走在水面之上；房间的一面，是一个巨大的漆画屏风，上面是抽象的黑白山水，有股特别安静的气息；而最显眼的是两个五色斑斓的茶桌，不高，适合韩国传统席地而坐的习俗，桌面的漆是调和进蛋壳碎片的，基本是亮色，显出夏加尔的油画背景的效果，虽然很鲜亮，但是和老和尚做的那些素朴的茶器配合起来，一点不会显得突兀。这应该归功于老人家的色彩和造型功力，原来老人家不仅仅热爱中国画，早年也在美术学院进修过西方油画，难怪他所做的漆器毫不流俗。

这些与茶有关的漆艺家具，在他那里那么自然大方，在国内的艺术家装修的茶室里，却始终没有看到类似的，照说中国还是漆器大国——想来想去，还是不像老和尚举重若轻的缘故。

这时候反看他所做的水盂，一半是釉，一半是漆，这种复杂的融合需要审美，更需要技术。老和尚习惯自己动手，这些难不倒他。我这时候才知道，通度寺里还有一个著名的景观，是老和尚花了10年时间做成的——他把《大藏经》刻在数万块石板之上，然后烧制成功，专门建造了一个藏这些瓷板的新院落。这些做法，完全超越了一般的僧侣，可是眼前的老和尚看上去非常平和，真是修行到家才有的表现。

他说自己早年修行佛法，晚年对各个艺术门类特有兴趣，完全不考虑自己可以做到什么地步，就随意去做好了。这个"随意"二字，里面真有好多意思——可惜我们多数随意就是真随意，不能像老和尚这样做到心灵不受羁绊。

老和尚送我们下山，他所住的地方全是梨树，院落里养着孔雀，放置着泡菜坛，几种看起来不相干的组合，可是在他这里却自然得不得了。最醒目的，是耸立在院落远处的一个茶亭，说是老和尚自己修建的茶室，全部用竹子和木材，粗枝大叶，但也漂亮，但因为建立在支架之上，上上下下应该很是艰难，但想到老和尚爬古茶树所在的云南茶山都那么自如，那么这个茶亭应该也不难攀登吧。不由想起古书上写的鸟巢禅师。

🍃 寺院寻茶记：茶制与茶道

因为对性坡老和尚印象深刻，所以对下一个寺庙的采访也就寄予了希望。我们去的寺庙是全罗南道的大兴寺，在韩国茶道历史上起过重要作用的草衣禅师曾经在这里修行，并且在这里写下了《东茶颂》。我询问郑老师，草衣禅师到底有多重要，是不是像中国的陆羽那样，否则他为什么会被奉为韩国的茶圣。可是显然并非如此。1786 年出生的草衣禅师的历史晚近许多，他的很多事迹有书籍可以检索，并不像陆羽那样缥缈。他俗姓张，15 岁的时候出家，后来在大兴寺与当时一批爱茶的僧侣和知识分子交往，并且在山上的草堂认真习茶，最后写下了几部关于茶的著作，其中最著名的一部《东茶颂》用诗歌的方式记载了茶树的生态、茶史、中国名茶、朝鲜茶的由来、事茶的不易之处，包括采茶、煮茶和制茶的内容，每一句都详细记载，并且有详细说明。这本书之所以重要，是因为把当地种茶的历史和加工茶的方法都说得极为清晰，并且强调朝鲜的东茶在色香味和药性上不输给中国茶。书中记载，当时大兴寺下面的花开洞产茶，绵延四五十里，茶园处于烂石之中，是茶树生长的最好条件，并且进一步确立朝鲜绿茶采摘的最好时间是立夏前后。

他还用儒家道理说明，好水好茶泡出来的茶是中正，喝这样的茶可以得大道。他最推崇两三人饮茶，觉得有趣和有"胜"，人多则泛。他的有些观点，听起来和中国明代文人茶类似，显然在韩国地位的崇高，是因为确立了韩国茶自身的地位，从中国茶的影响下独立出来。

我们的车向大兴寺进发，山路艰难，很快就到了走不动的地步。迎接我们的贤真法师猝不及防地出现，和我们前面所见的性坡老和尚完全是两个类型，他身形粗壮，眼神精明，开着一辆高级的越野车，大概是为了适合山路行走，在和我们简单寒暄之后，叫我们上了车，盘旋着在陡峭的山路上往上开，坐他的车，没有觉得他是僧人，倒像是进入了某个专属领地，而他才是领地的主人。

我们去的是草衣禅师当年在大兴寺和朋友们喝茶聊天的一枝庵，位于山顶之上，今天的道路还是这么难走，当年想必更是艰难。越野车轰鸣着上到山顶，贤真法师叫我们出来观看，这时候才发现草衣禅师当年所选地方的好：山顶开阔，对面是起伏的群山，远处是大片的野生茶林，后面有山泉水流淌下来，正是喝茶的好地方。山顶有两处建筑，都是按照草衣禅师当年记载所恢复的，一处是一枝庵，类似他的茶室，另一处为紫芋红莲社，是他的居所，当年禅师就在这里修行喝茶，很是避世，现在两处建筑旁的树木都已经有超过 200 年的历史，其中有种黄漆树，尤其神奇，据说生产的漆可以做太空涂料。

当然，草衣禅师不会预料到几百年后的黄漆树的神奇，当年他在的时候，所做的事情也就是谈天、喝茶。他当年从山上接引下来的泉水，现在还可以使用。泉水经过了三层过滤，一直流入一个池中，贤真直接从中取水，带领我们上到紫芋红莲社的走廊里，脱鞋坐地，泡今年寺庙里的新茶给我们喝，我们所坐的地方，有可能就是当年草衣所坐的地方，这么一想，寒冷的山风也就可以忍受了。

这里基本按照旧时格局，唯一不同的就是加了地暖，整个地方可以烧火取暖，不过并不常用，贤真说这里人并不多。他放在这里的茶具，是韩国瓷器大师金正玉的作品，正好我前些日子刚刚采访过，知道一套茶具价值人民币几万元，正因为这里没多少人来，所以随意扔在走廊里。"放在这里应该没人偷，很少有人能知道价格吧。"他结束了玩笑，正色，开始泡茶。这里的野山茶，一年只产 1500 公斤，除了寺庙使用之外，基本没有多余，只送给重要的客人。因为草衣禅师的重要性，所以寺庙的茶也多了一些神秘性。贤真告诉我们，每年的茶，他都亲自监制，下面有几口锅用来炒茶，与中国的低温炒法不同，上来就是 380 摄氏度的高温，要经过 9 次炒制才结束——这样的茶叶，才能保证味道的干净。在他的认知系统里，觉得中国的茶苦，日本的茶甜，都不是他要的，他们最喜欢的口感，是韩国茶的"干净"。这是最高的目标。

泡茶的时候，贤真像换了一个人，凝神静气。金正玉做的壶，比较阔大，但是壶嘴略长，增加了美观。他使用80摄氏度左右的水来冲泡这道茶，稳重地倒出茶汤，请我们品尝。第一杯略淡，第二杯浓淡适中，而且有淡淡的回甜，非常芳香，第三杯则更浓，可是就在这时候，他结束了这道茶。韩国的绿茶之所以泡三道，因为他们觉得之后就没有香味，我说中国的茶有时候能泡20道，贤真几乎不能相信。不过三道后，这种质量好的绿茶不会浪费，他们一般把它加在面粉里做成饼，是一种美味的吃食。

户外喝茶，而且是在这种高山户外，一会儿就觉得气爽神清。贤真告诉我，为了纪念草衣，每年5月寺庙会举办纪念仪式，用当地的茶敬奉禅师，而且这时候，周围的茶农和韩国的很多与茶有关的人们会来到这里，用他们自己做的茶去供奉，这种仪式已经有200年没有间断了。

下山的时候，贤真特意带我们去看他们的炒茶棚，环境非常简陋，里面只有三口锅，但是并不便宜，尤其是中间新添的自动化青铜炒锅，需要300万韩币左右，每次所炒的茶量也比较多。只有1500斤茶叶的总产量，却要花这么昂贵的价格去买炒锅？不过贤真丝毫不觉得这有什么问题，他的神态又恢复到最初的模样，精明强干。

离开大兴寺，依旧对韩国的茶道处于半理解状态，尽管在木头长廊里喝茶，让人觉得精神清爽，但是，喝茶仅仅就为清爽？尤其是在寺庙之中，尽管人人都强调茶与修行的关系，可是谁也没能说清楚，即使是道行颇深的性坡老和尚。

直到见到双溪寺的硕云法师，这个问题还盘旋在我的脑海里，并且见面就提了出来。双溪寺位于韩国著名的茶山智异山的山脉之中，驱车前往的路上，一直有蟾津江相伴，两岸沿途皆是樱花树，异常美丽，我们在车的导航系统里就能看到樱花树的影子了，一路上都有粉红色的小点，看来，这里的樱花胜迹，确实久负盛名。

这条江一直流入海洋，所以韩国最著名的茶叶产区其实靠近海边，这和中国北方的茶叶产区山东有几分相似。

我们坐在双溪寺的客堂之中，硕云拿出了今年的新茶招待我们，这是方丈特殊批准给他招待我们的，所以他泡得格外小心。双溪寺的绿茶产量，并不比大兴寺多，茶叶价格很是高昂，泡出来的新鲜绿茶，同样是淡，但是有点阳光的味道，和中国的崂山绿茶有点相似的口感——北方茶特有的甘爽，不像杭州初春的茶那么明丽，也不像安徽山里的茶那么清新，而就是一种海边岩石之上的感觉，想想也对，两个区域，这里和中国山东茶产区的日照，在纬度上相近，自然环境也相去无几。

但是，这种绿茶，还是地道的韩国制作法，也就是说，用380摄氏度的高温杀青三遍，之后再用210摄氏度的高温杀青六遍。这种高温之下，出现了一种滋味淡薄但是确实清香回甘的绿茶，这种散淡的绿茶，喝起来也并不用特别拘束，倒真是一种适合在自然情景中享受的茶汤。

硕云法师之前也在草衣禅师待过的大兴寺待过，现在双溪寺修行，等于待过韩国两处重要的与茶有关的寺庙。他向我们介绍双溪寺，原来这里与中国渊源很深，公元832年，在中国待了26年的朝鲜的真鉴禅师回到家乡，从中国带回来茶树的种子，在这里播种。这里在当年还参照中国做过饼茶。当然，现在都已经成为过往，如今这里只生产野生绿茶，已经成为韩国著名的茶产地。另一个与中国有关的故事是，这个寺庙有藏有六祖慧能的头颅的金堂，听到这里，我瞪大了眼睛，但是硕云又重复告诉我，韩国历史上有几本书都这样记载，不过他后来又加上了"据说"二字。

显然这个传说表现了寺庙与中国的渊源。确实，双溪寺与中国交流颇多，比如他们寺庙是最早把赵州和尚的"吃茶去"几个字奉为修行法则的韩国寺庙，僧人们坚定不移地相信，喝茶可以帮助修行。硕云告诉我，寺庙里吃茶，规矩不严格，但是有自己的法度，比如要注意环境，也要注意喝茶带给人的心境的不同，最重要的，是"风游"。"风游"？我完全理解不了这个词语。硕云也在费劲地解释，意思是注意周围环境，注意要有自然的状态，坐的时候要感受自然，平时要注意喝茶人数，不能超过三四人等等，尽管有这么多附加的解释，我还是不太明白。

就在这时候，因为屋子里闷热，硕云打开了窗户，窗外是极其荒野的大自然，几万棵竹子和茶树在风中簌簌作响，瞬间凉风吹进房间里，茶也顿时好喝起来。啊，原来"风游"是这个意思，我瞬间明白起来，是要在自然中感受茶的魅力，"自由一点"。

因为双溪寺最早移栽中国茶种的关系，我们所在的河东地区，现在是韩国最大的绿茶产地，不过并没有我们想象的漫山遍野都是茶树的情况，而是尽量保持茶树的野生状态，自然，似乎成为韩国茶的关键词。

拟古茶道：平淡近自然者

　　从寺庙回到大邱，似乎从世外之地回到了尘俗之中。我们唯一没有见到的，是古老的韩国世俗茶礼，听说这种茶礼很是烦琐，规矩也多，那么这种茶礼又代表韩国茶道的哪个方面？郑老师表示，她可以为我们组织一次古老的韩国茶会，她和学生们会穿上传统的民族服装，选择一个郊外的地方，这样我们可以更清楚地体会韩国的茶道礼仪。

　　郑老师在韩国已经教了多年学生，很多学生就是当地人，所以他们所奉行的茶礼，应该带有浓厚的大邱风格。大邱这座城市，在我们来到的若干天里，显得乏味和平淡，它既不是一座繁华的都市，又不是一座古朴的县城，就是一个平淡的中等城市。我们时常开玩笑说它像中国的哪座城市，结果还真找不到对照物，反正比较像中国北方城市，比较简单，整个城市似乎都没有精致婉约的南方气质。

　　不过去郑贞子为我们准备茶礼的地方，对这城市的味道有了更深的理解：她挑选的郊外老宅，是一位学生的祖屋，大约有100多年历史的南平文氏故居地，不倦斋和广居堂，显然受汉文化影响很深，但又是纯粹的韩国传统建筑，宽阔的院落，位于郊外一片更广阔的空地之中，周围是稻田和河流，在4月的晴空下，显得特别的宁静。虽然还是北方的味道，但是这种北方却是让人喜欢的北方：简单、干净和明亮。

　　郑贞子老师和她的学生们早就穿上了传统服装。韩服简单大方，她穿的是蓝色的裙子，配着紫色的丝带，下面是宽大的秋香色的长裙；而她的女儿则是粉色的裙子和鹅黄的外套，这是年轻女孩喜欢的颜色；助手则是秋香色的外套，深红色的丝带；另外一对来做客的夫妇，男主人是鲜艳的淡青，女主人是最传统的韩服样式，上面是白色短褂，下面是蓝色长裙。都不是清淡的颜色，但是在暗淡的木质结构的老房子里，却觉得很是合适。

　　若干年后，看侯孝贤导演的《刺客聂隐娘》，才知道里面不少服装的原材料采自韩国，因为那里的丝绸、麻布都颇有古风，难怪这么一个简单的茶会，所穿的服饰，都看起来颇为不俗。

　　助手开始泡茶，女儿充当助泡。这次茶会有两位主人、两位客人，客人们进入房间的时候，并不与主人说话，而是坐在屋角事先准备好的角落里。助手的动作很轻，先在铁釜中烧水，然后把热水倒到准备好的高丽青瓷壶中，洗壶和水汩、茶杯，这种青瓷颜色很淡，倒与中国魏晋青瓷的颜色相近，洗干净后缓慢擦拭，之后是庄重地泡茶，说不上有多细致，但是主客双方都凝神静气，整间屋子有种特别的安宁气氛。

郑老师的女儿将茶水端给客人，自己也坐下来，在客人接受茶杯之后，一位身穿暗黄色长袍的演奏家黄泳达先生开始在屋子的角落吹起了大笒，这是一种类似于笛子的乐器，只不过要粗大很多，声音轻越、动听。在音乐响起的时候，屋子里也开始有了窃窃私语，客人们端起杯子，赞美杯子的好看，这是一套深绿釉带些辰砂红色的茶具，按照郑老师的说法，是春天的颜色，主人依照规矩倒茶三次，仪式算是结束。

这就是一套最古老的韩国茶道，按照郑老师的说法，客人绝对不能多，多了就不能享受自然了。这种自然，首先体现在茶汤里，按照古老的说法，水是茶的身体，茶是水的精神，精神要健康，要灵动，喝一杯茶，就把外界的自然元素都接触到了，地、火、水、风，这就是好的待客之道。我们到的四月份，格外好，整个门户洞开，外面的风也可以进入，带来郊外花草的青气，按照郑贞子的看法，这是一个难得的传统茶会，因为整个韩国茶道想要的自然、尊重都在里面了。

25年前，郑贞子开始接触茶道，最早也是在寺庙中，一开始接触，就觉得特别自然美好，能够把人带到一个充满幸福感的世界里。"总觉得在这里面，人的精神世界会有很大的改变，于是我开始和寺庙的师父学习喝茶，这位师父现在已经去世了，他教我很多，比如如何擦拭杯子，如何注意水温，茶量多少，我们有一个小组，大家经常互相交流经验。可是学到第五年的时候，我开始特别地厌倦，觉得自己没有进步，也发现泡茶不再那么有趣，简直想放弃了。不过那个时候认识的茶家也很多，其中最主要的一位老师告诉我，可能是我没发现自己真正需要什么。"

她说自己是瞬间想明白的，原来自己过去过于拘泥形式，对茶的感情不深，那一刻开始，对茶也有了感情。"我和茶有缘分，泡茶，就是修炼自己。"泡久了之后，她发现自己渐渐离不开茶了，脾气改变了很多，性格越来越温厚。和朋友以及客人的每次聚会，都有一种很舒服的感觉，茶成为沟通的重要媒介。

"带学生也是如此。我有不少学生和我学习十多年了，其实泡茶并不难，学会也就会了，但是掌握每次茶聚的心意就难了。每次的心情，需要自己来把握。"与日本茶道千篇一律的主题不同，韩国的茶聚，更随意，主客之间也没有那么拘束，因为是春天，我们的茶聚从房间里一本正经的仪式，很快转移到了户外的木亭子里。刚才还严格按规定方式坐，可是一会儿大家都忘了，黄先生吹了另一首曲子，他告诉我是《上灵山》，表示春日见到柳树发芽的心情，正和眼下的情景一致，茶席摆在长桌之上，主人依然在泡茶，不过不再那么安静，客人们也不再严肃，挑选盘中精致的茶食享用，有肉桂味儿、艾草味儿的糖，也有苹果做成的小花朵，还有竹节状的年糕，这些点心无疑是使茶聚变得更有趣的小道具。

一群人或坐或半躺，木亭远处，有黄色的油菜花和一树新开的杏花，春天成为这场茶会的主角，这时候，特别能体会郑老师反复强调的那种茶聚的幸福感，很多乐趣，严格地说不完全从茶中来，可是又脱离不了茶，这大概真是韩国人从茶中寻找到的率性和自然。■

中国台湾茶道：文化与美学

　　台湾的茶道有两个源头：从潮汕的工夫茶体系诞生，以浸泡乌龙茶为主，探寻出一套讲究器具、品饮环境和茶体验的体系；又从日本茶道中找到了古中国的审美。中国台湾的茶人从日本采购了大量茶器，并通过日本茶道的源流，去找寻其中蕴藏的中国茶道内涵，最终成就了自己的体系。

　　但这里面还有一个大背景，就是台湾本身就是世界茶产业的主产区，从清末到当下，茶叶生产从最初的量产，到现在的精品化生产，走过了一条"减量""精品化"的道路，越来越注重茶叶生产的质量，最终与消费者合流，成就了一个精致的茶饮为表象的茶之天地。

台湾茶的外销转内销：台湾茶道的直接动力

　　根据学者所掌握的资料，台湾最早发现的茶园契约文书是乾隆晚期的。也就是从那时候开始，尽管有清政府的禁令，还是有大批闽人来台，包括广东潮汕人。

　　台湾能找到的茶叶痕迹很早，最早的荷兰人占领时期，船只经常在这里载货卸货，就发现了转运货品中有茶叶。但是根据研究，这里只是中转站，台湾不种植茶树，郑成功及其子孙治理台湾的时代，也没有种植茶树的纪录，但大批移民开始在这里生存，他们不像更早期来这里的大陆移民，都是以海为生；

清政府治理台湾府后，一开始严格限制这里的人口迁入，后来放开了移民。乾隆晚期，也就是18世纪末，台湾有了人工栽培的茶树（山地民族也有野茶树，但一直没有规模种植），就在今天的木栅、深坑一带。道光年间，这里的茶已经送往福建销售，说明这里的茶叶至少可以对外销售了。

就茶而言，移民带来的不仅是茶树栽培和养殖技术，饮茶习俗也因此进来。台湾庙口或乡村道路两旁，迄今还能看到所谓的传统"老人茶"，三四个老人，一壶茶、若干杯子，闲散一坐就是一下午。不过台湾茶叶研究者何健生告诉我，多数潮汕人是流落到台湾的，所以他们只带来半套工夫茶，无法把讲究的潮汕四宝都带入台湾，至少省略了风炉。"整个台湾延续这半套工夫茶的喝茶方法很多年，包括日据时期。你看过《悲情城市》吗？里面的喝法都是如此。怕水洒出来，放壶的碗就用日常吃面用的碗，所以台湾原本的茶道是很简陋的。"

晚清时期，台湾的英国商人约翰·多德（John Dodd）已经开始精制乌龙茶，他的货物直接运到了纽约，反应特别好，基本上属于乌龙茶外销美国市场的先河，很多在福建收茶的茶商们也转移到台湾收茶，茶价格攀升，茶叶种植日趋广泛。不过台湾茶叶真正扬名国际是在日据时期，当时日本人定的政策是"农业台湾"，大力发展台湾的农业产业，蔗糖和茶叶本来在日据之前已经扬名海外，现在更是被日本人当做重要资源攫取。我在台南坐出租车的时候，经常有开车的老人说，日据时期，户口登记了，自来水通了，台湾大发展了——当然他们只看到一面，没看到日本人拼命掠夺的另一面。

不过日本人促进了茶叶栽培的现代化，"茶叶栽培实验场""茶叶传习所"等机构让台湾茶的生产逐渐走上正轨，免费提供给农民青心乌龙、硬枝红心、大叶乌龙茶等品种，并且提供肥料、贷款，还到处宣传台湾茶。1922年，台湾茶的品评会第一次举办，也是以后评茶审茶的先河，也是那个年代，台湾本地的农民开始发明了不用熏花的包种茶，也就是不用额外添加花做熏茶辅助工具的茶叶，因为改善了发酵技术，让包种带有自然的花香，这时候，老的熏花的包种茶"香片"已经被日本人带到中国大陆华北和东北出售，迄今在台湾老茶行能买到的这种传统香片，与大陆的茉莉花茶类似，但还是有些微不同，更醇厚，更浓香，以至于从台湾购买回来的香片，成了"老味"。

台湾红茶也是日据时期发展出来的。1934年之后，乌龙茶，绿茶，红茶各据一方，占据了台湾茶出口的三分天下，这种情况一直持续到1949年后，台湾的茶基本上以外销为主，20 世纪 60 年代总产量已经超过日据时期。有一个有意思的现象，就是绿茶异军突起，主要是大陆当时刚刚恢复农业生产，结果阿拉伯世界的很大一部分外贸进口茶叶的份额，被台湾绿茶拿走了。

1973 年前后，外销达到最高数量，巧合的是，之后台湾茶叶销售量逐年下滑。台湾茶人解致璋说，因为当时台湾经济起飞，工厂出口占据了主要份额，农产品在出口中不再是主流，同时，工业生产抢走了大量劳动力，使茶叶的生产成本增高，带来了价格上升。另一方面，当时台湾经济转型成功，尤其是 1980 年之后，台湾为"亚洲四小龙"之首，贫穷社会已经转变为富裕社会，民众开始注重生活品质，享受饮茶乐趣，台湾茶在 1974 年开始的 10 年内，形成了外销转内销的巨大转型，茶道发展有了推动力。

仔细分析，这个和大陆的茶叶发展轨迹也很相似。过去，最好的茶叶基本进入外销体系，但随着中国的崛起，民众的富裕，外销茶的价格远远赶不上内销茶，很多最优质的茶叶不再外销，而是进入国内市场，最关键的是，国内市场成熟得很快，飞速从一般的对优质品的认识、消耗，进化到了对个性化茶品的需求。事实上，我们现在讲究的各种品饮，在千禧年之前根本无法想象，因为这些茶都是外销，但现在，越是内销，越是精细。

对比台湾茶文化的发展，很容易看到大陆的茶道轨迹。何健生回忆，最早时，台湾茶道还没有外界力量的介入，是台湾茶叶界自身开始流行比赛制茶。1975 年 5 月 17 日，以产冻顶乌龙著称的南投县鹿谷乡参加全省第一届优良茶比赛，第一名特等茶以每斤 4200 元的价格成交，远高于外销茶，鼓励茶农生产好茶，这次评比意义深远，"好茶"成为台湾人日常生活的主要追求。

于是，比赛越办越兴旺，台湾各个茶山都开始以烘焙、产出色香味俱全的精致茶为第一要务。

当时有茶农为了检测评委的水平，故意将一批比赛茶分开包装，同批生产的茶叶用不同的人名去参赛。参赛的评委也很厉害，同样的茶，两个人名参赛，两个都是同样的名次。后来还有人把同批茶分三个名字去参加比赛，也被评委发现，三者位于同样名次。当时台湾的著名评审、前农业改良场场长吴振铎回忆，他是当时各产区的主要评委，他参加的评比，要求自己能喝出茶坯是不是下雨天采摘、日光萎凋的时间长短，包括是不是隔季茶等。评委们慢慢在比赛中树立了权威，直接带动了台湾茶道的发展，大家开始注重茶汤的本质。

乌龙茶品种繁多，也很细致：轻焙火的杉林溪高山乌龙、中焙火的阿里山乌龙、炭焙的冻顶乌龙，各种香味的层次很不一样，所以，在一家小茶馆卖茶，都会有层次各异的乌龙茶。自然而然要求泡茶者以相应的技术手法展现出来。这也刺激了台湾以乌龙茶为体系的茶道起步。

☙ 台湾茶道的系统建立

观看台湾这四十年的电影会很有趣，就是饮茶进入了台湾人最基本的生活领域。无论是黑帮片、文艺片，还是今年新出品的描写普通民众生活的电影，里面全部有大量的饮茶镜头，或精致，或粗俗。

在台湾文人化的茶馆尚未出现的时候，生活化的品茗文化先起步。1977年，台北林森北路的第一家工夫茶馆开幕，与过去台湾街头的那些老人茶馆不再一样。何健生说，这些新开张的工夫茶馆都普遍以苏州园林的风格为装潢主线索，强调中国古典元素。他们开始注重茶艺，也就是在卖茶之外，还教客人如何去泡一壶好茶。不过真正开始大规模传授泡茶技术的，是陆羽茶室的老板蔡荣章。何健生那时候还在贸易公司工作，也去学习。"刚开始搞的是通才教育，从茶的种类到怎么泡茶，都会教。然后是中级班，例如紫砂壶也是一门课程。慢慢地，学院越做越大，但是大的问题就是不够精致。后来蔡荣章就开始办基础茶学教育了，以颁发证书为主，现在大陆的漳州也开办了天福茶学院。文人化的茶道开始登台。"

何健生分析，当时台湾茶道兴起，还有一个原因，就是台湾乡土文化抬头。有"乡土文化"论战，是以"油麻菜籽"为主还是大中华文化为主，引得人们纷纷关注。结果黄春明等本土作家吸引了很多人的兴趣，这股本土风潮不仅发生在文学中，还发生在音乐、美术中，也包括茶道。台湾茶道走的是乌龙茶体系，本来就是本地产品，何况"当时的大陆还没有开放，去不了，结果台湾茶人们只能选择泡好自己的乌龙茶，慢慢扩展到岩茶、普洱"。

说是本地茶道，不过茶道的母体还是大陆，翻阅古今茶书是第一位的。何健生说："除此之外，还有很多人去日本寻找中国茶道，那里有大批明清时期出口的茶道具，比如煎茶道所有的具轮珠紫砂壶，就被台湾茶人大规模引进。各种泡茶的手势，在山水间席地而坐的方式，你要说是日本的吧，分明是中国的根，所以中国人引进来一点不觉得隔阂。"

解致璋是手势运用特别美的茶道高手。我询问她是不是从日本模仿了很多东西，她告诉我：日本的样式有其特定的含义，比如把茶端给客人的时候转动碗，那是因为在古时，几位客人使用同一茶碗，转一下，几个人的唇接触碗的地方就不一样了。但是中国茶道没有这个规矩，所以她们泡好茶端给客人的时候，更注重客人接茶是不是方便，所以表面上有转的手势，但内涵是完全不一样的。"注重礼仪，让你的客人喝到一碗好茶的心是一样的。"

"很多东西，外观相似，内涵完全不同。"拿茶则来说，千利休使用茶则，会强调每次茶会都制作一个完全不一样的，以适应季节感和茶会的主题。而台湾茶道不同，虽然那时候刚开始从日本学习了在茶席上使用茶则，但是一开始就强调要自己用竹子手制。何健生说，可能是手工抚摸后会导致竹子越来越有光泽，与中国人爱好古物的习惯相同。

日本煎茶道的茶会还有各种茶席的铺陈，泡茶的手法，包括对庭院的整理，不能说这些对台湾茶道没有影响，但是这种影响确实只是形式，台湾茶人内化了很多种表面形式，变成了自己的东西，而且，煎茶道的很多形式本来也是中国流传出去的，历史在不断循环着发生影响力。

台湾的茶道，有浓厚的文化色彩，一开始有话语权的，就不是专门制茶的茶农，或者贩卖茶叶的茶商，而是大批进入其中的文化人。他们使台湾茶道在环境、器具审美、泡茶方式乃至茶园的管理上都带上浓厚的文人色彩。

另一名茶人——冶堂的何健告诉我，1985 年，他参加泡茶比赛，第一次就得了首奖。他是较早使用双杯参加比赛的台湾茶人，一杯品茗，另一杯闻其香味，高矮错落的两个素白瓷杯放在一起，使得整个茶席增加了一些生动元素，但是又不花哨。关键是茶香能得到全面体现，他以茶汤质量而获得首奖。

当时他们这些非茶叶行业的人参加比赛都有个名目，叫"素人选手"，结束后记者采访他，问他如何泡茶，他的回答是，不轻慢，要做到"茶人合一"，茶是简单纯粹的，所以人泡茶的时候也要简单。这个回答特别能代表台湾茶界的素人们的状态。

他的冶堂也是按照这种方式设计的台湾茶空间，不像个茶馆，没有商业氛围，突出的是茶的氛围，很陈旧，但是那种陈旧并不是器物的老旧，而是光线、瓷器造型、花器造型共同营造的一个安静的茶空间。

何健生说，茶人们各家有各家的流派，有的擅长营造空间，有的擅长泡茶手法。然后茶课在台湾流行开来，学生又成为老师的宣传者。20世纪90年代，从新加坡到中国台湾的李曙韵擅长在大空间举办茶席，而且擅长叫名人前来站台，包括蒋勋等人，参加者更多，茶道终于在台湾成为普通人都谈论的话题。

大陆渐渐开放，给了台湾更多的营养，包括法门寺地宫文物展览、手拉坯的宜兴紫砂壶等等。与此同时，每个茶人都在应用自己的长处丰富茶道，百家争鸣，并没有哪一家一统天下。

茶道具的改进：以蔡晓芳为例

台湾茶道给现在的中国茶道提供了一些以往没有出现过的器具，例如闻香杯、分茶器等物。何健生说，这与台北故宫博物院有很大关系，因为这里有大量的中国古代瓷器展览，所以一开始台湾制造的瓷杯等物起点就不低。"你做个瓷杯，别人会说，你这个怎么是死白？看看故宫的牙白，多么好看。"

因为台北故宫博物院，许多瓷器制造者有就近学习的机会，蔡晓芳就是其中的例子。现今，晓芳窑已经成为台湾茶道的典型道具，他位于台北北投的家就是茶具爱好者的选宝之地，不过，这里并没有过多的器皿等待挑选，而是出品一套，立刻被茶具爱好者抢走一套。尤其是他所设计的分茶器，也叫公道杯，因为器形的完美和使用的便利，成为台湾茶道器具的代表作。何健生说，日本有类似的产品，但是在那里，这个产品的作用是往茶汤里倒冷水的，起到降温的作用，使用起来和台湾茶器很不一样。

蔡晓芳给我们慢悠悠地泡茶，他不擅长言辞，常常是憋半天才说出一句话。毕业于台北工专电机科后，1964年，他开始接触瓷器制造，进入了瓷业工程人员训练班。从一开始，他就与一般的陶瓷家们仅仅重视造型和画技不同，特别注意釉料的配置和瓷土的研究。他女儿告诉我，晓芳窑挑选瓷土和釉料，现在的范围是世界五大洲，绝对不局限于台湾和大陆。往往哪里有珍稀的矿产，她父亲就会去哪里。所以，像汝窑这种后世难以成功仿造的东西，因为她父亲会在釉料里投入珍惜的矿物原料而获得成功。

本来在瓷器工厂烧窑，1974年，蔡晓芳在自己家中的瓦斯窑上烧制成了自己的第一只宝石红釉杯，平生第一次也是唯一一次拿到古董街上寻求鉴赏，结果人们都很喜欢，"想要的人特别多，就此揭开了他的创作序幕"。他喜欢钻研，一开始就是各种类型的瓷器都烧制。中国传统瓷器烧制，匠人们都比较偏向于只做一种装饰手法，比如烧制粉彩就是粉彩，青花就是青花，可是他爱好极其广泛，什么都要尝试，一直想打通各个体系。慢慢他开始接受台湾、香港各个古董店的定制。

他女儿介绍，父亲就是在那个阶段迷上台北故宫博物院的。"那时候，台北故宫博物院没那么多中国人，日本人对中国文明更感兴趣。他有一次神态过于投入，当时器物组的组长董依华忍不住上前询问，还以为他是日本人，问他到底在看什么。"知道他来意后，台北故宫博物院破例做了一件事情：在保安的监督下，红釉观音瓶从柜子里面拿出来，让他有机会直接观察。

张大千也是在这个阶段认识了他，结果大千先生的书房陈设和使用的器物，都由他烧制。蔡晓芳的作品涵盖品种越来越繁杂，也开始接受来自国外的订单，日本的茶道道具、法国的咖啡餐具都开始尝试。最让他潜心的，还是台北故宫博物院的订单。当时台北故宫博物院要仿造大批的五代和宋元明清产品出国巡回展览，虽然他对此有一定基础，可是能够有一个进入库房，慢慢研究古器物和官窑瓷器的机会，对于他而言，还是求之不得。

他仿汝窑的系列作品也诞生在这时候。汝窑自古以来就是难以仿制的，他在釉料和胎土上用了心思，所造的水仙盆，颇有几分类似。

台湾的茶道具过去比较单一，这时候，他为法国所设计的奶缸等物，因为釉色好看，胎体密度高，被解致璋等茶人拿去当分茶器。刚开始还有点偏大，解致璋就直接找到他，要求他改小，并且商量是不是可以为台湾茶道研发一些自己的茶具。当时文人化的茶器具可以选择的余地太少，要么就在日本淘，要么就只能将就。

蔡晓芳的女儿向我们介绍："因为他自己也爱茶，知道使用中的关键点在哪里。他设计的公道杯，特别适合高温的茶汤，哪里要突出哪里要收缩。器形又很素雅，最开始也是汝窑的，慢慢各种单色釉的茶具都出来了，有乳黄、牙白、天青、定白还有铁斑，都是古代中国茶具的常用颜色。本来台湾市场上的茶具是廉价化的，他的东西有自己特定的审美，人们渐渐对茶具的追求开始了。"

公道杯大概是台湾茶道诞生的最重要的茶道具——分茶器系统诞生了，本来只能依次倒茶，各自茶杯中的茶汤不很一致，但现在混合在一起倒，先喝的人和后喝的人尝到的茶汤，没有什么区别。

茶汤的表现可以更加完整，这大概是台湾茶道在未来几十年都能被留存下来的东西。闻香杯则因为过于复杂，现在使用的人越来越少，除非特别的高香茶，才会使用。

从茶叶质量，到品茗环境再到泡茶手法，包括茶道具的审美层次的提高，台湾茶道一直处于整体的变动中，各部分互相刺激，最终成为今天的样子。∎

一个人的茶之道

　　人的一生有太多改变观念的瞬间，像我这样一个总是用肉身去体会人生的人，细数这些瞬间，一半居然是和茶有关的。比如第一次在武夷山的鬼洞上方，低头俯视下面各种古老的菜茶群落，也是武夷山古老而丰富的品种园，一种幽深的绿弥漫上来，我既昏眩又贪婪地吸了两口，第一次明白，那些弥漫的茶之真味，原来出自这深不见底的山谷；在杭州的净慈寺，解致璋老师的晨会，凌晨三点，睡得晕乎乎去喝茶，喝到第三杯，人的五感被打开，看到晨光在白墙上的影子，闻到杯底散发出茶中的青苹果香气，立刻清醒；在日本京都古老的黄梅院，坐在木头的檐廊上，看着对面千利休为丰臣秀吉设计的庭院，一排排素净的树木，不见一处繁花，但清气进到了骨子里，那一刻，我理解了冈仓天心反复说的"茶气"两个字。

　　就是这样一个个积累起来的瞬间，让我在采访、研究以及修习茶十年之后，能够有这么多文章的积累，而不是一种机械的工作——那只是事务性的了解，不是灵光一闪的"明白"，这些积攒的"瞬间"能让人开悟。

　　因为种种机缘巧合，我去到各种茶山，见到各种名人，但决定性的，我一直觉得是这些触动我、击溃我、警醒我的瞬间，让我与茶结下深刻的缘分。

　　从接触茶开始，《三联生活周刊》布置的任务就是让我去走茶山，后面几年一直不间断地去现场：茶山、茶空间、茶会，拜访各路茶人，浸淫于此，但又需要带着思考的任务前来，这样就远比一般喝茶凑热闹的人了解更多，加上从现场回来需要认真整理材料成文，还需要广泛阅读资料，这时候才明白"读万卷书，行万里路"的道理在任何一行都一样有用，如果这本书要致谢，那首先感谢三联的老主编朱伟和现任主编李鸿谷，他们始终是我的良师益友。

我的朋友肖海生给我介绍了湖岸出版的编辑景雁。景雁老师是执着于出版的文化人，本来邀请我主编一本茶刊物，结果被我拖拖拉拉，一直拖了半年；后来又催促我把手里的茶文章整理成书，我表面上很松散，但实际上对自己的文章要求苛刻，之所以拖拉，一大半是觉得文章见不了人，包括在周刊上发表过的那么多文章，现在看看都不满意，就这样又拖了他一年。好在2022年比较闲散，经过大规模的整理和修订，现在这些文章几乎都被我伤筋动骨地改造，成为更有深度和广度的专业类茶文章，现在拿出来，自己翻阅也满足了，觉得可以给读者交代。尤其是关于茶山考察的若干文章，纯属新研究和新视野下的田野考察，是这十几年关于这类文章的一个革新——所以要感谢景雁对我耐心的等待。

再就是周围的亲朋好友，我的朋友王迎新是对普洱茶颇为了解的习茶人，去她在昆明的茶空间，我和她喝着十多年的老班章，一边惊叹其美好，一边认真研究每一泡的变化，从每一泡茶里喝出学问，只要去昆明，这就是常态；我的景德镇的朋友们，特别是熊凯，经常和我对坐品茶，谈论古今茶事，这些谈论并非空中的云，每一次都激发了我深入思考；茶空间的主人们，各具特性，各有华彩，带着我在他们好不容易做成的空间里漫游，格外兴致勃勃，我边看边学，走得更带劲了。

这样的谈话太多太多了，记录不尽。

中国茶的第三次复兴开始于21世纪第一个十年，到现在已经十多年了，我身处其中，经历、感受、采集、编撰，最后把这十多年的经验汇集到这本书中，这大概也是一种使命，一种命定的任务。■

内文图片：蔡小川 等

湖 岸
Hu'an *publications*®

策划编辑_卢自强　王　雪
出版统筹_唐　奂
产品策划_景　雁
特约编辑_周　赟
责任编辑_蒋文云
营销编辑_李嘉琪　宗　雪　彭博雅　高　寒
工作坊运营_陈羽萱
装帧设计_尚燕平
版式设计_陆宣其
责任印制_陈瑾瑜
书名与篇章题写_亲贤

🐦 @huan404
🅑 湖岸 Huan
www.huan404.com
联系电话_010-87923806
投稿邮箱_info@huan404.com

寒夜客来茶当酒
竹炉汤沸火初红

扫码关注将饮茶 CHA

感谢您选择一本湖岸的书
欢迎关注"湖岸"微信公众号